21世纪高等学校规划教材 | 软件工程

实用计算机网络教程

李领治 杨哲 纪其进 编著

清华大学出版社

北京

内 容 简 介

本书在讲述计算机网络体系结构的基础上,按照层次对常用协议的基本原理进行了介绍与分析,并对引出的 P2P、Ad Hoc、IPv6、MPLS、Wi-Fi 等热点技术进行了说明。另外,本书还结合实践介绍了综合布线系统、交换机、路由器等网络设备以及常用服务器软件的基本使用方法,说明了网络编程技术的主要过程。本书的目标是使读者掌握计算机网络中解决各类问题的一般方法,了解网络技术的发展方向,熟悉各类网络软硬件系统的工作机制与使用方法,以加深对网络原理的理解,提高实践操作的技能。

本书结构清晰、内容丰富、重点突出、逻辑性强、理论与实践兼顾,具有很高的实用价值。本书可作为高等院校计算机科学与技术、网络工程、信息安全、物联网工程、软件工程、信息管理与信息系统、通信工程等专业的大学本科教材,也可作为计算机网络工程技术人员的参考用书。

本书封面贴有清华大学出版社防伪标签,无标签者不得销售。

版权所有,侵权必究。举报:010-62782989,beiqinquan@tup.tsinghua.edu.cn。

图书在版编目(CIP)数据

实用计算机网络教程/李领治等编著. —北京:清华大学出版社,2012.7(2022.10重印)
(21 世纪高等学校规划教材·软件工程)
ISBN 978-7-302-27509-1

Ⅰ. ①实… Ⅱ. ①李… Ⅲ. ①计算机网络—高等学校—教材 Ⅳ. ①TP393

中国版本图书馆 CIP 数据核字(2011)第 262562 号

责任编辑:魏江江 薛 阳
封面设计:傅瑞学
责任校对:时翠兰
责任印制:曹婉颖

出版发行:清华大学出版社
　　　　网　　　址:http://www.tup.com.cn,http://www.wqbook.com
　　　　地　　　址:北京清华大学学研大厦 A 座　　　　　邮　　编:100084
　　　　社 总 机:010-83470000　　　　　　　　　　　　邮　　购:010-62786544
　　　　投稿与读者服务:010-62776969,c-service@tup.tsinghua.edu.cn
　　　　质量反馈:010-62772015,zhiliang@tup.tsinghua.edu.cn
　　　　课件下载:http://www.tup.com.cn,010-83470236
印 装 者:北京鑫海金澳胶印有限公司
经　　销:全国新华书店
开　　本:185mm×260mm　　印　张:21.25　　　　　　　字　　数:518 千字
版　　次:2012 年 7 月第 1 版　　　　　　　　　　　　　印　　次:2022 年 10 月第 12 次印刷
印　　数:8801~9300
定　　价:49.00 元

产品编号:039615-02

编审委员会成员

(按地区排序)

清华大学	周立柱	教授
	覃 征	教授
	王建民	教授
	冯建华	教授
	刘 强	副教授
北京大学	杨冬青	教授
	陈 钟	教授
	陈立军	副教授
北京航空航天大学	马殿富	教授
	吴超英	副教授
	姚淑珍	教授
中国人民大学	王 珊	教授
	孟小峰	教授
	陈 红	教授
北京师范大学	周明全	教授
北京交通大学	阮秋琦	教授
	赵 宏	副教授
北京信息工程学院	孟庆昌	教授
北京科技大学	杨炳儒	教授
石油大学	陈 明	教授
天津大学	艾德才	教授
复旦大学	吴立德	教授
	吴百锋	教授
	杨卫东	副教授
同济大学	苗夺谦	教授
	徐 安	教授
华东理工大学	邵志清	教授
华东师范大学	杨宗源	教授
	应吉康	教授
东华大学	乐嘉锦	教授
	孙 莉	副教授

浙江大学	吴朝晖	教授
	李善平	教授
扬州大学	李 云	教授
南京大学	骆 斌	教授
	黄 强	副教授
南京航空航天大学	黄志球	教授
	秦小麟	教授
南京理工大学	张功萱	教授
南京邮电学院	朱秀昌	教授
苏州大学	王宜怀	教授
	陈建明	副教授
江苏大学	鲍可进	教授
中国矿业大学	张 艳	教授
武汉大学	何炎祥	教授
华中科技大学	刘乐善	教授
中南财经政法大学	刘腾红	教授
华中师范大学	叶俊民	教授
	郑世珏	教授
	陈 利	教授
江汉大学	颜 彬	教授
国防科技大学	赵克佳	教授
	邹北骥	教授
中南大学	刘卫国	教授
湖南大学	林亚平	教授
西安交通大学	沈钧毅	教授
	齐 勇	教授
长安大学	巨永锋	教授
哈尔滨工业大学	郭茂祖	教授
吉林大学	徐一平	教授
	毕 强	教授
山东大学	孟祥旭	教授
	郝兴伟	教授
厦门大学	冯少荣	教授
厦门大学嘉庚学院	张思民	教授
云南大学	刘惟一	教授
电子科技大学	刘乃琦	教授
	罗 蕾	教授
成都理工大学	蔡 淮	教授
	于 春	副教授
西南交通大学	曾华燊	教授

出版说明

随着我国改革开放的进一步深化,高等教育也得到了快速发展,各地高校紧密结合地方经济建设发展需要,科学运用市场调节机制,加大了使用信息科学等现代科学技术提升、改造传统学科专业的投入力度,通过教育改革合理调整和配置了教育资源,优化了传统学科专业,积极为地方经济建设输送人才,为我国经济社会的快速、健康和可持续发展以及高等教育自身的改革发展做出了巨大贡献。但是,高等教育质量还需要进一步提高以适应经济社会发展的需要,不少高校的专业设置和结构不尽合理,教师队伍整体素质亟待提高,人才培养模式、教学内容和方法需要进一步转变,学生的实践能力和创新精神亟待加强。

教育部一直十分重视高等教育质量工作。2007 年 1 月,教育部下发了《关于实施高等学校本科教学质量与教学改革工程的意见》,计划实施"高等学校本科教学质量与教学改革工程"(简称"质量工程"),通过专业结构调整、课程教材建设、实践教学改革、教学团队建设等多项内容,进一步深化高等学校教学改革,提高人才培养的能力和水平,更好地满足经济社会发展对高素质人才的需要。在贯彻和落实教育部"质量工程"的过程中,各地高校发挥师资力量强、办学经验丰富、教学资源充裕等优势,对其特色专业及特色课程(群)加以规划、整理和总结,更新教学内容、改革课程体系,建设了一大批内容新、体系新、方法新、手段新的特色课程。在此基础上,经教育部相关教学指导委员会专家的指导和建议,清华大学出版社在多个领域精选各高校的特色课程,分别规划出版系列教材,以配合"质量工程"的实施,满足各高校教学质量和教学改革的需要。

为了深入贯彻落实教育部《关于加强高等学校本科教学工作,提高教学质量的若干意见》精神,紧密配合教育部已经启动的"高等学校教学质量与教学改革工程精品课程建设工作",在有关专家、教授的倡议和有关部门的大力支持下,我们组织并成立了"清华大学出版社教材编审委员会"(以下简称"编委会"),旨在配合教育部制定精品课程教材的出版规划,讨论并实施精品课程教材的编写与出版工作。"编委会"成员皆来自全国各类高等学校教学与科研第一线的骨干教师,其中许多教师为各校相关院、系主管教学的院长或系主任。

按照教育部的要求,"编委会"一致认为,精品课程的建设工作从开始就要坚持高标准、严要求,处于一个比较高的起点上。精品课程教材应该能够反映各高校教学改革与课程建设的需要,要有特色风格、有创新性(新体系、新内容、新手段、新思路,教材的内容体系有较高的科学创新、技术创新和理念创新的含量)、先进性(对原有的学科体系有实质性的改革和发展,顺应并符合 21 世纪教学发展的规律,代表并引领课程发展的趋势和方向)、示范性(教材所体现的课程体系具有较广泛的辐射性和示范性)和一定的前瞻性。教材由个人申报或各校推荐(通过所在高校的"编委会"成员推荐),经"编委会"认真评审,最后由清华大学出版社审定出版。

目前,针对计算机类和电子信息类相关专业成立了两个"编委会",即"清华大学出版社计算机教材编审委员会"和"清华大学出版社电子信息教材编审委员会"。推出的特色精品教材包括:

(1) 21 世纪高等学校规划教材·计算机应用——高等学校各类专业,特别是非计算机专业的计算机应用类教材。

(2) 21 世纪高等学校规划教材·计算机科学与技术——高等学校计算机相关专业的教材。

(3) 21 世纪高等学校规划教材·电子信息——高等学校电子信息相关专业的教材。

(4) 21 世纪高等学校规划教材·软件工程——高等学校软件工程相关专业的教材。

(5) 21 世纪高等学校规划教材·信息管理与信息系统。

(6) 21 世纪高等学校规划教材·财经管理与应用。

(7) 21 世纪高等学校规划教材·电子商务。

(8) 21 世纪高等学校规划教材·物联网。

清华大学出版社经过三十多年的努力,在教材尤其是计算机和电子信息类专业教材出版方面树立了权威品牌,为我国的高等教育事业做出了重要贡献。清华版教材形成了技术准确、内容严谨的独特风格,这种风格将延续并反映在特色精品教材的建设中。

清华大学出版社教材编审委员会
联系人:魏江江
E-mail:weijj@tup.tsinghua.edu.cn

前　言

　　计算机网络技术发展迅速,知识更新频繁,传统的教学内容相对陈旧、结构比较松散、理论与实践结合得不够密切,难以适应社会发展对人才培养的要求。在本书的编写过程中,作者充分汲取以往的教学经验,对计算机网络课程的内容进行了较大幅度的调整,扩大了知识体系的覆盖范围,增强了知识结构的逻辑性,突出了知识点的实用性。本书至少具有以下 3个特点:

　　(1) 主旨鲜明。以计算机网络中所要解决的关键问题为主线,串接各种主要协议,突出问题的纲领性作用,重点说明协议在解决问题时的思路、方法及其影响。对于与主线偏离较远的知识点不做详细叙述,避免影响教材的重点。目的在于使读者理解整个课程的基本构架,以及计算机网络中解决问题的一般原则与方法。

　　(2) 突出实践。计算机网络是一门实践性很强的学科,理论和实践相互促进,实践对于读者掌握课程的基本原理和基本技能具有不可替代的作用。教材的多数章节中都包含与实验密切相关的内容,教材的最后附加了可以在一般环境下进行的实验习题,形成了"原理归结到实验、实验促进原理理解"的良性循环。

　　(3) 兼顾新技术。新技术是推动学科发展和提高学习兴趣的原动力。计算机网络发展到现在,其基本体系结构已经比较成熟,但是仍然有一些热点技术问题有待解决。教材在围绕主线介绍基本原理的基础上引出当前的热点技术,并对这些技术所面临的主要问题与可能产生的影响进行了讨论,有利于读者了解本学科的发展方向。

　　全书共分为 8 章,其中第 1 章为概述;第 2～6 章分层次对计算机网络的基本原理与热点技术进行了介绍,同时对各层涉及的软硬件技术进行了说明;第 7 章介绍了常用的网络多媒体技术;第 8 章介绍了网络安全的基本知识。为了扩大本书的使用范围,对其中的一些要点技术进行了详细说明,以方便读者在使用该技术时进行查阅和参考。对于一般读者不需要深入掌握的内容,相应的章节标题后加了 ＊ 号。

　　教材的第 1～4 章由李领治编写,第 6 章和第 8 章由杨哲编写,第 5 章和第 7 章由纪其进编写,朱艳琴教授对全书进行了审校和统稿。陆建德教授及网络工程系的各位老师对本书的编写提出了许多宝贵意见,在此表示感谢。

　　由于编者在计算机网络方面的研究与教学水平有限,编写时间也很局促,书中难免存在错误和不足之处,敬请各位专家与读者批评指正。

编　者

2012 年 2 月

目 录

第1章　概　　述

计算机网络是对人类产生重大影响的当代科技成果之一,它不但推动了许多领域的技术进步,而且改变了人们的工作与生活方式。本章将介绍计算机网络的定义与形成和发展过程,并在分析其迅速发展的技术原因的基础上说明计算机网络的体系结构。

1.1　基 本 概 念

1.1.1　计算机网络的定义

计算机网络是现代计算机技术与现代通信技术相互结合的产物,人们在不同的时期对计算机网络有着不同的认识和不同的研究着眼点,提出过不同的定义。现在人们所说的计算机网络一般是指利用通信设备和通信线路将分布在不同地理位置、具有独立功能的多个计算机系统互联起来,通过功能完善的软件实现信息传递和资源共享的系统。由这个定义可以看出,计算机网络有以下三个特征。

(1)计算机网络所连接的对象是功能独立的计算机。脱离网络,每个计算机都可以独立地进行工作,相互之间的耦合度较松。根据这个特征可以将类似系统与计算机网络区分开来。例如:多终端联机系统虽然也是通过通信设备和线路互连,但是各终端都完全依赖于主机,不能独立工作,终端之间没有联系,所以不属于计算机网络;多机系统是在同一地点多台计算机为完成某项复杂运算而组成的系统,这种系统要求各设备之间高度耦合,其中的任一台计算机都难以独立完成系统的计算任务,所以也不属于计算机网络。

(2)计算机网络的功能是进行信息传递和资源共享。根据这个特征,计算机网络逻辑上可以分为通信子网和资源子网两部分。通信子网主要完成信息传递功能,由通信设备和通信线路组成。资源子网为网络提供资源或使用网络资源,这里的资源可以是硬件设备,如海量存储器、打印机等,也可以是一些能共享使用的软件,还可以是能为其他计算机所分析处理的数据。

(3)要实现计算机网络的基本功能,除了要具备通信设备、通信线路、计算机等硬件设备外,还需要功能完善的软件。这些软件大致可分为网络操作系统软件、网络协议软件、网络应用软件三大类。当前的操作系统软件大部分都支持网络功能,属于网络操作系统;网络协议软件完成结点之间的通信,以后的章节中再详细说明;网络应用软件直接面向各种应用程序,为用户提供信息传递和资源共享服务。

1.1.2　计算机网络的类别

按照不同的属性,计算机网络有多种分类方法,这里介绍其中常用的两种。

1. 按覆盖范围分类

计算机网络覆盖范围的大小不同,所采用的传输技术也不同,这样就形成了以下4种不同的类型。

(1) 广域网(Wide Area Network,WAN)。广域网的覆盖范围很大,从几十千米到几万千米,可以覆盖一个省、一个国家甚至整个世界(如因特网)。广域网要使用复杂的技术才能实现高速数据传输,通信设备和传输介质都比较昂贵,一般是由电信部门提供,由多个部门或多个国家联合组建而成。

(2) 城域网(Metropolitan Area Network,MAN)。城域网的覆盖范围从几千米到几十千米,可以在一个城市或几个街区内使用,实现城市内大量的企业、学校、机关和住宅区等多个局域网的高速互联。

(3) 局域网(Local Area Network,LAN)。局域网的覆盖范围一般为几千米,通常在一个企业、学校或一栋大楼内使用。由于覆盖范围较小,局域网可以使用比较简单的技术实现高速数据传输,设备价格相对不高,组网也比较方便灵活。一些大型企业或学校可能拥有多个互联的局域网,这样的网络通常称为企业网或校园网。随着光纤技术的广泛应用,局域网的覆盖范围逐渐增大,与城域网的区分越来越不明显,现在的城域网也时常并入局域网的范围进行讨论。

(4) 个人区域网(Personal Area Network,PAN)。个人区域网的覆盖范围为10 m左右,可以在一个人工作的地方使用,它一般不需要在场所内布设通信设备和传输介质,而是使用无线技术将个人使用的各种电子设备互连。

2. 按拓扑结构分类

将网络中的计算机及通信设备抽象为一个个的结点,将各种通信线路抽象为一条条的连线,则网络就成为具有一定结构的几何形状,这称为网络的拓扑结构。按拓扑结构可以将计算机网络分为以下5种不同的类型,如图1-1所示。

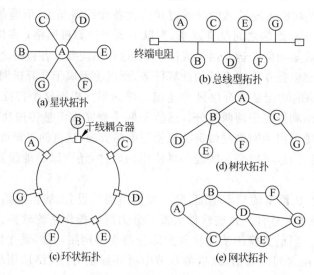

(a) 星状拓扑
(b) 总线型拓扑
(c) 环状拓扑
(d) 树状拓扑
(e) 网状拓扑

图1-1 网络拓扑结构的类型

(1) 星状。星状拓扑结构就是核心结点通过点到点的线路与所有非核心结点相连,而非核心结点之间没有直连线路,如图1-1(a)所示。星状拓扑采用集中式控制策略,由核心结点控制所有通信,处理比较复杂,而非核心结点的通信处理负担很小。现在的局域网多使用这种拓扑结构。

(2) 总线型。总线型拓扑结构将网络中的各个结点用一根总线连接起来,总线两端使用匹配电阻吸收总线上的电磁波以阻止信号反射,如图 1-1(b)所示。总线状拓扑采用广播式传输,需要使用访问控制策略来协调结点的数据包发送,以保证任何时刻只能有一个结点发送数据包。任何一个结点发送的数据包其他所有结点都可以接收到,只有地址与数据包目的地址相同的结点会将数据包接收下来,不同的结点要将数据包丢弃。早期的以太网使用这种拓扑结构。

(3) 环状。环状拓扑结构的主干线路组成一个闭合的环,各个结点通过干线耦合器接入到这个环中,如图 1-1(c)所示。网络中各个结点的地位平等,数据包的流向是定向的,网络的传输延迟是确定的。令牌环网使用这种拓扑结构。

(4) 树状。树状拓扑结构可以看做多级星状拓扑结构,根结点是子结点的核心,子结点又是下一级子结点的核心,如图 1-1(d)所示。根结点可以转发网内所有结点间的数据包,而子结点只负责以它为核心的结点间的数据包转发。现在的一些多级交换网络常采用这种拓扑结构。

(5) 网状。网状拓扑结构由多个平等的结点通过多条线路互连而成,如图 1-1(e)所示。由于结点之间有多条路径相连,数据包在传输时需要选择适当的路径,这样可以绕过过忙的结点和线路。广域网多使用这种拓扑结构。

计算机网络还可以按照用途分为公用网和专用网两类。公用网由电信部门组建,单位或个人可以租用;专用网为某一单位或某一系统组建并单独使用。

1.1.3　计算机网络的性能指标

衡量计算机网络性能的参数指标很多,这里介绍以下两个常用的性能指标。

1. 带宽

在计算机网络中,带宽(bandwidth)是指信道传送数据的最高速率,单位为 b/s,即比特/秒。当带宽较高时可以用 Kb/s、Mb/s、Gb/s 或 Tb/s 表示,它们之间的换算关系为: 1 Kb/s=2^{10} b/s,1 Mb/s=2^{20} b/s,1 Gb/s=2^{30} b/s,1 Tb/s=2^{40} b/s。也常将 b/s 省略来描述带宽,如 10 M 以太网实际上是指带宽为 10 Mb/s 的以太网。这里还需要注意,数据的存储单位一般默认为字节(B,1 B=8 b),10 M 的文件一般是指大小为 10 MB 的文件,则通常所说的"10 M 的文件"使用"10 M 网络"传输最少需要 8 s 的时间。

网络中的带宽不同于传统信号传输时所用的带宽,信号带宽是指信号具有的频带宽度,单位是 Hz(赫兹)。例如,在传统线路上传送电话信号所使用的电磁波频率为 0.3~3.4 kHz 之间,则其带宽为 3.1 kHz。

吞吐量(throughout)也是反映网络速率的一项技术指标,单位也是 b/s,它指一组特定的数据在特定的单位时间内经过特定的路径所传送的实际测量值。显然,吞吐量的上限就是带宽,由于设备状况、数据包类型、网络负载等多种因素的限制,吞吐量常常远小于带宽。

2. 时延

时延(delay 或 latency)是指数据包从网络(或线路)的一端传送到另一端所需的时间,也称为延迟、迟延、延时等。时延是由以下几部分组成的。

(1) 发送时延。发送时延是指数据包从结点进入信道所需要的时间,也就是从数据包的第一个比特开始发送算起,到最后一个比特发送完毕所需要的时间,也称为传输时延。它的计算公式是:

$$发送时延(s) = \frac{数据包长度(b)}{信道带宽(b/s)} \tag{1-1}$$

(2) 传播时延。传播时延是指电磁波在信道的一端传播到另一端所花费的时间。它的计算公式是:

$$传播时延(s) = \frac{信道长度(m)}{电磁波在信道上的传播速度(m/s)} \tag{1-2}$$

电磁波在真空中的传播速率是 3.0×10^5 km/s,在网络传输介质中的传播速率比在真空中要低,例如,在铜缆中的传播速率约为 2.3×10^5 km/s,在光纤中的传播速率约为 2.0×10^5 km/s。

(3) 处理时延。处理时延是指中间结点在收到数据包时为转发出去而进行处理所花费的时间。例如,为了确定数据包应该在哪个接口转发出去,需要读取数据包首部中的目的地址、查找适当的路径、检查数据包是否正确等,这些操作都会产生处理时延。

(4) 排队时延。数据包在中间结点除了会产生处理时延外,还会产生排队时延。排队时延由两部分组成:一部分是数据包进入中间结点后,要先在输入队列进行排队等待处理而产生的时延;另外一部分是在处理完成后,还要在输出队列排队等待转发而产生的时延。

4 种时延所产生的位置以及影响其大小的主要因素如表 1-1 所示。

表 1-1　4 种时延的比较

时 延 类 型	发 送 时 延	传 播 时 延	处 理 时 延	排 队 时 延
产生位置	结点至信道	信道	中间结点	中间结点
主要影响因素	数据包大小 信道带宽	信道长度 信道介质类型	结点处理能力 数据包类型、大小	结点负载状况 数据包优先级

数据经历的总时延就是以上 4 种时延之和:

$$总时延 = 发送时延 + 传播时延 + 处理时延 + 排队时延 \tag{1-3}$$

在总时延中,难以恒定哪种时延会占据主导地位,必须根据具体情况进行分析。例如:在网络负载不大的情况下,带宽较小的用户之间传输大文件时,发送时延会占据主导地位;若使用该网络进行远程控制,用户之间仅仅使用字符的形式传送命令及其返回结果,传播时延会占据主导地位。若网络的基础设施比较陈旧,中间设备的处理能力比较低,即使负载很低,总时延也会很大,因为处理时延占据了主导地位;若网络设备性能很高,但大量的用户同时在进行大数据传输,则排队时延会占据主导地位。

初学网络的人往往会将传播时延误认为总时延。大部分人都知道,使用光纤后网络速度会明显提高,究其原因则认为是光在光纤中的传播速度比电磁波在铜缆中的传播速度高造成的。在介绍传播时延时,我们给出了电磁波(光也是一种电磁波)在两种介质中的传播速度,可以看出其在光纤中的传播速度略小于在铜缆中的传播速度,使用光纤后传播时延会略有增大。光纤之所以会加快网络速度,是因为光信号的处理比较简单,结点的发送时延和处理时延会大幅降低,引起总时延变小,从而提高了网络传输速率。

往返时延(Round-Trip Time,RTT)也是网络的一项性能指标,它表示从发送端发送数据开始,到发送端收到来自接收端的确认(接收端收到数据后便立即返回确认)经历的总时延。在互联网中,往返时延包括各中间结点的处理时延、排队时延和转发数据时的发送时延等。

1.2 计算机网络的发展

1.2.1 计算机网络的起源

1946 年,世界上第一台电子数字计算机 ENIAC 诞生。此后不久,计算机技术就开始与通信技术发生联系。1951 年,美国麻省理工学院林肯实验室就开始为军方研究一种半自动地面防空系统(SAGE),该系统于 1963 年建成,它将远距离的雷达和其他设备的信息,通过通信线路汇集到一台计算机上,第一次实现了计算机远距离集中控制和人机对话,成为计算机和通信技术结合的先驱。之后又陆续出现了一些类似系统,这些系统为了提高通信线路的利用率并减轻主机的负担,采用了多点通信线路、终端集中器以及前端处理机,这些技术对以后计算机网络的发展有着深刻的影响。但是这些系统只是多终端联机系统,并未实现多主机的互联,不是现代意义上的计算机网络。

20 世纪 60 年代发生了古巴导弹危机,美苏冷战逐渐升温,能否保持科学技术上的领先地位,将决定战争的胜负。美国国防部认为,当时的通信系统都采用星状或树状拓扑结构,军事指挥中心都位于核心或根结点,如果该结点被原苏联的核武器摧毁,全国的军事指挥将会瘫痪。因此,有必要设计一个分散的指挥系统,各结点都有分散指挥的功能,整个系统使用网状拓扑结构,各结点之间有多条路径,当部分结点被摧毁后,其他结点仍能重新选择路径进行通信。

1969 年,美国国防部高级研究计划局(DARPA)创建了具有这种功能的网络——ARPAnet。该网络最初比较简单,只有 4 个结点,以电话线路作为主干网络,但具有区别于其他通信系统的 5 大特点:

① 支持资源共享;

② 采用分布式控制技术,各结点可以独立工作;

③ 采用分组交换技术(以后将详细介绍),各结点可以在网状拓扑结构下动态选择新路径,以保证系统的健壮性;

④ 使用通信控制处理机负责网络通信;

⑤ 采用分层的网络通信协议。

这些特点符合现代计算机网络所定义的一般特征,因此,ARPAnet 成为现代计算机网络的起源。

1.2.2 计算机网络的发展过程*

到目前为止,计算机网络的发展可以划分为以下三个阶段。

1. 多标准共存阶段

ARPAnet 建立之后,规模不断扩大,到 20 世纪 70 年代后期,结点超过 60 个,地理范围跨越北美大陆,连通了美国东部和西部的许多大学和研究机构,而且通过通信卫星与欧洲地区的计算机网络相互连通。1983 年,TCP/IP 成为 ARPAnet 上的标准协议,人们将其作为 Internet(因特网)正式诞生的标志。作为一种广域网,ARPAnet 这个时期所使用的技术是最具有代表性的,然而近距离的主机互连如果使用这些技术无疑会增加网络的成本、降低网络的速度,于是局域网络作为一种新型的计算机网络结构开始进入产业部门。1976 年,美国 Xerox 公司的 Palo Alto 研究中心推出了以太网(Ethernet),它成功地采用了夏威夷大学 ALOHA 无线电网络系统的基本原理,使之发展成为第一个总线型竞争式局域网。1974 年,英国剑桥大学计算机研究所开发了剑桥环状局域网(Cambridge Ring)。这些网络的成功实现,标志着局域网也进入了高速发展时期。

此时,各大公司和研究机构都投入大量的人力、物力制定自己的标准,对网络发展进行规划。1974 年,IBM 公司率先提出了系统的网络体系结构 SNA。1975 年,DEC 公司提出了面向分布式网络的数字网络体系结构 DNA。1976 年,UNIVAC 公司提出了分布式控制体系结构 DCA。类似的体系结构虽然思想相差不大,但种类越来越多。同一体系结构的网络产品容易互连,而不同体系结构的产品却很难互连。由于商业利益的驱动,各公司都想使自己的技术成为工业生产标准,结果导致网络产品彼此互不兼容,用户一旦使用某家公司的产品就难以再改用其他公司的产品,容易出现垄断,不利于新技术的发展。

2. 统一互联阶段

为了实现各种网络的互联,国际标准化组织(ISO)成立了专门的机构来研究和制定统一的网络通信标准,并于 1984 年颁布了一个能使各种网络互连的"开放系统互连参考模型 OSI/RM",即 ISO 7498,从而使计算机网络体系结构开始标准化。在 20 世纪 80 年代,许多公司甚至政府都表示支持 OSI 标准,似乎全世界将必然按照该标准构建所有的计算机网络。1986 年,美国国家科学基金会利用 ARPAnet 的 TCP/IP 标准建立了 NSFnet。1990 年,ARPAnet 的实验任务完成并正式宣布关闭,NSFnet 成为因特网的骨干。到 20 世纪 90 年代初期,虽然整套的 OSI 标准都已制定完毕,但是因特网已经开始在世界范围内使用,TCP/IP 成为事实上的国际标准。

在网络互联标准逐渐发展的同时,IEEE(美国电气和电子工程师学会)下属的 802 局域网标准委员会宣告成立,并相继提出了 IEEE 802.1～802.6 等局域网络标准草案,其中的绝大部分内容已被 ISO 正式认可。这些标准的出现标志着局域网协议及其标准化工作基本完成,为局域网的进一步发展奠定了基础。

3. 高速网络阶段

自各种局域网标准和网络互联标准完善之后,计算机网络进入了高速发展阶段。1992 年,美国 IBM、MCI、MERIT 三家公司联合组建了一个高级网络服务公司(ANS),并建立了一个新的网络,叫做 ANSnet,成为因特网的另一个主干网。它与 NSFnet 不同,NSFnet 是由国家出资建立的,而 ANSnet 则由 ANS 公司所有,因特网开始走向商业化。

因特网商品化后,ISOC(因特网协会)开始对其发展进行全面管理。ISOC 下辖的一个技术部门 IETF 负责简化现存的标准并开发一些新标准,并以 RFC xxxx 的形式在网上发表。这里的 x 是阿拉伯数字,表示建议标准的编号,到 2010 年,该编号已经超过了 6000。RFC 文档在网上公开讨论并不断更新,一些经典的 RFC 会被各个设备厂商所使用,最终演变成标准。目前常用的大部分网络标准在 RFC 文档中都能找到详细的定义。标准的这种开放式生成方式既增强了它的兼容性与生命力,也对网络的迅速发展具有很大的促进作用。

1993年,美国宣布建立国家信息基础设施,又分别于1996年和1997年开始研究更加快速可靠的互联网2(Internet 2)和下一代互联网(Next Generation Internet),计算机网络又进入了一个崭新的发展阶段。此时,相继出现了百兆以太网、千兆以太网、万兆以太网等高速以太网技术,快速分组交换技术,光纤宽带网络技术等一系列新技术,成千上万倍地提高了网络的传输速度,高速成为这一阶段计算机网络的发展主题。现在,全球以美国为核心的高速计算机互联网(即因特网)已经形成,因特网已经改变了人们的工作与生活方式,成为人类最大、最重要的知识宝库。

1.2.3 计算机网络的发展趋势

未来计算机网络将向哪个方向发展?将演化成什么样子?这一直是人们十分关心的问题。这里将在以下几个方面对网络发展趋势进行探讨。

1. 融合化

现在所说的网络主要包括电信网络、有线电视网络、计算机网络三种类型。电信网络向用户提供电话、传真、电报等业务。有线电视网络向用户提供各种电视节目。计算机网络向用户提供数据传输业务,包括网页浏览、信息查询、文件下载、图像视频观赏等。随着计算机网络的迅速发展,它提供的业务已开始涵盖另外两种网络的业务类型,有线电视网络、电信网络也将逐步融入计算机网络技术,形成"三网融合"。2001年,我国政府明确提出"三网融合"的发展方向,2010年7月1日,国务院对外正式公布了第一批推进三网融合试点的12座城市。相信不久的将来三大网络就可以实现互联互通,形成无缝覆盖,并可以使用相同的技术,向用户提供相同的业务,形成相互竞争、相互合作的经营方式。网络还将逐步融合其他通信形式,进一步扩大互联范围,将所有需要通信的设备(如各种信号传输设备、电器等)全部连接起来实现互操作。融合后的网络将向用户提供更为多样的新业务,对网络技术也会提出更高的要求。受应用的驱动,计算机网络仍然会继续发展,新技术也将不断涌现。

2. 移动化

信息社会强调"无所不在"的通信理念,需要网络提供无界限的4A(Anytime、Anywhere、Anyone和Anything)服务,即在任何时间、任何地点、任何人、任何物都能顺畅地进行通信。这就要求计算机网络必须与无线通信技术相结合,向移动化方向演进。自组织网络、物联网等作为计算机网络的分支领域与无线通信关系密切,成为当前的热点技术,3G、WiMAX、Wi-Fi、LTE等无线技术的飞速发展使移动网络的高带宽成为可能。移动化是计算机网络的纵深发展,使信息传输在时间和空间上具有更大的自由度。随着移动化网络的带宽不断扩大和运营成本不断下降,网络移动化的趋势将得到不断增强。

3. 智能化

网络所连接的主机都有一定的计算能力,而每个主机的计算资源在大部分时刻都处于空闲状态,而进行较大规模运算时本机资源却会出现严重不足。如果主机在运算时能通过网络使用其他主机空闲的计算资源,就会引发网络甚至整个计算领域的深远变革。网格计算、云计算等就是为了推动网络的计算能力而研发的热点技术,使用它们的目的是对网络内所有的计算资源进行智能化调配,实施海量计算。网络逐步智能化的另一层含义是指用户与网络的交互将越来越方便,人与人、人与网络的沟通变得没有区别,网络可以为人们提供接近秘书式的信息服务。互联网作为最大的图灵机将彻底颠覆人类现有的秩序,人类将迎来信息传播、知识处理智能化的新时代。

1.3 计算机网络的体系结构

计算机网络的发展如此迅速,既是受到计算机、通信等相关技术蓬勃发展的带动,也与其体系结构的前瞻性、高效性和兼容性密切相关。本节在介绍计算机网络体系结构之前,先说明它的相关概念与形成过程。

1.3.1 协议与分层

1. 协议

在计算机网络中交换数据,各通信设备之间就必须使用相同的语言,这里的语言就是一些事先约定好的互相都能接受的规则,它们作为通信标准规定了所交换数据的格式、含义、流程等。这些为计算机网络中进行数据交换而建立的规则、标准或约定的集合就称为网络协议(Network Protocol),简称协议。协议主要由以下三个要素组成。

(1) 语法,即数据及控制信息的格式。

(2) 语义,即控制信息的含义。

(3) 同步,即事件发生的先后顺序。

从广义上看,所有通信都需要协议。如果把人与人之间的交流也看做一种通信,那么语言就可以作为一种复杂的协议。大家都知道,一个人学会了一种语言就可以使用它与懂得这种语言的人交流,这相当于网络中的一台主机安装了一种协议就可以使用它与安装了同种协议的另外一台主机进行通信。协议是计算机网络不可缺少的重要组成部分,没有协议或者协议不相同,再好的网络硬件之间也无法进行通信,这就如同使用不同语言的两个人相互之间交流十分困难类似。

计算机网络通信问题可以划分成许多子问题,每个子问题对应一个单独的协议,这样就使得每种协议的设计、分析、实现和测试比较容易。协议设计得是否合理将直接影响到网络的效率,每一种协议都要经过反复论证才能在设备中使用。协议的论证和发布可以按照两种形式表述:一种是使用便于阅读和理解的文字描述;另一种是使用计算机能够理解的程序代码。

2. 协议分层

计算机本身就是一种十分复杂的电子设备,而用于连接不同计算机的网络更加复杂。任何一个专家甚至一个企业都难以独立研发一整套设计精确、功能完善的网络协议与产品。计算机网络需要一大批机构的分工协作才能实现。如何将网络协议的设计与实现进行分工,使得这些机构能够充分发挥自己的特长完成自己的工作,所有机构的工作能够有机组合在一起,共同实现高效的计算机网络系统,这是一个十分重要的问题。ARPAnet 实验网在研制时就已经注意到了这个问题,提出了网络协议分层的解决方法,这种方法为之后计算机网络的迅速发展奠定了基础。

分层就是将计算机网络分解为若干独立的子系统,每一个子系统用来解决一些相对简单的问题。各个子系统包含一系列的协议,子系统之间有层次关系,如图1-2(a)所示。第 n 层要使用第 $n-1$ 层提供的服务(即第 n 层的协议要使用第 $n-1$ 层协议所实现的功能),第 $n-1$ 层要为第 n 层提供服务。反之,不能成立,即第 n 层不能为第 $n-1$ 层提供服务。相邻两层进行交互的地方称为服务访问点,如果对其中一层的实现方法进行改动,只要服务访问点不变,就不会影响到其他层。这样,不同机构按照相同的标准进行的研发可以协同工作,如果一个机构的研发进展缓慢就会被迅速淘汰。同样,如果出现了一项新技术可以提高某一层的性能,那么它也会在不影响其他层的前提下被迅速用于该层,这样整个网络的性能都得到了提高。

这里,分层的主要优点可以总结如下。

(1) 各层是独立的。上一层并不需要知道它的下一层是如何实现的,仅需要知道服务访问点即可。这样就降低了整个网络的复杂度。

(2) 灵活性好。当某一层发生变化时,只要服务访问点不变,其他层均不受影响。

(3) 结构上可分割。各层都可以采用最合适的技术来实现。

(4) 易于实现和维护。将整个复杂的系统分解成若干个易于处理的子系统,使得系统实现和维护变得容易控制。

(5) 能促进标准化工作。对每一层的功能和所提供的服务都做了精确说明,将网络部件标准化,从而可以使许多机构同时进行研发。

实际上,许多复杂系统都使用了分层方法。例如,大家所熟悉的计算机系统的分层模型如图1-2(b)所示,与计算机网络的分层模型比较相似。计算机网络远在实验阶段就提出了分层模型,之后协议的研究和制定都是按照分层思想进行的,它基本上是先有了科学的分层规划以后,网络系统才进入了大规模普及推广阶段。而计算机系统在研发之初并没有重视分层的重要性,随着系统越来越复杂、应用越来越广,才不得不对其进行分层。与网络相比,目前计算机系统的分层不是十分明晰,各厂商之间的分工不是十分明确,存在许多跨层调用现象,各层之间仍有兼容问题。因此,计算机网络虽然比单个计算机系统要复杂,但其发展仍然十分迅速。

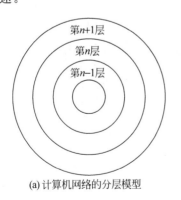

(a) 计算机网络的分层模型

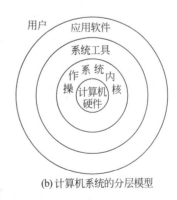

(b) 计算机系统的分层模型

图 1-2　分层模型

综上所述,对协议进行分层是十分必要的,那么应该按照什么原则进行分层呢?早在1980年,H. Zimmerman 就给出了以下分层原则。

(1) 各层功能明确,相互独立。当某一层的具体实现方法更新时,要保持上下层服务访问点不变,便不会对邻层产生影响。

(2) 层间接口清晰,穿越接口的信息量要尽可能少。

(3) 当某层功能实现技术明显地与其他层不同时,单设一层;功能具有独立性并能局部化时,单设一层;只与上下相邻层有接口关系,而与其他层无联系时,单设一层。

(4) 层数要适中。网络的分层过多(太细),各个层的"职责"分明,便于实现;但是,会产生许多衔接上的麻烦,增加各层接口之间交互的信息量,提升了系统的开销,也等于降低了联网计算机的响应速度和工作效率。网络的分层过少(太粗),则多种功能相互混淆在一起,造成每一层的协议太复杂,体现不了分层的优势。

3. 协议与服务[*]

上文提到了协议与服务的概念,这里再将这两个概念进行比较与明确。

在研究通信系统时,常用实体来表示每一层中的活动元素,它可以是任何发送或接收信息的硬件或软件进程,许多情况下,实体就是一个特定的软件模块。在不同主机上能够进行通信的实体在同一层中,称为对等实体。

协议就是控制两个(或多个)对等实体之间进行通信的规则集合。协议是"水平的",只有不同主机上同一层的实体之间才会有协议。

服务是某一层实体的功能,并能通过服务访问点提供给其相邻上层的实体。服务是"垂直的",只有同一主机的下层实体才会向其相邻的上层实体提供服务。上层使用下层所提供的服务就必须与下层交换一些命令,这些命令也称为服务原语。

同一主机下一层的协议对上面的实体是"透明的",上层实体不能看到下层的协议,只能使用下层协议所提供的服务。

协议、服务、实体、服务访问点、服务原语的关系如图 1-3 所示。主机 A 与 B 第 $n+1$ 层的两个实体之间通过"协议 $n+1$"进行通信,而第 n 层的两个实体之间通过"协议 n"进行通信。每一个主机的第 n 层在服务访问点通过交换服务原语向第 $n+1$ 层提供服务,所提供的服务实际上已经包含了它以下各层所提供的服务。对第 $n+1$ 层的实体来说,第 n 层的实体相当于服务提供者;对第 n 层的实体来说,第 $n+1$ 层的实体相当于服务用户。

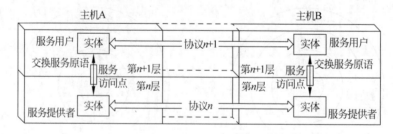

图 1-3 协议与服务的比较

1.3.2 计算机网络体系结构的形成

计算机网络的各层及其协议的集合称为网络的体系结构,它涵盖了分层方法、每一层的协议等内容,相当于计算机网络的层次结构类型。最早的网络体系结构是 IBM 公司 1974 年提出的 SNA,现在 IBM 大型机构的专用网络仍在使用该体系结构,而对计算机网络发展影响最大的体系结构是 OSI 模型与 TCP/IP 模型。

1. OSI 模型[*]

国际标准化组织 ISO 于 1984 年颁布的"开放系统互连参考模型 OSI/RM"对计算机网络产生了深远的影响。OSI 体系结构定义了网络互联的 7 层框架,在这一框架下进一步详细规定了每一层的功能,以实现开放系统环境中不同计算机的互连、互操作和应用的可移植。在该模型中层与层之间进行对等通信,且这种通信只是逻辑上的,真正的通信都是在底层——物理层进行的。下一层为上一层提供服务,每一层都独立完成某方面的功能,从而将复杂的通信过程分成了许多独立的、比较容易解决的子问题。OSI 体系结构由下至上分为如图 1-4(a)所示的 7 层。

(1) 物理层。物理层提供相邻结点间的比特流传输。它是利用物理通信介质,为上一层提供一个物理连接,通过物理连接透明地传输比特流。

(2) 数据链路层。以帧为单位,在两个相邻的结点间无差错地传送数据。每一帧包括一定的数据和必要的控制信息,在接收方收到出错数据时要通知发送方重发,直到这一帧无误地到达接收方。

(3) 网络层。网络中通信的两个计算机之间可能有多个结点和链路,还可能要跨越多个通信子网。网络层的任务就是选择合适的路径,使源站的数据包能够跨越结点和网络到达最终目的站。

(4) 运输层。运输层的任务是根据通信子网的特性利用网络资源,并以可靠的方式在两个端系统之间建立一条连接,透明地传输报文。

(5) 会话层。会话层不参与具体的数据传输,但它对数据进行管理,在互相合作的进程之间提供一套会话设施,组织和同步它们的会话活动,并管理它们的数据交换过程。"会话"是指两个应用进程之间为交换面向进程的信息而按一定规则建立起来的一个暂时连接。

(6) 表示层。表示层用于处理两个通信系统中交换信息的表示方式,主要有数据编码格式的转换、数据加密与解密、数据压缩与恢复等功能。

(7) 应用层。应用层是 OSI 参考模型的最高层,它确定进程之间通信的性质以满足用户的需要,负责用户信息的语义表示,并在两个通信者之间进行语义匹配。

OSI 参考模型试图使全世界的计算机网络都遵循统一的标准,方便地进行互联和交换数据。然而,ARPAnet 未能等到 OSI 模型完善,在 1983 年就使用了 TCP/IP 作为标准协议。OSI 的失败给网络的发展起了很大警示作用,人们将它失败的原因总结为以下三点。

(1) OSI 标准的制定者以专家、学者为主,他们缺乏实际经验,完成标准时缺乏商业驱动力。

(2) OSI 标准的制定周期过长,标准制定完成时,具有相应功能的产品早已面市。

(3) OSI 标准过于复杂,有些功能出现在了多个层次,造成运行效率较低。

OSI 模型虽然没有完全进入应用领域,但它对计算机网络的发展产生了很大影响。它的最低两层最终为 5 层体系结构所使用,它的网络层、传输层等与 TCP/IP 模型相似,促进了网络体系结构迅速地实现了标准化。

2. TCP/IP 模型

TCP/IP 因其两个主要协议——传输控制协议(TCP)和网络互联协议(IP)而得名,实际上是一组协议,包括多个具有不同功能且互为关联的协议,也被称为 TCP/IP 协议簇。TCP/IP 模型体系结构由下至上分为如图 1-4(b)所示的 4 层。

（1）网络接口层。网络接口层的功能是传输经 IP 层处理过的信息，并提供一个主机与实际网络的接口，它与 OSI/RM 的物理层、数据链路层相对应。TCP/IP 模型并未对网络接口层做具体描述，它指的是任何一个能使用数据报的通信系统，这些系统大到广域网、小到局域网或点对点连接等。TCP/IP 与实际网络的接口关系由实际网络的类型决定，与网络的物理特性无关，具有很强的灵活性。

（2）网际层。也被称为 IP（Internet Protocol）层、网络层。它的功能与 OSI 网络层近似，可以使源主机把 IP 数据报发往任何网络，并使数据报独立地传向目的主机。该层使用 IP 协议，把传输层送来的消息组装成 IP 数据报，并把 IP 数据报传递给网络接口层。IP 协议制定了统一的 IP 数据报格式，以消除各通信子网的差异，从而为信息发送方和接收方提供透明的传输通道。

（3）传输层。传输层为应用程序提供端到端通信的功能，与 OSI 传输层相似。该层协议处理 IP 层没有处理的通信问题，保证通信连接的可靠性，能够自动适应网络的各种变化。传输层主要有 TCP 和 UDP 两个协议。

（4）应用层。应用层包含所有的高层协议，为用户提供所需要的各种服务。TCP/IP 模型中的应用层与 OSI 模型中的应用层有较大的差别，它不仅包括会话层及上面三层的所有功能，而且还包括应用进程本身。

TCP/IP 模型的简洁性和实用性就体现在它不仅把网络层以下的部分留给了实际网络，而且将高层部分和应用进程结合在一起，形成了统一的应用层。不过从实质上讲，TCP/IP 模型只有最上面的三层，目前计算机网络采取的是折中的办法，综合了 OSI 和 TCP/IP 的优点，使用了具有 5 层协议的体系结构。

1.3.3　5 层协议体系结构

5 层体系结构的下两层使用了 OSI 模型的物理层和数据链路层，上三层使用了 TCP/IP 模型的网际层、传输层和应用层，如图 1-4(c) 所示，现在的因特网就使用了这种体系结构。

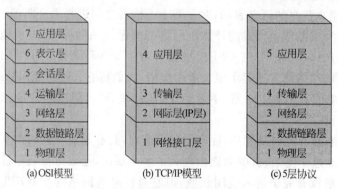

图 1-4　计算机网络体系结构

1. 层次结构

下面先简要介绍一下各层的主要功能，本书后面的章节还会对各层的协议、实现方法等做详细说明。

（1）物理层。

物理层所传输的单位是比特，它的任务就是在相邻结点之间传送比特流。物理层要考虑的是如何发送 0 和 1,以及接收端如何才能识别。这些 0 和 1 具体表示什么含义,物理层并不需要知道。传送比特的方法有很多种,例如,高低不同的电平、强度不同的光脉冲、频率不同的电磁波等,这些都能用来传送 0 和 1,那么就可以作为物理层技术在计算机网络中使用。

为了实现比特传输,结点与传输介质之间要确定可以匹配的连接口,要约定用什么样的信号表示 0 和 1,这些都通过物理层协议来规范。

(2) 数据链路层。

数据链路层所传输的单位是帧,它的任务就是在相邻结点间无差错地传送帧。比特流通过物理层协议在一个结点传输到与它相邻的目的结点后,还要通过数据链路层来保证它的正确性。要实现这项功能,首先要知道接收到的数据是否正确,对于容易出现的错误,应该如何避免。

要检查连续的比特流是否正确开销太大,所以数据链路层协议把比特流分割成一段段。每一段比特后面加上一组校验比特,组成一个帧。这样,通过校验数据就可以判断该帧是否正确。对于出现了错误的帧,目的结点一般要将其丢弃。这样,一条有可能出错的实际链路就变成了让上层看来好像不出错的数据链路。

(3) 网络层。

网络层所传输的单位是分组,它的任务就是在互联网内任意主机之间传送分组。通过数据链路层协议,互联网内任意两个相邻的结点之间可以正确地传输数据;但互联网内的结点大部分是不相邻的,中间要经过许多结点甚至网络才能联系到对方,这就要通过网络层协议来实现这项功能。

要确保互联网内不相邻的两个结点可以找到对方,网络层协议首先要根据各个结点的位置对其进行编址。5 层协议中网络层使用 IP 协议,每个结点的地址就是 IP 地址。在传输的数据前要添加上它的源 IP 地址和目的 IP 地址,组成分组,再交给网络传输。在 1.2.1 节介绍互联网起源时,我们讲到为保证网络的健壮性,不相邻的两个结点一般存在多条路径,IP 协议还要中间结点根据分组的目的地址在多条路径中选择一条最佳路径进行传输,这就是 IP 路由。这样,不相邻的两个结点之间就可以传输数据了。

(4) 传输层。

传输层所传输的单位是数据报或者报文段,它的基本任务是在互联网内任意两个主机的进程之间传送数据。每个主机上都同时运行了多个进程,数据在通过网络层到达目的主机后,还需要知道交给主机的哪个进程。传输层用端口号来标识主机的进程。网络层 IP 协议不进行差错控制,不能保证目的主机接收到的数据是正确的。有些应用只要数据传输尽量快,出点错没有关系;有些应用要求接收到的数据不能出错,时延可以稍微大些。根据这两种情况,传输层设计了 UDP 和 TCP 两种协议。

UDP 所传输的单位是数据报,它的任务是在两个主机的进程之间"尽力而为"地传输数据报。它对上层提供不可靠的服务,不需要对出错的数据进行重传。UDP 比较简单,只要在传送的数据前添加标识进程的端口号组成数据报即可。数据报发送前也不用知道目的主机的状况,将其直接发送即可,这种方式称为无连接的传输。

TCP 所传输的单位是报文段,它的任务是在两个主机的进程之间无差错地、高效地传输数据。它对上层提供可靠的服务,要对出错的数据进行重传。为保证传输的高效性,在报

14

文段传输过程中还要进行流量控制、拥塞控制等。TCP 比较复杂,除了要在传送的数据前添加端口号外,还要添加差错控制、流量控制、拥塞控制等相应的字段。报文段发送前源主机要先和目的主机取得联系,确认它的相关进程可以接收,然后才将数据发送,这种方式称为面向连接的传输。

传输层向上层提供一个进程到进程的连接,这里称为端到端的服务。上层就不用再处理数据传输的问题了。

（5）应用层。

应用层是 5 层体系结构的最高层,直接面向各种应用进程。网络所提供的业务类型越来越多,则其应用层协议也越来越多。目前最常用的应用层协议包括:远程登录(Telnet)、文件传输(FTP)、电子邮件(SMTP 与 POP3)、Web 服务(HTTP)、域名系统(DNS)等。应用层协议根据不同应用程序的特点,对传输的数据进行不同的封装,以提高信息交换和远程操作的效率。最后,根据应用程序的需要确定其下层使用 UDP 还是 TCP 进行传输。

2. 数据在各层的传递

在源主机,应用进程的数据要由高层依次传递到低层,最后在物理层以比特流的方式通过介质传输到目的主机。目的主机接收到比特流以后,再由低层依次传递到高层,最后在应用层将数据取出,交给相应的应用进程。图 1-5 以服务器通过 FTP 向客户端传输数据为例,说明了数据在各层之间的传递过程。为方便起见,这里假设两个主机是直接连通的。

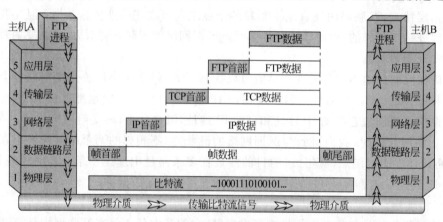

图 1-5　数据在各层之间的传递

服务器的 FTP 进程先将数据交给应用层,应用层在数据前面加上由一些控制信息组成的 FTP 首部,封装成一个 FTP 数据包,交给传输层。传输层需要使用 TCP 来传输 FTP 数据包,它将端口号与差错、流量、拥塞等控制信息组成 TCP 首部,将 FTP 数据包作为 TCP 数据,封装成 TCP 报文段交给网络层。网络层将 TCP 报文段作为 IP 数据,将 IP 地址等信息填入 IP 首部,组成 IP 分组交给数据链路层。数据链路层将 IP 分组作为帧数据,将物理地址等信息填入帧首部,并根据帧内容生成校验数据填入帧尾部,封装成帧后交给物理层。物理层将整个帧从首部开始按比特流转换成传输信号,发送到物理介质。

客户端收到物理介质传过来的信号后,交给物理层转换成比特流,再交给数据链路层。数据链路层收到比特流后,确定帧的首部和尾部,根据校验信息和物理地址等检查帧的正确性,然后将去掉首部和尾部的帧数据交给网络层。网络层将下层交给的数据作为一个 IP 分组,去掉分组的首部,将 IP 数据交给传输层。传输层根据控制信息确定数据为一个 TCP 报文段,根据 TCP 首部检查报文段的正确性,并根据端口号确定 TCP 数据应该交给应用层的 FTP 客户端。应用层 FTP 客户端接收到数据后,分割 FTP 数据包的首部和数据部分,根据首部信息把数据交给相应的应用进程。数据传输完毕。

数据在各层之间的传递就像在一个栈中进出,所以,这种分层体系结构的协议也被称为“协议栈”。

3. IP 协议的核心作用

图 1-6 列出了 5 层体系结构中 TCP/IP 协议簇的主要协议,它的特点是上下多而中间少,即应用层和网络接口层都有多种协议,而中间网络层的主要协议只有 IP。这种层次结构说明:IP 协议可以为各式各样的应用提供服务(即所谓的 everything over IP),同时 IP 协议也可以在各式各样的网络构成的互联网上运行(即所谓的 IP over everything)。为了反映 5 层体系结构中 IP 的核心作用,有时候也表述成“everything over IP over everything”的形式。

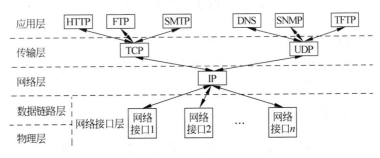

图 1-6　5 层体系结构中的 TCP/IP 协议簇

这说明,IP 会成为未来信息通信的主导技术,各种业务都可以由 IP 分组来承载,而 IP 分组又可以在各种传输网络上传送,并以 IP 网为基础实现数据、语音、图像、视频等各种业务融合。采用统一的技术解决方案来构建新一代信息网络,以提供各种类型的综合服务,将成为人们追求的目标,这也是通信网络的一个发展方向。

第2章　　物　理　层

物理层的任务是将 0 和 1 组成的比特流传送到与其相邻的接收端。本章将首先介绍使用什么方式来传送比特流,使用什么技术来提高线路的利用率。然后介绍当前几种常用的传输介质。最后介绍使用这些介质架设数据通道的综合布线技术。

2.1　数据传输技术

在计算机网络产生之前,现代通信技术已经得到了蓬勃发展,计算机网络作为其新型技术的一种,在物理层和数据链路层充分吸收了其他通信技术的成果。为了方便后续内容的学习,本节将先简要介绍现代通信技术的相关知识。

2.1.1　通信的基本概念

所谓的现代通信是指使用电波或光波传递信息的技术,也简称通信,如电报、电话、传真等。

1. 通信系统的组成

通信系统由源系统、传输系统、目的系统三部分组成,图 2-1 给出了连接两个计算机的简单通信系统示例。

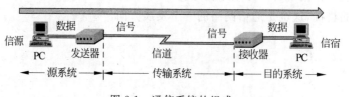

图 2-1　通信系统的组成

源系统包括信源和发送器两部分:信源产生要传输的数据,发送器将数据转换成传输系统可以传输的信号。现在的 PC 一般都将发送器(如调制器、网卡)内置,所以在外面看不到发送器。

目的系统包括接收器和信宿两部分:接收器将传输系统传过来的信号转换成信宿可以识别的数据,信宿对接收的数据进行还原、处理等。PC 一般也将接收器(如:解调器、网卡)内置。

传输系统连接源系统和目的系统,可能是一个复杂的网络,也可能是一条简单的线路。信息的传输线路也称为信道。

从通信双方信息交互的方式看,可以有以下三种基本方式。

- 单工通信:在两个通信设备间,信息只能沿着一个方向被传输。广播和电视节目的传送以及寻呼系统都是单工通信的例子。
- 半双工通信:两个通信设备间的信息交换可以双向进行,但不能同时进行。也就是说,在同一时刻仅能使信息在一个方向上传输。典型的例子是对讲机的通信。
- 全双工通信:两个通信设备间可以同时进行两个方向上的信息传输。电话、手机等通信设备就是使用全双工通信。

2. 数据与信号

- 数据:信源产生的需要通信系统传输的实体。
- 信号:数据的电气或电磁表现,信道可以高效传输的实体。
- 调制:就是将数据进行处理,并加到载波信号上,使其变为适合于信道传输形式的过程。
- 解调:就是从携带数据的已调制信号中恢复数据的过程。
- 调制解调器:许多时候数据的传输是双向的,调制器与解调器被组合在一起称为调制解调器。
- 模拟:可取值的数量无限多的数据或信号。
- 数字:可取值被限制在有限个数值之内的数据或信号。

3. 数据传输

将以上几个概念组合又会产生以下 4 个概念。

- 模拟数据:指信源所产生的对象是模拟的。现实生活中的信息大部分都是模拟的,例如,今天早晨 8:00 的气温,它的取值范围虽然有一定限制,但是可能的取值却是无限多的。
- 数字数据:指信源所产生的对象是数字的。例如,今天早晨 8:00 某个路口的红绿灯状况,可能的取值只有红、绿、黄或故障等几个。更为重要的是计算机所产生的数据都是数字数据。
- 模拟信号:信号通过模拟的方式在信道内传输,信号参数的取值是连续的。
- 数字信号:信号通过数字的方式在信道内传输,信号参数的取值是离散的。

将以上 4 个概念组合又会产生 4 种通信方式:模拟数据的模拟信号传输、模拟数据的数字信号传输、数字数据的模拟信号传输、数字数据的数字信号传输,如图 2-2 所示。

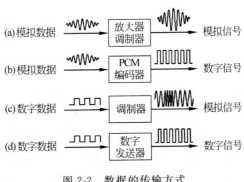

图 2-2　数据的传输方式

从以上 4 种通信方式可以看出,如果信道没有干扰,模拟数据使用模拟信号传输就不会产生误差,比使用数字信号传输要准确,数字数据使用模拟信号传输也不会影响其精确度。但现实是,信号无论采用什么信道传输,受干扰、衰减等因素的影响很大。使用模拟信号传输数据会产生失真,数据传输的精确度难以保证。如果需要传输的数据是语音、视频等信息,即使个别数据出现一些误差也不影响用户的使用效果,就可以用如图 2-2(a)所示的方式传输数据,但要通过一些技术手段减少信号的干扰和衰减。

然而,计算机网络所传输的数据对精确度要求很高,许多业务不允许出现错误,那么就不能使用如图 2-2(a)所示的传输方式。下面将对如图 2-2(b)、(c)、(d)所示的三种传输技术做详细说明。

2.1.2 脉冲编码调制

对模拟数据使用数字信号进行传输,可以提高信号在传输过程中的抗干扰能力,并能对数字化的信号进行加密,以提高数据传输的安全性。最常用的模拟数据数字信号编码方法是脉冲数字调制(Pulse Code Modulation,PCM),它最初用于话音信号的编码,现在在数字电话、数字传真、数字广播、数字电视等通信系统中仍然广泛使用。PCM 技术可以将模拟数据转换成数字信号进行传输,虽然计算机所要传输的数据都是数字的,但是现实世界中的许多信息都是模拟的,将现实世界中的模拟信息(如声音、视频)等转换成计算机中可以读取的数字数据也采用了 PCM 技术。

PCM 是以采样定理为基础的,该定理从数学上证明:若对连续变化的模拟信号进行周期性的采样,只要采样频率大于或等于有效信号最高频率的两倍,采样值便可包含原始信号的全部信息。利用低通滤波器就可以从这些采样数值中重新构造出原始信号。

模拟信号的数字化可以包括采样、量化和编码三个步骤,如图 2-3 所示。

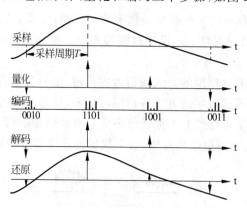

图 2-3 脉冲编码调制的过程

(1)采样。模拟数据在幅度取值上是连续的,而且在时间上也是连续的。要使模拟数据数字化,首先要在时间上进行离散化处理,这一过程称为采样。采样就是每隔一定的时间间隔 T,抽取模拟数据的一个瞬时幅度值(采样值),如图 2-3 所示。采样后得出的一系列在时间上离散的采样值称为样值序列,样值序列在时间上是离散的。只要采样脉冲的间隔 T 小于有效信号最小周期的 1/2,样值序列就可以不失真地还原成原来的模拟数据。

（2）量化。采样把模拟数据变成了时间上离散的数字信号,但脉冲的幅度值仍然是模拟的,还必须要进行离散化处理,才能最终用数字编码表示。对幅度值进行舍零取整处理的过程称为量化。用量化输出信号来代替实际数据会有失真,产生量化误差。一般说来,量化后的级数越多,量化误差就越小,但是处理和传输就越复杂。现在常用一个二进制数表示某一量化级数,经过传输在接收端再按照这个二进制数来恢复原模拟数据的幅度值。区分所有量化级数所需的二进制数称为量化比特数,图 2-3 的示例有 16 个量化级数,可用 4 位二进制数来区分。

（3）编码。采样、量化后的信号还不是数字信号,需要把它转换成数字编码脉冲才能传输,这一转换过程称为编码。最简单的编码方式是二进制编码,当量化级为 N 时,对应的二进制数为 $\log_2 N$。具体说来,就是用 $\log_2 N$ 比特二进制码来表示已经量化了的幅度值。每个二进制数对应一个量化值,把它们排列后就得到由二值脉冲组成的数字信息流,整个过程如图 2-3 所示。

接收器可以按编码过程将所收到的信号重新组成原来的幅度值,这个过程称为解码。经过低通滤波器将数字信号恢复成模拟数据,这个过程称为还原。

语音数字编码是目前比较常用的一种 PCM 技术。已知人耳可以听到的语音频率一般为 300～3400 Hz。根据采样定理,采样频率应大于或等于最高频率的两倍。为方便起见,采样频率定为 8000 Hz,相当于采样周期 $T=125\ \mu s$,即每隔 125 μs 采样一次。量化级数通常为 128 或 256,经过量化后,每个采样点用一个 7 位或 8 位的二进制编码来表示。则一个标准的模拟电话转换出的 PCM 信号的速率是每秒 8000 个 7 位或 8 位二进制编码,传输速率为 56 000 b/s 或 64 000 b/s。因此,传统电话语音的常用数据率为 56 Kb/s,标准数据率为 64 Kb/s。随着语音编码技术的不断发展,现在可以用更低的数据率（如 32 Kb/s,16 Kb/s 甚至是 8 Kb/s）来传送高质量的语音,但是 64 Kb/s 的标准电话交换机已经遍及世界,很难再改用低速率的编码了。

2.1.3 数字数据的模拟信号编码

由于数字信号频率很低,含有直流成分,在远距离传输过程中信号功率的衰减或干扰将造成信号减弱,使得接收方无法接收,所以数字信号不适合于远距离传输。以正弦波为代表模拟信号虽然有诸多缺点,但是它的传输距离比较远,而且在计算机网络出现之前,以电话网、有线电视网为代表的模拟信道已经遍布各地。因此,在远距离传输中大多不采用数字信号而是采用模拟信号。将数字数据进行调制后变换成便于在信道中传输的、具有较高频率的模拟信号（也称为频带信号）,再将这种信号在模拟信道中传输的方式也称为频带传输。计算机网络系统的远距离通信通常都是采用频带传输。

将数字数据在模拟信道上进行远程传输,要先将其变换为模拟信号,这个变换就是数字数据的模拟信号编码,也称为连续波调制,与脉冲编码调制相对应。这种方法首先要引入频率在一个范围内的高频连续波,称为正弦载波,通过改变载波的振幅、频率或者相位来传输数字数据。与之对应有三种基本的调制方式:幅移键控、频移键控和相移键控,如图 2-4 所示。

（1）幅移键控（ASK）:用数字数据的 1 和 0 来控制载波信号的通与断。例如,在数字数据组成的比特流中,发 0 时不发送载波,发 1 时发送载波。有时也把代表多个符号的多电

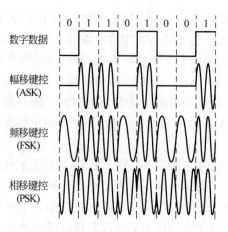

图 2-4　连续波数字调制的基本方式

平振幅调制称为幅移键控。幅移键控实现简单,但抗干扰能力差。

(2) 频移键控(FSK):用数字数据的 1 和 0 来控制载波信号的频率,使用两个不同频率的载波来代表数据 1 和 0。二进制的频移键控也可以看成是两个不同载波的二进制幅移键控信号的叠加。如图 2-4 所示,低频信号表示 0,高频信号表示 1,它可以看成一个有载波表示 0、无载波表示 1 的低频幅移键控和一个有载波表示 1、无载波表示 0 的高频幅移键控叠加而成。移频键控实现起来较容易,抗衰减的性能较好,在中低速数据传输中得到了广泛应用,但它的抗干扰能力不如相移键控。

(3) 相移键控(PSK):用数字数据的 1 和 0 来控制载波的相位。如图 2-4 所示的相移键控中:当数字数据为 1 时,载波起始相位取 0°;当数字数据为 0 时,载波起始相位取 180°。移相键控抗干扰能力强,但在解调时需要有一个正确的参考相位,即需要相干解调。差分相移键控(DPSK)可以利用调制信号前后码元之间载波相对相位的变化来传递信息,例如:在传送 1 时后一码元相对于前一码元的载波相位变化 180°,而传送 0 时前后码元之间的载波相位不发生变化。解调时只看载波相位的相对变化,而不看它的绝对相位。只要相位发生180°跃变,就表示传输 1;若相位无变化,则传输的是 0。差分相移键控抗干扰能力强,且不要求传送参考相位,因此实现较简单。

上面讨论的都是数字数据为二进制的情况。在实际应用中,数字数据常常使用多进制(如四进制、八进制、十六进制等)形式进行传输,多进制数字调制就需要载波参数有多种不同的取值。与二进制调制相比,多进制调制有两个突出的优点:一是多进制数有更多的状态,可以充分利用频带带宽;二是在相同的传输速率下多进制码元持续时间长,可以减少码间干扰。

多进制相移键控(MPSK)就可以使用一个码元传输一个多进制数据。例如,若一个四进制相移键控(4PSK)需要有 4 个相位来代表 4 个数据,则 4 个相位可以分别取 45°、135°、225°、315°,用来对应的 4 个二进制数据为 11、01、00、10。这种 4PSK 各相位之间的差为90°,是正交的,所以也叫正交相移键控(QPSK)。QPSK 的频带利用率是相应二进制 PSK调制的 2 倍,但是随着进制数的增加,各相位之间的差别会减少,误码率会增大,信号恢复也就越困难。这就需要将多种方式的调制技术混合以解决这个问题。

正交振幅调制(QAM)就是一种通过混合 QPSK 和 ASK,以实现多进制数据使用一个码元进行传输的技术,它在数字微波通信、有线电视网等领域应用广泛。图 2-5 中的两个图形分别显示了振幅和相位的几种组合,这些图形称为星座图,每个高速调制解调器标准都有它的星座图。图 2-5(a)是 QPSK 的星座图,相位有 4 种,振幅只有一种。图 2-5(b)给出的 QAM 星座图有三种振幅和 12 种相位,为了减少相邻码元之间的干扰,选择 36 种组合中的 16 种来表示 4 位十六进制数,被称为 16-QAM。表 2-1 给出了各数字数据编码对应的振幅和相位。16-QAM 是最早的一种 QAM,现在使用的 256-QAM,一个码元传输一个字节,两者原理类似。

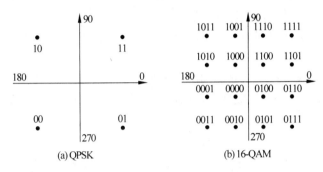

图 2-5　振幅和相位组合的星座图

表 2-1　振幅和相位组合的编码表

种类	16-QAM																QPSK			
数据	0000	0001	0010	0011	0100	0101	0110	0111	1000	1001	1010	1011	1100	1101	1110	1111	00	01	10	11
相位(°)	225	195	255	225	315	285	345	315	135	105	165	135	45	15	75	45	225	315	135	45
振幅	0.33	0.75	0.75	1.0	0.33	0.75	0.75	1.0	0.33	0.75	0.75	1.0	0.33	0.75	0.75	1.0	1.0	1.0	1.0	1.0

2.1.4　数字数据的数字信号编码

　　由计算机或终端等数字设备产生的、未经调制的数字数据相对应的电脉冲信号通常呈矩形波形式,即计算机中二进制数据比特序列的数字信号是典型的矩形脉冲信号。数字数据可以直接采用基带传输,所谓基带就是指表示二进制比特序列的矩形脉冲信号所占用的固有频带,而在信道中传输由数字数据直接对应的数字信号的传输方式就是基带传输。与频带传输相对应,基带传输虽然不能用于远距离通信,但是它十分简单,在近距离通信的局域网中普遍采用基带传输。

　　数字数据的数字信号编码就是要解决数字数据的数字信号表示问题。基带传输的数字信号编码需要减少直流成分的产生,并实现收发两端的信号同步。数字数据可以用多种不同形式的电脉冲信号表示,数字信号就是离散的电压或电流的脉冲序列,每个脉冲代表一个信号单元(或称码元)。最普遍且最容易的方法是用两种不同的电压分别表示 0 和 1,每位二进制和一个码元相对应。表示二进制数字的码元形式不同,产生的编码方法也不同。下面主要介绍单极性不归零码、双极性归零码、曼彻斯特编码和差分曼彻斯特编码等 4 种数字数据的数字信号编码。

　　(1) 单极性不归零码:在每一个码元时间间隔内,有恒定电压或电流发出表示二进制1,无电压或电流发出表示二进制 0,如图 2-6(a)所示。每个码元的中间点为采样时间,每个码元的半幅度电平为判决门限。接收端对收到的每个数字信号进行判决,在采样时刻,若该信号值在 0~0.5 之间就判为 0,在 0.5~1 之间就判为 1。

单极性不归零码是一种最简单的数字数据数字信号编码。但是,该编码方式在出现大量连续相同的 0 或 1 时,接收端难以判断信号的数量,信号同步问题没有得到解决;另外,无论发送何种信号,发送端的电压始终高于或等于接收端,则会产生流向接收端的直流成分,造成信号的迅速衰减。因此,单极性不归零码难以大规模使用。

(2)双极性归零码:用正负脉冲来表示二进制的 1 和 0,在每一个码元时间间隔内,码元的信号波形占一个码元的部分时间,其余时间信号波形幅度为零。当为 1 时,发出正的窄脉冲然后归零;当为 0 时,发出负的窄脉冲然后归零,如图 2-6(b)所示。采样时间是对准脉冲中心的,判决门限为 0。

双极性归零码接收端恢复信号的判决门限为 0,因而不受信道特性变化的影响,容易设置并且稳定,抗干扰能力强。双极性归零码还可以在每个码元归零时提取同步信号,解决了同步问题。从统计平均角度看,双极性归零码 1 和 0 的数目各占一半时无直流分量,但当 1 和 0 出现概率不相等时,仍有直流成分。

(3)曼彻斯特编码:将每一个码元再分成两个相等的间隔。当为 0 时,在间隔的中间时刻,从低电平变为高电平;当为 1 时,在间隔的中间时刻,从高电平变为低电平,如图 2-6(c)所示。

曼彻斯特编码的特点就是在每一个码元时间间隔内,都有一次电平的跳转,可以用来准确地提取位同步信号。同时,由于每一个码元都由相等的正负两部分组成,无论 1 和 0 出现的概率是否相等,都不会产生直流成分。以太网中采用的就是这种编码技术。

(4)差分曼彻斯特编码:在每一个码元时间间隔内,无论为 0 或为 1,在间隔的中间都有电平的跳转。但为 0 时,在间隔开始时刻有跳转;当为 1 时,在间隔开始时刻无跳转,如图 2-6(d)所示。与曼彻斯特编码的不同之处在于每位中间的跳转只是作为同步信号,而取值是 0 还是 1 则根据每一位的起始处有没有变化来判断。

差分曼彻斯特编码的优点与曼彻斯特编码相同,令牌环网中采用的就是这种编码技术。

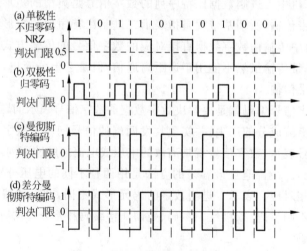

图 2-6　数字数据的数字信号编码

从以上讨论可以发现，同步是基带传输所要面对的一个重要问题。接收端和发送端的数据序列在时间上必须取得同步，以便能准确地区分每位数据。这就要求接收端要按照发送端发送的每个码元的重复频率和起止时间来接收数据，在接收过程中还要不断校准时间和频率，这一过程就是同步过程。现代计算机通信中有两种同步方法：位同步和群同步。

(1) 位同步：接收端每一位数据都要和发送端同步。在数据通信中，习惯把位同步称为"同步传输"。同步传输能够从信号波形中提取同步信号。上述双极性归零码、曼彻斯特编码和差分曼彻斯特编码都可以在每个码元中提取同步信号，属于位同步编码。从这三种位同步编码的脉冲波形可以看出，它们的每一个码元都被调制成两个电平以产生同步信号，所以数据传输速率只有调制速率的一半，它们对信道的带宽有更高的要求。

(2) 群同步：传输的信息被分成若干"群"，每个群的前面冠以起始位、结束处加上终止位，从而组成一个字符序列。在数据通信中，习惯把群同步称为"异步传输"。一般用一个字符作为一个"群"，每个字符都独立传输，且每一字符的起始时刻可以为任意。每个字符在传输时都在前面加上起始位、在后面加上结束位，以表示它的开始和结束。

图 2-7 给出了群同步传输一个字符的格式。起始位信号为逻辑 0，结束位信号为逻辑 1。起始位和结束位的作用是实现字符同步。字符之间的间距是任意的，但每个字符包含的位数相同，每一位占用的时间恒定。同步的具体过程是：若发送端有数据发送，就将信号从不发送信息时的 1 状态转到起始态 0，接收端检测出这种信号状态的改变后，就利用该信号的反转启动接收时钟，以实现收、发时钟的同步。同理，接收端一旦收到结束位，就将定时器复位。

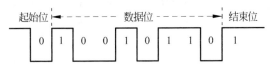

图 2-7　群同步(异步传输模式)

单极性不归零码可以使用群同步传输信息，它的优点是每一个字符本身就包括本字符的同步信息，不需要在线路两端设置专门的同步设备；缺点是每发送一个字符就要添加一对起止信号，从而增加了线路的开销，降低了传输效率。群同步广泛应用于小于 1200 b/s 的低速率数据传输中。

2.2　多路复用技术

要建设一个远距离的传输信道往往需要很大的投资，而建成信道的带宽和容量往往要超过传输单一信号的要求。为了合理高效地利用通信线路，人们需要利用一个物理信道同时传输多路信号，这就是多路复用技术。多路复用技术可以使多个计算机或终端设备共享信道资源，这就提高了信道的利用率。特别是在远距离传输时，多路复用技术可以大大节省电缆的安装与维护费用。

多路复用技术使用复用器在发送端将多个信号组合，然后在一个信道传输到接收端，接收端使用分用器将组合信号分离，恢复成多路信号并交给各个目的主机，如图 2-8 所示。常用的多路复用技术包括频分、时分、波分和码分等几种类型。

24

图 2-8　多路复用示意图

2.2.1　频分复用

频分多路复用技术(Frequency Division Multiplexing,FDM)是按照不同的频率来区分信号的一种方法,如图 2-9 所示。在物理信道的可用带宽超过多个原始信号所需带宽之和的情况下,将传输频带划分为若干个较窄的频带,每个频带传送一路信号,形成一个子信道。原始信号在复用之前,先要通过频谱搬移技术将各路信号的频谱搬移到物理信道频谱的不同段上,使得信号的带宽不互相重叠。同时,为了避免两个相邻频段的相互干扰,频段之间必须保留一定的缝隙,称为保护频带。这样,频分复用的所有用户在同样的时间内占用不同的频带资源。

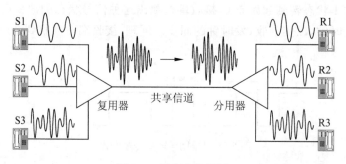

图 2-9　频分多路复用

频分多路复用实现简单,相关技术也比较成熟,常用于模拟信号的传输,也可用于宽带网络。频分多路复用通常用不同的频道来区分各路信号,模拟电视、模拟无线广播、载波电话等是频分多路复用的典型例子。

目前宽带网常用的接入技术 ADSL(Asymmetric Digital Subscriber Line)也使用了频分多路复用技术。DSL 表示以电话线为传输介质的计算机网络传输技术,ADSL 作为一种最常用的 DSL 技术,是现在许多家庭用户通过电话线快捷、高效接入宽带网络的主要方式。ADSL 是一种非对称全双工的 DSL 技术,所谓非对称是指用户线的上行速率与下行速率不同,上行是指从用户到互联网,下行是指从互联网到用户。ADSL 上行速率低,下行速率高,特别适合传输多媒体信息业务,如视频点播(VOD)、多媒体信息检索和其他交互式业务。ADSL 在一对铜线上支持上行速率 512 kb/s～1 Mb/s,下行速率 1～8 Mb/s,有效传输距离在 3～5 km 范围以内。

ADSL 采用一种叫做 DMT(Discrete Multi-Tone,离散多音调)的频分多路复用技术,将 40 kHz 以上到 1.1 MHz 的高端频谱划分成多个子信道,其中 40～138 kHz 的25 个子信

道用于上行信道,而 138 kHz～1.1 MHz 的 249 个
子信道用于下行信道,每个子信道占据 4 kHz 的带
宽,如图 2-10 所示。ADSL 先将要传输的数字数据
并行分配给各个子信道,子信道再使用 QAM 技术将
数字数据转换成模拟信号进行传输。受距离、线缆
粗细、干扰等因素的影响,用户线的具体条件差别很
大,ADSL 采用自适应调制技术使用户线能够传送尽
可能高的速率。当 ADSL 启动时,用户两端的

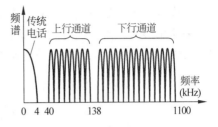

图 2-10　使用 DMT 的 ADSL 频谱分布

ADSL 调制解调器就开始测试可用频率、干扰状况等信息。对于信噪比较高的子信道,使用
较高的速率传输;对于信噪比较低的子信道,使用较低的速率传输或者不予使用。因此,
ADSL 的传输速率是不固定的,质量很差的用户线甚至不能开通该业务。

　　图 2-11 给出了一个典型的 ADSL 部署结构。用户端通过分离器(Splitter)将语音信号
和数据信号分开。分离器是一个模拟滤波器,它将小于 4 kHz 的信号送到电话机,大于
40 kHz 的信号送到 ADSL 调制解调器。ADSL 调制解调器在不同的频段并行工作,将各子
信道的模拟信号转换成数字数据,通过以太网接线或者 USB 接线把数据送到计算机中。也
有以卡的方式内置于计算机的 ADSL 调制解调器。在电话局端,对应的分离器将语音信号
传送到电话网中,将 40 kHz 以上的信号送到 DSLAM(DSL Access Multiplexer)中。
DSLAM 也包含与 ADSL 调制解调器中一样的数字信号处理器,将数字数据恢复出来,交给
互联网的 ISP。一个 DSLAM 可以支持 500～1000 个用户,价格比较昂贵。

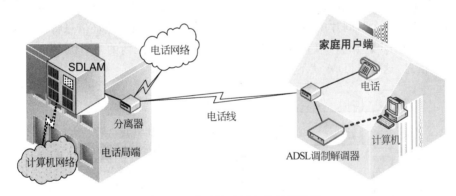

图 2-11　典型的 ADSL 设备部署图

　　频分多路复用技术对于 ADSL 具有重要意义。早期通过电话线拨号上网的方式,没有
使用频分多路复用,计算机的数据调制成模拟信号后,需要占用语音信号的频段进行传输。
语音频段带宽只有 4 kHz,数据的最大传输速率只有 56 Kb/s,并且打电话和上网不能同时
进行。使用了频分多路复用,充分利用了电话线中语音信号没有使用高端频谱,不但可以使
用一根电话线同时通话和上网,而且极大地提高了数据的传输速率。

2.2.2　时分复用

　　时分多路复用技术(Time Division Multiplexing,TDM)是将信道传输数据的时间划分
成一段段等长的时分复用帧(TDM 帧,这里的帧与数据链路层的帧不同),每一个 TDM 帧

再划分成若干等长的时间片。每一个时分复用的用户在每个 TDM 帧中占用固定序号的时间片来使用公共线路,在其占用的时间片内,信号独自使用信道的全部带宽。TDM 也就是将一条物理信道按时间片轮流分配给多路信号使用,如图 2-12 所示。

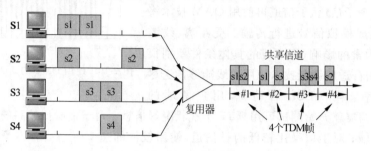

图 2-12　时分多路复用

从图 2-12 可以看出一个用户所占用的时间片是周期性出现的,这个周期就是一个 TDM 帧的长度。这种 TDM 也称为同步时分多路复用,因为每一路信号的时间片都是预先分配好的,而且固定不变,如果一路用户在某一段时间暂时无数据传输,分配给它的时间片就空闲着,其他路用户不能使用这个暂时空闲的信道资源。统计时分复用(也称为异步时分复用)可以避免这个问题,提高信道的利用率。

统计时分复用(STDM,Statics TDM)是使用 STDM 帧来传输数据的,每一个 STDM 帧中划分的时间片的数目要小于进行复用的用户数,每一个帧中的时间片不再固定分配给某个用户,而是按需动态地给每个用户分配时间片,如图 2-13 所示。STDM 为了对各个用户进行区分,要在每个时间片中传输用户的地址信息,接收端根据地址信息将该时间片的数据传输给相应的用户。在图 2-13 中,输出线路上每个时间片之前的短时隙(白色)就放入了用户的地址信息,这样 STDM 就不可避免地增加了一些开销。

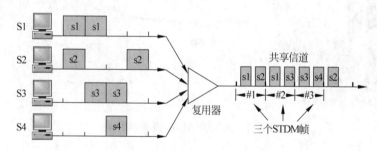

图 2-13　统计时分多路复用

时分复用技术 TDM 的实现方法也比较成熟,常用于数字信号的传输,也可用于模拟信号的传输。对于模拟信号,有时可以把 TDM 和 FDM 两种复用技术结合使用,即把信道频分成许多子信道,每条子信道再利用 TDM 进一步细分,宽带局域网中可以使用这种混合技术。TDM 主要还是用于数字信号传输,PCM 群传输就是使用 TDM 技术来最大限度地利用线路的。

在 2.1.2 节中,已经介绍了使用 PCM 技术以 125 μs 为采样周期可以将一路电话语音转换成数字信号,并以 64 Kb/s 的速率进行传输。为了有效地利用传输线路,通常将多路电话语音的 PCM 信号用 TDM 方法封装成 TDM 帧,然后再一帧帧地传送到线路上。TDM

复用 PCM 信号的方式已经建立起了国际标准,原则上是先把一定路数的电话复合成一个标准数据流,形成一个 PCM 基群。若线路的可用带宽较大,再将多个 PCM 基群使用 TDM 技术生成 PCM 高次群进行传输,例如:4 个基群可以复用成一个二次群,4 个二次群可以复用成一个三次群,以此类推。

目前国际上推荐的 PCM 基群有 E1 和 T1 两种,如图 2-14 所示。无论哪种标准,TDM 帧的时间长度都是 125 μs,只有这样才能保证每一路 PCM 以 125 μs 为采样周期采得的数字信号可以实时传出去;两个标准的不同之处在于 TDM 帧划分的时间片数量,它决定了可以复用的话音路数。

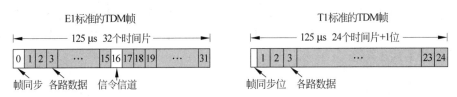

图 2-14　TDM 帧的结构

我国和欧洲国家都采用 E1 标准的 PCM 基群。E1 的一个 TDM 帧划分了 32 个相等的时间片,每个时间片传输 8 bit(即一路语音一个采样点二进制编码的长度),则一个 TDM 帧有 32×8 bit=256 bit。由于 TDM 帧的时间长度为 125 μs,每秒可以传输 8000 个 TDM 帧,则 E1 标准 PCM 基群的传输速率为 256 bit/帧×8000 帧/s=2.048 Mb/s。在 32 个时间片中,有两个时间片分别用于传输帧同步和传送信令,直接用于通话的时间片为 30 个,所以一个 E1 标准的 PCM 基群可以传输 30 路话音。

美国和日本采用 T1 标准的 PCM 基群。T1 的一个 TDM 帧划分了 24 个相等的时间片,每个时间片传输 8 bit,则一个 TDM 帧有 24×8 b=192 b。T1 每个 TDM 帧间有 1 b 的同步码,所以 E1 标准 PCM 基群的传输速率为(192+1) b/帧×8000 帧/s=1.544 Mb/s,可以传输 24 路话音。

E1 和 T1 两种标准的速率不同,互不兼容,其高次群更是难以兼容。但是这两种标准在各国已经广泛应用,谁也不愿意花费巨资替换设备以更换标准,所以两种标准一直未能实现直接互通。另外,要实现更高次群的速率,时间同步问题成了一个突出障碍。这是因为,为了节约经费,各国的数字网采用了准同步方式,收发双方的时钟有微小差异,低速传输时并不会带来严重影响,但高速传输时通信双方难以实现数据同步。

为了解决这两个问题,美国在 1988 年推出了同步光纤网(Synchronous Optical Network,SONET),各网时钟都来自于一个非常精确的铯原子主时钟,并且能够与 E1 和 T1 两种标准兼容。国际电信联盟电信标准化局 ITU-T 以 SONET 为基础,制定了同步数字系列(Synchronous Digital Hierachy,SDH)标准。SDH 以相当于 2430 个话路的 155.52 Mb/s 速率为基群,即 STM-1,目前相关标准已经制定到 STM-256,速率约 40 Gb/s。这样,使用 SDH/SONET 就可以将原来以 E1 和 T1 为基群的系统进行高速互连。

2.2.3　波分复用

波分多路复用技术(Wavelength Division Multiplexing,WDM)就是光的频分多路复用,它是把不同波长的光信号复用到一根光纤中进行传输的技术。WDM 的基本原理是:

在发送端将不同的光信号组合起来,然后耦合到光缆线路上,再用一根光纤进行传输;在接收端将组合波长的光信号分离开,再通过进一步处理恢复出原信号后送入不同的终端。WDM 实质上也是将不同频率的信号组合在一起进行传输,其原理与 FDM 十分类似,只是光一般不是使用频率、而是使用波长进行区分。相对于电信号的多路复用器,WDM 发送端和接收端的器件分别称为合波器和分波器。

一根单模光纤的传输速率最大为 2.5 Gb/s,如果采用色散补偿技术解决光纤传输中的色散问题,则一根单模光纤的传输速率可达 20 Gb/s。最早的 WDM 技术只能在一根光纤上复用两路光载波信号。随着技术的发展,现在可以复用 80 路甚至更多的光信号,这也被称为密集波分复用技术(Dense WDM,DWDM)。DWDM 可极大地增加光纤信道的数量,从而充分利用光纤的潜在带宽,是计算机网络今后使用的重要技术。图 2-15 说明了DWDM 的基本概念。

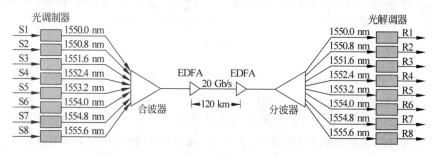

图 2-15 密集波分多路复用

图 2-15 给出了传输速率为 2.5 Gb/s、光载波波长为 1310 nm 的 8 路信号(S1~S8)使用 DWDM 在一根光纤上传输的例子。首先,通过光调制器将 1310 nm 的载波信号(S1~S8)全部变换到 1550.0~1555.6 nm 的载波波段,DWDM 中每个光载波波长间隔一般为0.8 nm。接下来,将这 8 路信号经过合波器组合,在一根光纤上传输,这根光纤上的数据传输速率为 8×2.5 Gb/s=20 Gb/s。分波器收到信号后再将其分到 1550.0~1555.6 nm 的 8个光载波线路上去,最后,通过光解调器将各路信号转换到光载波波长为 1310 nm 的信道上。为了减少光信号在传输过程中的衰减,可以使用 EDFA(Ebrium Doped Fiber Amplifier,掺铒光纤放大器)将光信号直接放大进行传输。EDFA 在 1550 nm 波长附近有35 nm 的频带范围提供均匀、可达 40~50 dB 的增益,所以载波都被调制到 1550 nm 附近。两个 EDFA 之间的光纤长度可达 120 km,一条线路可以使用 4 个 EDFA,则合波器和分波器之间直接使用光信号传输的最大距离为 600 km,超过 600 km 才需要在中间添加光电转换器对信号进行整形放大。DWDM 减少了光纤骨干线路的铺设成本,提高了光纤的利用率,对于高速计算机网络的发展具有重要意义。

2.2.4 码分复用

码分多路复用技术(Code Division Multiplexing,CDM)就是将不同码型的信号复用到一个信道进行传输的技术,许多时候人们将 CDM 等同于码分多址 CDMA。多址和复用虽然类似,但却是两个不同的概念。复用是把信道分割供给一个或多个用户使用,多址则是以"址"区分的多个用户使用一个信道传输信号。要实现多址一定要复用,但复用并不一定是多址的。例如：一个用户可以通过复用技术将数据分解到一个信道的全部子信道进行并行传输，这种复用就不是多址的。下面说明 CDM 最常用的方式 CDMA 的工作原理。

CDMA 是一种以扩频技术为基础的调制和多址接入技术。所谓的扩频就是指将信号的频率扩展到原始数据频率的多倍进行传输的技术。扩频有直接序列扩频（Direct Sequence Spread Spectrum, DSSS）和跳频扩频（Frequency Hopping Spread Spectrum, FHSS）两大类，CDMA 使用的扩频技术是 DSSS。在 CDMA 中，每个比特时间分成 m 个短的时间片，称为码片。每个站分配一个唯一的 m 比特码片序列。当某个站要发送 1 时，就在信道中发送它 m 比特的码片序列；当要发送 0 时，就发送它 m 比特的码片序列的二进制反码。m 的值通常是 64 或 128，为了简单起见，这里假设 m 为 4。例如：A 站的码片序列为 1010，当它发送比特 1 时，就发送序列 1010；当它发送比特 0 时，就发送序列 0101。由于每一个比特都要转换成 m 比特的码片，所以信号发送的速率是原始数据发送速率的 m 倍，信号的发送频带宽度也被扩展到原始数据的 m 倍。

同一个 CDMA 系统中的每一个站分配的码片不但是唯一的，而且任意两个站的码片还必须要互相正交。所谓的正交就是指两个码片所转换成的两个向量的规格化内积等于 0。假设向量 $\boldsymbol{A}$、$\boldsymbol{B}$ 分别为站 A、B 的码片序列所对应的向量，若两个码片序列正交，则：

$$\boldsymbol{A} \cdot \boldsymbol{B} = \frac{1}{m} \sum_{i=1}^{m} A_i B_i = 0 \tag{2-1}$$

例如，A、B 两个站的码片序列分别为 1010 和 1111。把码片转变为向量时，要将其中的 0 写为 -1，1 写为 +1，则向量 $\boldsymbol{A}$ 为 (+1, -1, +1, -1)，向量 $\boldsymbol{B}$ 为 (+1, +1, +1, +1)。$\boldsymbol{A}$ 与 $\boldsymbol{B}$ 规格化内积为 $\boldsymbol{A} \cdot \boldsymbol{B} = (+1, -1, +1, -1) \cdot (+1, +1, +1, +1) = 0$，那么 A、B 两个站的码片序列正交，可以在同一个 CDMA 系统中使用。若公式 (2-1) 成立，还可以得到以下几个推论：

$$\boldsymbol{A} \cdot \overline{\boldsymbol{B}} = \frac{1}{m} \sum_{i=1}^{m} A_i \overline{B}_i = -\frac{1}{m} \sum_{i=1}^{m} A_i B_i = 0 \tag{2-2}$$

$$\boldsymbol{A} \cdot \boldsymbol{A} = \frac{1}{m} \sum_{i=1}^{m} A_i A_i = \frac{1}{m} \sum_{i=1}^{m} A_i^2 = \frac{1}{m} \sum_{i=1}^{m} (\pm 1)^2 = 1 \tag{2-3}$$

$$\boldsymbol{A} \cdot \overline{\boldsymbol{A}} = \frac{1}{m} \sum_{i=1}^{m} A_i \overline{A}_i = -\frac{1}{m} \sum_{i=1}^{m} A_i^2 = -1 \tag{2-4}$$

CDMA 系统各个站所要发送的比特通过码片序列发出后，被线性叠加到一起通过一个信道进行传输。接收站收到多个站的线性叠加码片序列的和后，将其与某一发送站的码片序列进行规格化内积运算。若结果为 1，表示该站发送的比特为 1；若结果为 -1，表示该站发送的比特为 0。这样，接收站就恢复出了发送站发送的数据。

例如：码片分别为 1010、1111、0011、1001 的 4 个站 A、B、C、D，在某一时刻它们发送的比特分别为 1、0、1、0。设 4 个站的码片序列叠加后得到的和为 S，则：

$$S = A + \overline{B} + C + \overline{D} \tag{2-5}$$

若站 A' 使用 A 的码片接收信号，根据上述公式，它获得的结果为：

$$\begin{aligned} \boldsymbol{S} \cdot \boldsymbol{A} &= (\boldsymbol{A} + \overline{\boldsymbol{B}} + \boldsymbol{C} + \overline{\boldsymbol{D}}) \cdot \boldsymbol{A} \\ &= \boldsymbol{A} \cdot \boldsymbol{A} + \overline{\boldsymbol{B}} \cdot \boldsymbol{A} + \boldsymbol{C} \cdot \boldsymbol{A} + \overline{\boldsymbol{D}} \cdot \boldsymbol{A} = 1 + 0 + 0 + 0 = 1 \end{aligned} \tag{2-6}$$

那么，A′可知 A 发送的比特为 1。若站 B′使用 B 的码片接收信号，则得到的结果为：

$$S \cdot B = (A + \bar{B} + C + \bar{D}) \cdot B$$
$$= A \cdot B + \bar{B} \cdot B + C \cdot B + \bar{D} \cdot B = 0 + (-1) + 0 + 0 = -1 \qquad (2\text{-}7)$$

那么，B′可知 B 发送的比特为 0。同理，C′、D′分别使用 C、D 的码片可以恢复出 C、D 发送的比特分别为 1 和 0。图 2-16 给出了 4 个站通过 CDMA 共享信道传输比特的过程。

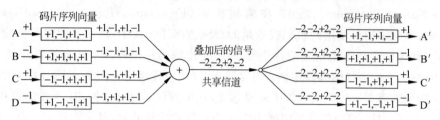

图 2-16　码分多址 CDMA

CDMA 的码片序列是正交的，各用户之间不会产生影响，因此有很强的抗干扰能力。各路信号叠加后的频谱类似于白噪声，其保密性也很强。另外，扩频技术的使用也有效提高了它的系统容量。CDMA 最早用于军事通信，随着技术的发展，其设备价格大幅下降，现在已经广泛应用在移动通信和无线局域网中。与传统的移动通信 GSM 技术相比，CDMA 可以提高系统的话音质量，减少干扰对通信的影响，增大系统的容量，并可以降低手机的发射功率。在国际电信联盟 ITU 认可的 10 个第三代移动通信(3G)标准中，比较常用的标准有 WCDMA、CDMA2000、TD-SCDMA 三个，它们都使用了 CDMA 技术，表 2-2 对这三种标准进行了简单比较。

表 2-2　WCDMA、CDMA2000 和 TD-SCDMA 的简单比较

主要参数	WCDMA	CDMA2000	TD-SCDMA
速率	下行 14.4 Mb/s； 上行 5.76 Mb/s	下行 3.1 Mb/s； 上行 1.8 Mb/s	下行 2.8 Mb/s； 上行 384 Mb/s
信道带宽	5/10/20 MHz	1.25/5/15/20 MHz	1.2 MHz
码片速率	$N \times 43.84$ Mc/s	$N \times 1.2288$ Mc/s	1.28 Mc/s
帧长	10 ms	20 ms	10 ms
扩频	Walsh+Gold 序列	Walsh+m 序列	Walsh+m 序列
调制	数据调制：QPSK/BPSK 扩频调制：QPSK	数据调制：QPSK/BPSK 扩频调制：QPSK/OQPSK	数据调制： DQPSK/16-QAM
功能	可视电话、高速数据上网、WAP、彩信、话音、短信等		
运营商	中国联通、和记黄埔 3、美国 AT&T，英国沃达丰、德国电信等，全球市场占有率 70%以上	中国电信、美国 Verizon+Alltel、Sprint、日本 KDDI 等，全球市场占有率 20%以上	中国移动
简评	产业链广、用户多、技术完善	技术优秀但产业链不广	中国自有 3G，获政府支持

其中，我国自主研发的 TD-SCDMA 具有较高的频谱利用率、较低的成本和较大的灵活性，国际竞争力很强。这表明我国在移动通信领域的研究已经达到了国际先进水平。

2.3 传 输 介 质

传输介质也称为传输媒体,它是传输系统中发送器和接收器之间的物理通道。传输介质可分为两大类,即导向传输介质和非导向传输介质。导向传输介质包括双绞线、同轴电缆和光缆等,它提供了一种从一个设备到另一个设备的通信信道,通过导向介质传输的信号沿着介质的方向传播,信号被限制在介质内。非导向传输介质就是指自由空间,使用非导向介质传输信号时,不需要物理导体,直接将信号通过自由空间传播出去,任何一个具有接收设备的人都能接收它,无线通信就是使用这种传输方式。

2.3.1 双绞线

双绞线是把两根具有绝缘保护层的铜导线并排放在一起,然后用规则的方法按照一定的密度绞合起来而构成的。因为通电导线会产生磁场,不绞合的两根平行导线产生的磁场呈相交的圆环形,一根导线切割另一根导线的磁场会出现微弱电流,形成干扰信号。绞合可以避免两根导线的相对移动,减少互相之间切割磁感线的机会,从而降低了干扰信号的产生。同时,两根绞合导线的磁感线也呈螺旋状绞合,每一根导线辐射出来的电磁波会被另一根线发出的电磁波抵消,从而减少了对相邻导线的电磁干扰。双绞线一般由两根 22～26 号的绝缘铜导线相互绞合。如果把一对或多对双绞线放在一个绝缘套管中便成了双绞线电缆。在双绞线电缆内,不同线对具有不同的扭绞长度,扭绞长度一般在 38.1～14 cm 内,按逆时针方向绞合,相临线对的扭绞长度在 12.7 cm 以上。双绞线电缆通常也简称双绞线,其内部的导线则称为线芯。

双绞线分为屏蔽双绞线(Shielded Twisted Pair,STP)和无屏蔽双绞线(Unshielded Twisted Pair,UTP)两类。屏蔽双绞线在双绞线与外层绝缘封套之间有一个金属丝编织成的屏蔽层,用以减少辐射,防止信息被窃听,并阻止外部电磁干扰的进入。屏蔽双绞线比同类的非屏蔽双绞线传输速率要高,但是价格更昂贵。无屏蔽双绞线 UTP 价格低廉,是一种十分常用的传输线,既可以用于模拟传输,又可以用于数字传输。UTP 早在贝尔发明的电话系统中就得到了使用,现在以太网中常用的就是 4 对 8 芯的 UTP,而电话网用户端常用的是两对 4 芯的 UTP,如图 2-17 所示。与双绞线相接的连接器俗称水晶头,双绞线的两端必须安装水晶头才能插入网卡、电话或交换机等的接口上。两对 4 芯的 UTP 所连接的水晶头和接口符合 RJ-11 标准,4 对 8 芯的 UTP 所连接的水晶头和接口符合 RJ-45 标准。

图 2-17 无屏蔽双绞线的结构

双绞线传输信号的距离可达十几千米,其传输能力不但与有无屏蔽层有关,也与导线的粗细以及绞合密度有关。一般导线越粗、绞合越密,其传输距离就越大、传输速度就越高,但是价格也越贵。国际上按电气性能将双绞线分为 3 类、4 类、5 类、超 5 类、6 类、7 类等多种类型,它们的频带宽度和典型应用如表 2-3 所示。无论哪种类别的双绞线,随着频率的升高衰减都会越来越大。各类双绞线线对之间的绞合密度和线对内两根线芯之间的绞合密度都是经过精心设计、并在生产中加以严格控制的,这样才能使干扰在一定程度上抵消。目前,局域网中常用的是 5 类、超 5 类和 6 类双绞线。

表 2-3　各类双绞线的比较

类别	3 类	4 类	5 类	超 5 类	6 类	7 类
屏蔽类型	UTP	UTP	UTP	UTP	UTP 或 STP	STP
频带宽度	16 MHz	20 MHz	100 MHz	100 MHz	250 MHz	600 MHz
典型应用	模拟电话	短距 10 M 以太网	10 M 以太网,某些 100 M 以太网	100 M 以太网,某些 1000 M 以太网	1000 M 以太网,ATM 网	10 G 以太网

2.3.2　同轴电缆

同轴电缆由一根铜质导线或是多股绞合线外包一层绝缘皮,再包一层金属网编织的屏蔽层以及保护塑料外层组成,如图 2-18 所示。由于屏蔽层的作用,同轴电缆具有很好的抗干扰特性。

图 2-18　同轴电缆的结构

按照特性阻抗值的不同可以将同轴电缆分为两类。一类是基带同轴电缆,特性阻抗为 50 Ω,用于传送基带数字信号,是 10 Mb/s 以太网时代最常使用的网络传输介质。基带同轴电缆又有粗缆和细缆之分,网络中使用的是 RG-8 粗缆和 RG-58 细缆。目前,这种同轴电缆已经被双绞线取代。另一类是宽带同轴电缆,特性阻抗为 75 Ω,用于模拟传输系统,是现在有线电视系统 CATV 的标准传输介质。宽带同轴电缆上传送的是采用了频分复用的宽带信号,当用它传输电视等模拟信号时,其频率可达 400 MHz,而传输距离可达 100 km。

使用同轴电缆的有线电视系统 CATV 和使用双绞线的电话系统是覆盖面最大的两套信号传输系统,既然电话系统的信道可以使用 ADSL 实现计算机网络的宽带接入,那么 CATV 的信道也可以用于计算机网络的宽带接入。虽然基带同轴电缆在局域网中被双绞线替代,但宽带同轴电缆在接入网中仍然是双绞线的有力竞争者。由于同轴电缆网络上传输的电视信号是单向的,并且每隔 600 m 就要加入一个放大器,直接传输双向数字信号会出现失真,必须对其进行改造才能用来接入计算机网络。目前的改造方案是将同轴电缆骨干部分改换为价格较低的传输模拟信号的光纤,这种网络被称为 HFC 网(Hybrid Fiber-Coax,光纤同轴混合网)。

HFC 网的最高传输频率可以达到 1 GHz,而传统的模拟电视节目所使用的频段为 78～550 MHz,其余的频带都可用于传输数字信号。HFC 网的频带划分目前还没有统一的国际标准,图 2-19 给出了一种常见的划分方案。由图可以看出,上行通道的频段为 5～65 MHz,带宽为 60 MHz,远高于 ADSL 的 98 kHz。该频段除了用做计算机网络的上行通道外,还可以用于传输状态监控信号、视频点播信号、数字电话上行信号等。上行通道所使用的频段容易受到无线电信号的干扰,常使用 QPSK(或 16QAM)将数字数据调制成模拟信号后再进行传输。550～750 MHz 的频段用做数字信号的下行通道,带宽为 200 MHz,用于传输计算机网络下行数据以及数字电视、VOD 数字视频和数字电话下行信号等。由此可见,HFC 网可以利用其宽频带的优势融合当前大部分通信系统。

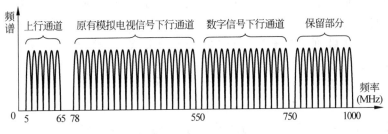

图 2-19　HFC 网的频谱分布

HFC 网的用户端使用 UIB(User Interface Box,用户接口盒)接收数据、电视、电话等综合业务信号。UIB 向下提供三种连接:使用同轴电缆通过机顶盒连接到电视机,使用电话线连接到电话机,使用 Cable Modem(电缆调制解调器)连接到计算机。Cable Modem 是 HFC 网使用的调制解调器,它的基本功能是将上行的数字信号调制成模拟信号,将下行的模拟信号解调为数字信号。Cable Modem 传输速率比 ADSL 要高,下行速率可达 30 Mb/s,上行速率可达 10 Mb/s。然而 Cable Modem 比 ADSL 要复杂,它集 Modem、调谐器、加/解密设备、桥接器、网络接口卡、SNMP 代理和以太网集线器的功能于一身,并且不是成对使用,只安装在用户端。安装在前端与 Cable Modem 相对应的设备叫 CMTS(电缆调制解调端接系统),它为每一个通过 HFC 上网的合法用户的 Cable Modem 设置 IP 地址、上下行频率等通信参数等。图 2-20 给出了 HFC 网的系统结构。

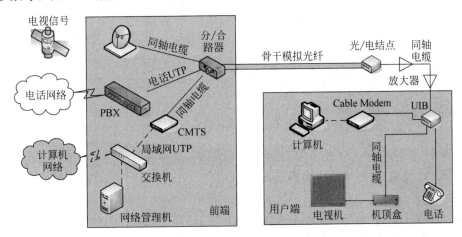

图 2-20　HFC 网的系统结构

HFC 网的主要优势为:巨大的接入带宽,可提供各种模拟和数字业务;Cable Modem 系统的下行速率高,提高了网络资源的利用率;同时,还具有永久在线、无须拨号的优点。但是 HFC 网需要投入一定的资金和时间对现有的 CATV 进行改造才能建成,现在只有个

第2章

物理层

别城市初步完工。HFC 网的特点十分适合用于实现三网融合,2010 年国务院公布了 12 个三网融合的试点城市,拥有 CATV 系统的广电部门成为电信部门的有力竞争者。

2.3.3　光纤

　　光纤的全称为光导纤维,是目前发展最为迅速、应用十分广泛的传输介质。光纤通信是以光波为载频,以光导纤维为传输介质的一种通信方式。光纤使用光脉冲来传递数字信号,即有光脉冲相当于 1,没有光脉冲相当于 0。由于光的频率很高,所以光纤通信的传输带宽远远大于目前存在的其他传输介质。自 20 世纪 60 年代,高锟(2009 年诺贝尔物理奖获得者)提出光纤在通信上应用的基本原理开始,光纤逐步推动了通信领域的变革,将数据传输速率由几十 Kb/s 提高到了几十 Gb/s。

　　光纤由纤芯、包层和涂覆层三部分组成,各层的厚度如图 2-21(a)所示。最里面的是纤芯,包层将纤芯围裹起来,使光纤芯与外界隔离,以防止与其他相邻的光纤相互干扰。纤芯是光的传导部分,而包层的作用是将光封闭在光纤芯内。包层外面有一层很薄的涂覆层,材料为硅酮树脂或聚氨基甲酸乙酯,在光纤的制造过程中就已经涂覆到光纤上。涂覆层在光纤受到外界震动时保护光纤的光学性能和物理性能,同时又可以隔离外界水汽的侵蚀。

　　纤芯和包层的成分都是玻璃,纤芯是非常透明的石英玻璃拉成的细丝,折射率高,而包层的折射率低。当光线从高折射率的媒体射向低折射率的媒体时,其折射角大于入射角。当入射角足够大(即大于临界角)时,就会产生全反射,即光线碰到包层时会全部折射回纤芯,如图 2-21(b)所示。这个过程不断重复,光也就沿着光纤传输下去,如图 2-21(c)所示。现代生产的光纤可以保证光线在纤芯中传输几千米都没有什么损耗。

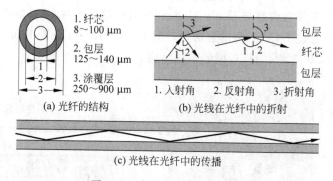

　　(a) 光纤的结构　　　　(b) 光线在光纤中的折射

(c) 光线在光纤中的传播

图 2-21　光纤通信的基本原理

　　只要光线的入射角大于临界角,就会产生全反射,这样可以将许多条不同入射角的光线通过一条光纤传输,这种光纤称为多模光纤,如图 2-22(a)所示。信号在多模光纤中传输时会逐渐扩展,造成失真。若将光纤的直径减小到只有一个光波长,则光纤就像波导一样,使得光线一直沿纤芯向前传播,而不会有多次的反射,这样的光纤称为单模光纤,如图 2-22(b)所示。单模光纤在色散、效率及传输距离等方面都要优于多模光纤,但是其纤芯很细,制造工艺复杂,所以成本比较高。

　　(a) 多模光纤　　　　　　(b) 单模光纤

图 2-22　多模光纤与单模光纤

由于光纤很细,其机械强度难以满足工程施工的要求,必须把光纤做成结实的光缆。一根光缆中可以有一根或者几根甚至上百根光纤。为保护光缆的机械强度和刚性,光缆通常还包含一个或几个加强元件。在光缆被牵引时,加强元件使得光缆有一定的抗拉强度,同时还对光缆有一定的支持保护作用。光缆加强元件有芳纶砂、钢丝和纤维玻璃棒等三种。光缆最外面还有一个外护套,它是非金属元件,作用是将光纤和其他的光缆部件加固在一起,保护光纤和其他的光缆部件免受损害。

由于光纤本身只能传输光信号,为了使光纤能传输电信号,光纤两端必须配有光发射机和光接收机。光发射机完成从电信号到光信号的转换,光接收机则完成从光信号到电信号的转换。光发射机可以采用发光二极管 LED 或注入型激光二极管 ILD。LED 比较便宜,但是定向性差,信号传输距离短。ILD 产生的是激光,定向性好,传输效率高、距离远,但是价格昂贵。相较于 ILD,垂直腔面发射激光器 VCSEL 成本低,激光特性好,在 850 nm 波长区已经逐渐替代了 ILD,但其他波长区的 VCSEL 产品还在研究中(如表 2-8 所示)。由于光纤是单向传输的,要实现双向传输就需要两根光纤或一根光纤上有两个频段。

光纤具有抗电磁干扰性能高、数据保密性好、损耗和误码率低、体积小、重量轻等优点,其应用越来越广,种类也越来越多,有用于电话网的中继光纤、用于广域网互联的海底光缆、用于局域网骨干的网内光纤以及用于宽带接入的接入光纤等。例如:在宽带接入中,除了上文所述的 HFC 骨干部分使用到了光纤外,FTTx(光纤到 x)更是在整个接入网中全部使用光纤作为传输介质。FTTx 根据光纤到用户的距离可以分为 FTTC(光纤到路边)、FTTB(光纤到大楼)及 FTTH(光纤到户)等多种类型。FTTx 接入带宽可达到双向 100 Mb/s,而且很容易升级到 1000 Mb/s,能充分满足用户上网、可视电话、互动视听、视频点播 VOD 等多种业务的需求。相比于 ADSL 和 HFC 两种宽带接入技术,FTTx 没有可以利用的已构建完的信道,必须要投入资金重新铺设。随着"三网融合"的逐步推进,FTTx 高带宽的优势越来越明显,而光缆成本逐年下降,铜缆成本却在逐年上升,目前我国 FTTB 的部署达到了3000 万线的规模,已经形成了"光进铜退"的发展趋势。

2.3.4 无线通信

无线通信通过自由空间的电磁波传输信息,不需要铺设电缆、光纤等通信线路,并且允许终端设备在一定范围内随意移动,十分适合在难以铺设线路的地区使用,也为大量便携式通信设备的联网创造了条件。现在无线通信受到越来越多的青睐,成为计算机网络的重要研究领域,以无线通信为基础的移动化网络成为计算机网络的一个发展趋势。

电磁波按照频率由低到高可以分为无线电波、红外线、可见光和紫外线等几种类型,图2-23 给出了这些电磁波在通信领域的应用,可以看到,多种频段的电磁波已被用于信息传输。电磁波频率越低,绕射能力越强,传输距离越远,但数据传输速率越低。电磁波频率越高,频带越宽,传输速率就越高,穿透能力越强,而在自由空间的信号衰减越大,传输距离越近。频率最高的可见光必须要使用光纤作为传输介质才能进行通信,而其他频段的电磁波都可以以无线通信的方式直接在自由空间传输信息。ITU 按照波长的数量级给无线通信中常用的电磁波波段取了正式名称,表 2-4 列出了这些波段电磁波的名称及其主要应用领域,其中蜂窝移动通信和微波通信是两类常用的无线通信。

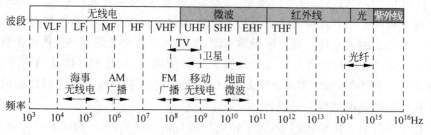

图 2-23　电磁波在通信领域的应用

表 2-4　无线通信中各电磁波波段的比较

波段名称		电磁波名称	波长范围	频率范围	主要应用领域
超长波		甚低频 VLF	100～10 km	3～30 kHz	潜艇通信,超远距离导航
长 波		低频 LF	10～1 km	30～300 kHz	越洋通信,地下岩层通信,导航
中 波		中频 MF	1000～100 m	300～3000 kHz	AM 广播,船用通信,业余无线电,导航
短 波		高频 HF	100～10 m	3～30 MHz	电报,短波 AM 广播,国际定点通信
超短波		甚高频 VHF	10～1 m	30～300 MHz	FM 广播,电视,对讲机,无绳电话
微波	分米波	特高频 UHF	1～0.1 m	300～3000 MHz	移动通信,电视,对讲机,无线局域网
	厘米波	超高频 SHF	0.1～0.01 m	3～30 GHz	无线局域网,无线城域网,卫星通信
	毫米波	极高频 EHF	10～1 mm	30～300 GHz	波导通信

1. 蜂窝移动通信

移动通信是指处于移动状态的对象之间的通信。移动通信系统由移动台(MS)、基站(BS)、移动交换中心(MSC)组成,如图 2-24(a)所示。手机就是一种最常用的移动台,其他如车载电视,寻呼机等也属于移动台。基站是与移动台联系的一个固定收发机,它接收移动台的信号,负责一个特定区域内所有移动台之间的通信。基站和移动交换中心之间通过有线或微波方式连接,移动交换中心再通过 PCM 线路与电话网连接。

基站信号的覆盖范围一般为 1～20 km,可以使用较小的发射功率实现双向通信。如果要在更大范围内实现移动通信,就要建立多个基站,每个基站的有效区域既相互分隔,又彼此有所交叠,这种由多个基站有效区域构成的覆盖区称为区群。由于区群的结构酷似蜂窝(如图 2-24(b)所示),所以这种通信系统被称为蜂窝移动通信系统。

在蜂窝移动通信中,任一用户发送的信号均能被其他用户接收,所以网中用户需要依据信号的"址"从接收的信号中识别出自己应该接收的信号,这就是多址接入问题。如 2.2.4 节所述,多址和复用十分相似,多址接入的方法主要有 FDMA 频分多址接入、TDMA 时分多址接入和 CDMA 码分多址接入三种类型,移动通信系统在不同的发展阶段使用了不同的多址接入技术。

蜂窝移动通信系统发展到现在主要经历了三个阶段:第一代(1G)、第二代(2G)和第三代(3G)蜂窝移动通信。1G 采用模拟传输技术和 FDMA,仅提供话音业务,20 世纪 80 年代末逐渐被 2G 取代。2G 使用 900～1800 MHz 的频段,采用数字传输技术,在提供话音和低速数据业务(短信)方面取得了很大成功。2G 的典型代表有欧洲的 GSM、美国的 IS-95 等

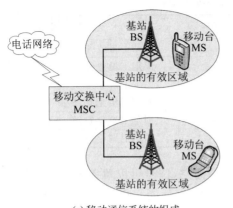
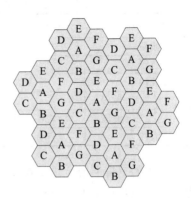

(a) 移动通信系统的组成　　　　　　　　　(b) 蜂窝移动通信结构示意图

图 2-24　蜂窝移动通信系统

移动通信系统,其中 GSM 采用 TDMA 技术,而 IS-95 采用 N-CDMA(窄带 CDMA)技术,系统容量比 GSM 要大得多。3G 属于宽带数字通信系统,它提供多种类型的移动宽带多媒体业务,采用 2.2.4 节所述的 WCDMA、CDMA2000、TD-SCDMA 等宽带 CDMA 技术,目前正在世界范围内逐步得到推广。GPRS 作为一种从 2G 的 GSM 向 3G 的 WCDMA 发展演进的过渡技术,被称为 2.5G 移动通信,它采用 TDMA 方式传输语音,采用封包方式传输数据,可以获得 10 倍于 GSM 的高速数据传输。

2. 微波通信[*]

微波通信在数据通信中占有重要地位,它的载波频率范围为 300 M～300 GHz,主要使用的是 2～40 GHz 的载波。微波一般沿直线传输,并且会穿透电离层进入宇宙空间。微波通信主要有地面微波接力和卫星通信两种方式。

(1) 地面微波接力

由于地球表面为曲面,所以微波在地面的传输距离有限,一般为 40～60 km,但这个传输距离与微波发射天线的高度有关,天线越高传输距离就越远,若采用 100 m 高的天线塔,传播距离可达 100 km。为了实现远距离传输,就要在微波信道的两个端点之间建立若干个中继站,中继站把前一个站点送来的信号经过放大后再传输到下一站。经过这样的多个中继站点的“接力”,信息就被从发送端传输到接收端。这种传输方式称为地面微波接力,它具有频带宽、信道容量大等优点,但是要求相邻的两个微波站天线间必须直视,不能有障碍物。

(2) 卫星通信

卫星通信是两个地球站使用人造同步地球卫星作为中继站的一种微波接力通信,如图 2-25(a) 所示。卫星上有多个转发器来接收、放大与发送信号,不同的转发器使用不同的频率。地球发送站使用上行链路向卫星发送微波信号,卫星接收到信号后将其放大后再使用下行链路发送回地球接收站。上行和下行链路一般使用不同的频率,表 2-5 给出了卫星通信常用的几个频段。

表 2-5　卫星通信的常用频段

波　段		上行/下行链路的典型频带	无线通信业务
L 波段		1.6 / 1.5 GHz	移动卫星业务
C 波段		6.0 / 4.0 GHz	固定卫星业务
X 波段		8.0 / 7.0 GHz	固定卫星业务
K 波段	Ku 波段	14 / 11~12 GHz	固定卫星业务、广播卫星业务
	Ka 波段	30 / 20 GHz	固定卫星业务、移动卫星业务
V 波段		50 / 40 GHz	固定卫星业务

对地静止的卫星一般被定位在 3.6 万千米的高空,信号可以覆盖地球表面的 40%,则在赤道上空的同步轨道上等距离放置三颗这样的卫星,就能实现除两极地区以外的全球通信,如图 2-25(b)所示。这种卫星通信具有传输距离远、通信容量大、通信质量好、可靠性高等优点,应用领域十分广泛。

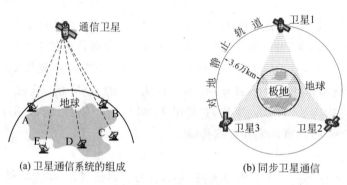

(a) 卫星通信系统的组成　　　　(b) 同步卫星通信

图 2-25　卫星通信示意图

但是,同步卫星离地球较远,传输损耗很大,而卫星上的能源有限,其发射功率只能达到几十至几百瓦,因此要求地面站要有大功率发射机、低噪声接收机和高增益天线,这使得地面站比较庞大。同时,同步卫星的传播时延也较大,不管两个地球站之间的地面距离是多少,其通过卫星的传播时延相差不大,一般为 250~300 ms,通常取 270 ms。此外,由于同步轨道只有一条,能容纳卫星的数量有限;同步卫星的发射和在轨测控技术比较复杂;在春分和秋分前后,还存在着星蚀(卫星进入地球的阴影区)和日凌中断(卫星处于太阳和地球之间,受强大的太阳噪声影响而使通信中断)现象。这些都限制了同步卫星通信的发展,目前的 VSAT(甚小口径天线地球站)及 LEO(低轨道卫星)技术有助于解决这些问题。

VSAT 采用小口径的卫星天线地面接收系统,是一种低成本的卫星通信系统。VSAT系统由通信卫星转发器、主站和许多 VSAT 终端组成。主站是一个较大的地球站,具有全网的出、入站信息传输、交换和控制功能。VSAT 系统终端是由主站应用管理软件监测和控制的小型地球站,它在 C 波段的天线口径可以压缩至 1 m 以下,在 Ku 波段的天线口径可以压缩至 2.4 m 以下。VSAT 系统主要用来进行 2 Mb/s 以下低速率数据的双向通信,可提供包括音频、数据、图像和电视等综合服务。VSAT 具有小型化、智能化和提供双向综合服务等特点,其终端架设便捷,可以安装在屋顶上,由用户直接控制,所以发展非常迅速。

低轨道 LEO 卫星的距地高度一般为 700~1500 km,它不是同步卫星,肉眼可以看到它在天空中缓慢飞行。LEO 卫星要与地面公用通信网有机结合才能实现全球移动通信。每颗 LEO 卫星的作用相当于蜂窝移动通信中的基站,只不过卫星的数量要远少于基站数量,例如"下一代铱星系统"需要 72 颗卫星。LEO 卫星绕地一周的时间远小于地球的自转周期(24h),例如铱星的绕地周期仅为 1 h 40 min。这样,相对于快速移动的卫星,地面用户的移动十分缓慢,可以看成是相对静止的,所以 LEO 卫星系统与蜂窝移动通信相反,其用户不动而基站移动,因此又被称为倒置蜂窝系统。LEO 卫星距地近、时延小、传输损耗小,而且卫星体积小、重量轻,利用小型火箭就可以发射,便于及时进行故障更换。

3. ISM 频段

如果两个不同的系统使用同一频率的无线电波在同一覆盖范围内进行通信,必然会相互干扰、无法进行数据传输,所以必须对无线电频谱进行科学有效的管理。我国《物权法》规定无线电频谱资源属于国家所有,使用无线电进行通信必须得到信息产业部相关机构的许可。但是,随着计算机网络的普及,一些小范围内的无线通信系统越来越多,进行严格控制会阻碍技术的发展。美国 FCC 最先划出了 902~928 MHz、2.4~2.4835 GHz、5.727~5.850 GHz 三个频段,分别给工业、科学和医学使用,无须许可证,这三个频段被称为 ISM 频段。我国目前也参照美国的标准,开放了 ISM 的后两个频段。下文的许多无线网络技术都使用了 ISM 频段的电磁波进行通信。

红外线、激光也是两类常用的无线通信媒体,它们的收发设备必须处于视线范围内,有很强的方向性,因此,防窃取能力强。但由于它们的频率太高,不能穿透固体物质,且对环境因素较为敏感,因而只能在室内和近距离使用。

2.4 综合布线技术

综合布线系统是计算机网络物理层比特流传输的重要通道,具有集成化、模块化的特点,它不但支持建筑物内或建筑物之间的数据传输,而且支持话音、图形、图像、多媒体、安全监控、传感等各种信息的传输。本节将介绍综合布线系统的设计、安装与测试等技术。

2.4.1 综合布线系统的设计

1. 布线标准

标准是保证多品种多厂家的布线器件互连的前提。综合布线标准规定了各类布线系统的相关元器件的性能、技术和安装准则。许多机构制定了各种类型的综合布线标准,它们之间竞争并存,用户可以根据自己的实际情况选用。例如:ISO/IEC 11801 是国际标准、ANSI/TIA/EIA 568 是北美的标准、CECS72:97 是我国制定的标准。目前比较常用的标准是 TIA/EIA 568—B,它的全称为"商业建筑通信电缆系统标准"。这个标准于 2001 年 4 月颁布,用来替代 1995 年颁布的 TIA/EIA 568—A,成为 TIA 布线标准体系中最重要的一个标准。该标准由以下三部分组成。

(1) 第一部分 B.1 为布线系统的一般要求,它包括水平和主干布线的拓扑、距离、介质选择,工作区连接,开放办公布线,电信与设备间的安装方法以及现场测试等内容。

(2) 第二部分 B.2 为平衡双绞线部件标准,它包括平衡双绞线电缆、跳线、连接硬件的电气和机械性能规范,以及部件可靠性测试规范,现场测试仪性能规范,实验室与现场测试仪比对方法等内容。

（3）第三部分 B.3 为光纤布线部件标准，它定义了光纤布线系统的部件和传输性能指标，包括光缆、光跳线和连接硬件的电气与机械性能要求，器件可靠性测试规范，现场测试性能规范。

TIA/EIA 568—B 为商业布线系统提供了设备和布线产品设计的指导，增加了新颁布的 6 类布线系统标准，这使得厂商、安装商和用户在生产、安装和测试认证时更方便、更高效、更准确。

2. 系统结构

综合布线系统是一个具有模块化结构的开放型系统，无论按照哪种标准进行设计，一般都可以将其划分为工作区子系统、水平子系统、管理子系统、垂直子系统、设备间子系统和建筑群子系统等几个部分，如图 2-26 所示。

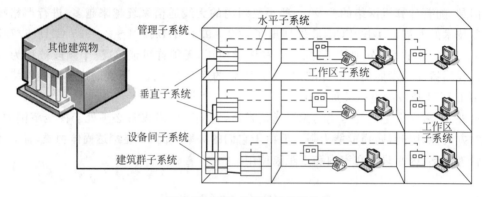

图 2-26　综合布线系统的结构

（1）工作区子系统是由 RJ-45 和 RJ-11 插座与其所连接的设备组成。从插座到终端设备之间的连线用非屏蔽双绞线 UTP，一般不要超过 6 m，插座需要距离地面 30 cm 以上。

（2）水平子系统从插座开始到管理子系统的配线柜，结构一般是星状。它的布线一般采用 4 对 UTP，长度一般不超过 90 m，需要敷设在线槽或天花板吊顶内。

（3）垂直子系统又称为干线子系统，它提供建筑物的垂直电缆，负责连接管理子系统与设备间子系统。布线一般都选用多模光纤或大对数的超 5 类 UTP，需要安装在 PVC 管或线槽内。

（4）管理子系统放置布线系统设备，包括水平、垂直布线系统的机械和电气终端。管理子系统设置在楼层的配线间内，由配线设备，输入/输出设备等组成。配线架是最主要的配线设备，它的对数由可管理的信息点数决定，利用配线架的跳线功能，可使布线系统的功能灵活多样。

（5）设备间子系统是建筑物布线系统最主要的管理区域，所有楼层的信息都由 UTP 或光纤传送至此。一般由综合布线系统的建筑物进线设备，语音、数据、监控等通信设备及其配线设备等组成。设备间要有性能良好的过压过流保护系统、不间断电源 UPS 以及屏蔽与接地系统。

（6）建筑群子系统提供外部建筑物与大楼内布线的连接，它是综合布线系统的骨干部分，由光缆、电缆及电气保护装置组成。为了能实现远距离通信并防止雷击，建筑群子系统一般采用架空、直埋和地下管道敷设的多模或单模光缆。

如果从组成元器件角度看,综合布线系统由传输介质、相关连接硬件以及电气保护设备等部件组成。现在常用传输介质是 UTP 和光纤,连接硬件包括配线架、插座、插头、连接器、适配器等,电气保护设备包括 UPS、放电管、屏蔽系统等。强电相关的工作不是网络工程的重点,综合布线系统实施的主要内容是进行 UTP 和光纤的制作与测试。

2.4.2　无屏蔽双绞线的制作与测试

1. UTP 接头的制作

超 5 类线和 6 类线是现在常用的两类无屏蔽双绞线 UTP。超 5 类线的信号频率为 1～100 MHz,主要用于 100 M/s 以太网。6 类线的信号频率为 1～250 MHz,是超 5 类线带宽的 2 倍,满足 1000 M/s 以太网的需求。6 类线的最大好处是用户可以大大减少在网络设备端的投资,例如:千兆以太网 1000Base-T 标准(详细说明见 3.2.4 节)在采用超 5 类线的情况下是以全双工方式工作的,对回波损耗非常敏感,网络设备上需要使用数字信号处理器来补偿回波损耗;如果采用 6 类线,网络设备不再需要这个处理器,直接可以使用 1000Base-TX 标准(详细说明见 3.2.4 节),成本会大幅降低。目前,主要的 UTP 生产商有安普(AMP)、西蒙(Siemon)、朗讯(Lucent)、丽特(NORDX/CDT)等。

工作区子系统、管理子系统和设备间子系统内所使用的 UTP 两端都连接水晶头,被称为跳线。水晶头一般按照 EIA/TIA 568-A 或 568-B 两种国际标准规定的线序制作,如表 2-6 所示。跳线有直通线和交叉线两种类型。直通线两端的水晶头都遵循 568-A 或 568-B 标准,同一根线芯在两端水晶头相应槽中的顺序保持一致。直通线主要用在交换机普通端口连接计算机网卡上。交叉线通常是指连接 100Base-TX 标准接口的交叉线,因为 100Base-TX 网卡和交换机接口的信号如表 2-6 所示,所以交叉线的水晶头一端遵循 568-A,而另一端则遵循 568-B 标准,即一个水晶头的 1、2 线芯在另一个水晶头上的排序分别为 3、6。这种交叉线主要用在 100Base-TX 交换机普通端口之间的互连或网卡直连网卡上。

表 2-6　EIA/TIA 568-A 和 568-B 标准线序

脚　　位	1	2	3	4	5	6	7	8
EIA/TIA 568-A 标准	白绿	绿	白橙	蓝	白蓝	橙	白棕	棕
EIA/TIA 568-B 标准	白橙	橙	白绿	蓝	白蓝	绿	白棕	棕
计算机 100Base-TX 网卡信号	TX+	TX−	RX+	未用	未用	RX−	未用	未用
交换机 100Base-TX 端口信号	RX+	RX−	TX+	未用	未用	TX−	未用	未用

水平子系统使用的 UTP 两端分别连接 RJ-45 插座和配线架。插座最主要的部件是面板后面的模块,一个插座上一般有 1～2 个模块;而配线架上一般有 24～48 个模块,一条 UTP 与其中的一个相连,所以这类 UTP 两端连接的都是模块。理论上,模块也可以按照 EIA/TIA 568-A 或 568-B 两种国际标准规定的线序制作直通或交叉两种类型的线缆,但实际应用中都按照 EIA/TIA 568-B 制作成直通线形式。

UTP 的主要制作工具是压线钳和打线钳,如图 2-27 所示。压线钳用来制作水晶头,它有三种不同的功能,最前端的剥线刀用来剥开双绞线外壳,中间的夹槽用来压制 RJ-45 头,离手柄最近端的切线刀用来切断双绞线。打线钳用来制作模块,它最前端的打线刀是活动的,用力按可以向反方向收缩。它的主要功能是将 UTP 卡入模块的簧片,UTP 通过簧片的卡口和打线刀的压力同时完成绝缘位移、接续、切除多余线头的动作,打线钳还具有钩线、拆线、导入簧片槽、定位、安装模块等的辅助功能。在为配线架接线时,还可以使用多对打线工具同时完成多根线芯的安装。

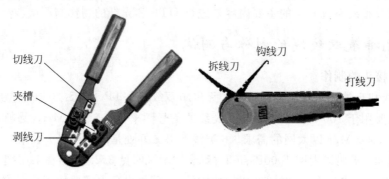

图 2-27　压线钳和打线钳

水晶头的制作过程主要包括以下 5 个步骤。

(1) 剥线。用压线钳的切线刀将线头剪齐,然后放入剥线刀口,慢慢旋转压线钳,剥下 2～3 cm 的外层包皮。如果剥除的外皮太短,可以向下拉动线缆上的尼龙线,剥出较长的线芯。剥除外皮的长度应该与水晶头的长度相当,过长则双绞线不能被水晶头卡住,容易松动;过短则线芯不能插到水晶头底部,水晶头插针不能与线芯完全接触,网线制作就会失败。

(2) 排序。将 4 个线对的 8 根线芯拆开、理顺、捋直,然后按照 EIA/TIA 568-A 或 568-B 标准规定的线序排列整齐。在网络施工中,建议使用 568-B 标准,绿色线芯要跨越蓝色线对。

(3) 剪齐。把线尽量拉直、压平(不要重叠)、理顺,然后用压线钳把线头剪齐,保留的去掉外皮的部分约 1.4 cm。

(4) 插线。将水晶头有弹片一侧向下,缓缓用力将排好的线(白橙线在最下方)平行插入水晶头内的线槽中,确保 8 根线芯插入线槽顶端。

(5) 压线。确认所有线芯到位,并透过水晶头检查线序无误后,将水晶头从无牙的一侧推入压线钳夹槽,用力握紧线钳,将水晶头突出在外面的针脚全部压下,使插针全部插入到芯线中。注意:因压线钳夹槽与水晶头的结构相同,一定要正确放入才能保证压线成功。

模块与水晶头的制作方法类似,在完成剥线后,将线芯分成左右两组,按照 EIA/TIA 568-A 或 568-B 标准规定的线序把网线放入模块相应的位置。用打线钳压住模块和一根线芯,用力向下压,当听到"咔嗒"一声时,线芯就被卡接在模块里,多余的线头也同时被剪掉。用相同的方法将其余的线芯一一打入,一个模块就制作完成了。

2. UTP 测试[*]

布线系统测试就是将安装的布线系统的性能和一个标准(如 TIA/EIA 568-B、ISO/IEC 11801 等)进行比较,检测是否达到了期望结果。目前常用的综合布线测试工具是 Fluke 公司生产的 DTX 系列电缆认证测试仪,它能够快速准确地测试高性能的超 5 类、6 类电缆链路及光纤链路的各项性能指标。

UTP 测试的对象可以是通道(Channel)或者永久链路(Permanent Link)两种模型。通道是指连接网络设备进行通信的完整链路,其总长度不能超过 100 m。永久链路是指由 90 m

水平电缆和链路中相关接头组成的固定链路,它不包括现场测试的跳线和插头。现场测试主要是对布线系统的永久链路进行测试。UTP测试的主要参数包括以下几种。

（1）接线图（Wire Map）测试。主要验证各线芯的端到端连通性和线序的错误。接线图的主要故障包括：开路、短路、错对、反接、串绕等。开路是指线芯的某处被折断,短路是指两个线芯的绝缘层破裂而相互连通,这两种故障主要是由 UTP 未做好保护或本身的质量问题引起的。错对是指不同线对在两端做了顺序交换,反接是指同一线对内的两个线芯在两端做了顺序交换,串绕是指不同线对内的两个线芯在两端做了顺序交换,这三种故障都是施工人员在 UTP 制作过程中搞错线序引起的。

（2）长度（Length）测试。主要验证各线对的长度是否符合标准。线对长度可以通过测量时域反射计（TDR）或者线对电阻的方法获得。TDR 测量就是向一线对发送一个脉冲信号,并且测量同一线对上信号返回的总时间（用 ns 表示）。电缆生产商会说明信号的额定传播速度（NVP,即信号在电缆中传输的速度与光速的比值）,用 NVP 乘以光速再乘以往返传输时间的一半就是线对的电气长度。由于线对的材料和粗细难以做到完全均匀,所以通过测量电阻获得线对长度的方法不如 TDR 方法精确。如上文所述,永久链路的长度不能超过 90 m,通道的长度不能超过 100 m。

（3）传输时延（Propagation Delay）测试。这里的传输时延是指信号在发送端发出后到达接收端所需要的时间。连接器件的传输时延不超过 2.5 ns,永久链路的最大传输时延不超过 498 ns,通道的最大传输时延不超过 555 ns。

（4）时延偏离（Delay Skew）测试。为了将线对之间的干扰降到最低,同一双绞线内各线对的绞合密度不同（橙色线对的绞合密度最大,蓝色线对的绞合密度最小）,各线对的长度也会有所不同,则各线对的传输时延也略有不同。各个线对的传输时延与最小传输时延之间的差值就是时延偏离。对于只使用一个线对发送或接收数据的标准（如 100Base-TX）,时延偏离不会影响信号传输；但对于使用多个线对同时发送或接收数据的标准（如千兆以太网）,如果时延偏离太大就会造成数据丢失。时延偏离是某些高速 LAN 的一项重要指标,其极限值为 50 ns。

（5）衰减（Attenuation）测试。主要测量信号在链路传输中所造成的损耗,结果以分贝 dB 表示,$1 \text{ dB} = 20 \times \lg(\text{输出电压}/\text{输入电压})$。衰减过量会使链路传输数据不可靠,这可能是由于链路超长引起的,也可能是由于链路中出现阻抗异常引起的。线缆本身的材料和不恰当的端接方式都会造成阻抗异常。衰减是信号频率和环境温度的函数,它随着信号频率的增高而增大,也随着环境温度的升高而增长。

（6）串扰测试。串扰指的是能量从一个线对泄漏到另一个线对对信号传输产生的影响。串扰给布线系统带来了类似于噪声的干扰,缩短了信号的有效传输距离。与电缆信号发生器在同一端的接收器测得的从一个线对对另一个线对的串扰称为近端串扰（NEXT）；在另一端测得的串扰称为远端串扰（FEXT）,如图 2-28 所示。导致串扰过大的原因主要有两类：一类是选用的元器件不合格；另一类是施工工艺不规范,如因线缆拉力过大而破坏了线对绞合,水晶头或模块的制作不符合标准等。如 2.3.1 节所述,为了减少线对之间的串扰,UTP 线对之间的绞合密度和线对内两根线芯之间的绞合密度都是经过精心设计的,当施工工艺不规范时,两个不同的线对重新组成的新线对破坏了原绞合所具有的消除干扰作用,就会产生过大的串扰。

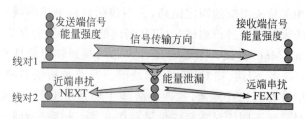

图 2-28　串扰的产生示意图

① 近端串扰是 UTP 链路的一个关键性能参数,它可以被理解为线缆系统内部产生的噪声,严重影响信号的正确传输。NEXT 需要从链路的两端对所有线对之间的串扰进行测试,这就要进行 12 次的测量。对于带宽为 10 Mb/s 的网络传输来说,如果距离不是很长,串扰的影响并不明显;但对于带宽为 100 Mb/s 以上的网络传输,串扰的存在是致命的。例如,对于 100Base-TX 以太网,NEXT 过大会出现极大的网络碰撞和 FCS 校验错误,产生可以破坏原有信号的强干扰,对网络的传输能力产生严重影响,会造成站点间歇的锁死甚至网络连接的完全失败。NEXT 随着信号频率的增大而增大,对其进行测试时必须在线缆频带范围测试多个点。TIA/EIA 568-B.2 规定 NEXT 测试要在线缆的整个频带范围内测试,在 1～31.25 MHz 频段的最大采样步长为 0.15 MHz,在 31.26～100 MHz 频段的最大采样步长为 0.25 MHz,在 100～250 MHz 频段的最大采样步长为 0.5 MHz。

② 综合近端串扰(PS NEXT)是指同一时刻一个线对感应到的其他三个线对其近端串扰的总和。综合近端串扰是一个计算值,它是在每个线对受到的单独来自其他三对线的 NEXT 影响的基础上,通过公式计算得出的。

③ 等效远端串扰(EL FEXT)是远端串扰和衰减后信号的比,即 EL FEXT＝FEXT/衰减后的信号。远端串扰的测试方法与近端串扰测试方法类似。千兆以太网标准 1000Base-T 关注的不是远端串扰,而是等效远端串扰。等效远端串扰实际上是局域网信噪比的另一种表达方式,即两个以上的信号朝同一方向传输时的情况。1000Base-T 用 4 对线同时来发送一组信号,具有同样方向和传输时间的串扰信号会干扰正常信号在接收端的组合,这就要求链路有很好的等效远端串扰值。

④ 综合等效远端串扰(PS ELFEXT)一个线对感应到的其他三个线对等效远端串扰的总和。EL FEXT 和 PS ELFEXT 不是布线系统必须测试的参数,它们仅对于 1000Base-T 的以太网技术有重要作用。

(7) 衰减串扰比(ACR)测试。ACR 表示的是链路中有效信号与噪声的比。由于衰减效应,接收端所收到的信号是最微弱的,但接收端也是串扰信号最强的地方。对非屏蔽电缆而言,串扰是从发送端感应过来的最主要的噪声。简单地讲,ACR 就是来自远端经过衰减的信号与 NEXT 的比值,即 ACR＝衰减后的信号/NEXT。由于每对线对的 NEXT 值不尽相同,因此每对线对的 ACR 值也是不同的,测量时以最差的 ACR 值为该 UTP 的 ACR 值。ACR 反映的是在 UTP 接收端信号的富余度,它的值越大越好。

NEXT 是和衰减密切相关的一个参数,当 UTP 衰减很小时,NEXT 甚至可以忽略不计。ISO 11801 标准规定,当衰减小于 4 dB 时,可以忽略 NEXT 值,这就是 4 dB 原则。4 dB 原则与 ACR 一样,也是反映了衰减和 NEXT 的关联程度。

(8) 回波损耗(Return Loss)测试。主要测量整个频率范围内信号反射的强度。回波损耗是一个线对自身由于阻抗不匹配所产生的反射信号的强度,以分贝(dB)为单位表示。回波损耗主要发生在连接器部分,也可能发生于 UTP 中特性阻抗发生变化的地方。回波损耗将引起信号的波动,反射信号将被双向的千兆网(1000Base-T)误认为是收到的信号而产生干扰。回波损耗是超 5 类和 6 类布线系统中非常重要的参数,提高施工的质量是改进回波损耗的关键。

回波损耗也是和衰减密切相关的一个参数,当 UTP 衰减很小时,回波损耗也可以忽略不计。ISO 11801 和 TIA/EIA 568-B 标准都规定,当衰减小于 3 dB 时,可以忽略回波损耗值,这就是 3 dB 原则。

使用电缆测试仪可以对 UTP 上述技术指标进行自动或手工测定,并生成测试报告。上述指标只要有一项未达到标准,就可以认定该 UTP 生产或制作不合格,会影响数据的传输。

2.4.3 光纤的制作与测试

1. 光纤的类型

EIA/TIA 568 和 ISO 11801 标准都推荐使用的光纤类型有:62.5/125 μm 多模光纤(表示纤芯的直径为 62.5 μm、包层＋纤芯的直径为 125 μm,以下类同)、50/125 μm 多模光纤和 9/125 μm 单模光纤。光纤的工作波长有短波 850 nm、长波 1310 nm 和 1550 nm。色散和损耗是影响光纤通信的两个重要因素,色散限制了信号的传输频率,损耗限制了信号的传输距离。光纤损耗一般随波长的增加而减小,1550 nm 波长的损耗一般为 0.20 dB/km,这是光纤的最低损耗,波长 1650 nm 以上的损耗趋向加大。

(1) 多模光纤

多模光纤(MMF)的纤芯较粗,传输光信号的途径较多,但是会产生严重的模间色散,而且随距离的增加会更加严重。因此,多模光纤的传输距离较近,一般有几千米。考虑到多模光纤的传输距离和光发射器、插接件等光纤附件的低成本因素,在智能建筑的室内和短距离的室外应用中,多模光纤占据很大的比例。

光源所射出的光斑进入多模光纤的过程被称为光注入,一般有满注入和限模注入两种方式。LED 光源使用满注入方式,即光源射出的光斑大小和多模光纤的纤芯大小匹配。激光光源可以使用限模注入方式,入射光斑只覆盖了部分纤芯,当入射光斑在纤芯的不同位置时,模间色散也不同,则光纤的带宽会发生变化。因此在限模注入时,必须确定入射的位置和角度,否则光纤支持的传输距离会发生变化。

光纤带宽是一段光纤所能通过的最大调制频率脉冲的调制频率和光纤长度的乘积,单位是 MHz×m。它是一个表征多模光纤光学特性的综合指标。多模光纤的工作波长有短波 850 nm 和长波 1310 nm,表 2-7 给出了不同的多模光纤在不同工作波长的带宽。

表 2-7 多模光纤的带宽比较

多模光纤类型	满注入/(MHz·m)		限模注入/(MHz·m)	
	850 nm	1300 nm	850 nm	1300 nm
OM1(62.5/125)	200	500	待研究	待研究
OM2(50/125)	500	500	待研究	待研究
OM3(万兆 50/125)	1500	500	2000	待研究

（2）单模光纤

单模光纤（SMF）的纤芯很细，只传播一种模式的光，适用于远程通信。但单模光纤要求光源的谱宽要窄、稳定性要好。

在 1310 nm 波长处，单模光纤的总色散为零。从光纤的损耗特性来看，1310 nm 正好是光纤的一个低损耗窗口。所以 1310 nm 波长区是单模光纤通信系统的主要工作波段。ITU-T 在 G.652 建议中确定了 1310 nm 单模光纤的主要参数，这种光纤又被称为 G.652 光纤。G.652 光纤是目前最常用的一种单模光纤，它也可以在 1550 nm 波长区工作，这时的传输损耗最低，但色散系数较大。

除了 G.652 光纤外，还有 G.653、G.654、G.655 单模光纤。G.653 光纤在 1550 nm 波长区性能最佳。G.654 光纤降低了 1550 nm 波长区的衰减，主要应用于需要很长再生段距离的海底光纤通信。G.655 光纤的零色散点移至 1510～1520 nm 附近，这种光纤主要应用于 1550 nm 工作波长区，适用于密集波分复用（DWDM）系统。

由于 OH 离子的水吸收峰作用，900～1300 nm 和 1340～1520 nm 范围内都有损耗高峰，这两个范围一般不使用。美国康普公司提供的 TeraSPEED 系统单模光缆，消除了 1400 nm 水吸收峰的影响因素，用户可以自由使用从 1260 nm 到 1620 nm 的所有波段，传输通道从 240 增加到 400，比传统单模光纤多了 50% 的可用带宽。

（3）光纤的选型

用户可以从速率、传输距离、造价等角度综合考虑，参照表 2-8，以最低的价格选择适用的光纤类型。表 2-8 中的"网络标准"一列将在 3.2.4 节介绍，* 表示需要模式适配跳线。

表 2-8 光纤选型参照表

速 率	传输距离	光纤类型	光源	波长区	网络标准
100 Mb/s	2000 m	多模	LED	1300 nm	100Base-FX
1000 Mb/s	300 m	多模	VCSEL	850 nm	1000Base-SX
	550 m	多模	ILD	1300 nm	1000Base-LX *
	5000 m	单模（G.652）	ILD	1310 nm	1000Base-LX
10 Gb/s	300 m	多模（OM3）	VCSEL	850 nm	10GBase-S
		多模（OM1）	ILD	1310 nm	10GBase-LX4
	2～10 km	单模（G.652）	ILD	1310 nm	10GBase-L
	40 km	单模（G.652）	ILD	1550 nm	10GBase-E

2. 光纤的连接

两根光纤连接在一起的方法主要有三种：永久连接、应急连接和活动连接。

（1）永久连接又叫热熔，是将两根光纤的连接点熔化并连接在一起，用于长途接续、永久或半永久固定连接。其主要特点是连接损耗较低，约为 0.01～0.03 dB/点。但连接时，需要专业人员使用熔接机等专用设备进行操作。

（2）应急连接又叫冷熔，是用机械和化学的方法将两根光纤固定并粘接在一起。其主要特点是连接迅速可靠，损耗为 0.1～0.3 分贝/点。但连接点长期使用会不稳定，衰减也会大幅度增加，只能短时间内应急用。

（3）活动连接，是利用各种光纤连接器将站点与站点或站点与光缆连接起来的一种方法。其主要特点是灵活、简单、方便，多用在建筑物内的布线中。但连接点衰减较大，约为

1 分贝/接头。光纤连接器由光纤接头(插头)和适配器(插座)两类组件组成。适配器也称为法兰盘,主要用在光纤配线架 ODF 上,它用来连接两个光纤接头,使两根光纤活动连接。

两端都是接头的光纤称为光纤跳线,其两端的接头可以是同种类型,也可以是不同类型。单模光纤跳线一般为黄色,接头和保护套为蓝色。多模光纤跳线一般为橙色,也有的为灰色,接头和保护套用米色或者黑色。一端与光纤熔接,一端是接头的光纤称为尾纤。在生产中,为了便于测试,均生产为跳线,即两头均有光纤接头。在施工时,将跳线从中间剪断,一根跳线即成了两根尾纤。因此光纤跳线又叫双头尾纤。

光纤跳线由专业厂家使用专门设备生产,用户一般不需要在布线过程中自己制作。尾纤使用在光缆的接入端,一端需要与光缆使用冷熔或热熔的方式熔接,其操作包括端面制备、熔接、盘纤等环节,需要的工具包括熔接机、光端盒、光纤收发器、尾纤、耦合器、专用剥线钳、切割刀等。布线施工中光纤的熔接一般请专业公司安排技术人员完成,这里不做详细介绍。

3. 光纤接头的类型*

光纤接头是光纤与光纤之间进行可拆卸连接的器件,它通过陶瓷插芯把光纤的两个端面精密对接起来,以使发射光纤输出的光能量能最大限度地耦合到接收光纤中去。在一定程度上,光纤接头影响了光传输系统的可靠性及其他各项性能。

光纤接头类型较多,按结构可以分为 SC 型、ST 型、FC 型、LC 型、MT-RJ 型等,如图 2-29 所示。

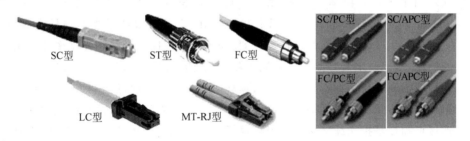

图 2-29 光纤连接头的类型

- SC 型接头为方形塑料插拔式结构,容易拆装,多用于网络设备的光纤接口。
- ST 型接头为金属圆型卡口式结构,多用于光纤配线架等布线设备。
- FC 型接头为金属套螺丝式结构,多用于光纤配线架 ODF 上。
- LC 型接头采用方形塑料插拔式结构,其插针和套桶的大小是普通 SC、FC 等的一半,多用于通信设备的高密度光接口板上。
- MT-RJ 型接头为方形结构,一头双纤收发一体,与 RJ-45 水晶头的闩锁结构相同,主要用于数据传输的下一代高密度光连接器。

光纤接头也可以按端面形状分为 FC 型、PC 型(包括 SPC 或 UPC)和 APC 型三种。

- FC 型接头的对接方式为平面对接。
- PC 型接头的对接端面是物理接触,即端面呈凸面拱形结构。
- APC 和 PC 类似,但采用了特殊研磨方式,PC 是球面,APC 是斜 8 度球面,性能指标要比 PC 好些。

在光纤接头标注中,常常将两种分类方式混用,例如"FC/PC"、"FC/APC"、"SC/PC"、

"SC/APC"等,如图 2-29 所示。目前电信网常用的是 FC/PC 型,FC/APC 型多用于有线电视系统。主要原因是电视信号是模拟光调制,若端面是球面,反射光会沿原路径返回。由于模拟信号无法彻底消除噪声,电视画面上就会出现重影。端面带倾角可使反射光不沿原路径返回。而数字信号一般不存在此问题。

4. 光纤的测试[*]

室内光缆一般敷设在 PVC 管内或槽内,拐弯处不要直角拐弯,应有相当的弧弯。室外光缆一般可以采用架空、直埋或地下管道三种方式敷设,最好采用地下管道方式敷设。光缆布线系统安装完成之后需要对链路的传输特性进行测试,EIA/TIA 568B.3 中包含光缆布线系统的施工和测试标准。

测试标准要求光纤在一个方向和两个工作波长区上进行测试,但是在使用时一般不确定一对光纤中哪一根是用来发送数据的,哪一根是用来接收数据的,也就是说很难确定光纤中光信号的传播方向。而光纤在不同方向的传输参数不同,所以光缆通常要在两个工作波长区上进行双向测试。

光缆布线需要测试的主要参数是链路的损耗(LOSS,或称衰减),它由以下几部分组成。

$$光纤链路损耗 = 光纤损耗 + 连接器损耗 + 光纤连接点损耗$$

式中各参数的意义如下。

- 光纤损耗是指光沿光纤传输过程中光功率的减少。它用光纤输出端的功率(P_{out})与发射到光纤时的功率(P_{in})的比率分贝数来表示。这里的比率分贝数为 $-10 \times \lg(P_{out}/P_{in})$。光纤的损耗同光纤长度成正比,它不仅表明了光纤损耗本身,还反映了光纤的长度。对光纤的损耗进行测量时,光纤连接的光源和光功率计会出现额外的损耗,所以必须先对测试仪的测试参考点进行设置(即归零的设置)。
- 连接器损耗主要是指连接器的插入损耗。它为光信号通过活动连接器后,输出光功率相对输入光功率的比率分贝数。其测量方法同光纤损耗的测量方法相同。
- 连接点损耗是指光纤熔接点的连接损耗。它为光信号通过熔接点后,输出光功率相对输入光功率的比率分贝数。

上述损耗的值愈小愈好,每类光纤的链路损耗不能大于极限值。例如,我国的综合布线标准 GB 50312—2007 规定,在 500 m 的范围内,1310 nm 波长光信号在单模光纤中的链路损耗值必须小于 2.0 dB。

另外,回波损耗也是反映光纤连接器的一个重要性能指标。它是指在光纤连接器处,后向反射光相对输入光的比率分贝数。回波损耗愈大愈好,以减少反射光对光源和系统的影响。每个光纤连接器的回波损耗不能小于极限值,例如 1310 nm 波长光信号在光纤连接器上的回波损耗必须大于 26 dB。将光纤端面加工成球面(PC)或斜球面(APC)是增大回波损耗的有效方法。

光纤链路损耗、连接器回波损耗等性能指标与施工安装密切相关,可以通过施工人员的努力改进损耗值。在布线施工过程中,光纤熔接不良(有空气)、光纤断裂或受到挤压、弯曲半径过小、接头抛光不良或接触不良、光缆过长、纤芯直径不匹配等问题都会使得损耗值超出极限值范围。在光缆敷设中施工人员应当重点注意以下几点。

- 光缆的弯曲半径大于 2 倍的光缆外径,这样才能使得大部分光保留在光纤纤芯内。

- 铺设光缆的牵引力不应超过最大铺设张力,避免使光纤受到过度的外力。
- 清洁光纤端面,使用光纤检测器检查连接头表面的清洁度。
- 光纤熔接点要加以固定和保护,使用连接器以便于光纤的跳线。

科技的发展对光纤通信提出了更高、更新的要求。布线标准现在仍在不断修订,逐渐增加了一些新要求。光纤布线在将来会担任更加重要的角色。

第3章

数据链路层

数据链路层的任务是保证物理层传输的比特流可以无差错地传送到与其相邻的接收端。本章将首先介绍使用什么方法来实现数据链路层的主要功能。然后介绍当前常用传输介质的局域网上使用的数据链路层协议。最后介绍几种广域网技术。其中还将穿插数据链路层常用设备交换机的原理与使用方法。

3.1   数据链路层协议的基本功能

相邻结点间的物理线路称为链路,添加了必要的通信协议和通信器件对数据传输进行控制的链路称为数据链路。物理层协议将比特流传输到相邻结点后,数据链路层协议要负责保证它的正确性。直接检验比特流是否正确开销太大,将比特流分割成一些段,每段组成一个帧,这样就可以运用检错算法对比特流按帧进行检测。

在 OSI 模型的数据链路层协议中,如果接收端通过检错获知收到的帧是正确的,即在传输过程中没有出现错误,则要向发送端返回确认消息;如果帧有错误,就要向发送端返回出错消息。如果发送端在规定的时间段内没有收到接收端返回的确认消息或者收到了出错消息,则认为传输过程中出现了错误,就要对该帧进行重传,直到收到接收端返回确认消息为止。这样,数据链路层就提供了可靠传输。

随着通信技术的发展,信道传输信号出错的概率大大降低,使用上述确认和重传机制,会浪费太多资源,并增加了所有帧的传输时延。5 层体系结构简化了数据链路层的功能,无论接收到的帧是否正确,接收端都不用向发送端返回消息。对于正确的帧,接收端将其交给上层协议;对于错误的帧,接收端直接将其丢弃,重传由运输层协议(如 TCP)完成。由于运输层中必须有协议提供端到端的可靠传输,数据链路层简化了这项功能不影响 5 层体系结构数据传输的可靠性。实践证明,在信号传输出错概率很小的情况下,这样做提高了信道的通信效率。

本节将介绍帧在不同信道中封装与检错的一般方法,数据包的确认和重传机制将在运输层中介绍。

3.1.1   帧的封装

数据链路层的传输单位是帧。一个帧包括首部、数据、尾部三个部分:数据部分是帧所承载的传输内容,其长度有一个范围,上限称为最大传输单元 MTU;首部用来传输控制信息、尾部用来传输差错检验信息,它们的长度固定。一般协议帧的前面和后面还分别有一段固定长度的表示帧开始和结束的起始符和结束符。帧与帧之间有一个帧间隔,帧间隔不能小于下限值。帧的结构如图 3-1 所示。

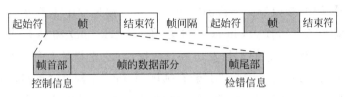

图 3-1 帧的一般结构

不同信道、不同协议的帧首部和帧最小间隔一般不同,但是帧起始符、结束符和帧尾部的生成方法一般只有几种。帧起始符、结束符的定义主要涉及帧的透明传输问题;帧尾部差错检验的计算方法将在 3.1.2 节介绍。

数据链路层的协议可以分为面向字符型、面向比特型两类。面向字符是指在链路上所传送的帧内容必须由规定字符集中的字符组成,其位数一定是 8 的整数倍。面向字符型的数据链路控制协议传输效率比较低,使用也越来越少。面向比特是指帧内容的位数不一定是 8 的整数倍,它具有更大的灵活性和更高的效率,现在的数据链路层协议都是这种类型。

面向比特的数据链路层协议一般使用一组特定的比特串作为帧的起始符和结束符。若传输的帧内出现了与起始符或结束符相同的比特串,接收端就无法找到正确的帧边界,帧的传输就无法正常进行。这个问题可以使用指定比特插入法解决,下面以常用的"零比特插入法"为例进行说明。

例如:某协议以比特串"01111110"(十六进制表示为 7E)作为帧的起始符和结束符。为了阻止所传输的数据中出现这种比特串,采用"零比特插入法"传输数据。即:在发送完帧起始符"7E"后发送帧内容时,如果出现 5 个连续的"1",立即在后面插入 1 个"0",不允许传输的数据中出现 6 个连续的"1"。接收端收到信号后,根据帧起始符和结束符"7E"找到帧边界,然后对里面的数据进行扫描,当发现 5 个连续的"1"后,就把它后面的 1 个"0"去掉,将数据还原成原来的帧,如图 3-2 所示。这样,帧中的任意数据都可以正确地传输到接收端,不会出现帧边界的误判,这类传输就称为"透明传输"。零比特插入和帧还原一般是通过硬件完成,所以不会影响帧的传输速度。

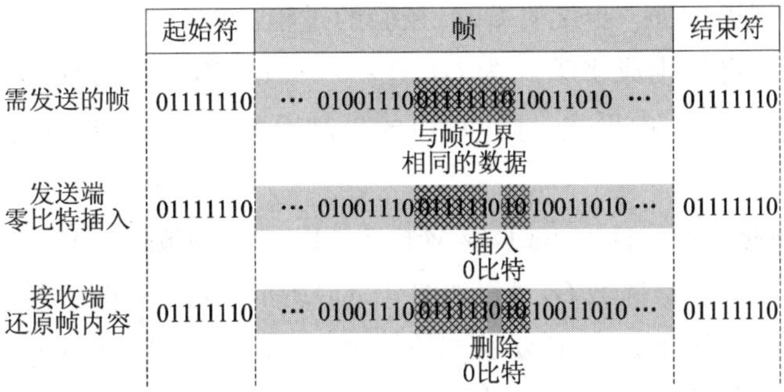

	起始符	帧	结束符
需发送的帧	01111110	… 01001110**011111110**10011010 … 与帧边界 相同的数据	01111110
发送端 零比特插入	01111110	… 01001110**0111110**110010011010 … 插入 0比特	01111110
接收端 还原帧内容	01111110	… 01001110**011111110**10011010 … 删除 0比特	01111110

图 3-2 零比特插入法

3.1.2 差错检测

数据链路层通信中,接收端必须检测收到的帧在传输过程中是否发生了差错。常用的检错技术有奇偶校验(Parity Check)、校验和(Checksum)和循环冗余校验(Cyclic Redundancy Check,CRC)。它们都是发送端对数据位(这里指帧首部和帧数据部分)按照某种算法计算出校验码,然后将校验码封装在帧尾部,将整个帧发送到接收端。接收端对接收到的数据位按照相同算法算出校验码,再与帧尾部的校验码比较。若两者相同便认为传输正确,否则表示传输过程中有若干位出错。

奇偶校验只需要一位校验码,计算方法简单。以奇检验为例,发送端只需要对所有数据位进行异或运算,得出的值如果是 0,则校验码为 1,否则为 0。奇偶校验可以检测出任何奇数位错误,但是无法检测偶数位错误。经过改进后的奇偶校验虽然检错能力有所增强,但是仍然会漏掉多类错误,无法满足数据链路层通信的需求。

校验和也比较简单,它将传输的消息当成 8 位(或 16、32 位)整数的序列,将这些整数加起来而得出校验码,该校验码也叫校验和。校验和的检错能力较奇偶校验得到了显著增强,但是如果整数序列中有两个整数出错,一个增加了一定的值,另一个减小了相同的值,这种错误就检测不出来。校验和被用在 IP 协议中,按照 16 位整数运算,第 4 章将详细说明。

目前数据链路层广泛使用 CRC 算法进行检错。CRC 算法以 GF(2)(2 元素伽罗瓦域)多项式算术为数学基础,它的计算过程描述如下。

(1) 通信双方在数据传输前,先约定一个只含有 0 和 1 两种系数的生成多项式 $G(x)$。若 $G(x)$ 的最高次幂为 r,则可以把它的各次幂系数拿出来,按其次幂由高到低排列,得到它对应的唯一一个 $r+1$ 位二进制数 G。

(2) 发送端将数据 M 模 2 乘以 2^r,也就是在 M 后面添加 r 位 0,得到被除数 M'。

(3) 将被除数 M' 模 2 除以除数 G,得到余数 R,R 即为校验码。

(4) 将 R 拼接在数据 M 后面,组成一个帧,发送到接收端。

(5) 接收端将接收到的帧模 2 除以除数 G。如果余数为 0,则这个帧没有错误;否则就判断这个帧有错。

下面通过一个例子来进一步说明 CRC 校验的过程。

(1) 通信双方约定的生成多项式为 $G(x)=x^4+x+1$,可以写成 $G(x)=1\times x^4+0\times x^3+0\times x^2+1\times x^1+1\times x^0$ 的形式。则 $G(x)$ 的最高次幂 $r=4$,它对应的 $r+1$ 位二进制数 $G=10011$。

(2) 若发送的数据 $M=10111011001$,则 M 模 2 乘以 2^4 得到被除数 $M'=101110110010000$。

(3) 被除数 M' 模 2 除以除数 G,过程如图 3-3(a)所示。得到余数(即校验码)$R=00100$。

(4) 将数据和校验码拼接,得到要发送的帧内容:101110110010010。

(5) 接收端将帧内容模 2 除以 G,过程如图 3-3(b)所示。余数为 0,则这个帧没有错误。

生成多项式决定了 CRC 算法的检错能力。如何选择一个好的生成多项式需要一定的数学理论,这里只给出一些常用的标准生成多项式,如表 3-1 所示。

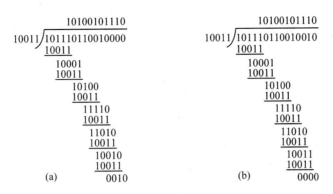

图 3-3 零比特插入法

表 3-1 CRC 算法的常用标准多项式

标　准	多　项　式	十六进制表示	应 用 领 域
CRC-16	$x^{16}+x^{15}+x^2+1$	1-80-05	IBM 的 BISYNCH 通信协议
CRC-16(ITU－T)	$x^{16}+x^{12}+x^5+1$	1-10-21	X.25、SDLC 等通信协议
CRC-32	$x^{32}+x^{26}+x^{23}+x^{22}+x^{16}+x^{12}+$ $x^{10}+x^8+x^7+x^5+x^4+x^2+x+1$	1-04-C1-1D-B7	以太网、FDDI 等通信协议 ZIP、RAR 等文件压缩算法

　　CRC 算法可检测出几乎所有的错误,仅当出现差错的码多项式仍能被 $G(x)$ 整除时,CRC 算法才检测不出来,而发生这种情况的概率是非常小的,因此该算法可检测出绝大多数的错误。例如,CRC 算法在使用生成多项式 CRC-16 时,可检测出所有的奇数位错误、所有突发长度小于 16 位的突发错误,对于 17 位突发错误的检出率为 99.997%,对于大于 17位的突发错误的检出率为 99.998%。

3.1.3　交换技术

　　许多数据链路层协议允许通信双方之间有为数不多的中间设备。这些中间设备在传输帧的过程中不改变帧的内容,只是根据帧的首部对帧进行逐跳转发,一般不作为网络结点。工作在数据链路层的中间设备需要运用交换技术对帧进行传输。

　　1. 什么是交换

　　最早使用交换技术的是电话网络。电话发明后不久,人们发现,如果将 N 部电话两两相连,那么需要 $N(N-1)/2$ 根连线,如图 3-4(a)所示。当电话数量很大时,所需要的连线数量就太大了。于是人们就将所有的电话机通过一根线连接到一个类似于配线架的设备上,由话务员负责管理用户之间的通话。用户通话前先连通话务员,话务员根据用户的要求将他的线路转接到相应的被叫用户,如图 3-4(b)所示。我们经常在以近现代历史为背景的影视剧中看到相关情节,这就是最早的交换技术,称为人工交换。该技术可以动态地分配线路资源,这已经成为交换的显著特征。后来,人们在话务员所使用的设备上添加了程序,使得该设备可以代替话务员的工作,根据用户的拨号将线路自动转接到目的端,这种设备叫做程控交换机,如图 3-4(c)所示。图中的虚线表示用户 T_1 和 T_4 进行通话时所占用的线路资源。

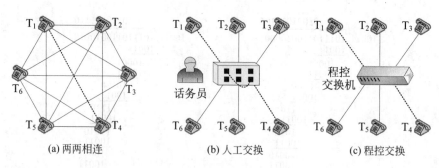

(a) 两两相连　　　　　　(b) 人工交换　　　　　　(c) 程控交换

图 3-4　交换技术的产生

2. 电路交换

使用如图 3-4 所示的交换技术，用户在打电话之前都必须先与被叫用户建立连接。用户拨号后交换机向被叫用户的电话机振铃，被叫用户摘机后信令传回主叫用户，连接建立完成，双方开始通话。在双方通话过程中，其他用户不能使用该连接所占用的通信资源。通话完毕挂机后，连接占用的资源释放。这种必须经过"建立连接（请求通信资源）、通话（占用通信资源）、释放连接（释放通信资源）"三个步骤的交换技术称为电路交换。电话网自产生至今一直使用电路交换方式。

当网络规模变大时，电话机需要连接到不同的交换机上，交换机与交换机之间使用多路复用技术（如 2.2.2 节所述的 PCM 技术）通过中继线相连。连接到不同交换机上的用户也可以使用电路交换技术跨越多个交换机进行通信。这时，正在通话的两个用户只占用（并且是独占）了中继线的一个话路，而别的用户仍然可以占用中继线的其他话路。图 3-5(a) 给出了用户 T 和 T′使用电路交换技术进行通信时，交换机 A、B 和 C 之间线路的占用状况。

电路交换需要占用固定的端到端通信资源，可以保证语音的通话质量，但如果用它传输计算机数据，会浪费大量的通信资源。计算机网络上的大部分应用所产生的数据是不连续的，具有很大的突发性。例如：用户在浏览网页时，可能有 90% 以上的时间通信双方没有数据传输，如果使用电路交换，在空闲时仍然要占用通信资源，则线路的利用率就不到 10%。使用电路交换的计算机网络较少。

3. 分组交换

计算机网络使用最广泛的交换技术是分组交换。所谓分组交换也叫包交换，它采用存储转发技术。分组交换在数据传输之前，先把要传的数据分成若干最大长度较短的数据块，每一个数据块前面添加一个由一系列控制信息组成的首部，组装成一个个分组，然后再进行传输。交换机收到一个分组后，先暂时存储下来，再检查其首部，根据其转发表将分组交给下一个交换机。分组就这样被一步步转发到目的端。各交换机的转发表会根据网络的状况动态调整，所以到达同一目的端的分组可能沿不同路径进行传输。图 3-5(b) 给出了用户 T 和 T′使用分组交换技术进行通信时，网络各条链路的占用状况。

采用存储转发技术的分组交换不独占信道，在传送突发的计算机数据时，通信资源得到了充分利用。另外，分组交换不需要建立连接就直接发送数据，数据传输的时延减少、灵活性增高，当网络部分设备和链路出现拥塞或故障时，交换机可以迅速更新转发表选择其他路径进行数据传输。但是，当网络负载较大时，分组在各交换机排队会造成较大的时延，甚至会出现拥塞，必须使用复杂的技术进行控制，因而无法确保通信时的端到端带宽。

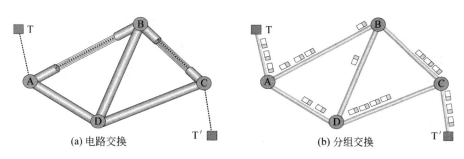

(a) 电路交换   (b) 分组交换

图 3-5 电路交换与分组交换的链路占用状况比较

图 3-6 给出了使用图 3-5 中的两种交换方式,数据按照 T→A→B→C→T′路径进行传输的过程。这里假设分组交换中前 6 个分组选择的路径都为 A→B→C。

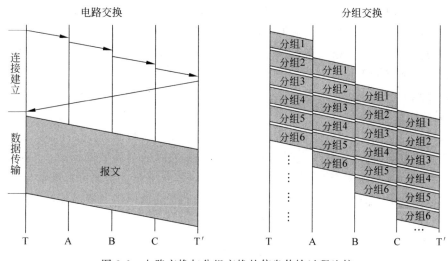

图 3-6 电路交换与分组交换的信息传输过程比较

分组交换技术可以使帧传输的距离更长,已经成为数据链路层帧进行传输的主要方式,如今在各种网络中得到了广泛使用。

3.1.4 信道与数据链路层传输技术

1. 数据链路层的信道

从数据链路层的角度看,物理层提供的信道可以分为两大类。

(1)点对点信道。

点对点信道使用一对一的点对点通信方式。使用这种信道的网络,需要物理层投入比较多的成本,在结点之间构建比较多的物理链路;但是,数据链路层的协议可以设计得比较简单,以提高数据帧的转发速度。

(2)广播信道。

广播信道使用一对多的广播通信方式。多个结点连接到一个信道上,共享这个信道。一个结点发送信号时,其他结点都能接收到。在与信道相连的所有结点中,同一时刻只能有一个结点发送信号。使用这种信道的网络需要构建的物理链路比较少;但是,数据链路层协议比较复杂,需要协调各结点的数据发送。

2.2 节所述的多路复用技术也是一种多点共享一个信道的技术,但是该技术要求共享信道有比较大的带宽,各子信道之间互不影响,本质上来讲仍然是一种点对点信道,而不是广播信道。广播信道所使用的共享信道技术为动态接入(也称多点接入)技术,其特点是信道并非在用户通信时固定分配给用户。动态接入技术可以分为两类。

- 随机接入。其特点是所有用户可随机地发送信息。但如果有两个或更多的用户在同一时刻发送信息,那么在共享信道上就要产生碰撞(也称冲突),使得这些用户的数据发送都失败。因此,必须有解决碰撞的数据链路层协议。
- 受控接入。其特点是用户不能随机地发送信息而必须服从一定的控制,以避免多个用户在同一时刻发送信息而产生碰撞。

传统的局域网由于考虑到链路成本、施工复杂度等因素,一般使用广播信道。随着通信技术的发展,星状拓扑结构的局域网开始使用点到点信道,并逐渐成为技术的主流,广播信道仅仅在无线局域网中使用。广域网一般采用点到点信道。

信道可能用来连接网络设备,也可能用来连接终端与网络设备。ITU-T 将作为信源或信宿的计算机或终端等称为数据终端设备(Data Terminal Equipment,DTE),将为用户提供入网连接点的网络设备称为数据通信设备(Data Communications Equipment,DCE)。

2. 局域网技术

局域网范围很小,完成近距结点间的数据传输,主要涉及数据链路层和物理层。局域网技术在产生之初,厂商之间竞争激烈,都力图使自己的技术成为局域网标准。IEEE 在 1980 年 2 月成立了一个局域网标准化委员会——IEEE 802,该委员会提出的标准称为 IEEE 802 标准。图 3-7 给出了 IEEE 802 标准的体系结构,它们对局域网和城域网技术产生过深远的影响,后来被 ISO 采纳,称为 ISO 8802 标准。

高层	IEEE 802.1 局域网概述、体系结构、网络管理和网络互联																		
数据链路层	IEEE 802.2 逻辑链路控制(LLC)																		
	802.3 CSMA/CD	802.4 令牌总线	802.5 令牌环	802.6 城域网DQDB	802.7 宽带技术	802.8 光纤技术	802.9 语音数据综合网	802.10 局域网安全	802.11 无线局域网	802.12 优先级高速局域网	802.14 电视网上数据传输	802.15 无线个人网	802.16 无线城域网	802.17 弹性分组环	802.18 无线电调整	802.19 共存	802.20 移动宽带无线接入	802.21 媒体无关切换
物理层	物理规范	物理规范	物理规范	物理规范	物理规范	物理规范	物理规范	物理规范	物理规范	物理规范	物理规范	物理规范	物理规范	物理规范	物理规范	物理规范	物理规范	物理规范

图 3-7　IEEE 802 标准系列

IEEE 802 中局域网相关的主要标准如下。

- IEEE 802.1:主要是局域网概述,有些内容涉及网络层,不是局域网技术的重点。
- IEEE 802.2:逻辑链路控制 LLC。为了使数据链路层能适应多种局域网标准,IEEE 802 就将局域网的数据链路层拆成两个子层,即逻辑链路控制(Logical Link Control,LLC)子层和媒体接入控制(Medium Access Control,MAC)子层。与接入到传输媒体有关的内容都放在 MAC 子层,而 LLC 子层则与传输媒体无关,不管采用何种协议的局域网对 LLC 子层来说都是透明的。后来,以太网在局域网技术中取得垄断地位,LLC 子层的作用已经消失,下文将不再考虑 LLC 子层。

- IEEE 802.3:CSMA/CD 媒体访问控制方法和物理层规范。物理层采用总线型拓扑结构,数据链路层采用随机接入方式。802.3 已经成为以太网标准。
- IEEE 802.4:令牌总线访问方法和物理层规范。物理层采用总线型拓扑结构,数据链路层采用受控接入方式,只有得到令牌的结点才能发送数据。
- IEEE 802.5:令牌环访问方法和物理层规范。物理层采用环状拓扑结构,数据链路层与 802.4 类似。
- IEEE 802.11:无线局域网访问方法和物理层规范。物理层采用无线传输介质,数据链路层采用随机接入方式。

下文将重点说明当前常用的 802.3 和 802.11 标准局域网。另外,802.15、802.16、802.17、802.20 和 802.21 也比较重要,其他标准已经很少使用或者被完全淘汰了。

3. 广域网技术

广域网范围很大,结点间的物理链路很长,受到的干扰以及信号衰减都很大。广域网可以使用树状或网状拓扑结构,距离太远的两个结点之间的路径往往是由多个链路组成,数据传输要通过多个交换机或多个中间结点。因此,广域网往往要使用交换技术,甚至要跨越中间结点进行数据传输,它不但涉及物理层和数据链路层,还涉及网络层。

广域网有两种类型的连接可供选择:专线和交换连接。交换连接可以是电路交换或者是分组交换。是否使用交换技术并不是区分局域网和广域网技术的标准。并非所有的广域网技术都在数据链路层使用分组交换或电路交换,有些直接使用点到点信道甚至广播信道进行数据传输。随着局域网技术的发展,结点与结点之间由广播信道连接演变成交换机连接,分组交换技术也在局域网中得到了大规模使用。

广域网自产生以来,先后出现了许多技术,其中影响比较大的主要有:HDLC、X.25、帧中继、ATM、ISDN 等。3.6 节中将对这些技术做简要介绍,并重点说明常用的 PPP 和 SDH 技术。

3.2 以太网技术

以太网是美国 Xerox(施乐)公司在 1975 年研制的一种使用无源电缆作为总线的局域网。1980 年 DEC、Intel 和 Xerox 等公司联合提出了 10 Mb/s 以太网标准的第一个版本 DIX 1.0,1982 年又修改为第二版 DIX 2.0,或称为以太网 V2。在此基础上,IEEE 802 工作组制定了它的 10 M 局域网标准 802.3。802.3 标准只对以太网 V2 标准中的帧格式做了很小的一点改动,两者差别很小。因此,人们不对 IEEE 802.3 局域网和以太网 V2 进行严格区分,常将 802.3 局域网也简称为以太网。

传统以太网是一种基带总线型的局域网,传输速率为 10 Mb/s,它将许多主机都连接到一根使用同轴电缆作为传输介质的总线上。总线是一种广播信道,当一台主机发送数据帧时,总线上的所有主机都能检测到这个帧。每一台计算机都有一个不同于其他主机的地址。主机在发送帧时,在帧的首部写明接收端的地址。主机检测到总线上的帧后,判断帧的目的地址是否与自己的地址相同。如果相同则接收这个帧,否则不接收。这样就在广播信道上实现了一对一的通信。

图 3-8 给出了传统以太网中主机 A 向 D 发送帧的过程。此时,总线上的每个主机都能检测到 A 发送的帧,但只有主机 D 的地址与帧的目的地址相同,所以只有 D 才接收这个帧。其他主机(B、C 和 E)都不能接收这个帧。总线两端的匹配电阻可以吸收总线上的信号,避免信号在总线两端出现反射对信号产生干扰。

图 3-8　传统以太网上的数据传输

以太网是一种典型的工作在数据链路层的网络。目的主机在接收到帧后,对其内容进行差错检验。如果没有差错就交付给上层处理,如果有错就直接丢弃。目的主机不向源主机返回确认或出错消息,差错纠正由上层(传输层的 TCP)来处理。

由于使用广播信道的网络在一个时刻只能有一个主机发送帧,多个站点需要竞争使用信道。以太网使用随机接入的方式动态分配信道资源,这种方式可以在信道较为空闲的情况下减少数据帧发送的等待时延。以太网使用的随机接入标准为 CSMA/CD 协议。

3.2.1　CSMA/CD 协议

CSMA/CD(Carrier Sense Multiple Access with Collision Detection)即载波监听多点接入/碰撞检测。

- 多点接入:是指该协议使用的信道是广播型信道,有多个主机接入一个信道,竞争使用信道资源。
- 载波监听:是指主机在发送帧之前首先要检测信道上是否有其他站点在发送数据,如果有就暂时不发送,如果没有就发送。监听是根据信道上是否有载波来判断信道是否被使用。但对于以太网来讲,信号在物理层使用数字编码,并没有真正的载波,但也可以使用电子技术监听总线的使用状况。
- 碰撞检测:就是指主机在发送帧的过程中还要检测是否和其他主机发送的帧产生了碰撞。所谓碰撞就是指一个以上的主机在同一时刻向一个共享信道发送了数据,造成相互干扰,从而无法恢复出有用信息。对于以太网来说,当出现碰撞时,总线上的信号电压会相互叠加而出现变化,所以总线上的主机很容易检测到碰撞。

使用载波监听技术,主机在发送帧前要检测信道是否空闲,这样可以避免大部分的碰撞。但是,还有一种情况产生的碰撞仅使用载波监听是无法避免的。例如,当多个主机"同时"要发送数据时,它们都检测到了总线空闲,然后"同时"向总线发送数据,这种情况下仍然会产生碰撞。虽然电磁波在铜介质上的传播时间很快,但是从总线的一端传送到另一端仍然是有时延的,所以这里的"同时"是相对的,仍然允许有一个很小的时间差。

图 3-9 给出了使用载波监听后仍然会出现碰撞的示例。

(1) 当主机 A 检测到总线空闲后,向总线发送信号,当信号尚未到达主机 D 时,D 仍然检测到总线空闲,也向总线发送信号,如图 3-9(a)所示。

(2) 当 D 发送的信号与 A 发送的信号在总线相遇时,碰撞开始,如图 3-9(b)所示。

（3）当 A 发送的信号传送到 D 时，D 检测到碰撞，暂停发送数据，如图 3-9(c)所示。

（4）当 D 发送的信号传送到 A 时，A 检测到碰撞，暂停发送数据，如图 3-9(d)所示。

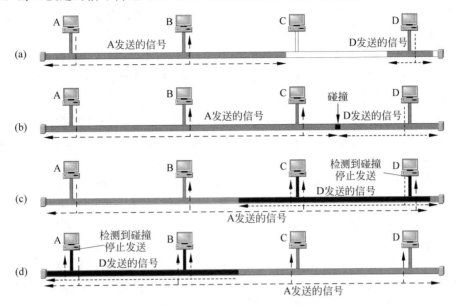

图 3-9　碰撞检测的过程

可见主机检测到总线空闲发送帧后，并不能立刻检测到碰撞。那么检测到碰撞所需要时间的最大值是多少呢？若总线的端到端时延为 τ。针对上述示例设想一种极端的情况，A 与 D 分别位于总线的两端，则信号从 A 发送到 D 的时延为 τ。当 A 发送的信号即将到达 D 的一瞬间，D 发送信号。在这种情况下，A 在发送帧 2τ 时间后，才能检测到碰撞。2τ 是总线的端到端往返时延，它就是主机发送帧后检测到碰撞所需时间的最大值，称为争用期。

如果主机在争用期内没有检测到碰撞，说明与总线相连的其他主机已经监听到了 A 发送的信号，不会再向总线发送帧了。这个帧在争用期后也不会与其他主机发送的帧碰撞。

如果主机在争用期内检测到了碰撞，就要立即停止发送，避免继续浪费网络资源。然后等待一段时间再次发送帧，这段等待时间称为退避间隔。如果各碰撞主机的退避间隔相同，则会产生二次、三次、…的碰撞。因此，要求各主机的退避间隔要具有差异性，必须是一个随机时间。

退避间隔是争用期 2τ 的整数倍。电信号在铜介质中的传输速度大约为 $200\ \text{m}/\mu s$，在使用铜介质的传统以太网技术中，主机与主机的最大距离约为 $2.5\ \text{km}$。考虑到中间转发器的时延，2τ 取 $51.2\ \mu s$。退避间隔 M 使用二进制退避指数算法计算。具体算法如下：

设 r 为离散整数集合 $[0,1,2,\cdots,n]$ 中的一个随机数。n 用式(3-1)求得：

$$n = 2^{\min[i,10]} - 1 \tag{3-1}$$

其中，i 表示重传次数，最大值为 16。则退避间隔 M 用式(3-2)计算：

$$M = r \times 2\tau \tag{3-2}$$

按照上述算法，如果一个主机在使用 CSMA/CD 协议发送帧时出现了碰撞，可能要进行如下操作。

• 首先进行第一次重传。在 $[0,1]$ 中随机选择一个整数乘以 2τ。例如，选择的整数为

数据链路层

1,则退避时间为 $1\times51.2\ \mu s$。在等待时间到达 $51.2\ \mu s$ 后,重传该帧。

- 如果首次重传失败,进行第二次重传。在[0,3]中随机选择一个整数乘以 2τ。例如,选择的整数为 2,则退避时间为 $2\times51.2\ \mu s$。在等待时间到达 $102.4\ \mu s$ 后,重传该帧。

- 以此类推,如果重传 9 次仍然失败,则要进行第 10 次重传。在[0,1023]中随机选择一个整数乘以 2τ。例如,选择的整数为 200,则退避时间为 $200\times51.2\ \mu s$。在等待时间到达 $10.24\ ms$ 后,重传该帧。

- 如果重传 10 次仍然失败,则要进行第 11 次重传。仍然在[0,1023]中随机选择一个整数乘以 2τ。例如,选择的整数为 100,则退避时间为 $100\times51.2\ \mu s$。在等待时间到达 $5.12\ ms$ 后,重传该帧。

- 以此类推,如果重传 16 次仍然失败,表示总线负载太重,传输失败,向上层报错。

为了使各主机尽可能早地知道发生了碰撞,以太网还采取一种叫做强化碰撞的措施。如果主机在发送帧时检测到了碰撞,除了停止发送外,还要继续发送 32 或 48 比特的阻塞信息,以便让其他主机知道发生了碰撞。

图 3-10 给出了 CSMA/CD 协议的工作流程图。CSMA/CD 协议的原理比较简单,技术上容易实现,网络中各主机地位平等,不需要集中控制,不提供优先级控制。但在网络负载很大时,数据帧的发送时间增长,发送效率急剧下降。

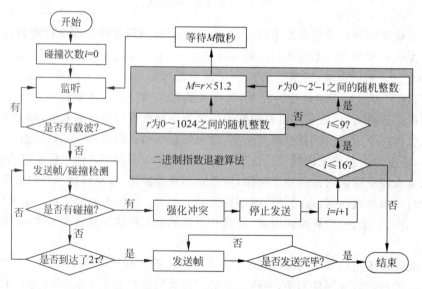

图 3-10　CSMA/CD 协议的工作流程图

3.2.2　以太网 MAC 帧

在图 3-7 中的 IEEE 802 体系结构中,将局域网的数据链路层分为 MAC 和 LLC 两个子层。现代以太网中 LLC 子层的作用已经消失,数据链路层只剩下了 MAC 子层,数据链路层的帧就只是 MAC 子层的帧,简称 MAC 帧。

以太网由于范围较小,链路所受到的干扰也比较小,很容易在物理层通过电子技术检测出链路上是否有信号传输,从而准确判断出帧的开始和结束。这样就不必使用 3.1.1 节中介绍的起始符和结束符来标识帧的开始和结束了。

以太网 MAC 帧的前面有 8 个字节的前导信息,它由 7 个字节前导码字段和 1 个字节的帧起始定界符字段组成。前导码字段中 1 和 0 交替出现,用来实现接收端和发送端的时钟同步。帧起始定界符字段中开始 6 位也是 1 和 0 交替出现,但结尾是两个连续的 1,即 10101011,表示后面就是帧的内容。前导码使接收端能根据 1、0 交互的比特模式迅速实现比特同步,当检测到连续两位 1 时,便将后续的数据交给 MAC 子层。也有人把帧起始定界符中的前面 6 位并入到前导码中,这样,前导码就成了 62 位,而帧起始定界符就剩两位了。

以太网 MAC 帧的最小长度为 64 字节,原因如下:在 CSMA/CD 协议中,主机发送的帧有可能在争用期 2τ 的时间内检测到碰撞,争用期后不会出现碰撞。帧的发送时间如果小于争用期,就有可能在发送完帧后出现碰撞。这种情况下,发送端由于发送完帧后就不需要继续进行碰撞检测了,所以检测不到碰撞,从而出现发送端认为帧已经发送成功而出现碰撞的问题。为了避免这个问题,帧的发送时间就必须大于或等于争用期。传统以太网的争用期为 51.2 μs,速率为 10 Mb/s,则最小帧的发送时间也为 51.2 μs,帧长为 51.2 μs× 10 Mb/s=512 bit,即为 64B。

以太网的帧间最小间隔为 9.6μs,目的是为了让收到帧的主机站清理接收缓存,为接收下一帧做好准备。10 Mb/s 以太网 9.6 μs 内可以传输 96 bit 的数据,所以最小帧间隔也常表示为 12B。

图 3-11 给出了 DIX 2.0 以太网 MAC 帧的结构。各字段的含义如下。

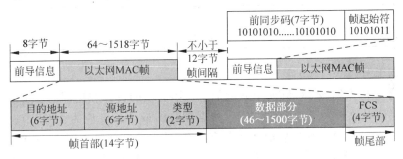

图 3-11   以太网 MAC 帧的结构

(1) 目的地址字段与源地址字段(各 6 字节)。

目的地址字段与源地址字段分别用来填写数据帧发送端和接收端的 MAC 地址。

MAC 地址是网络接口的全球唯一标识符。IEEE 的注册管理委员会 RAC 负责分配地址字段 6 个字节中的前三个字节,任何要生产具有网络接口的设备厂家都必须向 IEEE 购买由这三个字节构成的一个编号,这个编号被称为机构唯一标识符(Organizationally Unique Identifier,OUI)。在实际应用中,OUI 并不能唯一标识一个公司,因为一个公司可能有几个 OUI,也可能有几个小公司合起来购买一个 OUI。地址字段中的后三个字节由厂家自行指派,要保证生产出的网络接口没有重复地址。用这种方法得到的 6 字节(48 bits)地址称为 EUI-48,这里 EUI 表示扩展唯一标识符(Extended Unique Identifier)。

在生产网络接口时,EUI-48 标识符已被固化在网卡的只读存储器(ROM)中。MAC 地址实际上就是 EUI-48 标识符,它也常被称为硬件地址或物理地址。当一块网卡插入计算机后,网卡的 EUI-48 标识符就成为这台计算机的 MAC 地址了。MAC 地址并不能反映主机所在的地理位置,MAC 地址数值上临近的两个主机不一定在地理上临近。所以,严格来说 MAC 地址并不是真正意义的"地址",只是主机的"标识符"或"名字"。但人们已经习惯了将这种"标识符"称为"地址",尽管该说法并不严格。

MAC 地址有以下三种类型。

- 单播(Unicast)地址:目的地址为单播地址的帧的目标主机只有一台。单播地址第一字节的最后一位为 0,即第一个字节的第二个十六进制数为偶数。如地址:00-11-5B-00-00-03。

- 多播(Multicast)地址:目的地址为多播地址的帧的目标主机有多台。多播地址第一字节的最后一位为 1,即第一个字节的第二个十六进制数为奇数。如地址:01-11-5B-00-00-03。

- 广播(Broadcast)地址:目的地址为广播地址的帧的目标主机是本网中的所有主机。广播地址的所有位全部为 1,用十六进制表示为:FF-FF-FF-FF-FF-FF。

帧的目的地址可以是上述三类地址中的任意一种,源地址只能是单播地址。

(2)类型字段(2 字节)。

类型字段表示数据字段中封装的协议类型,即表示上一层使用的是什么协议,目的是为了让接收端把帧的数据部分上交给上一层的这个协议。表 3-2 中给出了该字段值对应的几种常用上层协议。

表 3-2　MAC 帧类型字段值对应的常用上层协议

类型字段值	0x0800	0x0806	0x0835	0x8137
上层协议类型	IP/ICMP	ARP	RARP	IPX

(3)数据部分(46~1500 字节)。

数据部分是以太网 MAC 帧所承载的信息。因为帧的首部和尾部的长度之和为固定的 18 字节,为保证帧总长大于等于 64 字节,数据部分的最小长度应为 46 字节。当要传输的信息小于 46 字节时,要在数据后面添加填充字符,使得数据部分达到 46 字节。数据部分的最大长度为 1500 字节,因为当帧的长度太大时,对于差错检验、发送和接收缓冲等有较高要求。

(4)FCS 字段(4 字节)。

FCS(帧校验序列)字段的内容为 32 位的循环冗余校验(CRC)码。帧在发送前要先将其内容作为被检验对象,使用 CRC-32 对其进行校验,生成 32 位的校验码。校验码填入 FCS 字段随帧发送到接收端,接收端根据 FCS 字段对帧进行差错检验。FCS 字段校验的范围不包括前导信息。

当收到的帧长度小于 64 字节或大于 1518 字节、或帧内容检验出现错误时,接收端会将其作为无效帧丢弃。

3.2.3　以太网的演进

传统以太网的传输速率仅为 10 Mb/s,在它产生后的 10 多年间,没有取得技术突破,大部分人认为已无法进行升级了。而与以太网同时代的 FDDI(光纤分布式数据接口)速率已达到了 100 Mb/s。如果以太网不能取得速率上的提高,将难以适应网络技术的发展,最终会面临被淘汰的风险。然而,以太网具有的使用简单、价格低廉等特点使得人们对它又难以割舍。1993 年,100 Mb/s 以太网的产品终于出现。1995 年 IEEE 颁布了 100 Mb/s 以太网标准——802.3u,以太网从此进入了高速发展阶段。

1. 快速以太网

快速以太网(Fast Ethernet)就是指百兆以太网。快速以太网的 MAC 帧格式与传统以太网相同,可以实现向后兼容。快速以太网有全双工和半双工两种工作方式,只有在半双工方式下才需要采用 CSMA/CD 作为介质访问控制协议。从技术角度上讲,快速以太网并不是一种新型局域网,只是已存在的传统以太网的升级。其基本思想很简单:保留传统以太网的帧格式及控制规程,只是将位时(即单个比特的传输时间)从 100 ns 减少到了 10 ns。

为了实现 100 Mb/s 的传输速率,快速以太网在物理层做了一些改进。例如,在编码上,采用了效率更高的编码方式。传统以太网采用曼彻斯特编码,可以实现位同步,但由于要在每一个码元中间进行跳变,其编码效率只能达到 50%,即在具有 20 Mb/s 传输能力的介质中,只能传输 10 Mb/s 的数据。快速以太网采用 4B/5B、6B/6T 等编码方法,其传输效率得到了很大提高。

为了与传统以太网兼容,快速以太网的最小帧长要保持 64 字节不变。因为网速提高了10 倍,则最小帧的发送时间由 51.2 μs 减少到了 5.12 μs。为了满足 CSMA/CD 争用期必须小于或等于最小帧发送时间的要求,争用期也由 51.2 μs 调整为 5.12 μs。争用期同时也是信号在总线上的端到端往返时延。电信号在铜介质中的传输速度是固定的,端到端往返时延必须小于或等于原来的 1/10,则主机的端到端最大距离也必须小于或等于原来的1/10。IEEE 将使用铜介质的快速以太网的主机端到端最大距离定为 200 m。

另外,快速以太网的最小帧间隔也保持 12 字节不变,则帧间最小时间间隔由 9.6 μs 调整为 0.96 μs。

2. 千兆以太网

千兆以太网又称吉比特以太网(Gbit Ethernet),相关标准在 1997 年颁布。千兆以太网的升级方式与快速以太网的升级方式相同,即 MAC 帧格式保持不变,半双工方式下使用CSMA/CD 协议。

但是,若要保持最小帧长 64 字节不变,则要将主机的端到端最大距离再减少为快速以太网的 1/10,这样就会使得网络的范围太小,难以实用。若要保持主机的端到端最大距离不变,则要将最小帧长调整为 512 字节,这样就无法实现向后兼容。千兆以太网采用载波延伸(carrier extension)和分组突发(packet bursting)技术,在数据链路层仍将最小帧长保持64 字节不变,在物理层传输时将最小帧长调整为 512 字节。

载波延伸就是在发送长度小于 512 字节的帧时,在帧的后面填充载波,使帧长达到 512字节后再进行传输。接收端收到该帧后,将填充的载波删除后交给上层协议。当网络需要传输大量小于 512 字节的帧时,填充的载波会浪费大量的网络资源。

分组突发就是将多个连续的小于 512 字节的短帧组合到一起,形成一串分组进行发送,如图 3-12 所示。短帧中的第一个要使用载波延伸技术进行传输,其后的短帧使用分组突发。短帧间的最小间隔为 12 字节,多个短帧组成的一串分组可达到 1500 字节或稍多一点。

应该注意,当千兆以太网使用全双工方式工作时,不存在碰撞问题,不需要任何处理就可以传输 64 字节的最小数据帧。

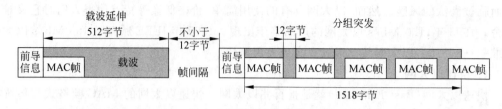

图 3-12 载波延伸和分组突发

千兆以太网的出现使其他局域网技术被迅速淘汰,但由于受到传输距离及带宽的限制,仍然无法在城域网和广域网中使用。

3. 万兆以太网

万兆以太网又称 10 吉比特以太网(10GE),相关标准在 2002 年颁布。万兆以太网的帧格式与 10 Mb/s、100 Mb/s 和 1 Gb/s 以太网的帧格式完全相同,最小帧长仍然是 64 字节,这就使得各种以太网之间的通信十分方便。

万兆以太网只在全双工方式下工作,不存在信道争用问题,不会出现碰撞,不再使用 CSMA/CD 协议,最大传输距离也不再受碰撞检测中争用期的限制。

万兆以太网的传输距离和速率都可以满足城域网和广域网骨干层的要求,但是由于以太网的最初设计是面向局域网的,在应用到城域网和广域网时需要进行一些修改。相比于其他城域网和广域网技术,万兆以太网产品价格低廉,与目前已在局域网中居于垄断的其他以太网技术使用相同的帧格式,通信简便。万兆以太网的出现,使得以太网将逐步成为统一局域网、城域网和广域网的唯一技术。

3.3 以太网的物理规范

以太网的速率从 10 Mb/s 发展到 10 Gb/s 得益于物理层传输媒体和传输技术的进步。每种以太网都使用了多种不同的传输介质和物理规范。

以太网的物理规范一般表示成"♯Base-&[X]"的形式。其中:

- "♯"表示信号的传输速率为♯Mb/s,"♯"可以是 10、100、1000 和 10 G,分别表示传统以太网、快速以太网、千兆以太网和万兆以太网。
- "Base"表示信号的类型是基带信号。
- "&"表示传输介质的类型。"&"主要有 T、F、C 等几种取值,分别表示双绞线、光纤、同轴电缆。
- "[X]"表示最后一个字母"X"是可选的,如果有"X",则表示信号的发送和接收使用不同的线芯,发送和接收信号使用相互隔离的通道有利于全双工方式的传输。

传统以太网的拓扑结构有星状和总线两种,而其他以太网都使用星状拓扑结构。

3.3.1 传统以太网的物理规范*

IEEE 802.3 标准定义的传统以太网物理规范主要有 10Base-5、10Base-2、10Base-F、10Base-T 等几种类型,均采用基带传输模式的曼彻斯特编码。

（1）10Base-5。

10Base-5 是最早的以太网版本，关于传统以太网原理的叙述大多是以该规范为基础的。10Base-5 以 50 Ω 的粗同轴电缆为传输介质，拓扑结构为总线型。"5"表示每一段电缆的最大长度为 500 m，一个局域网最多可以由 5 个网段使用转发器互连，则网络的最大跨度为 2.5 km。

（2）10Base-2。

10Base-2 是 10Base-5 的精简版本，也以 50 Ω 的细同轴电缆为传输介质，拓扑结构为总线型。每一段电缆的最大长度为 180 m，网络的最大跨度为 925 m。

（3）10Base-F。

10Base-F 以光纤为传输介质，拓扑结构为星状。设计该规范的目的主要用于交换机间的级联和交换机到路由器间的点到点链路。10Base-F 规范又包括 10Base-FL、10Base-FB 和 10Base-FP 三种子规范。

（4）10Base-T。

10Base-T 以 3 类及 3 类以上的 UTP 双绞线为传输介质，拓扑结构为星状。该规范最开始是采用集线器作为集中连接设备，当然在交换机出现后也可以采用交换机作为集中连接设备。单根 UTP 的最大长度为 100 m，两个主机间最多可以有 4 个集线器，网络的最大跨度为 500 m。

上述物理规范的以太网由于性能太低，基本上被淘汰了。但 10Base-T 和 10Base-F 为以太网的进一步发展奠定了基础。

3.3.2 快速以太网的物理规范

IEEE 802.3u 标准定义的快速以太网的物理规范主要有 100Base-TX、100Base-FX、100Base-T4 三种类型。

（1）100Base-TX。

100Base-TX 以 5 类及 5 类以上的 UTP 或 STP 双绞线为传输介质。UTP 有 4 对（8 根）线芯，100Base-TX 使用其中的两对线芯进行通信，其中一对用于发送数据，另一对用于接收数据，最大传输距离为 100 m。为使串音和信号失真最小，另外 4 条线不传输任何信号。每对的发送和接收信号是极性化的：一条线传输正（＋）信号，而另一条线传输负（－）信号。RJ-45 头的线对分配是管脚[1,2]和管脚[3,6]。根据表 2-6 的 EIA/TIA-568B 布线标准，得出 100Base-TX 的 UTP MDI 连接器引脚分配，如表 3-3 所示。

表 3-3　EIA/TIA 568B 标准 100Base-TX 的 UTP 直通与交叉连接引脚分配表

脚　　位	1	2	3	4	5	6	7	8
电缆颜色编码	白橙	橙	白绿	蓝	白蓝	绿	白棕	棕
直通时的信号名	TX＋（发送＋）	TX－（发送－）	RX＋（接收＋）	保留	保留	RX－（接收－）	保留	保留
交叉时的信号名	RX＋（接收＋）	RX－（接收－）	TX＋（发送＋）	保留	保留	TX－（发送－）	保留	保留

为了提高信号的传输效率，100Base-TX 不使用曼彻斯特编码，而是使用 4B/5B 编码与 MLT-3 编码组合的方式。比特流先进行 4B/5B 编码，然后进行 MLT-3 编码，最后再在 UTP 上传输。

66

4B/5B 编码其实就是用 5 位的二进制码来代表 4 位的二进制数据,则 100 Mb/s 数据传输的时钟频率为 125 MHz。4B/5B 编码的效率是 80%,比曼彻斯特编码的效率要高得多。4B/5B 编码的目的就是让比特流产生足够多的跳变。4 位二进制共有 16 个值,5 位二进制共有 32 个值。从这 32 个值中选取的 16 个值作为 4B/5B 编码的码,结果如表 3-4 所示。码字选取的原则是每个 5 位包含不少于两个"1"。为什么要按照这种规则来选择码字呢? 这是因为 4B/5B 码要通过 MLT-3 码来传输,所以要与 MLT-3 码的特点相适应。

表 3-4   4B/5B 编码表

十进制数	二进制数	4B/5B码	十进制数	二进制数	4B/5B码	十进制数	二进制数	4B/5B码	十进制数	二进制数	4B/5B码
0	0000	11110	4	0100	01010	8	1000	10010	12	1100	11010
1	0001	01001	5	0101	01011	9	1001	10011	13	1101	11011
2	0010	10100	6	0110	01110	10	1010	10110	14	1110	11100
3	0011	10101	7	0111	01111	11	1011	10111	15	1111	11101

MLT-3 码(Multi-Level Transmit-3,多电平传输码)是双极性码,有"-1"、"0"、"1"三种电平。MLT-3 的编码规则:电平逢"0"保持不变,逢"1"按照正弦波的电位顺序(即 0,+1,0,-1,0,+1,…)变换状态,如图 3-13(c)所示。可以看出,MLT-3 编码后直流成分大大减少,可以进行电路传输。

MLT-3 码的特点简单地说就是:逢"1"跳变,逢"0"不跳变。为了让最终传输的码流中有足够多的跳变,4B/5B 编码的码字中要有尽量多的"1"。观察表 3-4,每个 4B/5B 码字中最多有 4 个"1",即最多跳变 4 次。所以使用 4B/5B 编码与 MLT-3 编码组合的方式,每传输 4 位最多跳变 4 次。这样,100Base-TX 就用基带传输频率最大是 100 MHz 的 5 类 UTP 实现了 100 Mb/s 的数据传输速率。

(2) 100Base-FX。*

100Base-FX 以两根光纤为传输介质,其中一根用于发送数据,另一根用于接收数据。可以选择 62.5/125 μm 的多模光纤,使用 LED 收发器产生波长为 850 nm 的光信号,最大传输距离为 2 km。也可以选择 9/125 μm 的单模光纤,使用激光收发器产生波长为 1300 nm 的光信号,传输距离更远。

100Base-FX 使用 4B/5B 与 NRZI 组合的编码方式。NRZI(Non-Return to Zero Inverted,非归零反转码)与 MLT-3 类似,但只有"0"、"1"两种电平(对于光信号来说,即只有"有光波"、"无光波"两种形式)。NRZI 逢"1"跳变,逢"0"不跳变,如图 3-13(b)所示。

(3) 100Base-T4。*

100Base-T4 以 3 类及 3 类以上的 UTP 双绞线为传输介质,最大传输距离为 100 m。直接用一对 3 类 UTP 实现 100 Mb/s 的传输速率是不可能的。100Base-T4 采用 8B/6T 编码,将原始数据流分为三股子流,经 4 对子信道进行传输。这样,100Base-T4 就使用了双绞线的全部 4 对线芯,其中的三对线芯用以传输数据(每对线芯的数据传输率为 33.3 Mb/s),一对线芯进行冲突检验和信号控制。

100Base-TX 具有价格低廉、维护简便、速率适中等特点,成为以太网到桌面所使用的主

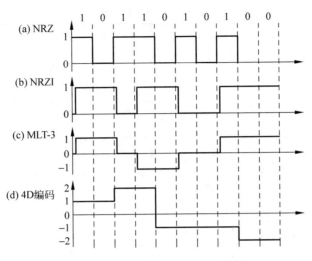

图 3-13 以太网物理规范编码实例

流技术。而 100Base-FX 的性价比比较低;100Base-T4 虽然可以使用价格低廉的 3 类语音布线实现 100 Mb/s 的速率,但不能进行全双工通信。100Base-FX 和 100Base-T4 这两类技术在当前的网络中已很少使用。

3.3.3 千兆以太网的物理规范

当前常用的千兆以太网物理规范并不是由一个标准定义的。有 IEEE 802.3z 标准定义的 1000Base-LX、1000Base-SX、1000Base-CX(统称为 1000Base-X),有 IEEE 802.3ab 标准定义的 1000Base-T,还有 TIA/EIA-854 标准定义的 1000Base-TX(也是一种 1000Base-X)。也有些规范并没有正式以标准形式对外发布,如 1000Base-ZX、1000Base-LH、1000Base-LX10、1000Base-BX10 等,但也在广泛使用。

千兆以太网的 1000Base-X 系列规范都使用了 8B/10B 编码,这里先对这种编码进行说明,然后再介绍各种规范。

1. 8B/10B 编码[*]

8B/10B 编码用 10 位的二进制码来代表 8 位的二进制数据,编码效率也是 80%。8B/10B 编码要将一组连续的 8 位数据分解成两组数据,低 5 位进行 5B/6B 编码(如表 3-5 所示)成为一组 6 位的代码,高三位则进行 3B/4B 编码(如表 3-6 所示)成为一组 4 位的代码,最后再将两组代码组合成一组 10 位的信号发送出去。

人们习惯上将 8 位数据表示成 D.x.y 的形式,其中:D 是 Data 的缩写,x 表示低 5 位数据,y 表示高三位数据。5B/6B 和 3B/4B 两张编码表中的数据位序为 HGFEDCBA,即 H 为最高位、A 为最低位。低 5 位 x=EDCBA,经过 5B/6B 编码为 abcdei。高三位 y=HGF,经过 3B/4B 编码为 fghj。传送 10 位代码的顺序为 abcdeifghj。

例如:对于 8 位数据 10110110,x=10110=22,y=101=5,则该数据可以表示成 D.22.5 的形式。查表可知,x 经过 5B/6B 编码后的代码为 011010,y 经过 3B/4B 编码后的代码为 1010,则 D.x.y=D.22.5 经过 8B/10B 编码后的代码为 0110101010。

表 3-5 5B/6B 编码表

数据		5B/6B 码		数据		5B/6B 码	
	EDCBA	abcdei			EDCBA	abcdei	
		RD−	RD+			RD−	RD+
D.00	00000	100111	011000	D.16	10000	011011	100100
D.01	00001	011101	100010	D.17	10001	100011	
D.02	00010	101101	010010	D.18	10010	010011	
D.03	00011	110001		D.19	10011	110010	
D.04	00100	110101	001010	D.20	10100	001011	
D.05	00101	101001		D.21	10101	101010	
D.06	00110	011001		D.22	10110	011010	
D.07	00111	111000	000111	D.23	10111	111010	000101
D.08	01000	111001	000110	D.24	11000	110011	001100
D.09	01001	100101		D.25	11001	100110	
D.10	01010	010101		D.26	11010	010110	
D.11	01011	110100		D.27	11011	110110	001001
D.12	01100	001101		D.28	11100	001110	
D.13	01101	101100		D.29	11101	101110	010001
D.14	01110	011100		D.30	11110	011110	100001
D.15	01111	010111	101000	D.31	11111	101011	010100

表 3-6 3B/4B 编码表

数据		3B/4B 码		数据		3B/4B 码	
	HGF	fghj			HGF	fghj	
		RD−	RD+			RD−	RD+
D.x.0	000	1011	0100	D.x.4	100	1101	0010
D.x.1	001	1001		D.x.5	101	1010	
D.x.2	010	0101		D.x.6	110	0110	
D.x.3	011	1100	0011	D.x.P7	111	1110	0001
				D.x.A7	111	0111	1000

观察 5B/6B 和 3B/4B 两个编码表可以得出,10 位代码中"0"和"1"的位数只可能出现以下三种情况。

(1) 有 5 个"0"和 5 个"1",即"1"的位数和"0"的位数的差值为 0。

(2) 有 6 个"0"和 4 个"1",即"1"的位数和"0"的位数的差值为−2。

(3) 有 4 个"0"和 6 个"1",即"1"的位数和"0"的位数的差值为+2。

在 8B/10B 编码中,将 1 的位数和 0 的位数的差值称为"Disparity(不均等性)",上述三种情况对应的 Disparity 分别为:0、−2、+2。

表中的"RD"(Running Disparity)表示刚传输的信号中是"1"比"0"多(用"RD+"表示),还是 0 比 1 多(用"RD−"表示)。信号传输的初始状态为"RD−"。当前状态是"RD−"时,代码中的"1"比"0"多两位;状态是"RD+"时,代码中的"0"比"1"多两位。这样就能使得信号中的"1"和"0"的总位数基本相同,控制信道上的直流分量,实现"直流平衡

（DC Balance）"。

例如：设当前状态"RD＝－1"，要传输的 8 位数据为 10010111。则 x＝10111＝23，y＝100＝4，该数据可以表示成 D.23.4 的形式。查 5B/6B 表可知，"RD－"时 D.23 的代码为 111010，该代码中"1"比"0"多两位，所以传输完该代码后"RD"变成了＋1。查 3B/4B 表可知，"RD＋"时 D.x.4 的代码为 0010。因此，当"RD＝－1"时，D.x.y＝D.23.4 经过 8B/10B 编码后的代码为 1110100010。传输完该代码后，当前状态又返回了"RD＝－1"。

观察两个编码表还可以看出，每个代码中连续的"1"或"0"不超过 5 位。为了防止 5B/6B 码和 3B/4B 码组合后出现 5 位连续的"1"或"0"，D.x.7 可以使用 D.x.P7 和 D.x.A7 两种编码。在"RD－"状态下，当 x＝17、18、20 时，或者在"RD＋"状态下，x＝23、27、29、30 时，D.x.7 取 D.x.A7。其他情况下 D.x.7 取 D.x.P7。这样，在一个 10 位 8B/10B 编码中就不会出现 5 位连续的"1"或"0"。

在两个 10 位代码组成的 20 位比特流中，仍然可能会出现 5 个连续的"1"或"0"，这种情况下可以使用"逗号码"来进行校准。"逗号码"是一种控制码。所谓控制码是 8B/10B 编码机制事先规划的一些代码，也称为 K 码。控制码表示为 K.x.y 的形式，各种控制码如表 3-7 所示。由于数据码与控制码两者不会在同一个时间点发生，因此即便数据码与控制码在编码上的数值重复，也不会发生冲突。控制码会随着各种接口规范的需要而有各自不同的解读与定义。例如，控制码中的 K.28.1、K.28.5、K.28.7 可以作为"逗号码"来使用。

表 3-7　8B/10B 控制码表

数　　据		8B/10B 控制码		数　　据		8B/10B 控制码	
	HGF EDCBA	abcdei fghj			HGF EDCBA	abcdei fghj	
		RD－	RD＋			RD－	RD＋
K.28.0	000 11100	001111 0100	110000 1011	K.28.6	110 11100	001111 0110	110000 1001
K.28.1	001 11100	001111 1001	110000 0110	K.28.7	111 11100	001111 1000	110000 0111
K.28.2	010 11100	001111 0101	110000 1010	K.23.7	111 10111	111010 1000	000101 0111
K.28.3	011 11100	001111 0011	110000 1100	K.27.7	111 11011	110110 1000	001001 0111
K.28.4	100 11100	001111 0010	110000 1101	K.29.7	111 11101	101110 1000	010001 0111
K.28.5	101 11100	001111 1010	110000 0101	K.30.7	111 11110	011110 1000	100001 0111

8B/10B 编码具有强大的直流平衡功能，可使得发送的"0"、"1"数量保持一致，连续的"1"或"0"基本上不超过 5 位。8B/10B 编码在串行通信中应用十分广泛，除了这里的 1000Base-X 系列以太网外，PCI Express、Serial ATA、Infini-band、Fiber Channel、RapidIO、1394b、USB 3.0 等都使用了 8B/10B 编码。

2. 千兆以太网规范

（1）1000Base-SX。

1000Base-SX 以纤芯直径为 62.5 μm 或 50 μm 的多模光纤为传输介质，以波长为 850 nm 的短波长激光为信号载波。若使用 62.5 μm 的多模光纤，最大传输距离为 300 m；若使用 50 μm 的多模光纤，最大传输距离为 550 m。1000Base-SX 采用 8B/10B 与 NRZ 组合的编码方式。综合布线系统中建筑物内的垂直子系统或者建筑物间的建筑群子系统都可以使用 1000Base-SX。

70

（2）1000Base-LX。

1000Base-LX 以波长为 1300 nm 或 1310 nm 的长波长激光为信号载波，既可以使用纤芯直径为 62.5 μm 或 50 μm 的多模光纤，也可以使用纤芯直径为 9 μm 的单模光纤，如表 2-8 所示。若使用多模光纤，最大传输距离为 550 m；若使用单模光纤，最大传输距离为 5 km。1000Base-LX 也采用 8B/10B 与 NRZ 组合的编码方式。综合布线系统中的建筑群子系统或校园网甚至城域网骨干都可以使用 1000Base-LX。

（3）1000Base-ZX。

1000Base-ZX 是一种非标准的千兆以太网规范，已经被广泛使用，成为事实上的标准。1000Base-ZX 以波长为 1550 nm 的长波长激光为信号载波，使用单模光纤最大传输距离可达 70 km。

（4）1000Base-CX。

1000Base-CX 采用 150 Ω 的 STP 双绞线为传输介质，最大传输距离仅为 25 m。1000Base-CX 采用 8B/10B 编码，适用于综合布线系统中的设备间子系统。该规范由于性价比不高，未得到大规模使用。

（5）1000Base-T。

1000Base-T 以超 5 类及超 5 类以上的 UTP 双绞线为传输介质，最大传输距离为 100 m。它采用了 UTP 的全部 4 对线芯进行全双工传输，每对线芯都可以同时进行数据收发。这样，不需要制作交叉线，用直通线就可以连接交换机的两个 1000Base-T 端口或者两个 1000Base-T 网卡。1000Base-T 只支持全双工传输，与 1000Base-T 端口直连的端口也必须使用全双工。如果只有一方使用半双工，会出现大量丢包，造成性能严重下降，达不到千兆的效果。

在超 5 类线上实现千兆传输，需要使用更为复杂的编码技术来减少信号的衰减、回波及串扰。1000Base-T 采用 8B1Q4 与 4D-PAM5 组合的编码方式。8B1Q4 将要传输的 8 比特数据 4 等分为五进制信号，每个信号在一个线芯传输。4D-PAM5 称为 4 维 5 电平脉冲幅值调制，使用 -2、-1、0、$+1$、$+2$ 这 5 种电平，其中 -2、-1、$+1$、$+2$ 这 4 种电平用于信号编码，0 电平用于前向纠错编码（FEC）。这样，信号编码中的一个电平（即一个码元）可以表示两位数据，如图 3-13（d）所示。1000Base-T 采用了与 100Base-TX 相同的 125MHz 传送时钟频率，则每个线芯的单向数据传输速率为 250 Mb/s。这样，就利用超 5 类线的 4 对线芯实现了千兆全双工传输。

1000Base-T 可以在目前占有率最高的超 5 类 UTP 上进行千兆传输，并且可以实现 10/100/1000 Mb/s 自动协商功能，能够在保护用户投资的前提下实现网络升级。另外，1000Base-T 收发模块内置了一块功能强大的物理层芯片，可以支持 1000Base-X 串行接口，即可以与现有的千兆光模块完全兼容，这使得 1000Base-T 模块比千兆光模块有更强的生存力。但是，多电平编码需要用多位 A/D、D/A 转换，收发模块要有更高的传输信噪比和更好的接收均衡性能，以消除串扰、补偿回波损耗。

（6）1000Base-TX。

1000Base-TX 以 6 类及 6 类以上的 UTP 双绞线为传输介质，最大传输距离为 100 m。它也采用了 UTP 的全部 4 对线芯进行数据传输，其中两对用于数据发送，两对用于数据接收。由于每对线芯本身不进行双向的传输，线芯之间的串扰就大大降低了，可以采用相对简单的编码方式。

1000Base-TX也采用8B/10B的编码方式,这种技术对网络的接口要求比较低,不需要非常复杂的电路设计,降低了网络接口的成本。但由于使用线芯的效率降低了(两对线收,两对线发),要达到1000 Mb/s的传输速率,要求带宽就超过100 MHz,也就是说在5类和超5类的系统中不能支持该类型的网络,一定需要6类或者7类双绞线系统的支持。

与1000Base-TX相比,1000Base-T的布线成本低一些,可以使用以前的超5类线网络,但设备必须使用串扰/回声消除技术,这使得设备成本(网卡、交换机、路由器等)比1000Base-TX高很多。当6类UTP布线逐渐普及后,1000Base-TX的性价比会更高。

(7) 其他千兆物理规范。

1000Base-LH采用信号波长为1300 nm或者1310 nm的单模长波光纤,最大传输距离可达10 km。它与1000Base-LX类似,并且可以与1000Base-LX兼容。

1000Base-LX10采用信号波长为1310 nm的单模长波光纤,最大传输距离也是10 km。

1000Base-BX10使用的两根光纤类型不同,下行方向采用的是信号波长为1490 nm的单模超长波光纤,上行方向采用的是信号波长为1310 nm的单模长波光纤,最大传输距离也是10 km。

千兆以太网是目前主流应用的以太网技术,其物理规范较多,并且还在不断演变以满足不同的需求。

3.3.4 万兆以太网的物理规范 *

万兆以太网物理规范也不是一个标准定义的。有IEEE 802.3ae定义的10GBase-SR/SW、10GBase-LR/LW、10GBase-ER/EW、10GBase-LX4,有IEEE 802.3ak定义的10GBase-CX4,有IEEE 802.3an定义的10GBase-T,有IEEE 802.3ap定义的10GBase-KX4、10GBase-KR,有IEEE 802.3aq定义的10GBase-LRM等。也有些规范并没有正式以标准形式对外发布,如10GBase-ZR/W等。

万兆以太网的这些规范可以分为10GBase-X、10GBase-R和10GBase-W三大类,物理层也使用了不同的编解码方式。其中10GBase-X采用了与千兆以太网相同的8B/10B编码;而10GBase-R和10GBase-W采用的则是64B/66B编码。64B/66B编码先将64位代码分成每组为8位的8个码组,然后根据代码是数据块格式还是控制块格式分别进行编码。64B/66B的编码效率近97%,比8B/10B更高。

万兆以太网规范标识中的字母"S"、"L"、"E"分别表示"Short(短)"、"Long(长)"、"Extended(超长)","R"、"W"分别表示"Range(距离)"、"WAN(广域网)"。其中的10GBase-W(即10GBase-SW、10GBase-LW、10GBase-EW和10GBase-ZW)都是应用于广域网的万兆以太网规范,见3.6.4节。其余规范都应用于局域网,这里将简要介绍。

(1) 10GBase-SR:使用信号波长为850 nm的多模光纤,最大传输距离为300 m。10GBase-SR需要使用OM3光纤,该标准具有成本最低、电源消耗最低和光纤模块最小等优势。

(2) 10GBase-LR:使用信号波长为1310 nm的G.652长波单模光纤,最大传输距离为10 km,事实上最高可达到25 km。相比于10GBase-LX4,10GBase-LR的光纤模块更便宜。

(3) 10GBase-ER:使用信号波长为1550 nm的G.652超长波单模光纤,最大传输距离为40 km。

(4) 10GBase-ZR:使用信号波长为1550 nm的G.652超长波单模光纤,最大传输距离为 80 km。不过 10GBase-ZR 是几个厂商联合提出的,不在 IEEE 802.3 标准之内。

(5) 10GBase-LRM:其中的"LRM"表示"长度延伸多点模式(Long Reach Multimode)"。该规范主要用于在以前敷设的光纤网络上实现万兆传输。在 62.5 μm 多模光纤的 FDDI 网络和 100Base-FX 网络中的最大传输距离为 220 m,而在 OM3 光纤中的最大传输距离为 260 m。相比于 10GBase-LX4,10GBase-LRM 的光纤模块成本更低、电源消耗更小。

(6) 10GBase-LX4:使用波分复用技术将 4 路激光光源发送的波长为 1300 nm 的信号复用到一根光纤上传输。在多模光纤中的最大传输距离为 300 m,在单模光纤中的最大传输距离为 10 km。每路信号的数据传输速率为 2.5 Gb/s,编码方式为 8B/10B,则信号的传输频率为 3.125 GHz。10GBase-LX4 的光源、光纤和电源等成本较 10GBase-LR 和 10GBase-LRM 都要高。

(7) 10GBase-CX4:使用一种称为"CX4 铜缆"的屏蔽双绞线作为传输介质,最大传输距离为 15 m。10GBase-CX4 使用 4 根线芯发送数据、4 根线芯接收数据,每根线芯的数据传输速率为 2.5 Gb/s。该规范的编码方式为 8B/10B,则信号的传输频率为 3.125 GHz。"CX4 铜缆"制作比较复杂,需要在厂家端接,线缆越长线芯直径就越大。

(8) 背板以太网:10GBase-KX4 和 10GBase-KR 以铜缆为传输介质,最大传输距离为 1 m,主要应用于路由器、交换机、刀片服务器等的集群线路卡,又被称为"背板以太网"。这两种规范分别使用与 10GBase-CX4 和 10GBase-SR/LR/ER 一样的物理层编码,在背板上传输以太网帧。

(9) 10GBase-T:使用屏蔽或非屏蔽双绞线作为传输介质,在 6 类线上的最大传输距离为 55 m,在超 6 类线上的最大传输距离为 100 m。相比于其他 10 G 规范,10GBase-T 具有更高的响应延时和电源消耗。10GBase-T 是万兆以太网的一项革命性进步,此前人们一直认为在双绞线上不可能实现这么高的传输速率,原因在于 500 MHz 以上的工作频率的损耗太大。10GBase-T 使用可编程的 Thomlinson-Harashima 预编码(THP),实现 250 MHz 以上的信道均衡,改进了外部噪声(特别是外部串扰)冗余。10GBase-T 还采用 PAM-8 或 PAM-12 编码方式,信号的波特率为 833 MB/s,对布线系统的带宽要求也为 500 MHz。另外,它还引入了低密度奇偶校验(LDPC)编码,实现可靠的传输。

万兆以太网使用的时间不长,物理规范最多。随着应用的逐步推广,其中的部分规范将会成为以太网的主流技术。

3.3.5 以太网规范总结

表 3-8 对上述以太网技术进行了比较,给出了各种局域网以太网规范的主要技术指标。

表 3-8 以太网规范比较

类别	国际标准	规范名称	传输介质	最大传输距离	编码方式
传统以太网	IEEE 802.3	10Base-5	50 Ω 粗同轴电缆	500 m	曼彻斯特编码
	IEEE 802.3a	10Base-2	50 Ω 细同轴电缆	180 m	
	IEEE 802.3i	10Base-T	3 类及 3 类以上的 UTP	100 m	
	IEEE 802.3j	10Base-F	多模光纤(光波长 850 nm)	2000 m	
快速以太网	IEEE 802.3u	100Base-TX	5 类及 5 类以上 UTP 的两对线芯	100 m	4B/5B、MLT-3
		100Base-FX	多模光纤(光波长 850 nm)	2000 m	4B/5B、NRZI
		100Base-T4	3 类及 3 类以上的 UTP	100 m	8B/6T

类别	国际标准	规范名称	传输介质	最大传输距离	编码方式
千兆以太网	IEEE 802.3z	1000Base-SX	多模光纤(光波长 850 nm)	550 m	8B/10B
		1000Base-LX	单模或多模光纤(光波长 1310 nm)	5000 m	
		1000Base-CX	150 Ω 平衡 STP 双绞线	25 m	
	无	1000Base-ZX	单模光纤(光波长 1550 nm)	70 000 m	
		1000Base-LH	单模或多模光纤(光波长 1310 nm)	10 000 m	
		1000Base-LX10	单模光纤(光波长 1310 nm)	10 000 m	
		1000Base-BX10	下行为 1490 nm 单模光纤,上行为 1310 nm 单模光纤	10 000 m	
	TIA/EIA-854	1000Base-TX	6 类及 6 类以上的 UTP	100 m	
	IEEE 802.3ab	1000Base-T	超 5 类及超 5 类以上的 UTP	100 m	8B1Q4、4D-PAM5
万兆以太网	IEEE 802.3ae	10GBase-SR(/W)	OM3 多模光纤(光波长 850 nm)	300 m	64B/66B
		10GBase-LR(/W)	单模光纤(光波长 1310 nm)	10 000 m	
		10GBase-ER(/W)	单模光纤(光波长 1550 nm)	40 000 m	
	无	10GBase-ZR(/W)	单模光纤(光波长 1550 nm)	80 000 m	
	IEEE 802.3aq	10GBase-LRM	OM3 多模光纤(光波长 1300 nm)	260 m	
	IEEE 802.3ae	10GBase-LX4	多模光纤(光波长 1300 nm)	300 m	8B/10B
			单模光纤(光波长 1300 nm)	10 000 m	
	IEEE 802.3ak	10GBase-CX4	CX4 铜缆(一种 STP)	15 m	
	IEEE 802.3an	10GBase-T	6 类双绞线	55 m	THP、PAM-8 或 PAM-12、LDPC
			超 6 类双绞线	100 m	

3.4　交换型以太网

物理层传输介质和传输技术的进步使得信道的成本大幅下降、传输性能得到了迅速提高。以太网共享信道的传输方式以及 CSMA/CD 的介质访问方法成为限制网络传输速率提高的瓶颈。交换型以太网使用交换机作为局域网内主机的连接设备,允许各站点以独占的方式使用信道,这样才能从根本上避免网内的数据传输瓶颈,使得整个局域网达到百兆、千兆甚至万兆的传输速率。交换型以太网已经成为高速局域网的主宰。本节将首先对比集线器说明交换机的工作原理,然后介绍交换机的硬件组成与使用方法。

3.4.1　从集线器到交换机

1. 中继器

早期以太网的拓扑结构为总线型,使用中继器可以将两个以太网网段连接,如图 3-14 所示。当中继器的一个端口收到比特信号后,它会对信号进行再生放大,然后从另外一个端口转发,这样就扩大了局域网的范围。中继器只能识别并处理比特流,并不能识别帧的结构和含义,所以是一种工作在物理层的网络设备。即使位于不同网段的两个主机也不能同时发送帧,这是因为中继器会把帧按比特流转发到所有的网段,当不同网段的两个主机同时发送信号时仍然会出现碰撞(称这些主机在一个"碰撞域"内)。

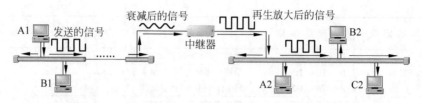

图 3-14 中继器的工作原理

2. 集线器

后来,以太网的拓扑结构逐渐向星状发展,集线器(Hub)成为连接网内各站点的中心设备,如图 3-15 所示。集线器实际上就是一种多端口的中继器,也是一种工作在物理层的网络设备。它也只能识别并处理比特流,对信号进行再生放大。当集线器的一个端口收到比特信号后,就会在其他所有的端口转发这个信号。与集线器相连的所有主机仍然在一个"碰撞域"内,在任何时刻只能有一个主机发送信号,其他主机只能处于接收状态,并且接收到的信号相同。因此,也可以把集线器看成一个超短的总线,使用集线器连接的星状网络在逻辑上与总线型网络相同。

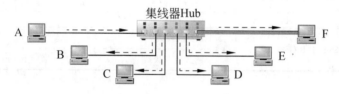

图 3-15 集线器的工作原理

集线器各端口所转发的信号的含义必须是相同的,但是信号的类型却并不一定相同。例如:在图 3-15 中,集线器使用 10Base-F 标准与主机 F 相连,使用 10Base-T 标准与其他主机相连。当 A 发送比特流时,10Base-T 接口以电信号的形式转发该比特流,而与主机 F 相连的 10Base-F 接口却以光信号的形式转发该比特流。集线器虽然可以连接物理层使用不同传输介质的主机,但是这些主机必须采用相同的数据链路层协议,如图 3-15 中集线器连接的所有主机都使用 CSMA/CD 协议。这是因为集线器只能识别比特流,无法判别各主机所使用的介质访问方式,而介质访问方式不同的直连设备是不能进行通信的。

由于集线器相当于总线型网络的总线,它的信道是由各主机共享的。在图 3-15 中,各端口(都符合 10Base-T 或 10Base-F 标准)的最大传输速率都是 10 Mb/s。如果在某一段时间内,网络中只有一台主机发送数据,那么它的速率的确可达 10 Mb/s;但是如果在某一段时间内,网络中有 5 台主机同时都要发送数据,那么它们就需要使用 CSMA/CD 协议竞争使用集线器了,它们的平均速率甚至达不到 2 Mb/s。因此,当网络负载较大时,集线器连接的各主机的传输速率会很低。

要减少局域网负载对网内各主机之间数据传输的影响,必须使用数据链路层设备连接网内各主机。

3. 网桥

最早的数据链路层设备是网桥,它的两个端口分别连接局域网的两个网段,如图 3-16 所示。与集线器不同,网桥中存储了一个的地址表——CAM 表(Content-Addressable

Memory)。该表中记录了网桥每个端口所连网段中的所有主机的 MAC 地址。当数据帧传送到网桥时,它会根据 CAM 表查找帧的目的主机所在的网段,以确定该帧应该如何转发。例如在图 3-16 中:A1 发送给 C1 的数据帧到达网桥后,网桥根据 CAM 表判断出 C1 也在端口 1 所连的网段,所以不会将该帧在端口 2 转发;B1 发送给 C2 的数据帧到达网桥后,网桥根据 CAM 表判断出 C2 在端口 2 所连的网段,所以将该帧在端口 2 转发。注意上例中 A1、B1 两个主机不会同时发送数据帧,因为它们在同一个"碰撞域"内。而在 A1 给 C1 发送帧时,端口 2 所连的网段中的两个主机之间可以同时进行数据帧传输,因为两个网段属于不同的"碰撞域"。

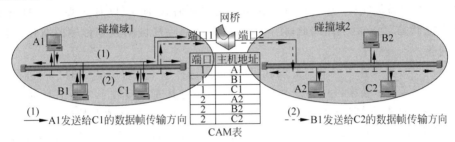

图 3-16　网桥的工作原理

网桥和中继器虽然都是用来连接总线型以太网的,但是工作在数据链路层的网桥可以识别帧,并且可以根据 CAM 表和帧的目的地址判断是否应该将帧在其他端口转发,从而把所连的网段分到了不同的"碰撞域"。这样,网桥通过缩小"碰撞域"的范围实现了网络传输效率的提高。

4. 交换机

交换机实际上是一种多端口的网桥,也是目前以太网内连接主机的最常用的网络设备。作为一种工作在数据链路层的设备,交换机中也存储了一个 CAM 表。CAM 表中记录了每个端口所连主机的 MAC 地址。当数据帧传送到交换机时,它会根据帧的目的 MAC 地址在 CAM 表中查找目的主机所连接的端口,然后在该端口转发这个数据帧。

如图 3-17 所示,A 发送给 B 的数据帧到达交换机后,交换机根据帧的目的 MAC 地址在 CAM 表中查找到了 B 连接到 4 号端口,所以会将该帧在 4 号端口转发,而其他端口都不会转发。在 A 给 B 发送帧的同时,其他端口仍然可以继续使用。如图中在 C 向 E 发送帧的同时,D 也可以向 F 发送帧。因为交换机的每个端口所连接的网段属于不同的"碰撞域",而它的每个端口一般只连接一个主机,即一个"碰撞域"内只有一个主机,所以各主机之间的通信相互不会产生影响。

交换机主要用于网络内部各主机之间的互连。当一个主机发送目的 MAC 地址为广播地址(如:FF-FF-FF-FF-FF-FF)的数据帧时,交换机会将该帧在所有端口进行转发,以将其发送到网络内的所有主机。所以,也将交换机所连的网络称为"广播域",一般一个子网就是一个"广播域"。

目前,大部分的以太网物理规范都采用全双工方式通信,即发送和接收数据使用同一根线缆的不同线芯。当使用交换机作为连接设备时,各主机都可以使用独占的方式发送和接收数据,这样就不再使用 CSMA/CD 协议。例如,图 3-17 中的网络若使用 100Base-TX 物

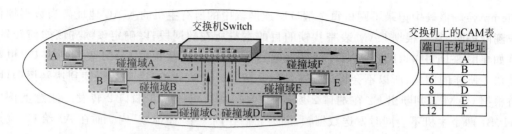

图 3-17　交换机的工作原理

理标准,在 A 向 B 以 100 Mb/s 的速率传输数据的同时,C 向 E、D 向 F 甚至 B 向 A 传输数据的速率也都是 100 Mb/s。因此,使用交换机可以消除局域网数据传输的瓶颈,实现局域网的高速化。

交换机将数据帧在不同端口之间转发时,可以选择以下三种方式中的一种进行操作。

(1) 存储转发。交换机在转发数据帧之前必须将其完整接收下来暂时存储,然后使用 CRC 算法对这个数据帧进行校验。如果 CRC 校验失败,说明该帧在传输过程中出现了错误,就将其丢弃。只有 CRC 校验成功的帧,才会根据其目的 MAC 地址在相应的端口进行转发。使用这种方式,数据帧的转发时延较长,并且会随着数据帧长度的变化而变化。

(2) 快速转发。交换机不用等到数据帧完全进入,而是当帧头刚刚进入时,就读取帧的目的 MAC 地址,然后根据 CAM 表在相应的端口进行转发。由于交换机在进行帧转发时并没有将其接收完毕,所以无法进行校验和纠错处理,错误的帧仍然会被转发给目的主机。使用这种方式,数据帧的出错率较高,但是转发时延很小。

(3) 无碎片转发。交换机在转发数据帧之前,先检查该帧是不是碰撞碎片。如果不是碰撞碎片就进行转发。例如,以太网要求帧的长度必须大于 64 字节,小于 64 字节的帧一般就是碰撞碎片。碰撞碎片是一种最常见的错误帧。交换机在等待数据帧进入到达 64 字节时,就可以确定该帧不是碰撞碎片,然后根据帧首部中的目的 MAC 地址在相应端口进行转发。使用这种方式,可以避免碰撞碎片,消除一大部分的错误帧,并且可以获得比存储转发快得多的转发速率,转发时延也不会受数据帧大小的影响。

多个交换机可以连接到一起,为主机提供更多的端口,以扩大局域网的容量。但是,局域网规模的增大也意味着“广播域”的扩大,而许多上层协议要使用广播帧向局域网内的所有主机发送数据。当网络内主机过多时,广播帧会占用大量的资源而导致整个网络无法使用,这种现象叫做“广播风暴”。过大的局域网还会增大网络管理的难度,并且会产生安全隐患。虚拟局域网技术可以在不缩小网络容量的前提下解决这些问题。

3.4.2　虚拟局域网

虚拟局域网(Virtual Local Area Network,VLAN)技术可以将由交换机连接成的物理网络划分成多个逻辑子网,同一 VLAN 内的主机不拘泥于所处的物理位置,它们既可以连接在同一个交换机中,也可以连接在不同的交换机中。

1. VLAN 技术的特点

已经成为当前局域网常用的 VLAN 技术有如下优势。

(1) 使得网络的拓扑结构变得非常灵活,容易实现动态网络管理。例如,在如图 3-18 所示的网络中,虚拟局域网 VLAN 10 的主机 A1、B1、C1 分别连接在三台交换机上,而它们被划分到同一个 VLAN 之后,就像在同一个 LAN 上一样,很容易互相访问、交流信息。如果主机从一个地点搬到了另一个地点,需要从一台交换机转接到另外一台交换机,而该主机仍然属于原来的部门,则只需要网管员将它保持在原来的 VLAN 中即可。如果主机的地点未变,而变换了部门,则只需要网管员将它转换到另外一个 VLAN 即可。这种动态网络管理给网管员和使用者都带来了极大的方便。

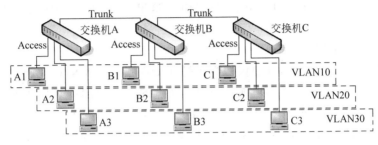

图 3-18 交换机 VLAN 的划分

(2) 控制网络的“广播风暴”。主机发送的广播帧都被限制在它所在的 VLAN 内,而不传送到其他 VLAN 的主机上。这样就有效地避免了由于局域网内主机过多而产生的“广播风暴”。

(3) 提高网络的安全。局域网之所以很难保证网络的安全,是因为只要用户插入一个交换机端口,就能访问网络。而 VLAN 能限制个别用户的访问,控制广播组的大小和位置,甚至能锁定某台设备的 MAC 地址,因此,VLAN 能提高网络的安全。

有一点需要注意:划分到不同 VLAN 的主机,即使连接到一台交换机上,却相当于在两个局域网内,不能使用二层交换的方式进行通信。要实现不同 VLAN 主机之间的通信,必须使用三层交换或者路由技术,这些内容将在第 4 章介绍。

2. VLAN 技术的分类

根据成员的定义划分方式,可以将 VLAN 技术分为 3 种类型。

(1) 基于端口的 VLAN。

这种方法是根据交换机的端口来划分 VLAN 的。例如,图 3-18 中,将交换机 A 的 1 号端口划分到 VLAN 10 中,2 号端口划分到 VLAN 20 中,3～24 号端口划分到 VLAN 30 中。当然,这些属于同一 VLAN 的端口也可以是不连续的,同一 VLAN 也可以跨越数个以太网交换机。根据端口划分是目前定义 VLAN 的最常用方法,IEEE 802.1Q 协议就是使用这种方法来划分 VLAN 的。这种方法的优点是定义 VLAN 成员时非常简单;缺点是如果主机离开了原来的端口,连到了一个新的交换机端口,那么就必须重新定义。

(2) 基于 MAC 地址的 VLAN。

这种方法是根据主机的 MAC 地址来划分 VLAN 的。交换机根据每个主机的 MAC 地址确定它所在的 VLAN。这种划分方法的优点是当用户物理位置移动时,即从一个交换机换到另一个交换机时,VLAN 不用重新配置;缺点是初始化复杂,要对所有主机的 MAC 地址在交换机内进行配置,如果主机数量较多,配置工作繁重。

(3) 基于网络层的 VLAN。

这种方法是根据主机的网络层地址来划分 VLAN 的。交换机根据每个主机的网络层地址来确定它所在的 VLAN。这种方法的优点也是当用户物理位置移动时,VLAN 不用重新配置,也不用附加的帧标签来识别 VLAN;缺点是效率低,交换机需要检查数据包的网络层地址,这要更高的技术,并且也更费时。

3. VLAN 技术的实现

这里仅介绍最常用的 VLAN 技术——基于端口 VLAN 的实现方法。目前比较通用的标准有两种:IEEE 802.1Q 和 Cisco 公司的 ISL。这里以 IEEE 802.1Q 为基础说明 VLAN 的实现方法。

(1) 802.1Q 帧结构。

图 3-19 给出了支持 802.1Q 协议的交换机 Trunk 端口发送的以太网帧结构。它在原来以太网帧首部的源地址字段后增加了一个 4 字节的 802.1Q 标识,后面再接原来的类型字段。802.1Q 标识包括两个字节的协议类型字段和两个字节的标记控制信息字段。协议类型字段的值是 8100,表示该帧带有 802.1Q 标识。标记控制信息字段包括优先级、CFI、VLAN ID 三个子字段,它们的含义如下。

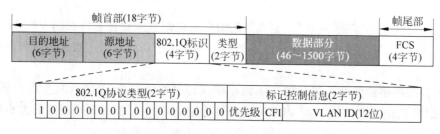

图 3-19 带有 802.1Q 标识的以太网帧

- 优先级(3 位):用于标明帧的优先级。该子字段可以将数据帧区分为 8 个优先级,用于交换机拥塞时,优先发送哪个数据帧。
- CFI(1 位):主要用于以太网与 FDDI、令牌环等网络交换数据时帧的 MAC 地址格式。
- VLAN ID(12 位):用于指明数据帧所在的 VLAN 的标识符。802.1Q 支持的 VLAN 的最大数量为 4096。每个支持 802.1Q 协议的端口发送出来的数据帧都包含这个字段,以指明该帧属于哪一个 VLAN。

(2) 工作过程。

交换机的端口可以设置为两种不同的模式:Access 模式和 Trunk 模式。与计算机相连的端口一般设置为 Access 模式,它发送和接收的帧是普通的以太网帧,不包含 4 字节的 802.1Q 标识。交换机互连的端口一般设置为 Trunk 模式,它能发送和识别带有 802.1Q 标识的以太网帧。

交换机是如何支持 VLAN 的呢? 例如,在如图 3-18 所示的网络中,与 A1、B1、C1 相连的三台交换机的三个端口都划分到了 VLAN 10。当 A1 发送一个广播帧时,同一个 VLAN 中的 B1、C1 应该可以接收到。A1 发出的帧是没有 802.1Q 标识的,交换机根据 A1 连接的端口所属的 VLAN,自动给广播帧添加一个 VLAN 标识,然后再将该帧在设置为 Trunk 模式的端口转发。该帧被传送到交换机 B 后,根据它的 802.1Q 标识确定 VLAN ID 为 10。在交换机 B 中查找划分到 VLAN 10 的端口,去掉 802.1Q 标识,将该帧在相应端口转发,该广播帧就被转发到 B1。该帧通过 Trunk 端口转发到交换机 C 后,经过相似的操作,被转发到 C1。这样就实现了连接到不同交换机的相同 VLAN 主机之间的数据帧传输。

3.4.3 交换机的组成

交换机从本质看就是一台特殊的计算机,主要由管理子系统和交换子系统两部分组成。管理子系统包括 CPU、内存、I/O 接口、管理端口等部件,可以使用软件和高层网络协议对交换机进行管理和监控。交换子系统包括交换引擎、数据帧传输端口等部件,可以独立工作,实现一个无管理交换机的功能。交换子系统是交换机的基本模块,本节将对其进行重点介绍。

1. 交换机的架构

交换机按组成架构可以分为以下三种类型,如图 3-20 所示。

电源
交换模块

单台交换机   堆叠交换机   模块化交换机

图 3-20 交换机的三种组成架构

（1）单台交换机:一台独立工作、单独使用的交换机。

（2）可堆叠交换机:用堆叠电缆,通过每台交换机上一个专用的堆叠端口,将多个单台可堆叠交换机连接在一起,构成一个整体。堆叠交换机可以作为一个独立单元,并可以统一进行配置和管理。

（3）模块化交换机:模块化交换机都有一个带多个扩展槽的机箱。在扩展槽中,可以插入各种类型的交换模块。不同型号的交换机,其扩展槽的数量、可支持的交换模块类型,以及每个交换模块上所支持的介质标准和端口密度均不相同。这种交换机一般提供的扩展槽的数量在 2～20 个左右,灵活性和可扩展性很强,常作为中心交换机在园区主干网络中使用。

2. 交换机的接口

交换机主要的接口类型有以下几种。

（1）（一般/快速/千兆）以太网接口。它是最常见的网络设备接口,用于连接以双绞线作为传输介质的主机,是一种 RJ-45 接口。使用 10Base-T、100Base-TX、1000Base-T、1000Base-TX 等标准的以太网都使用这种接口,许多接口都具有 10/100/1000 Mb/s 自适应功能。单台交换机的以太网接口数量一般是 12/24/48 个。

（2）光纤接口。主要用于连接使用各种光纤作为传输介质的设备。由于光纤的种类和物理层传输标准很多,固定类型的光纤接口使用范围有限。

为了使得网络设备可以适用不同的传输环境,一般将它们的光纤接口设计成可以热插拔的光纤模块形式。常见的光纤模块有 GBIC、SFP 两种。SFP 模块是 GBIC 模块的升级类型，体积较小，适应于高密度端口，端口速率从 100 Mb/s 到 2.5 Gb/s 不等。许多人误以为光纤模块是光纤连接器的一部分，其实不是的。SFP 模块接 LC 光纤连接器，而 GBIC 模块接 SC 光纤连接器。

(3) Console 口。该端口为异步端口，主要用于连接终端或支持终端仿真程序的计算机，在本地配置交换机，也是一种 RJ-45 接口。虽然还有其他方式可以配置交换机，但是那些配置方式需要借助于 IP 地址、域名或设备名称才可以实现，这些参数必须要使用 Console 口进行配置。所以 Console 口是最常用、最基本的交换机管理和配置端口。一台交换机只有一个 Console 口，需要通过专门的 Console 线与计算机的串行口相连。Console 线一端是 RJ-45 接头，另一端是 RS-232 接头，两头的线序相反，也被称为全反线。

3. 交换机之间的连接*

交换机之间的互连主要使用以下三种方式，图 3-21 给出了它们的示意图。

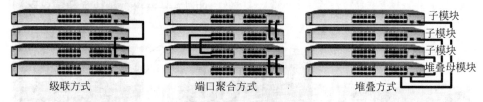

图 3-21　交换机的三种互连方式

(1) 级联方式。通过跳线将多台交换机的普通端口直接互连。所有交换机都支持级联功能，它是一种最常用的交换机互连方式。当连接在不同交换机上的主机进行通信时，必须通过级联跳线，它会成为数据传输的瓶颈。

(2) 端口聚合方式。通过多条跳线将两台交换机连接起来，作为一个逻辑通道实现它们的互连。这种方式相当于用多个端口同时进行级联，它提供了更高的互联带宽和线路冗余，使网络具有一定的可靠性。要实现端口聚合，必须要对连接的端口进行相应的配置，否则交换机会认为出现了连接环路。

(3) 堆叠方式。通过专用的堆叠总线，将一个提供背板总线带宽的多口堆叠母模块与多个单口堆叠子模块相连，实现多台可堆叠交换机的互连。交换机的堆叠是扩展端口最快捷、最便利的方式，同时堆叠后的带宽是单一交换机端口速率的几十倍。但是，并不是所有的交换机都支持堆叠，是否支持堆叠取决于交换机的品牌、型号等。

为防止多台交换机互连出现环路，需要启用 802.1D 生成树协议 (Spanning Tree Protocol, STP)。STP 可以在出现环路时计算当前拓扑下的生成树，通过将一些端口阻塞来断开部分连接，使得整个拓扑变为树状结构，以避免出现环路。在默认状态下，所有 VLAN 中的生成树协议都是自动被启用的。

4. 交换机的交换结构*

交换机的结构随着交换技术的发展也在不断改进，先后经历了总线型和 CrossBar 两个主要阶段，目前正在使用的交换结构主要有以下几种类型。

(1) 共享总线型交换结构。

共享总线型交换机背板上有一条公用总线，数据帧的交换都在总线上完成。通过时分复用技术,将总线按时隙分为多条逻辑通道,可同时在总线上建立多对端口的连接。各个端口发送的数据帧均按时隙在总线上传输,并从确定的目的端口输出数据帧,完成数据帧的交换。

共享总线型结构的优点是性能好、便于扩展、易实现帧的广播、易监控管理。但它对总线的带宽要求比较高,一般总线带宽应为端口带宽的总和。最早的以太网交换机就是构建在共享总线基础上的,随着用户对"独享带宽"的渴求,共享总线结构发展为共享内存结构。

(2)共享内存型总线结构。

共享内存型总线结构是共享总线结构的变形,它用共享内存替代了共享总线。通过共享内容 RAM,直接将数据帧从输入端口传送到输出端口,完成数据帧的交换功能。

共享内存型总线结构的优点是比较容易实现;但是当交换机端口数量扩展到一定程度时会产生时延,而且它的冗余交换引擎技术成本较高、难以实现。共享内存型交换结构主要用在小型交换机中。

(3)CrossBar+共享内存结构。

CrossBar 被称为交叉开关矩阵或纵横式交换矩阵,允许交换机的交换容量达到几百Gb/s,是中心交换机的首选结构。图 3-22 给出了 CrossBar 的互连结构。CrossBar 的实现也比较简单,容易保证大容量交换机的稳定。CrossBar 只要同时闭合多个交叉结点,多个不同的端口就可以同时传输数据。因此,所有的 CrossBar 在内部是无阻塞的,可以支持所有端口同时线速交换数据。

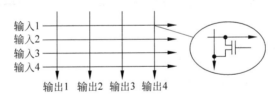

图 3-22　四输入的 CrossBar 互连结构

由于 CrossBar 结构的 ASIC 芯片价格比较高,许多中心交换机使用共享内存的方式来设计交换模块,以降低整机的成本,"CrossBar+共享内存"成为比较普遍的核心交换结构。但在这种结构下,依然会存在总线和交换模块的 CrossBar 互连问题。因此,交换模块上采用的共享总线结构在一定程度上影响了 CrossBar 的效率,整机性能完全受限于交换网板CrossBar 的性能。

(4)分布式 CrossBar 结构。

分布式 CrossBar 结构除了交换引擎采用 CrossBar 结构之外,在每个交换模块上也采用"CrossBar+交换芯片"的结构。在模块上加交换芯片可以很好地解决本模块数据帧交换的问题,而在模块交换芯片和交换引擎之间的 CrossBar 芯片提高了数据帧的交换效率。该结构可以把许多类型的业务整合到核心交换平台上,从而大大提高了中心交换机的业务扩充能力。同时,CrossBar 有相应的高速接口分别连接到两个交换网板上,从而大大提高了冗余交换引擎切换的速度。

在分布式 CrossBar 设计中,CPU 也采用分布式结构,这样就大大缓解了主控板的压力,提高了转发效率。这种分布式 CrossBar、分布式交换的设计理念是核心网络设备的发展方向,它保证了现在的网络核心能支撑未来海量的数据交换和灵活的多业务支持需求,解决了新应用环境下核心交换机所面临的高性能和灵活性挑战。

5. 交换机的性能指标

交换机的端口数量、端口速率、电源数量、所支持的协议类型等都是衡量其性能的参数,这里对背板带宽和包转发率两个重要参数进行说明。

(1) 背板带宽。又称为交换容量或交换带宽,表示交换机接口处理器或接口卡和数据总线之间的最大传输速率。交换机的背板带宽越高,处理数据的能力就越强,但成本也会越高。交换机的背板带宽达到多少才够用呢? 如果所有端口的容量乘以端口数量之和的 2 倍小于背板带宽,交换机就可以实现全双工无阻塞交换,发挥最大的数据交换性能。例如,Cisco Catalyst 2950G-48 交换机有 48 个百兆 RJ-45 接口、两个千兆光接口,它的背板带宽为: $(48×0.1+2×1)×2 \text{ Gb/s}=13.6 \text{ Gb/s}$。这说明该型号的交换机可以实现全双工无阻塞交换,所有端口都可以线速工作。并不是所有的交换机都可以达到线速,许多总线型结构的交换机背板带宽比较低,不能实现无阻塞交换。

(2) 包转发率。又称为吞吐率,单位是 Mpps(Million Packet Per Second),表示每秒转发 64 字节的数据帧数量。如上文所述,以太网的帧间隔是 12 字节、帧起始符是 8 字节,所以一个线速千兆口的包转发率为: $1\,000\,000\,000 \text{ bps}/[(12+8+64)×8]\text{bit}≈1\,488\,095 \text{ pps}≈1.488 \text{ Mpps}$。类似的,一个线速百兆口的包转发率为 0.1488 Mpps,一个线速万兆口的包转发率为 14.88 Mpps。也可以得出,Catalyst 2950G-48 交换引擎的最大包转发率为 $13.6×1.488≈20.237 \text{ Mpps}$。

3.4.4 交换机的配置

如果用户只是使用交换机连接多台主机构建一个局域网,不需要划分 VLAN 或进行其他管理和监控,可以不对交换机进行任何配置,只要连通线缆和电源即可使用。但在实际应用中,网管员需要对网络的运行状况进行维护和监测,一般都要对交换机进行配置。

交换机作为一种特殊类型的计算机,也有操作系统,不同品牌交换机的操作系统不同。目前比较大的交换机生产厂商有 Cisco、Juniper、H3C、华为、锐捷、D-Link 等,这些交换机的配置命令虽然不完全相同,但也比较相似。掌握了一种品牌交换机的配置方法,对其他品牌的交换机进行配置也不会出现多少困难。这里以 Cisco 交换机为例说明交换机的基本配置方法。

使用配置线将交换机的 Console 口与计算机的串行口相连,打开计算机的终端仿真程序(如 Windows 操作系统自带的"超级终端"),端口设置使用默认值(即信号波特率为 9600,数据位为 8 位,停止位为 1 位,无流控制位和校验位)就可以与交换机进行连接了。通过在终端仿真程序上输入相应命令就可以对交换机进行配置。注意:输入"?"可以获得相关命令的帮助或提示。

1. 改变交换机的命令模式

交换机有用户模式、特权模式、配置模式三种命令模式。

- 交换机启动后直接进入用户模式。该模式下只能查看交换机的一些基本配置参数,不能对配置进行改动。用户模式下的命令提示符为"＞"。

- 在用户模式下输入"enable"＋特权口令便进入了特权模式。该模式下可以复制或管理整个配置文件,并使用更多的命令对交换机进行操作与测试。特权模式下的命令提示符为"♯"。
- 在特权模式下输入"config terminal"命令便进入了配置模式。该模式下可以修改交换机上运行的软硬件配置参数,设置访问口令等。由配置模式可以进入接口配置、子接口配置、路由协议配置等子模式,对它们的参数进行修改。

2. 基本配置命令

交换机的基本配置包括设置主机名、密码,设置远程管理端口的地址,设置端口的模式、速率,保存与显示配置文件等。图 3-23 给出了这些配置的实现命令。

```
1   Switch> enable                                    ;由用户模式进入特权模式
2   Switch♯ config terminal                           ;由特权模式进入配置模式
3   Switch(config)♯ hostname SW                       ;将交换机的名称设置为 SW
4   SW(config)♯ enable secret EN_S                    ;设置特权口令为 EN_S
5   SW(config)♯ line vty 0 15                          ;进入虚拟终端登录配置模式
6   SW(config-line)♯ password EN_P                    ;设置普通用户口令为 EN_P
7   SW(config-line)♯ login local                      ;设置允许 Telnet 登录
8   SW(config-line)♯ exit                             ;退回到配置模式
9   SW(config)♯ interface vlan 1                       ;进入 ID 为 1 的 VLAN 接口
10  SW(config-if)♯ ip address 192.168.1.1 255.255.255.0  ;设置管理地址
11  SW(config-if)♯ no shutdown                         ;激活管理接口
12  SW(config-if)♯ interface f0/1                      ;进入第 0 个模块的第 1 个端口
13  SW(config-if)♯ duplex full                         ;将端口的通信模式设置为全双工
14  SW(config-if)♯ speed 100                           ;将端口的速率设置为 100 Mb/s
15  SW(config-line)♯ end                               ;退回到特权模式
16  SW♯ copy running-config startup-config            ;保存配置文件
17  SW♯ show running-config｜startup-config            ;显示当前运行的或已保存的配置
```

图 3-23   交换机的基本配置命令

第 4 行将特权口令设置为"secret"方式后,交换机再由用户模式进入特权模式时,就要输入口令"EN_S"了,当用户使用第 17 行的命令查看配置文件时,配置文件中的口令以密文形式显示。若口令设置为"password"方式,则可以在配置文件中看到口令的明文。

VLAN 1 是交换机的管理 VLAN,所有端口在默认状态下都加入了 VLAN 1。给 VLAN 1 设置了地址以后,交换机就可以使用该地址和其他主机进行通信。当使用第 5、6、7 行对虚拟终端进行设置后,远程主机就可以使用"telnet 192.168.1.1"命令登录到交换机对其进行管理,此时的登录口令为"EN_P"。

3. VLAN 的划分

这里以图 3-24 给出的拓扑结构为例说明 VLAN 的划分方法。当没有对交换机进行设置时,图中的 4 台主机是互通的。在图 3-25 给出的操作中,将交换机 SW_A 的 F0/1 端口划入了 VLAN 10,F0/2 端口划入了 VLAN 20,F0/12 端口设置为 Trunk 模式。在交换机 SW_B 上进行相同的配置后,就可以实现图 3-24 中的 VLAN 划分实例。这时,只有同一个 VLAN 的主机才能互通,不同 VLAN 的主机不能互通。

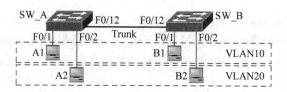

图 3-24　交换机 VLAN 划分实例拓扑结构

1	SW_A # config terminal	;进入配置模式
2	SW_A(config)# vlan 10	;添加 ID 为 10 的 VLAN
3	SW_A(config-vlan)# vlan 20	;添加 ID 为 20 的 VLAN
4	SW_A(config-vlan)# interface F0/1	;进入 F0/1 端口的配置模式
5	SW_A(config-if)# switchport mode access	;将 F0/1 端口设置为 Access 模式
6	SW_A(config-if)# switchport access vlan 10	;将 F0/1 端口划入 VLAN 10
7	SW_A(config-if)# interface F0/2	;进入 F0/2 端口的配置模式
8	SW_A(config-if)# switchport mode access	;将 F0/2 端口设置为 Access 模式
9	SW_A(config-if)# switchport access vlan 20	;将 F0/2 端口划入 VLAN 20
10	SW_A(config-if)# interface F0/12	;进入 F0/12 端口的配置模式
11	SW_A(config-if)# switchport mode trunk	;将 F0/12 端口设置为 Trunk 模式

图 3-25　交换机 SW_A 上的 VLAN 划分

4. 端口聚合 *

这里以图 3-26 给出的拓扑结构为例说明交换机端口的聚合方法。当没有进行端口聚合设置时,交换机会认为出现了环路,启动 STP 将 F0/11 或 F0/12 中的一个端口阻塞,只使用其中的一条链路进行通信。图 3-27 给出了为实现 F0/11 和 F0/12 的聚合在交换机 SW_A 上进行的配置,在 SW_B 上也进行类似的配置后,两条链路就完成了聚合。这样,两台交换机之间的数据传输速率就提高了一倍。

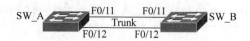

图 3-26　交换机端口聚合实例拓扑结构

1	SW_A(config)# interface range f0/11-12	;进入 F0/11 和 F0/12 端口的配置模式
2	SW_A(config-if-range)# switchport mode trunk	;将两个端口设置为 Trunk 模式
3	SW_A(config-if-range)# switchport trunk encapsulation dot1q	;端口发出的帧包含 802.1Q 标识
4	SW_A(config-if-range)# channel-group 1 mode on	;将两个端口聚合到一起
5	SW_A(config-if-range)# no shutdown	;激活聚合后的端口

图 3-27　交换机 SW_A 上的端口聚合配置

3.5　无线局域网

随着个人数据通信技术的发展,功能强大的便携式数据终端以及多媒体终端得到了广泛的应用。为了使用户获得 4A(Anytime、Anywhere、Anyone 和 Anything)服务,计算机网络必须由有线向无线过渡,移动化已经成为计算机网络发展的一个重要趋势。本节将首先简要介绍当前的各种无线网络技术,然后对无线局域网的物理结构、数据链路层协议进行介绍。

3.5.1　无线网络的类型

与一般计算机网络的分类所对应,无线网络也可以按照覆盖范围分为无线广域网(WWAN)、无线城域网(WMAN)、无线局域网(WLAN)、无线个人网(WPAN)4 种。

1. 无线广域网

WWAN 要能保证用户在大范围移动过程中(如乘车旅行)不用重新登录,就能畅通无阻地使用网络。目前能够满足 WWAN 要求的技术主要是蜂窝移动通信技术。WWAN 使得笔记本或其他便携式数据终端在蜂窝网络覆盖的范围内可以在任何地方连接到互联网。2.3.4 节中已经对蜂窝移动通信系统进行了简要说明,其中的 2G、3G 都能提供数据服务,都可以列入 WWAN 技术的范围,但与有线网络相比速率较低。将来的第 4 代移动通信(4G)技术速率可以达到 100 Mb/s,这将会对有线网络产生重要影响。

2. 无线城域网

WMAN 的覆盖范围为几千米到几十千米,能提供不间断的移动性接入。WMAN 标准主要有两个:一个是 IEEE 802.16 系列标准,另一个是欧洲 ETSI 制定的 HiperMAN,其中802.16 影响较大。

IEEE 802.16 工作组是以 WiMAX 论坛提出的技术为基础制定标准的。WiMAX(世界微波接入互操作性)论坛成立于 2001 年,是一个非赢利的工业贸易组织,目前已有近 200家通信元器件公司和通信设备厂商加入了这个论坛,Intel 是 WiMAX 的积极倡导者。许多文献不将它们严格区分,WiMAX 成为 802.16 或者 WMAN 的代名词。

目前的 IEEE 802.16 主要包括 802.16a、802.16d 和 802.16e 三个标准。802.16a 是为工作在 2~11 GHz 频段的非视距宽带固定接入系统而设计的,在 2003 年 1 月颁布;802.16d 是 802.16a 的修订版本,主要目的是支持工作在 2~66 GHz 频段的固定无线接入,在2004 年 6 月颁布;802.16e 是 IEEE 802.16 a/d 的进一步延伸,其目的是在已有标准中增加数据移动性,在 2005 年 12 月颁布。

IEEE 802.16 三个标准的物理层是相同的,它们所选定的物理层规范都是 OFDM(正交频分复用技术)。选用 OFDM 是由于它能在保持高频谱效率的同时还支持非视距传输。如果选用 CDMA,信号频谱带宽必须比数据吞吐量大许多,如果数据速率为 70 Mb/s,就需要射频带宽超过 200 MHz 才能提供相应的处理增益和非视距能力。802.16 还可以灵活地分配信道带宽,以适应世界各国的具体情况。由于各国的管理办法不同,设备工作的频带也不相同。在需要牌照的频谱上,运营商必须为每 1 MHz 付钱。如果运营商获得了 12 MHz的频谱,并为此付了钱。他们就不希望系统的信道带宽为 5 MHz,因为这将浪费 12−5×2＝2 MHz 的频谱。他们希望系统可以采用 6 MHz、3 MHz、1.5 MHz 的信道来建网。

IEEE 802.16 三个标准的 MAC 层也是相同的,它们使用由基站安排的 TDMA 协议,在点到多点的网络拓扑中给用户分配容量。采用这种接入机制,802.16 系统不仅能够按照约定提供高速数据业务,而且还能提供对时延敏感的业务(如语音、视频等),并且具备 QoS控制能力。

IEEE 802.16 可以提供 50 km 的传输距离、75 Mb/s 的传输速度,实现各种数据、语音和视频的传输。同时,802.16 作为一种 WMAN 技术,可作为 xDSL 等有线接入方式的无线扩展,实现最后一千米宽带接入。但是,与 3G 相比,802.16 的产业链不够成熟。3G 是一种语音通信技术,在向数据方向演进;而 802.16 是一种数据技术,在向移动演进。另外,虽然 802.16 可以灵活地分配信道,但是没有合适的频率,这一直是制约其发展的重要因素。不可否认,随着 3G 的大规模开展,802.16 的发展受到了很大影响。

3. 无线局域网

WLAN 一般用于宽带家庭、大楼内部以及园区内部,覆盖范围为几十米至几百米。WLAN 目前采用的技术主要是 IEEE 802.11 a/b/g/n 系列。

IEEE 802.11 工作组是以 Wi-Fi 联盟提出的技术为基础制定标准的。Wi-Fi(无线保真度)联盟成立于 1999 年,主要目的是在全球范围内推行 Wi-Fi 产品的兼容认证,发展 802.11 技术。目前已有超过 200 家通信元器件公司和通信设备厂商加入了这个联盟。许多文献也不将它们严格区分,Wi-Fi 也成为 802.11 或者 WLAN 的代名词。

WLAN 作为传统布线网络的一种替代方案或延伸,可以方便地对有线网络进行扩展。用户只要在有线网络的基础上添加无线设备,不用进行布线,就能随意地更改扩展网络,实现移动应用。无线局域网把个人从办公桌边解放出来,使他们可以随时随地获取信息,提高了员工的办公效率。相比于上述两种无线网络,WLAN 不需要租用电信线路,能够自行组建,为用户节约了大量费用。

WLAN 技术在无线网络中地位重要,将在下文详细说明。

4. 无线个人网[*]

WPAN 的覆盖范围一般从几米到几十米,主要用在诸如计算机、手机、附属设备以及小范围内的数字助理设备之间的通信。WPAN 技术主要包括:蓝牙、ZigBee、超频波段(UWB)、IrDA、HomeRF 等。IEEE 802.15 工作组对 WPAN 进行了定义和说明。除了基于蓝牙技术的 802.15.1 之外,还推荐了低频率的 802.15.4(也被称为 ZigBee)和高频率的 802.15.3(也被称为超频波段或 UWB)两个类型。

(1) 传统 WPAN——IEEE 802.15.1。

802.15.1 实际上是蓝牙系统低层协议的一个正式标准化版本,大多数标准制定工作仍由蓝牙特别兴趣组(SIG)在做。802.15.1 标准基于蓝牙 1.1,大多数蓝牙器件中采用的都是这一版本。新的版本 802.15.1a 将对应于蓝牙 1.2,它包括某些 QoS 增强功能,完全后向兼容。

蓝牙(Bluetooth)系统最早是由爱立信公司在 1994 年推出的,最高速率为 720 kb/s,覆盖范围为 10 m 左右,工作频段为 2.4 GHz(ISM 频段)。8 个设备不使用基站可以组成一个皮克网(Piconet)。皮克网也叫微微网,指覆盖面积很小的无线网。一个蓝牙设备可以加入多个皮克网,从而将这些皮克网桥接。多个皮克网桥接到一起形成一个扩散网。

蓝牙技术的最大优势就是价格便宜、使用方便。但是,Wi-Fi 产品的价格大幅度下降在某些应用方面抑制了蓝牙的优势,对蓝牙技术的市场情况产生了不利影响。

(2) 改进 WPAN——IEEE 802.15.2。

802.15.2 只是对蓝牙技术做了一些修改,目的是与同样使用 2.4 GHz 频段的 802.11b/g/n 同时使用。

(3) 高速 WPAN——IEEE 802.15.3。

IEEE 802.15.3 也称 WiMedia,与 Wi-Fi 针对 WLAN 不同,WiMedia 标准规定的是

WPAN 技术如何在一定距离内高速连接便携或固定用户设备。WiMedia 标准的传输距离为 100 m,速率可达 55 Mb/s。WiMedia 以较低的成本和较低的电能消耗得到了更高的传输速率,并且还与蓝牙系统兼容,可以满足有多媒体流式应用的用户需求。

802.15.3 的改进版本 802.15.3a 正在制定超高速的 WPAN 标准。WPAN 可以支持 110~480 Mb/s 的数据传输速率,物理层采用 UWB(超宽带)和 OFDM(正交频分复用)技术,工作频段为 3.1~10.6 GHz,可以实现小范围内 DVD 质量的多媒体视频直播。

WiMedia 标准对 WPAN 方案的应用具有很重要的意义。作为 WLAN 的补充,802.15.3 可以连接 240 多种不同的设备,企业用户可以在办公区内漫游而不用担心丢失数据连接。LAN/PAN 结构还可以扩展公共移动网在建筑物内的覆盖,运营商也开始关注该标准。

(4) 低速 WPAN——IEEE 802.15.4。

IEEE 802.15.4 以低电能消耗为目标,以较低的速率(2~250 Kp/s)在较小的范围内(一般为 10~80 m)进行无线通信。该网络的功耗非常低,结点电池的使用时间可以达到几个月甚至几年。在工作时,信号的收发时间很短;而不工作时,结点处于休眠状态,非常省电。对于某些工作时间和总时间之比小于 1% 的网络,一套 5 号电池的使用时间甚至可以超过 10 年。

有的文献中将 802.15.4 称为 ZigBee,但严格意义上讲,两者并不相同。802.15.4 主要负责制订 ZigBee 协议栈的物理层及 MAC 层协议;而网络层、应用层协议的制订、应用、测试及市场推广等工作将由 ZigBee 联盟负责。因此,这种低速 WPAN 也被称为 ZigBee 网络。

802.15.4 工作在 ISM 频段,它定义了 2.4 GHz 频段和 868/915 MHz 频段的两个物理层。免许可证的 2.4 GHz ISM 频段全世界通用,而 868 MHz 和 915 MHz 的 ISM 频段分别只在欧洲和北美使用。在 802.15.4 中,总共分配了 27 个具有三种速率的信道,各信道的频段和速率如表 3-9 所示。ZigBee 网可以根据可用性、拥挤状况和数据速率在 27 个信道中选择一个工作信道。从能量和成本效率来看,不同的数据速率能为不同的应用提供较好的选择。

表 3-9 IEEE 802.15.4 的物理层频段

频 段	2.4 GHz	915 MHz	868 MHz
信道数量	16 个	10 个	1 个
速率	250 Kb/s	40 Kb/s	20 Kb/s

802.15.4 MAC 协议的主要功能包括:设备间无线链路的建立、维护和释放,信道接入控制,帧校验等。它信道的接入控制方式与 802.11 相同,可以保证两者的兼容。ZigBee 还提供数据完整性检查和鉴权功能,以保证数据传输的安全与可靠。

802.15.4 低速率、低功耗和短距离的特点使它的结构很简单,其定义的基本参数仅为蓝牙的三分之一,非常适合使用存储和计算能力有限的简单器件。802.15.4 定义的器件可以分为全功能器件(FFD)和简化功能器件(RFD)两种类型。FFD 支持所有的基本参数;而 RFD 仅支持部分基本参数。FFD 可以与 RFD 和其他 FFD 通信,既能用做网络的协调器,又能用做端设备。而 RFD 只能与 FFD 通信,仅用做端设备,数量可以十分庞大。

一个 ZigBee 网络可以有 255 个结点,至少有一个 FFD 作为协调器维护各结点的信息。

协调器还可以作为路由器连接其他 ZigBee 网络,与其他网络的协调器交换数据。这样,多个 ZigBee 网络就组成一个大的 ZigBee 网络,最多可以容纳 65 536 个结点,如图 3-28 所示。网络中的结点既可以使用 64 位的 IEEE 地址,也可以使用在关联过程中指配的 16 位短地址。

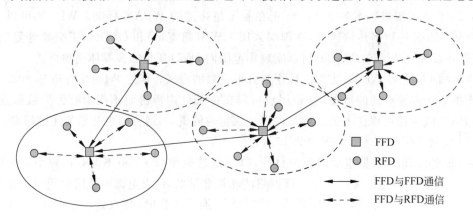

图 3-28　ZigBee 网络的通信方式

综上可以看出,ZigBee 网络具有低能耗、低速、容量大、兼容性好和可靠性高等特点。802.15.4 可以作为无线传感器和传动器网络的标准,为那些功耗很小且连接距离短的简单装置提供低速连接,在传感器、工业及民用开关、智能标签和标识、交互玩具以及库存跟踪等许多领域广泛应用。

图 3-29 给出了按照覆盖范围划分的几种无线网络的对比。

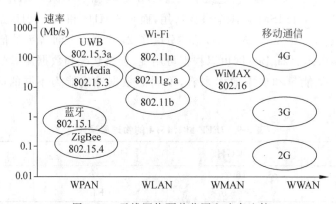

图 3-29　无线网络覆盖范围和速率比较

无线网络也可以按照构建方式分为有固定基础设施的和无固定基础设施的两大类。所谓"固定基础设施"是指为实现无线通信,先要建立基站或无线接入点,并通过敷设线路等方式将它们与数据中心连接起来。上文中的蜂窝移动通信系统、802.16 WMAN、802.11 WLAN 就是有固定基础设施的无线网络。无固定基础设施的无线网络不需要预先构建基站或敷设线路,各结点距离在一定范围内就可以互相通信,上文的 802.15 WPAN 就属于这种类型。还有一种称为移动自组织网络的 WLAN 也属于无固定基础设施的无线网络,将在第 4 章详细介绍。

3.5.2 802.11 WLAN 的物理结构

1. 发展与分类

IEEE 自 1997 年推出第一个 WLAN 标准 802.11 后,又相继推出了 802.11a～z 等一系列标准。这些标准虽然在 MAC 层使用了相同的介质访问方式和数据帧结构,但在物理层所使用的 ISM 频段和信号传输方式却并不相同。下面给出了几种常用的 802.11 系列标准的物理层规范。

(1) 802.11b。

802.11b 是 802.11 标准的扩展。它工作在 2.4 GHz 的 ISM 频段上,与 802.11 相同;最大传输速率却是 802.11 的 5 倍,达 11 Mb/s。802.11b 采用的调制技术是补码键控(CCK),传输技术是直接序列扩频技术(DSSS)。802.11b 具有低成本、灵活性高等优点,一经推出便受到热烈欢迎,曾经是使用最广的 WLAN 技术。

(2) 802.11a。

802.11a 是 802.11b 的后续标准。它工作在 5 GHz 的 ISM 频段上,使用 OFDM 调制技术,最大传输速率为 54 Mb/s。802.11a 传输速率快且受干扰少,但价格相对较高。它与 802.11b 工作在不同的频段上,两者互不兼容。

(3) 802.11g。

802.11g 是 802.11b 标准的扩展。它工作在 2.4 GHz 的 ISM 频段上,使用 OFDM 调制技术,最大传输速率为 54 Mb/s。802.11g 能够与 802.11b 互相连通,共存在同一 AP 的网络里,保证了后向兼容。这样原有的 WLAN 系统可以平滑地向高速过渡,新型的 WLAN 设备大部分支持 802.11b/g 两种标准。

(4) 802.11n。

802.11n 在 2008 年正式颁布,将 WLAN 的传输速率从 54 Mb/s 增加至 108 Mb/s 以上,最高速率可达 320 Mb/s 甚至 600 Mb/s。802.11n 协议采用双频工作模式(包含 2.4 GHz 和 5 GHz 两个工作频段),可以与 802.11a/b/g 标准兼容。802.11n 将 MIMO 与 OFDM 相结合,使用多个发射和接收天线来提高传输速率。天线技术及传输技术的改进使得无线局域网的传输距离大大增加,可以在几千米范围内实现 100 Mb/s 的数据传输。另外,802.11n 标准全面改进了 802.11 标准,不仅涉及物理层标准,同时也采用了新的高性能无线传输技术提升 MAC 层的性能,以优化数据帧结构,提高网络吞吐量。

表 3-10 给出了上述几种标准的主要技术参数。需要说明的是这里的速率是最高传输速率,各种标准的实际传输速率会根据无线信道状况的变化而动态调整。例如:802.11b 的实际传输速率能在 11 Mb/s、5.5 Mb/s、2 Mb/s 和 1 Mb/s 之间动态漂移。

表 3-10 几种常用的 802.11 标准比较

标 准 名	工 作 频 段	最 高 速 率	物理层技术
802.11b	2.4 GHz	11 Mb/s	DSSS
802.11a	5 GHz	54 Mb/s	OFDM
802.11g	2.4 GHz	54 Mb/s	OFDM
802.11n	2.4 G/5 GHz	320 Mb/s	MIMO OFDM

表 3-10 中的工作频段只是给出了大致范围。实际上,2.4 GHz 频段是指 2.4～2.485 GHz 范围中的 85 MHz 可用带宽;5 GHz 频段是指 UNII-1(5.15～5.25 GHz)、UNII-2 (5.25～5.35 GHz)和 UNII-3(5.725～5.825 GHz)三个可用频段。这些频段又被分成多个可用信道,用户使用时可以在这些信道中进行选择。

在我国,2.4 GHz 频段被分为 13 个带宽为 22 MHz 的信道,如图 3-30 所示。可以看出,这些信道中有些频段是重叠的,不能在同一个区域内同时使用。用户若要在同一区域使用多个信道,需要选择其中互不重叠的。图 3-30 中的 1、6、11 信道为三个不重叠的传输信道,如果两个支持 802.11b 的设备同时使用这三个信道传输数据,速率就会提高为原来的三倍(最高可达 33 Mb/s)。不同国家划分频段的方法不一定相同。其中,欧洲与我国划分 2.4 GHz 信道的方法相同,美国只使用前面的 11 个信道,日本又增加了第 14 信道,还有一些国家使用了其他不同的划分方法。

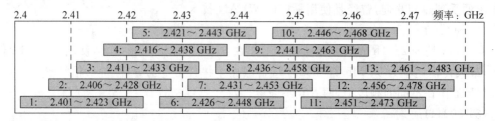

图 3-30 2.4 GHz 工作频段的信道划分

5 GHz 频段带宽较大,被划分成了 16 个带宽为 20 MHz 的信道,其中互不重叠的信道达 12 个。802.11n 在此基础上又增加了一个 UNII-2e(5.470～5.725)频段,并在其中划出 11 个互不重叠的信道,使得同一区域内同时可使用的总信道数达到了 23 个,这样就大大提高了数据的传输速率。

2. 物理层关键技术[*]

上述 WLAN 标准中,物理层主要使用了以下几种技术。

(1) DSSS 技术。

DSSS(直接序列扩频)是一种常用的扩频通信技术。它将一个二进制数字信号 $d(t)$ 与一个高速的二进制伪随机码 $c(t)$ 相乘(即进行模二加运算),得到一个复合信号 $d(t) \times c(t)$,复合信号进行调制后再进行发送。数字信号 $d(t)$ 的速率很低,一般小于 1 Mb/s,而伪随机码 $c(t)$ 的速率可达几百 Mb/s。DSSS 可以对抗信号干扰,增大信号的传输距离。DSSS 一般使用各种 PSK(相移键控)技术进行调制,如果要实现高速传输,会出现多径干扰问题。因此,DSSS 仅在速率较低的 802.11b 中得到了使用。

(2) OFDM 技术 。

OFDM(正交频分复用)是一种高速的多载波传输技术,如图 3-31 所示。它在频域内将给定的信道划分成许多正交的子信道,在每个子信道上使用一个子载波进行调制,各子载波并行进行信号传输。由于 OFDM 系统中各个子信道的载波相互正交,即使它们的频谱是相互重叠的,子载波间的相互干扰也不大,这样就提高了频谱的利用率。这种各个子信道中的正交调制和解调可以采用快速傅立叶变换 FFT 和傅立叶逆变换 IFFT 实现,这样就大大降低了 OFDM 的实现复杂性,提升了系统的性能。

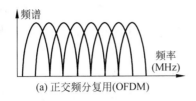
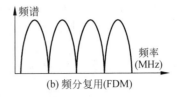

(a) 正交频分复用(OFDM)　　　　　　　(b) 频分复用(FDM)

图 3-31　OFDM 信号与 FDM 信号频谱比较

许多业务要求非对称的数据传输,即下行链路的速率要远大于上行链路的速率。OFDM 下行链路使用的子信道数量多于上行链路使用的子信道数量,这就实现了非对称传输速率。许多干扰属于窄带干扰,只能影响一小部分子载波。OFDM 所有的子信道不会同时被干扰,这样就可以通过动态子信道分配的方法,充分利用信噪比高的子信道,从而提升系统的性能。

OFDM 技术发展前景广阔,除了上述 802.11a/g 标准外,也成为第 4 代移动通信的核心技术。

(3) MIMO OFDM 技术

MIMO(多输入多输出)技术在发送端和接收端使用多个独立信道传输信号,能够在不增加带宽的情况下成倍地提高通信系统的容量和频谱利用率,如图 3-32 所示。OFDM 系统非常适合使用 MIMO 技术来提高容量。多径衰落是影响通信质量的主要因素,但 MIMO 系统却能有效地利用多径的影响来提高系统容量。OFDM 系统中可以根据需要在各个子信道上应用多发射天线技术,每个子信道都对应一个多天线子系统。MIMO OFDM 也可以结合时空编码、分集、干扰抑制以及智能天线技术,最大程度地提高物理层的可靠性。MIMO OFDM 技术成为下一代无线局域网的主流通信技术。

图 3-32　MIMO 系统原理

3. 结构组成

802.11 WLAN 包括无线接入点(Access Point,AP)、无线工作站(Station,STA)以及分配系统(Distribution System,DS)等三个部分。这里先说明其中常用的几个基本概念。

- 无线 STA:一般是指便携式数据终端,如装有无线网卡的笔记本等。
- 无线 AP:用于在 STA 之间或 STA 与 DS 之间接收、缓存和转发数据,相当于移动通信中的基站。每个无线 AP 都有一个 MAC 地址。
- BSS:使用同一个无线 AP 通信的多个 STA 和该 AP 合称为一个基本服务集(Basic Service Set,BSS)。BSS 的标识称为 BSSID,在 802.11 中,BSSID 是 AP 的 MAC 地址。
- BSA:一个 BSS 所覆盖的范围称为一个基本服务区(Basic Service Area,BSA)。BSA 相当于无线移动通信中的蜂窝小区。一个基本服务区 BSA 可以覆盖几十至几百个 STA,覆盖半径达上百米。
- DS:连接多个 BSS 的系统称为分配系统 DS,分配系统可以使用以太网,也可以使用其他链路。
- ESS:由 DS 连接的多个 BSS 合称为一个扩展服务集(Extended Service Area,

ESS)。对于高层协议（如 IP）来说，一个 ESS 就是一个 IP 子网。ESS 的标识称为
ESSID,它是由网管员指定的一串易于记忆的字符,为同一 ESS 中的所有无线 AP
所共有。

802.11 WLAN 的组成部分和各概念的含义如图 3-33 所示。

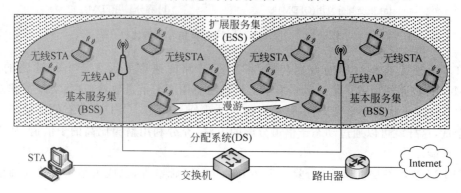

图 3-33　802.11 WLAN 的基本组成

4. 操作过程

802.11 WLAN 网络的操作可分为两个过程：无线 STA 加入一个 BSS,无线 STA 从一
个 BSS 漫游到同一个 ESS 内的另一个 BSS。

无线 STA 进入一个 BSS 后,首先要采用通过主动扫频或被动扫频的方式与无线 AP 获
得同步。主动扫频是指 STA 采用一组频道作为扫描范围,如果发现某个频道空闲,就广播
带有 ESSID 的探测信号;AP 根据该信号做响应。被动扫频是指 AP 每隔 100 ms 向外发送
灯塔信号,包括用于 STA 同步的时间戳、支持速率以及其他信息;STA 接收到灯塔信号后
启动关联过程。

STA 与 AP 取得同步后,开始交换验证信息,以防止非法接入。

站点经过验证后,无线 STA 与 AP 建立关联（Associate）,确立两者之间的映射关系。
关联实际上就是把无线通信转变成有线网连线的方式进行处理。一个无线 STA 同一时刻
只能与一个 AP 关联。

无线 STA 在同一个 ESS 内的不同 BSS 之间漫游时,要与新到 BSS 的 AP 进行重关联
（Reassociate）。重关联总是由移动无线 STA 发起。WLAN 在无线 STA 漫游过程中向它
提供对于用户透明的无缝连接。

3.5.3　CSMA/CA 协议

虽然 802.11 在物理层将所用频段分成了多个子信道,但子信道的数量有限,远远小于
无线 STA 的数量,所以不能使用频分复用（FDM）技术给每个 STA 分配一个子信道。802.11
WLAN 使用的是多个 STA 共同使用一个子信道或者并行使用多个子信道的方式进行信号
传输。因此,WLAN 信道也是一种广播信道,需要在数据链路层使用随机接入或受控接入
的方式给 STA 分配信道。

在受控接入方式中,无线 AP 是 WLAN 的集中控制点,所有站点的接入必须经过它的
允许,这样可以减少无线 STA 在传送数据过程中产生的碰撞,这种接入方式称为点协调功

能(Point Coordination Function,PCF)。PCF 效率比较低,并且不能完全避免碰撞,只是 802.11 WLAN 的可选项。

与点协调功能 PCF 相对应的是分布式协调功能(Distributed Coordination Function, DCF),它采用随机接入方式,是 802.11 WLAN 数据链路层的必选项,下面将详细介绍。

1. 隐藏/暴露站问题

提起随机接入,人们很容易联想到以太网中使用的 CSMA/CD 协议。这种在广播信道中使用的随机接入方法是否可以直接在 802.11 WLAN 中使用呢? 下面来分析一下如图 3-34 所示的两个例子。

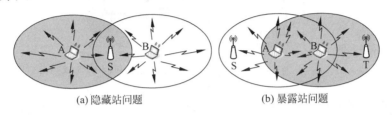

(a)隐藏站问题   (b)暴露站问题

图 3-34　无线局域网的信号传输问题

在图 3-34(a)中,站点 A、B 的信号覆盖范围都包括无线接入点 S,但是 A 与 B 之间由于距离较远或有障碍物,彼此之间不能通信。如果直接使用 CSMA 协议,当 A 向 S 发送数据时,B 是无法检测到的。这时如果 B 也有数据要发送到 S,就会与 A 发送的信号在 S 处发生碰撞,造成 S 接收不到任何有用的信号。这种现象叫做"隐藏站问题"。

在图 3-34(b)中,站点 A 的信号覆盖范围包括站点 B 和无线接入点 S,站点 B 的信号覆盖范围包括站点 A 和无线接入点 T。实际上在 A 向 S 发送数据的同时,B 是可以向 T 发送数据的。这是因为:A 的信号无法到达 T,T 可以正常接收 B 的信号;B 的信号无法到达 S,S 可以正常接收 A 的信号。但是,如果直接使用 CSMA 协议,当 A 向 S 发送数据时,由于信号可以覆盖到 B,B 会检测到信道忙,无法向 T 发送数据。这种现象叫做"暴露站问题"。

由此可见,如果在无线网络中直接使用 CSMA 协议,站点即使监听到信道空闲,也未必可以发送数据;站点即使监听到信道忙,也未必不能发送数据。CSMA 协议在无线网上变得"不准确"。为什么会出现这种现象呢? 从根本上看是由于两种网络使用的介质类型不同造成的。当以太网使用铜导线作为传输介质时,只要导线上的一个站点产生电信号,导线上连接的所有其他点都能接收到相同的信号。而无线网使用无线电磁波作为传输介质,随距离的增加信号衰减严重。当一个站点产生信号时,在无线网内有些地方可以接收到该信号,有些地方却接收不到。要在无线网上准确地进行载波监听,必须要对传统的 CSMA 进行改进,使用虚拟载波监听技术。

2. 虚拟载波监听

要实现虚拟载波监听,首先要使用 RTS(Request To Send)和 CTS(Clear To Send)两种帧对信道进行预约,如图 3-35 所示。在 A 向 S 发送数据前,先要发送一个 RTS 帧,该帧包含源地址、目的地址和通信将要持续的时间。S 收到 RTS 帧后,根据帧的目的地址确定该帧是发给它的,然后回复一个 CTS 帧,该帧包含目的地址和 A 发起的通信将要持续的时间。此后图 3-35 中各站点出现了如下几种情况。

- A 收到 S 发送的 CTS 帧后,根据帧的目的地址确定该帧是发给它的,它就可以发送目的地址为 S 的数据帧了。
- B 虽然也收到了 S 发送的 CTS 帧,但可以确定该帧不是发给它的,不能再发送任何帧了。
- C 虽然收到了 A 发送的 RTS 帧,但并未收到 CTS 帧,仍然可以发送任何帧。
- D 和 T 既没有收到 CTS 帧,也没有收到 RTS 帧,当然可以发送任何帧。

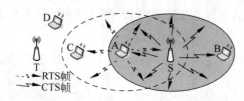

图 3-35　无线局域网的信道预约机制

由此可见,信道的预约是通过 CTS 帧完成的,接收站点发送 CTS 帧就是向它周围的站点宣布:"我要使用信道接收数据帧了,你们不要发帧干扰我。"这样,在 A 向 S 发送数据帧时,B 不能再向 S 发送帧,"隐藏站问题"就避免了。而在 A 向 S 发送数据帧时,C 依然能够向 T 发送任何帧,"暴露站问题"也避免了。上述方法的前提条件是各站的信号覆盖范围是相同的,一般网络都可以满足这个条件。在图 3-35 中,如果 D 的信号强度很大,能够到达 S,这种方法就失效了。这里不考虑这种特殊情况。

目的站信号覆盖范围内的站点(如站点 B)不一定能监听到 A 发送到 S 的数据帧载波,无法通过载波监听技术确定数据帧何时结束。CTS 帧中包含一个"通信将要持续的时间"字段,这个时间称为网络分配向量(Network Allocation Vector,NAV)。接收到 CTS 帧的站点根据接收到的 NAV 开始倒计时,倒计时到 0 时就认为 A 到 S 的数据帧发送完毕。这样,目的站所覆盖的各站点虽然没有真正进行载波监听,但是也通过调整 NAV 的方式实现了载波监听的功能。因此,这种机制叫做"虚拟载波监听"。

虚拟载波监听与载波监听的功能一样,都可以使得数据帧在传输过程中不被其他站点干扰。但是,源站在发送 RTS 帧开始信道预约时,仍有其他站点可能同时发送 RTS 帧进行信道预约,从而出现碰撞。在图 3-34(a)中,当 S 空闲时(即 S 覆盖范围内所有站点的 NAV 为 0),A 和 B 可能会同时向 S 发送 RTS 帧而出现碰撞,两个源站却无法检测到。由此可见,虚拟载波监听并不能避免发送 RTS 帧时出现的"隐藏站问题"。源站所发送的 RTS 帧若与其他站发送的 RTS 帧出现碰撞,使用 CSMA/CD 中依据载波进行碰撞检测的方式是不可靠的。无线网中采用"碰撞避免"机制来解决上述问题。

3. 碰撞避免

在"碰撞避免"机制中,主要使用了两种帧间隔:一种是 28 μs 的短帧间隔(Short Inter Frame Space,SIFS),一种是 128 μs 的分布式协调功能帧间隔(Distributed Inter Frame Space,DIFS)。帧间隔的大小反映了帧发送的优先级,间隔较小的帧发送的优先级较高。一次对话的各帧之间使用 SIFS 分隔,如 CTS 帧、MAC 数据帧、ACK 帧的发送都使用 SIFS。而两次对话之间的最小间隔为 DIFS,表示对话开始的 RTS 帧的发送使用 DIFS。

RTS 帧发送的优先级比较低,可以避免新对话对已有对话的碰撞。但是如果多个新对话同时出现,仍然会出现碰撞。图 3-34(a)中,若 A 和 B 都在检测到 S 空闲后等待 DIFS 时间,它们就会同时向 S 发送 RTS 帧,结果产生碰撞。S 接收不到正确的 RTS 帧,因而不能回复 CTS 帧。A 和 B 都收不到 CTS 帧,才得知发生了碰撞。为了减少这种情况的发生,源站在发送第一个帧(一般就是指 RTS 帧)时,按照如下几种情况进行处理。

- 如果检测到信道空闲,则等待 DIFS 后发送 RTS。
- 如果检测到信道忙,则直接执行二进制指数退避算法生成一个退避间隔,在信道空闲后等待 DIFS＋退避间隔再发送 RTS。
- 如果发送 RTS 后未收到正确的 CTS,表示发生了碰撞,需要执行二进制指数退避算法生成一个退避间隔,信道空闲后等待 DIFS＋退避间隔再发送 RTS。

由此可见,除去发送第一个帧前检测到信道空闲,其他情况下都需要使用碰撞避免机制,即不管是否发生了碰撞,都按照出现了碰撞进行处理。图 3-36 给出了图 3-34(a)中 A 与 B 先后向 S 发送帧的示意图。A 检测到信道空闲先向 S 发送帧,B 根据 S 发送的 CTS 设定 NAV。此后,B 也要向 S 发送帧,根据 NAV 不为 0 判断信道忙。B 等到 NAV 为 0 即信道空闲后,等待 DIFS＋退避间隔再发送 RTS。

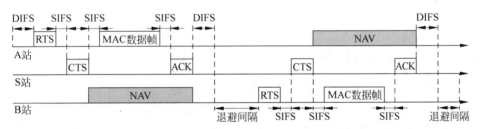

图 3-36　无线局域网的碰撞避免机制

退避间隔是时隙的整数倍,具体算法与 CSMA/CD 中的二进制指数退避算法稍有不同。退避间隔 M' 的具体算法如下。

设 r' 为离散整数集合 $[0,1,2,\cdots,n']$ 中的一个随机数。n' 用式(3-3)求得:

$$n' = 2^{\min[i,6]+2} - 1 \qquad (3-3)$$

其中,i 表示退避次数。则退避间隔 M' 用式(3-4)计算:

$$M' = \text{slot\_time} \times r' \qquad (3-4)$$

Slot_time 表示一个时隙,其值的大小取决于物理层。

按照上述算法,在退避次数小于 6 时,退避间隔在 $0 \sim 2^{2+i} - 1$ 个时隙中随机地选择。例如,第一次的退避间隔在 $0 \sim 7$ 个(而不是 $0 \sim 1$ 个)时隙中随机选择;第二次的退避间隔在 $0 \sim 15$ 个(而不是 $0 \sim 3$ 个)时隙中随机选择。而在退避次数大于 6 时,每次的退避间隔都是在 $0 \sim 255$ 个时隙中随机选择。

4. CSMA/CA

无线网络 MAC 层使用的上述介质访问方式总称为 CSMA/CA(Carrier Sense Multiple Access with Collision Avoidance),图 3-37 给出了它的工作流程图。这里的 CSMA 就是指虚拟载波监听,CA 就是指碰撞避免。与 CSMA/CD 相比,CSMA/CA 的信道利用率要低,但是碰撞发生的概率要小得多。另外,CSMA/CA 的信道利用率还与传输速率有关。例如,在 802.11b WLAN 中,1 Mb/s 速率时的最高信道利用率可到 90%,而 11 Mb/s 速率时的最高信道利用率只有 65% 左右。

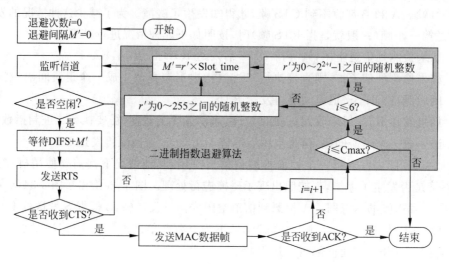

图 3-37　CSMA/CA 协议的工作流程图

3.5.4　802.11 MAC 帧 *

802.11 MAC 帧可以分为以下三种类型。

- 管理帧:负责在 STA 和 AP 之间建立初始的通信,提供关联和认证等工作。如:主动扫频中 STA 发送的探测帧、被动扫频中 AP 发送的灯塔信号帧、认证信息帧、关联建立/解除帧、重关联帧等。
- 数据帧:用来承载需要发送的数据,对于大数据帧可以分片进行传输。
- 控制帧:为数据帧的发送提供辅助功能。如:RTS 帧、CTS 帧、ACK 帧等。

802.11 帧与其他网络的数据链路层帧类似,前面也有标识帧起始和同步的前导信息,但是不同的子标准前导信息不同,这里不做详细介绍。下面仅对数据帧和控制帧的结构进行说明。

1. 数据帧

802.11 的数据帧结构如图 3-38 所示。可以看出,802.11 帧的首部为 30 字节,比以太网要复杂得多;帧的数据部分不超过 2312 字节,为了和以太网互通方便,实际应用中一般小于 1500 字节;帧尾部为 32 位的循环冗余校验(CRC)码,计算方法与以太网相同。

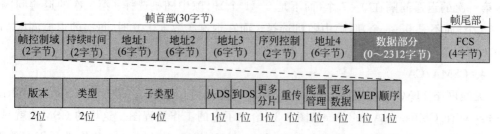

图 3-38　802.11 数据帧结构

帧首部各字段的含义如下。

(1) 帧控制域。

帧控制域共包括 11 个子字段。

- 版本：802.11 标准的版本，目前值为 00。
- 类型：管理帧该字段的值为 00，控制帧该字段的值为 01，数据帧该字段的值为 10。
- 子类型：当数据帧传输一般数据时，该字段的值为 0000。
- 从 DS 和到 DS：这两个字段表示帧是从 DS(分配系统)传出的还是传到 DS 去的，图 3-39 给出了这两个字段取不同值时帧的传输方向。

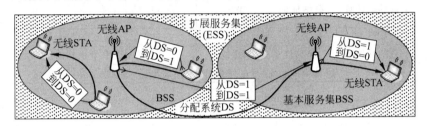

图 3-39 "从 DS"与"到 DS"取不同值时帧的传输方向

- 更多分片：当该字段为 1 时，表示该帧是一个帧的多个分片之一，该分片后面还有其他分片要发送。当该字段为 0 时，表示该帧没有分片，或者该帧是一个帧的多个分片的最后一个分片。无线信道的通信质量较差，如果数据帧过大，其出错重传的概率就很高，信道的传输效率就会很低。为了避免该问题，大数据帧一般要分成许多较小的分片进行传输，单个小分片的出错重传对信道传输效率影响不大。一个帧的多个分片可以连续传输，不需要再使用 RTS 和 CTS 帧重新预约信道。
- 重传：当该字段为 1 时，表示该帧是重传的帧。
- 能量管理：当该字段为 1 时，表示源站处于省电模式；当该字段为 0 时，表示源站处于正常模式。所有 AP 发送的帧该字段必须为 0。
- 更多数据：该字段用来让 AP 通知处于省电模式的 STA，说明它是否还有数据帧要发送给 STA。当该字段为 1 时，表示 AP 还有数据帧要发给 STA；否则该字段为 0。
- WEP：当该字段为 1 时，表示该帧中数据部分已经使用 WEP 算法进行了加密。
- 顺序：当该字段为 1 时，表示该帧是按严格顺序服务等级(Strictly-Ordered Service Class)来传送的。

(2) 持续时间。

- 当该字段的最高位为 0 时，它表示帧的持续时间，单位是微秒，其最大值为 $2^{15}-1=32\,767$。
- 当该字段的最高两位为 10 时，其余位全部为 0。该值在无竞争的方式下使用，表示在无竞争期间所传送的帧使用固定值 $2^{15}=32\,768$。
- 当该字段的最高两位为 11 时，表示该帧是一个 PS-Poll 帧。无线 STA 可以暂时关闭天线进入省电模式。当 STA 唤醒后，发送一个 PS-Poll 帧通知 AP 下载所有发送给它的帧。STA 要将自己的 ID 放在该字段的后 14 位，来标记自己属于哪个 BSS。

(3) 地址字段。

802.11 数据帧首部共有 4 个地址字段。这些字段可能的取值有 5 种类型：源站地址

（Source Address，SA）、目的站地址（Destination Address，DA）、传送 AP 地址（Transmitter Address，TA）、接收 AP 地址（Receiver Address，RA）、BSSID。每种地址都符合 IEEE 802 标准，长度都是 48 位。有些帧并不需要用到所有的地址字段。地址字段的取值取决于帧控制域的"从 DS"和"到 DS"字段的值。表 3-11 给出了这两个字段取不同值时各地址字段的取值。

表 3-11　802.11 数据帧地址字段的取值

从 DS	到 DS	地址 1	地址 2	地址 3	地址 4	数据帧的传输方向
0	0	目的站地址	源站地址	BSSID	——	没关联到 AP 的 STA 间点对点帧
0	1	BSSID	源站地址	目的站地址	——	STA 发送到 AP 方向的帧
1	0	目的站地址	BSSID	源站地址	——	AP 发送到 STA 方向的帧
1	1	接收 AP 地址	传送 AP 地址	目的站地址	源站地址	无线桥接帧

（4）序列控制。

该字段由 12 位的序号子字段和 4 位的分片号子字段组成。每发送一个数据帧，序号加 1，一旦达到 4096，序号值就从零开始重新计数。若一个数据帧被分片传输，那么该帧的所有分片序列号不同。同一个帧的不同分片通过分片号来识别先后顺序。帧的第一个分片的分片号为 0，之后每次加 1。

2. 控制帧

RTS 帧、CTS 帧、ACK 帧等都属于控制帧，图 3-40 给出了它们的结构。这三种控制帧的"帧控制域"、"持续时间"以及"FCS"等字段与数据帧对应字段的结构和含义相似。它们可以根据"帧控制域"字段的"子类型"子字段加以相互区分：RTS 帧、CTS 帧、ACK 帧该字段的值分别为 1011、1100、1101。

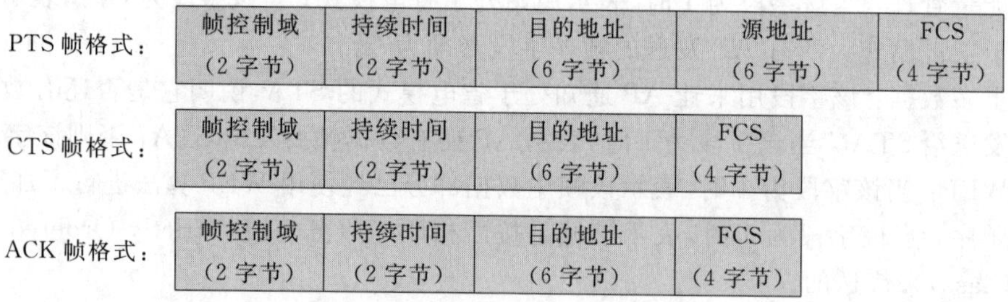

图 3-40　802.11 三种控制帧的结构

控制帧不承载任何数据，长度要尽量短，只包含几个必需的字段，以减少对网络资源的占用。上述三种控制帧只在 BSS 内传输，不需要使用 4 个地址字段。CTS 帧只有目的地址字段，甚至没有源地址字段。这是因为接收到 CTS 帧的所有站点并不需要知道该帧是谁发送的，只需要根据该帧是不是发给自己的，就可以确定自己是否还可以发送帧。ACK 帧的结构与 CTS 帧相同。这是因为源站发完一个数据帧后，在收到 ACK 帧之前，不会再向其他目的站发送数据帧，所以 ACK 帧不用说明是谁发送的，数据帧源站就能知道它是哪个帧的确认消息。

3.6 广 域 网

广域网覆盖范围广、种类繁多、技术复杂,许多广域网协议甚至涉及网络层。但是,广域网和局域网有一个共同点:网内的站点相互通信时只使用物理地址即可。所以,广域网的主要协议也属于数据链路层协议,从互联网的角度看,广域网和局域网是平等的。与局域网只为一个单位所拥有不同,广域网需要电信运营商进行构建、管理和维护。对于一般读者来说,接触广域网的机会可能略少一些。本节在介绍广域网技术演变的同时简要说明几种曾经广泛使用的广域网技术,然后说明当前广泛使用的 PPP 和 SDH 的工作原理,最后还讨论了万兆以太网在广域网中的应用与前景。

3.6.1 广域网技术的演变*

广域网产生的时间比较长,ARPAnet 以及早期的许多计算机网络都可以归入广域网的范围。这里仅介绍几种产生过重要影响的广域网技术。

1. HDLC

HDLC(High-level Data Link Control,高级数据链路控制)是一个在广播信道上传输数据、面向比特的数据链路层协议,它是由 ISO 制订的。HDLC 支持全双工传输,使用零比特插入法实现帧的透明传输,运用受控接入方式实现广播信道的共享。后来,HDLC 的子集被修改,主要用于点对点信道,称为平衡型链路接入规程 LAPB,用来向 X.25 和帧中继提供信令并控制数据链路。

HDLC 协议比较简单,效率较高。现在,Cisco 路由器的 Serial 接口在使用同步专线连接时,默认的数据链路层协议就是 HDLC。但是 HDLC 协议只能封装在同步链路上,结点之间没有认证功能,缺少了对链路的安全保护。在许多系统中,HDLC 已经被一种与其类似但提供更丰富功能(包括认证功能)的广域网协议——PPP 所代替。

2. X.25 网

X.25 网产生于 20 世纪 70 年代,用以实现与分组交换网相连的两个终端 DTE 之间的数据传输。在数据传输之前,X.25 协议先要在两个 DTE 之间建立一条虚电路。这种虚电路与电路交换中的物理电路不同,它只是逻辑上存在,被赋予一个唯一的虚电路号。DTE 将发送的分组标上虚电路号交给分组交换网,分组交换网便根据虚电路号将其传送到目的端。X.25 涉及网络体系结构中的低三层,其数据链路层使用 LAPB 协议实现 DTE 及与其直连的分组交换网设备 DCE 之间的通信,物理层一般使用 X.21bis。

X.25 网可以进行复杂的流量控制、差错控制等操作,能够在不可靠的网络上建立可靠的链路,曾经是早期广域网的一种重要技术。但是 X.25 网由于操作复杂,其速率最高只有 2 Mb/s,当代传输介质的出错概率越来越低,占用大量开销的复杂操作已没有必要。X.25 已被更为简单的帧中继技术替代。

3. 帧中继

帧中继技术继承了 X.25 的虚电路交换,简化了可靠传输的控制机制。该技术以帧为单位在虚电路上传送信息流,帧的地址字段不是主机的 MAC 地址,而是虚电路的数据链路连接标识符 DLCI。帧不需要确认,就能够在每个交换机中直接通过,若结点检查出错误帧,直接将其丢弃。帧中继仅完成物理层和数据链路层的核心功能,将流量控制、差错控制等交给终端完成,从而在减少网络时延的同时降低了通信成本。帧中继中的虚电路可以在分组交换网络内跨越多个交换机,在两个终端结点之间提供面向连接的第二层服务。

帧中继技术不需要进行第三层的处理,比较容易实现,其用户接入速率一般为 64 Kb/s～2 Mb/s,局间中继传输速率一般为 2 Mb/s、34 Mb/s,最高可达 155 Mb/s。帧中继的应用领域十分广泛,可以实现局域网互联、图像传送和组建虚拟专用网等。我国的公用分组交换网和数字数据网(DDN)都引入了帧中继技术。

4. ATM

ATM(Asynchronous Transfer Mode,异步传输模式)是在电路交换与分组交换的基础上发展起来的一种快速分组交换技术,它以固定长度的信元为基本单位进行复用、交换、传输,所以这种交换又称为"信元交换"。ATM 采用面向连接的虚电路技术,即通信前要先建立连接、通信结束后要拆除连接。但它摒弃了电路交换中采用的同步时分复用,改用异步时分复用,收发双方的时钟可以不同,可以更有效地利用带宽。这样,ATM 就融合了电路交换的高速率和分组交换的高效率,具有支持不同 QoS 等级的能力,并能提供流量控制和拥塞控制。

ATM 信元长度固定为 53 字节,其中信元头部分 5 字节,数据部分 48 字节。信元头有两种类型:网络用户端接口(UNI)定义了 ATM 交换机面向用户的信元头格式;网络/网络端接口(NNI)定义了 ATM 交换机接口之间的信元头格式。图 3-41 给出了这两种信元头的结构,各字段的含义如下。

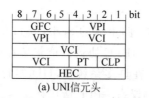 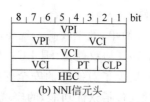

图 3-41　ATM 信元结构

- GFC:一般用于通用流控,当多个信元等待传输时,用以确定发送的优先级。
- VPI/VCI:虚拟路径标识/虚拟通道标识,两字段共同使用,类似于虚电路号,用于标识信元下一跳。
- PT:负载类型,用于标识信元所承载的是数据还是控制信息。
- CLP:拥塞丢弃,用于标识在拥塞情况下信元丢弃的优先级。
- HEC:类似 FCS 帧校验,只对信元头做校验。

ATM 技术包含 OSI 低三层的功能,但由于网络层的路由选择隐含在 ATM 交换的过程中。因此,从数据流的角度出发,ATM 网络主要含物理层和数据链路层,数据链路层又被划分为两个子层:ATM 适配子层(AAL)和 ATM 子层。图 3-42 给出了数据在 ATM 各层的封装过程,各层的功能如下。

- AAL 将高层的信息转换成适合 ATM 网络传输要求的格式。为了适应不同的通信业务,AAL 定义了 4 种类型的协议(即 AAL1、AAL2、AAL3/4、AAL5)。
- ATM 子层接收来自 AAL 子层的数据,将其封装成信元,并根据链路状况调整信元

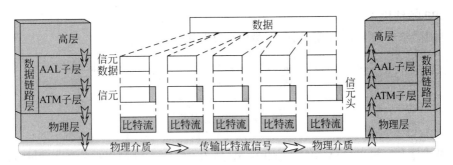

图 3-42 ATM 信元结构

速率。同时,通过控制信令维护 VPI /VCI 等信息。
- ATM 物理层采用异步时分复用(也称统计时分复用,见 2.2.2 节)技术,将不同虚电路的信元进行传输。ATM 网络的传输介质可以是双绞线、同种电缆、光纤等多种类型,并且可以支持不同的传输速率(25 Mb/s、125 Mb/s、… 、625 Mb/s)。

ATM 标准主要由 CCITT 制定,最早是作为宽带综合业务数字网(B-ISDN)的核心技术出现的。由于其传输速率高(可达 625 Mb/s),并且可以承载语音、数据、视频等多种类型的业务,曾经是一种应用很广的骨干网络技术,直到现在仍有一些部门拥有 ATM 设备。但是,ATM 技术也有一些缺点,如价格高、内部开销大、网络互联较复杂等。

5. 接入网技术

广域网骨干到用户终端之间的所有设备称为接入网。其长度一般为几百米到几千米,因而也被称为"最后一千米"。第 2 章所述的 xDSL、HFC、FTTx 等技术以及被淘汰的拨号接入、ISDN(综合业务数字网)等技术都是接入网技术。接入网也可以看做是广域网的一部分,有些教材也将这些技术作为广域网技术加以介绍。

目前,虽然 HDLC、帧中继、ATM 等技术仍然在一些网络中使用,但是受到了 PPP、SDH、MPLS 等技术的强力冲击,万兆以太网更是引发了广域网的深刻变革。下面将对这些技术进行详细说明(其中的 MPLS 与网络层关系密切,将在第 4 章说明)。

3.6.2 PPP

PPP(Point-to-Point Protocol,点到点协议)是一种面向字符的数据链路层协议,也是一种最简单、最基本的广域网协议。PPP 可以在点对点的链路上封装多种网络层协议的数据报,并且支持全双工操作,以同步或异步的方式在物理层传输。PPP 主要用于建立与维护结点之间的点对点连接,大家都比较熟悉的拨号上网方式使用的数据链路层协议就是PPP。用户通过 PPP 接通 ISP 后,ISP 就分配给用户一个临时的网络层地址,用户就利用该地址连接到 Internet 上。

PPP 由三部分组成。
- PPP 的帧封装方式:用来将网络层的数据报封装到串行链路上,并且可以使用认证协议(包括 PAP 和 CHAP)对用户进行认证。
- LCP(Link Control Protocol,链路控制协议):用来建立、配置和测试数据链路。
- NCP(Network Control Protocol,网络控制协议):用来支持不同的网络层协议,PPP 使用 NCP 对多种协议进行封装。

1. PPP 帧结构

PPP 帧的结构如图 3-43 所示,各字段的含义如下。

Flag 7E	地址 FF	控制 03	协议类型	数据部分	FCS	Flag 7E	字节
1	1	1	2	0~1500	2	1	

图 3-43   PPP 帧结构

- Flag 字段:用于标识帧的开始和结束,值为 0x7E(二进制表示为 01111110)。
- 地址字段:点对点链路的接收方是唯一的,使用 PPP 互连的通信设备两端无须知道对方的数据链路层地址,该字段已无任何意义,值为 0xFF(二进制表示为 11111111)。
- 控制字段:最初曾考虑以后对这个字段进行定义,但至今也没有给出,值为 0x03(二进制表示为 00000011)。
- 数据部分:PPP 帧所承载的内容,长度不能超过 1500 字节。
- FCS:使用 CRC 校验生成的校验码。

当 PPP 用在同步链路时,采用"零比特插入法"实现帧的透明传输。当 PPP 用在异步链路时,采用"字符填充法"实现帧的透明传输。该方法将转义符定义为 0x7D,具体的做法是将数据部分出现的每一个 0x7E 字节转变成 2 字节序列(0x7D,0x5E)。若数据部分出现一个 0x7D 的字节,则将其转变成 2 字节序列(0x7D,0x5D)。若数据部分出现 ASCII 码的控制字符(即数值小于 0x20 的字符),则在该字符前面要加入一个 0x7D 字节,同时根据相关规定(如 RFC 1662)改变字符编码。

2. PPP 链路的建立

一个典型的 PPP 链路建立过程包含以下三个阶段。

(1) 创建 PPP 链路阶段。

该阶段由 LCP 负责创建链路,将选择基本的通信方式。链路两端设备通过 LCP 向对方发送配置信息帧。当协议选择配置成功后,LCP 开启。

(2) 用户认证阶段。

在这个阶段,客户端会将自己的身份发送给远端的接入服务器进行认证。如果认证失败,链路终止。使用安全认证方式可以避免第三方窃取数据或冒充远程客户接管与客户端的连接。

(3) 调用网络层协议阶段。

认证成功之后,PPP 将调用"阶段(1)"选定的网络控制协议(NCP)进行通信。选定的 NCP 用以解决 PPP 链路之上的高层协议问题。

3. 认证方式

对客户端进行认证是 PPP 链路建立的重要阶段,也是 PPP 的重要特征和优势。PPP 可以选用以下两种认证方式中的一种对客户端进行认证。

(1) 口令认证协议(Password Authentication Protocol,PAP)

PAP 是一种简单的明文认证方式。客户端向服务器端以明文的方式发送用户名和密码。如果用户名和密码与服务器里保存的一致,就通过了认证,否则就不能通过。这种验证方式的安全性较差,第三方可以很容易地获取被传送的用户名和密码,一旦用户密码被窃取,PAP 将无法提供安全保障措施。

(2) 挑战-握手认证协议(Challenge-Handshake Authentication Protocol,CHAP)。

CHAP 是一种加密的认证方式。服务器先向客户端发送一个挑战消息,包含一个随机生成的"挑战字串"。客户端收到"挑战字串"后,根据自己的密码使用 MD5 算法对其进行加密,得到"加密挑战字符串",然后再把自己的用户名和"加密挑战字符串"发给服务器。服务器存有所有用户的密码,它根据客户端发送过来的用户名找到其对应的密码,使用相同的方法对发送给客户端的"挑战字串"进行加密,如果得到的结果和收到的"加密挑战字符串"相同,就向客户端发送认证通过的信息。可以看出,CHAP 在认证过程中是不发送密码的,所以是一种安全的认证。

4. PPPoE

ADSL、HFC、FTTx 等宽带接入技术已经取代拨号上网,成为家庭用户接入运营商的主要方式。在众多的接入技术中,数据链路层使用以太网技术是把多个主机连接到接入设备的最经济方法。运营商希望保留拨号上网具有的访问控制和计费功能,以便于对接入用户进行管理,然而以太网没有这种功能。于是,一种在以太网上传输 PPP 的新协议——PPPoE(PPP over Ethernet)产生了。PPPoE 通过在以太网上运行 PPP 来进行用户接入认证,解决了用户宽带上网收费等实际问题,得到了运营商的认可并广为采用。

PPPoE 共包括发现和会话两个阶段。发现阶段的目的是使通信双方获得对端的以太网 MAC 地址,并建立唯一的会话 ID。发现阶段结束后,PPPoE 就进入了会话阶段。

(1) PPPoE 数据帧结构。

PPPoE 数据帧的结构就是描述怎样在以太网帧中携带 PPP 帧,如图 3-44 所示,各字段的含义如下。

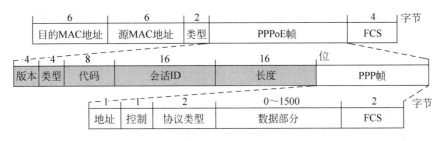

图 3-44   PPPoE 数据帧结构

- 版本字段:表示 PPPoE 数据帧的版本号,值为 0x1(二进制表示为 0001)。
- 类型字段:表示 PPPoE 的实现类型,值为 0x1。
- 代码字段:对于 PPPoE 的不同阶段,该字段的内容也不一样,下文将给出一些代码与帧的对应关系。
- 会话 ID 字段:客户端获取了会话 ID 后,后续的所有帧中该字段都必须填充那个唯一的会话 ID。
- 长度字段:用于标识 PPPoE 数据帧中净载荷的长度。

(2) 发现阶段。

在发现阶段,以太网帧的类型字段值为 0x8863,PPPoE 帧的载荷可以为空或由多个标记组成。该阶段包含以下 4 个步骤。

- PPPoE 客户端发送一个广播请求帧——PADI,该帧中包含客户端想要得到的服务类型信息。PADI 帧的代码字段值为 0x09,会话 ID 字段值为 0x0000。
- 所有的 PPPoE 服务器收到 PADI 帧之后,将其请求的服务与自己能够提供的服务进行比较,如果可以提供,则回复单播应答帧——PADO。该帧的代码字段值为 0x07,会话 ID 字段值为 0x0000。
- 客户端可能收到多个服务器发送的 PADO 帧,它会选择最先收到的 PADO 帧对应的服务器作为自己的服务器,并发送一个单播请求帧——PADR。该帧的代码字段值为 0x19,会话 ID 字段值为 0x0000。
- 服务器产生一个唯一的会话 ID,用于标识和客户端的这个会话,然后通过发送一个 PADS 帧把会话 ID 传给客户端。该帧的代码字段值为 0x65,会话 ID 字段值为给该 PPPoE 所分配的会话 ID。

当客户端接收到确认分组后,就可以开始进行 PPPoE 会话阶段了。

(3) 会话阶段。

在会话阶段,以太网帧的类型字段值为 0x8864,PPPoE 帧的代码字段值为 0x19,会话 ID 字段值为给该 PPPoE 会话所分配的 ID。

PPPoE 会话上的 PPP 链路建立过程和普通的 PPP 链路建立过程一致,分为 LCP、认证、NCP 三个阶段。PPPoE 会话的 PPP 链路建立成功后,其上就可以承载 PPP 帧进行数据传输了。在 PPPoE 会话阶段,所有的以太网帧都是以单播方式发送的。

PPPoE 在 ADSL 中非常实用,实际组网方式也很简单,大大降低了网络的复杂度,是目前应用最为普遍的家庭用户接入模式。

3.6.3 MSTP*

MSTP(Multi-Service Transfer Platform,多业务传送平台)是指以 SDH 为基础,同时实现以太网、TDM、ATM、MPLS 等业务的接入、处理和传送,提供统一网管的平台。

1. SDH

在 2.2.2 节介绍时分复用技术时,提到了 SDH 能够兼容 E1、T1 等多种标准,非常易于国际间的网络互联,是目前电信网广泛采用的同步传输系统。SDH 具有传输速率高、带宽大等特点,不仅适用于光纤,也适用于微波和卫星传输,并且网络管理功能强大,也在广域网中普遍采用。

SDH 定义了同步传输的线路速率等级结构,其基本传输速率为 155.52 Mb/s,称为第 1 级同步传递模块(Synchronous Transfer Module)STM-1。STM-1 每秒传输 8000 个帧,与 E1、T1 等标准相同,但是一个 STM-1 帧相当于 63 个 E1 帧或者 84 个 T1 帧复用。STM-N 每秒传输帧的个数也是 8000,但是帧的大小是 STM-1 帧的 N 倍,传输速率也是 STM-1 的 N 倍,即 $N \times 155.52$ Mb/s。例如,STM-64 的速率就是 64×155.52 Mb/s$=9953.28$ Mb/s,接近 10 Gb/s,在去掉帧首部等的开销后,其有效载荷的数据率为 9.58 464 Gb/s。STM-N 帧采用块状结构,以字节为单位,按照 9 行×(270×N)列的方式封装,如图 3-45 所示,各字段的功能和含义如下:

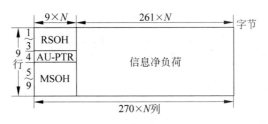

图 3-45   STM-N 帧的结构

(1) 信息净负荷。即 STM-N 帧中的各种信息块。为了实时监测低速信号在传输过程中是否有损坏,在将低速数据装入帧的过程中加入了监控字节——通道开销(POH)字节。POH 作为净负荷的一部分与信息块一起装入 STM-N 帧在 SDH 网中传送,负责对低速信号进行通道性能监视、管理和控制。

(2) SOH(段开销)。为了保证信息净负荷正常传送所附加的运行、管理和维护字段。SOH 对帧的整体进行监控和管理,而 POH 对帧中的某一信息块进行监控和管理。由此可见,SDH 帧中使用了较多的字节用于管理网络的运行,监控和管理功能丰富。

SOH 分为 RSOH(再生段开销)和 MSOH(复用段开销)两类,二者的区别在于监管的范围不同。例如,若光纤上传输的是 10 G 信号,那么,RSOH 监控的是 STM-64 整体的传输性能,而 MSOH 则是监控 STM-64 信号中每一个 STM-1 的性能情况。RSOH 在 STM-N 帧第 1~3 行的第 1~9×N 列,共 3×9×N 个字节;MSOH 在 STM-N 帧第 5~9 行的第 1~9×N 列,共 5×9×N 个字节。

(3) AU-PTR(管理单元指针)。用来指示信息净负荷的第一个字节在 STM-N 帧内的准确位置,以便收端能根据这个指针分离出信息净负荷。AU-PTR 位于 STM-N 帧第 4 行的 9×N 列,共 9×N 个字节。这样,SDH 就实现了从高速信号中直接分/插出低速支路信号的功能,简化了复用和分用技术,上下电路十分方便。

另外,SDH 采用带有自愈保护能力的环状拓扑结构,可有效地防止传输媒介被切断、通信业务全部终止等情况,大大提高了网络的灵活性和可靠性。

2. MSTP

SDH 是在 E1、T1 等数字传输系统基础上发展而来的,最适合承载话音类的 TDM 业务,而对数据业务的承载效率并不高。将 SDH 改造成 MSTP 后,以太网、ATM、RPR、MPLS 等数据功能都可以融入 MSTP,有效地促进了电信运营商数据业务的开展。目前,MSTP 承载和传送最多的业务就是以太网业务,其使用的主要方式有以下三种,图 3-46 给出了它们的处理方式示意图。

(1) 以太网业务的透明传送方式。这是 MSTP 初期在 SDH 设备上为了实现对以太网业务的透明传送而采取的方式。这种方式利用某种协议(PPP/LAPS/GFP)将非交换型的以太网业务帧直接进行封装,然后利用 PPP over SDH、反向复用等技术实现两点之间的网络互联。

(2) 对以太网业务进行第二层交换处理后再进行封装,然后映射到 SDH 进行传送,可以更好地适应数据业务动态变化的特点。这种方式将二层交换集成到 MSTP 设备的支路卡上,可以将多个低速率的以太网业务进行汇聚,也可以利用多种方法对不同用户的业务进

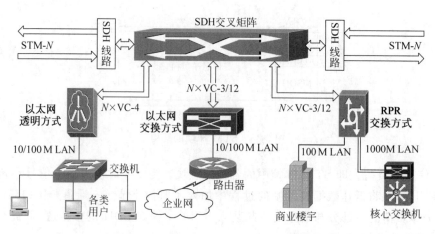

图 3-46　MSTP 以太网业务处理方式示意图

行隔离,以保证用户数据的安全性。

（3）将 RPR(弹性分组环)的处理机制和功能引入 MSTP。RPR 是一种新的 MAC 层协议,它不仅支持环状拓扑结构,在光纤断开或连接失败时可实现快速恢复,而且使用空间重用机制来提供有效的带宽共享功能,具备高效、简单和低成本等特性,IEEE 802.17 工作组负责对其进行标准化。这种方式在 MSTP 的 SDH 层上抽取部分时隙,采用 GFP 进行 RPR 到 SDH 帧结构的映射,构建 RPR 逻辑环,通过 RPR 板卡上的以太网接口接入以太网。这种方式出现较晚,对于建设一个可扩展和调度能力强、有 QoS 保证的传送网具有重要意义。

MSTP 技术仍在不断的发展之中,今后将引入自动交换光网络(ASON)功能,利用独立的 ASON 控制平面来实施自动连接管理,快速响应用户的业务需求,提供业务的自动配置、网络拓扑的自动发现、带宽的动态分配等更为智能化的策略,增强 MSTP 具有的灵活有效支持数据业务的能力。

3.6.4　万兆以太网在广域网中的应用*

万兆以太网(10GE)在光纤上最远可以传送 40～80 km,可以满足城域网范围的要求,也可以连接 DWDM 和 SDH/SONET 设备实现广域网范围的传输。使用 10GE 技术部署广域网和城域网,可以简化网络结构、降低成本、便于维护,实现端到端的以太网传输。

10GBase-SW、10GBase-LW、10GBase-EW 和 10GBase-ZW 规范都是应用于广域网的万兆以太网(10GE WAN)物理层规范,专门为工作在 SDH STM-64(或 SONET OC-192c)环境而设置,使用轻量的 SDH/SONET 帧。它们所使用的光纤类型和有效传输距离分别对应于 3.3.4 节介绍的 10GBase-SR、10GBase-LR、10GBase-ER 和 10GBase-ZR 规范,如表 3-8 所示。这些规范都是使用串行传输方式工作的,与 SDH/SONET 的工作方式相同。

为了与传统的以太网兼容,10GE WAN 采用了与标准以太网相同的帧格式承载业务。为了达到 10 Gb/s 的高速率可以采用 SDH 网络中的 STM-64 帧格式传输,这就需要在物理层实现从以太网帧到 STM-64 帧格式的映射。同时,由于以太网的原设计是面向局域网的,网络管理功能较弱,传输距离短并且其物理线路没有任何保护。当以太网作为广域网技术进行长距离、高速率传输时必然会导致线路信号频率和相位产生较大的抖动,而且以太网的传输是异步的,在接收端实现信号同步比较困难。因此,如果以太网帧要在广域网中传输,需要对以太网帧格式进行修改。

当使用 SDH 承载以太网帧时,将无法再使用局域网中的电子检测技术来进行帧定界。如果还使用图 3.11 中的传统前导信息来表示帧的开始,只要信息数据中出现与前导信息相同的码组,接收端就无法正确区分以太网帧的开始和结束。为了避免上述情况,10GE WAN 采用了 HEC(Header-Error-Check,头部错误检测)策略。IEEE 802.3 HSSG 组为此提出了修改以太网帧格式的建议,在以太网帧中添加了"长度"和"HEC"两个字段,如图 3-47 所示。为了在定帧过程中方便查找下一个帧的位置,同时又确保最大帧长为 1518 字节不变,把原来"前导同步码"字段的两个字节改用为"长度"字段,然后对前面的 8 字节进行 CRC-16 校验,将最后得到的两个字节作为"HEC"字段插入"帧起始符"字段之后。

图 3-47　应用于广域网的万兆以太网 MAC 帧结构

10GE WAN 物理层并不是简单地将以太网 MAC 帧用 STM-64 承载。虽然借鉴了 STM-64 的块状帧结构、指针、映射以及分层开销,但是在 SDH 帧结构的基础上做了大量简化,形成了轻量的 SDH 帧。具体表现在以下方面。

- 仅使用了段开销字段中的少数几个字节,对没有使用的字节用 0 填充,从而减少了许多不必要的开销,简化了 SDH 帧的结构。
- 与千兆以太网相比,增强了物理层的网络管理和维护,可在物理线路上实现保护倒换。
- 避免了烦琐的同步复用,信号不是从低速率复用成高速率流,而是直接映射到 STM-64 净负荷中。
- 修改后的以太网对抖动不敏感,对时钟的要求也不高。

10GE WAN 和 10GE LAN 物理层的速率不同,10GE LAN 的速率为 10 Gb/s,而 10GE WAN(采用 STM-64)的数据传输速率为 9.584 64 Gb/s,但是两种速率的物理层共用一个 MAC 层,MAC 层的工作速率为 10 Gb/s。采用什么样的调整策略,将万兆接口处的 10 Gb/s 传输速率降低,使之与物理层的传输速率 9.584 64 Gb/s 相匹配,是 10GE WLAN 需要解决的问题。

目前,将 10 Gb/s 速率适配为 9.584 64 Gb/s STM-64 的调整策略有以下三种。

- 万兆接口处发送"Hold"信号,MAC 层在一个时钟周期停止发送。
- 利用"Busy idle":物理层向 MAC 层在帧间隔期间发送"Busy idle",MAC 层收到后,暂停发送数据;物理层向 MAC 层发送"Normal idle",MAC 层收到后,重新发送数据。
- 采用帧间隔延长机制:MAC 帧每次传完一帧,根据平均数据速率动态调整帧间隔。

随着网络应用的深入,局域网、广域网和城域网的界限越来越模糊,WAN/MAN 与 LAN 的融合已经成为大势所趋。而万兆以太网技术让工业界找到了一条能够同时提高以太网的速度、可操作距离和连通性的途径。它既可作为园区骨干网或企业数据中心的链路，也可作为局域网到广域网的连接，还可用于汇接点之间的互连。万兆以太网技术的应用必将为三网的发展与融合提供新动力。

但是，我们也必须清楚地看到，由于当前宽带业务并未广泛开展，人们对单端口 10 G 骨干网的带宽没有迫切需求，所以万兆以太网技术相对其他替代的链路层技术（例如 2.5 G POS、捆绑的千兆以太网等）并没有明显优势，只有 Cisco 和 Juniper 等几家公司已推出了万兆以太网接口的设备。目前，网络的问题不是缺少带宽，而是消耗大量带宽的 Killer 应用，是如何建设可管理、可运营并且可赢利的广域网与城域网。因此，万兆以太网技术的应用将取决于宽带业务的开展，只有广泛开展宽带业务（如高清电视、实时游戏等），才能促使万兆以太网技术广泛应用，推动网络健康有序地发展。

第4章 网络层

网络层的任务是将一个个的数据分组传送给互联网内指定的任意主机。虽然也有一些协议(如 X.25、X.75 等)可以完成这项任务,但是在 TCP/IP 主宰了网络层及其以上诸层的今天,作为 TCP/IP 的重要组成部分——IP 成为网络层最重要的协议,这一点与数据链路层的多种协议共存现象不同。所以本章仅以 IP 协议为基础介绍网络层的主要技术。

网络层有两个与数据链路层不同的问题需要解决:如何对网络内的所有主机按照其所在的位置进行编址?如何确定到达目的主机的最优路径?本章将首先介绍解决这两个问题的基本方法——IP 地址和 IP 路由。然后结合数据交换介绍几种常用的路由技术。接下来说明网络层的常用设备——路由器的工作原理与使用方法。最后简要介绍自组织网络的相关概念及实现方法。

4.1 IP 协议

IP(Internet Protocol,网际协议)负责不同通信子网的主机进行跨越互联网络的通信。IP 协议所传输的数据单元称为 IP 分组。它负责将传输层的数据分成若干个 IP 分组,再加上分组首部送往下层;或者接收并校验下层送来的 IP 分组,去掉首部后进行合并,送往传输层。

IP 协议向上层提供无连接的服务,没有连接建立、管理和释放的过程,只是"尽力而为"地将分组交付给目的主机。IP 网络随时都可以接受主机发送的分组,并且为每个分组独立地选择路由。IP 协议不能保证所传送的分组不丢失,也不能确定分组的传送时限,更不能确保目的主机接收到的分组的先后顺序与源主机发送的顺序相同。IP 协议提供的是不可靠服务,不能保证服务质量。结合前面介绍的计算机网络使用的分组交换技术可以看出,IP协议所提供的服务与分组交换的功能十分相似。这样,IP 协议可以设计得比较简单,将差错控制、流量控制、拥塞控制等交给 TCP 处理,集中力量完成路由选择的任务。

目前使用的 IP 协议有 IPv4、IPv6 两种版本,本节将先介绍 IPv4,包括 IPv4 的编址方法、IPv4 分组的封装格式以及 ARP、RARP、ICMP、IGMP 等 IPv4 辅助协议。

4.1.1 IPv4 地址与子网划分

互联网上的两个主机要有 IP 地址才能进行通信。就如同要给一个人寄信必须要知道他的通信地址、要给一个人打电话必须要知道他的电话号码一样。给定一个 IP 地址就能确定主机所在的大致位置。3.2.2 节中已经讲到,每一个网络接口都有一个全球唯一的 MAC 地址,但是该地址并不能反映主机所在的位置,并不是真正意义的"地址",它只是主机的"标识符"或"名字"。仅知道一个网络接口的 MAC 地址,就如同仅知道一个人的名字一样,可以在小范围内(同一个子网内部)进行通信,但是无法在互联网范围内进行信息传输。给每个连接在互联网上的主机分配唯一的 IP 地址是主机之间传递信息的先决条件。

IPv4 地址共 32 位,使用"点分十进制"方法来表示,即用三个"."将 4 个字节分割,每个字节用十进制来表示。对于人们熟悉的 IP 地址,如"202.195.100.91",实际上就是 32 位 IPv4 地址"11001010.11000011.01100100.01011011"的"点分十进制"表示。

IPv4 地址是由网络号和主机号两部分组成的。前半部分为网络号,用来表示一个物理网络,可以反映主机的大致位置。后半部分为主机号,只表示主机在网络中的编号。主机号部分全为 0 的 IP 地址不能分配给主机,它表示本网络的地址,用来表示一个网络。主机号部分全为 1 的 IP 地址也不能分配给主机,它表示本网络的广播地址,一个目的地址为广播地址的分组将被转发给该网络的所有主机。

那么,IPv4 地址中要有多少位作为网络号(或者说多少位作为主机号)呢?分类与无类 IPv4 地址网络号的分配依据不同。分类 IPv4 地址的网络号位数是根据第一个字节的前几位值分配的,而无类 IPv4 地址的网络号位数是自由分配的。其中,早期的 IPv4 地址都是有类的,而现在无类的 IPv4 地址使用也比较普遍。

1. IPv4 地址的分类

根据通信方式的不同,IPv4 地址与 MAC 地址一样,可以分为三种类型。

- 单播(Unicast)地址。只能用来标识一个网络接口的地址称为单播地址。
- 多播(Multicast)地址。用来标识一组网络接口的地址称为多播地址,也叫组播地址或组地址。
- 广播(Broadcast)地址。用来标识本网中所有网络接口的地址称为广播地址。

分组的目的地址可以是上述三类地址中的任意一种,源地址只能是单播地址。

根据首字节的前几位值可以将 IPv4 地址分为 5 类,如图 4-1 所示。

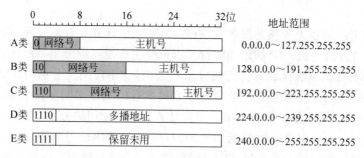

图 4-1 IPv4 地址的 5 种类型

(1) A 类地址。首字节的第一位为"0"的地址。A 类地址的网络号为 8 位,主机号为 24 位。因为网络号为 0 和 127 的 IPv4 地址有特殊用途,所以 A 类地址网络共有 126 个,网络号为 1 ～ 126。因为每个网络中主机号全为 0 和全为 1 的地址分别用做网络地址和广播地址,所以每个 A 类地址网络中可以包含 $2^{24}-2=16\,777\,214$ 台主机。A 类地址适用于有大量主机的大型网络。

(2) B 类地址。首字节的前两位为"10"的地址。B 类地址的网络号和主机都为 16 位。B 类地址网络共有 2^{14} 个,网络号为 128.0 ～ 191.255。每个 B 类地址网络中可以包含

$2^{16}-2=65\ 534$ 台主机。B 类地址结构适用于一些大公司与政府机构等。

（3）C 类地址。首字节的前三位为"110"的地址。C 类地址的网络号为 24 位，主机号为 8 位。C 类地址网络共有 2^{21} 个，网络号为 192.0.0 ～ 223.255.255。每个 C 类地址网络中可以包括 $2^{8}-2=254$ 台主机。C 类地址特别适用于一些小型公司与普通机构。

（4）D 类地址。首字节的前 4 位为"1110"的地址。D 类地址与 A、B、C 三类地址不同，主要用做多播地址。D 类地址的范围为 224.0.0.0 ～ 239.255.255.255。

（5）E 类地址。首字节的前 4 位为"1111"的地址。E 类地址暂时保留未用，范围为 240.0.0.0～255.255.255.255。

2. 特殊的 IPv4 地址

在 IPv4 中，部分地址有以下特殊用途。

（1）0.0.0.0：全 0 地址，表示所有网络上的所有主机。该地址常用在路由器的路由表中，用来表示默认路由。

（2）255.255.255.255：全 1 地址，表示在当前网络上的一个广播地址。当分组的目的地址是该地址时，该分组会被发送到本网络上的所有主机，但不会被转发到其他网络。

（3）网络号全为零的地址：表示本网络上的特定主机。当分组的目的地址是该地址时，该分组会被发送到本网络上的 IPv4 地址主机号与该主机号相同的主机，也不会被转发到其他网络。

（4）第一个字节等于 127 的 IP 地址（127.0.0.0～127.255.255.255）：表示环回地址，用来测试设备的软件地址。当使用环回地址时，分组永远不离开这个设备，只简单地返回到协议软件。

（5）私有地址：A、B、C 类地址中各划分出一段地址作为私有地址，如表 4-1 所示。私有地址无须从 ISP 申请注册便可以在网络内部使用，也被称为内部地址。如果要连接到 Internet，则必须要使用向 ISP 申请的公有地址（或外部地址）。除去三段私有地址之外的其他 IPv4 地址都是公有地址。

表 4-1　私有 IPv4 地址范围

地 址 类 型	起 始 地 址	结 束 地 址	网 络 数 量
A 类	10.0.0.0	10.255.255.255	1
B 类	172.16.0.0	172.31.255.255	16
C 类	192.168.0.0	192.168.255.255	256

3. 划分子网

一个 A、B、C 类地址网络分别有 16 777 214、65 534、254 个地址。如果一个网络有 10 台主机，那么就要分配一段 C 类地址，有 244 个地址虽然没有使用，但是也不能分配给其他网络了。如果一个网络有 300 台主机，那么分配一段 C 类地址显然不能满足要求，而分配一段 B 类地址就会浪费 65 234 个地址。同样的，如果需要的地址数量大于 65 534，也必须分配一段 A 类地址，浪费的地址空间往往会更大。在早期 IPv4 地址比较充裕的情况下，这种地址使用方式十分普遍。但是随着 Internet 的发展，IPv4 地址已相当珍贵，必须要使用划分子网的方式对地址空间进行充分利用。

划分子网是指由网管员将一个给定的网络分为若干个更小的部分，这些更小的部分被称为子网。划分子网不但可以充分利用地址空间,也可以减小子网规模,避免出现"广播风暴"。子网是一个单位内部划分的,在外看来仍然像一个物理网络一样,共用一个网络号。

划分子网就是将IPv4地址中的主机号的前几位作为"子网号",后面的仍然作为主机号。这样IPv4地址就被划分为网络号、子网号和主机号三个部分,有时也将网络号和子网号统称为网络号。子网号的位数是网管员根据实际情况自由分配的,划分子网后,只给定一个IPv4地址,就无法确定它的哪些部分是子网号。IPv4地址必须要和子网掩码成对使用才能确定其中子网号的位数。

子网掩码是一个与IPv4地址成对使用的32位二进制数,它的每一位与IPv4地址相对应。如果地址中的某一位对应的子网掩码是1,那么这个位就属于网络号或子网号部分;反之,如果地址中的某一位对应的子网掩码是0,那么这个位就属于主机号部分,如图4-2所示。通过IPv4地址首字节值和子网掩码相结合,就可以判断出它的子网号位数。

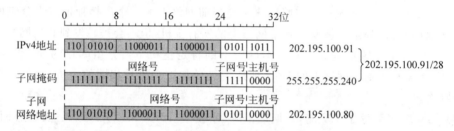

图 4-2   IPv4 地址与子网掩码

子网掩码可以用点分十进制形式表示,也可以用斜杠形式表示。图4-2的例子中给出了一个划分了子网的C类地址202.195.100.91,子网掩码为255.255.255.240,也可以写成202.195.100.91/28的形式。斜杠后面的数字表示子网掩码中1的位数。可以得出,没有划分子网的A、B、C三类地址的子网掩码分别为255.0.0.0、255.255.0.0、255.255.255.0。

每个子网都有一个网络地址,它是该网段内的主机号部分全为0、网络号和子网号部分保持不变的一个IPv4地址。子网的网络地址可以由该网段的任意一个IPv4地址与子网掩码进行"与"运算求得。如图4-2所示,地址202.195.100.91的子网掩码为255.255.255.240,可以求得该地址所在子网的网络地址为202.195.100.80,广播地址(主机号部分全为1)为202.195.100.95。

划分子网在现在网络管理中使用十分广泛,可以使得每个子网管理起来变得更加简易、灵活。例如,某个单位获得了一段C类地址202.195.100.0~255,该单位共有6个部门,每个部门的主机数量不超过30台。那么,应该如何划分才能使得各个部门的子网相互独立呢?因为该单位有6个部门,所以子网的数量不少于6个,则子网号位数取3,将IPv4地址划分成$2^3=8$段。一般情况下,第一段地址不分配给子网,因为该段的子网地址与整段C类地址的网络地址不易区分;最后一段地址也不分配给子网,因为该段的广播地址与整段C类地址的广播地址不易区分。这样,可以分配给子网的地址段就剩下了6个,可以满足要求。子网号部分使用了三位以后,主机号部分就剩下了5位,每个子网内的可用IPv4地址数为$2^5-2=30$,这也能满足要求。表4-2给出了该示例中各子网地址的规划状况。

表 4-2　各子网的地址分配状况

子网网络地址	主机地址范围	子网广播地址	子 网 掩 码	主机最大数
202.195.100.32	202.195.100.33～62	202.195.100.63		
202.195.100.64	202.195.100.65～94	202.195.100.95		
202.195.100.96	202.195.100.97～126	202.195.100.127	255.255.255.224	30
202.195.100.128	202.195.100.129～158	202.195.100.159		
202.195.100.160	202.195.100.161～190	202.195.100.191		
202.195.100.192	202.195.100.193～222	202.195.100.223		

上例中,各个子网的子网掩码相同,但是在实际应用中,如果要把网络分成多个大小不同的子网,可以使用可变长子网掩码(Variable Length Subnet Masking,VLSM),那么每个子网的子网掩码就不同了。

4. 构造超网

与划分子网的过程相反,有时也需要将网络号前几位相同的多个连续网段聚合到一起,构成一个单一的、具有共同地址前缀的超网。这时就需要将网络号部分的后几位作为主机号,网络号部分的位数要通过掩码来标识。

例如,某单位获得了 4 段连续的 C 类地址:202.195.100.0～255;202.195.101.0～255;202.195.102.0～255;202.195.103.0～255。可以把网络号部分的后两位作为主机号,把 4 个网段聚合到一起构造超网。这样超网的网络地址为 202.195.100.0、掩码为 255.255.252.0,或写成 202.195.100.0/22 的形式。该超网的可用地址范围为 202.195.100.1～202.195.103.254,主机最大数量是 $2^{10}-2=1022$,广播地址为 202.195.103.255。

构造超网在实际网络规划管理中应用很少,但对于路由器的路由表压缩具有重要意义。通过这种技术,路由器可以把去往同一个方向的多个连续网段作为一个超网对待,以减少处理时间,加快路由转发的处理过程。

在使用了划分子网和构造超网技术后,根据首字节的前几位值判断地址类别从而确定网络号位数的地址分类法已经没有意义。只要在给出地址的同时给出掩码,就能自由分配地址中的网络号位数,IPv4 地址就成了无类的地址。在路由器中,常用的无类别域间路由(Classless Inter-Domain Routing,CIDR)中的地址就不再区分类别,这就使得路由器能够聚合或者归纳路由信息,从而缩小路由表的大小。

4.1.2　IPv4 分组结构

网络层数据传输的单位叫做分组,分组由首部和数据两部分组成。图 4-3 中给出了 IPv4 分组的结构。首部的前一部分为固定部分,共 20 字节,是所有分组必须具有的。固定部分后是可变部分,为选项,其长度为 0～40 字节,实际很少使用。首部各字段的含义如下。

- 版本号(4 位):对于 IPv4,该字段的值为 4(即 0100)。
- 首部长度(4 位):IPv4 分组首部(包含选项部分)以四字(32 位)数表示的长度。一般的首部只有固定部分,无可变部分,此时该字段的值为 5(即 0101)。
- 服务类型(8 位):用来定义 IPv4 分组的服务质量。该字段包括一个三位的优先级子字段,4 位的 TOS 子字段和一位未用位(须置 0)。优先级子字段将分组分为 8 个优先级,其中 0 为最低,7 为最高。4 位的 TOS 分别称为"D"、"T"、"R"、"C"位,分

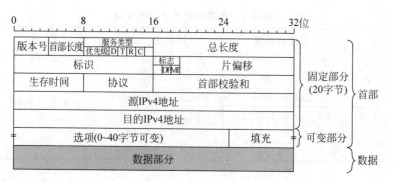

图 4-3 IPv4 分组的结构

别表示最小时延、最大吞吐量、最高可靠性和最小费用。4 位中只能有一位为"1"，其他位为"0"，也就是说期望得到的服务类型只能有一个。如果 4 位均为"0"，则意味着是一般服务。

- 总长度(16 位)：指整个 IPv4 分组的长度，包括数据部分和首部，以字节为单位。利用首部长度字段和总长度字段，就可以知道 IPv4 分组中数据内容的起始位置和长度。由于该字段为 16 位，所以分组最长可达 64 KB，但实际的分组长度很少有超过 1500 B 的。当 IPv4 分组使用以太网传送时，如果分组总长度小于 46 B，则必须在分组后填充数据以达到 46 B。这样，再加上帧首尾的 18 B，就满足了以太网最小帧长为 64 B 的要求。这时只有根据总长度字段，才能将帧的填充数据和 IPv4 分组的数据部分进行区分。

- 标识(16 位)：唯一地标识主机发送的每一个 IPv4 分组。通常每发送一个 IPv4 分组该值就会加 1。

- 标志(3 位)：用来控制分组的分片，其中最高位未使用，低两位分别称为"DF"、"MF"位。DF＝1 表示 IPv4 分组不能分片；只有 DF＝0 时才允许分片。MF＝1 即表示后面还有分片；MF＝0 表示这已是若干分片中的最后一个。

- 片偏移(13 位)：指分片后某片数据在原 IPv4 分组数据部分的相对位置，这样目的结点在接收到各分片后可以根据该字段重建原 IPv4 分组。片偏移以 8 字节为单位。

- 生存时间(Time-To-Live，TTL)：占 8 位，指的是 IPv4 分组可以经过的最多路由器数目。它指定了该 IPv4 分组的生存时间。TTL 的初始值由源主机设定，经过一个路由器，它的值就被减 1。当该字段值为 0 时，路由器就丢弃该分组，并发送 ICMP 报文通知源主机通知该分组超时。

- 协议(8 位)：指在 IPv4 协议处理完成后，其后封装的数据由哪种上层协议的实体来接收处理。常用的高层协议对应的"协议"字段值在下文的表 4-8 中进行了总结。

- 首部校验和(16 位)：根据分组首部计算的检验和，下文说明它的计算方法。

- 源 IPv4 地址和目的 IPv4 地址(各 32 位)：每一个 IP 分组都包含这两个字段。

- 选项：是一个 0~40 字节的可变长字段。目前这些选项定义如下。

① 安全和处理限制：用于安全领域。

② 记录路径：记录下路径上每个结点的 IPv4 地址。

③ 时间戳：记录下路径上每个结点的 IPv4 地址和时间。

④ 宽松的源站选路：为分组指定一系列必经结点的 IPv4 地址。

⑤ 严格的源站选路：与宽松源站选路类似，但要求只能经过这些指定结点，不能经过其他结点。

- 填充：选项字段以 32 位的双字作为边界，在必要时须插入值为 0 的填充字节，以保证首部长度始终是 32 位双字的整数倍（这是首部长度字段所要求的）。

IPv4 分组仅对首部进行校验和运算，以减少路由器中的计算工作量和计算时间。为了计算首部校验和，首先把校验和字段置 0，然后对首部以 16 位字为单位进行二进制反码累加，最后结果取反后存放在校验和字段中。当目的主机收到分组后，同样对首部中的每个 16 位字进行二进制反码求和。如果在传输过程中没发生差错，则结果应为全 1，否则认为出错，丢弃此分组。表 4-3 给出了一个源地址是"172.16.0.3"、目的地址是"172.16.0.12"的分组首部校验和"0D 74"的计算示例。

表 4-3 IPv4 首部校验和计算示例

类型	二进制值	十六进制值	IPv4 分组首部字段
首部以 16 位为单位分段	0100010100000000	45 00	版本号（4 位）；首部长度（4 位）；区分服务（8 位）
	0000000000011100	00 1C	总长度（16 位）：28 字节
	1001010001001000	94 48	标识（16 位）
	0100000000000000	40 00	标志（3 位）；偏移量（13 位）
	1000000000000000	80 00	生存时间（8 位）：128；高层协议类型（8 位）
	0000000000000000	00 00	首部校验和（16 位）：全置 0
	1010110000010000	AC 10	源 IP 地址前 16 位：172.16
	0000000000000011	00 03	源 IP 地址后 16 位：0.3
	1010110000010000	AC 10	目的 IP 地址前 16 位：172.16
	0000000100000010	01 02	目的 IP 地址后 16 位：1.2
求和	1111001010001011	F2 8B	将以上值以反码算数运算相加
取反	0000110101110100	0D 74	将以上结果取反后记得校验和字段值：0D 74

虽然 IPv4 分组最大长度是 64 KB，但是许多网络的最大传输单元（MTU，为帧中数据字段的最大长度）却远远小于该值，这时就需要将分组分成一些不大于 MTU 的分片进行传输。同一个 IPv4 分组不同分片的"标识"字段值相同，可以通过"片偏移"、"标志"等字段对分片进行区分和重建。例如：若总长度为 3800 字节的一个 IPv4 分组在 MTU 为 1500 字节的以太网上传输时，需要分成三个分片，每个分片的相关字段值如表 4-4 所示。

表 4-4 IPv4 分组分片示例

	首部长度	总长度	标识	DF	MF	片偏移
分片一	5×4	1500	20000	0	1	0
分片二	5×4	1500	20000	0	1	185
分片三	5×4	840	20000	0	0	370

4.1.3 IPv4 辅助协议

与 IPv4 配套使用的还有 ARP、RARP、ICMP、IGMP 等几种辅助协议。图 4-4 给出了这 4 个协议和 IPv4 的关系。在网络层中,IPv4 经常要使用 ARP 和 RARP,所以将它们画在最下面。ICMP 和 IGMP 要使用 IPv4,所以将它们画在上部。

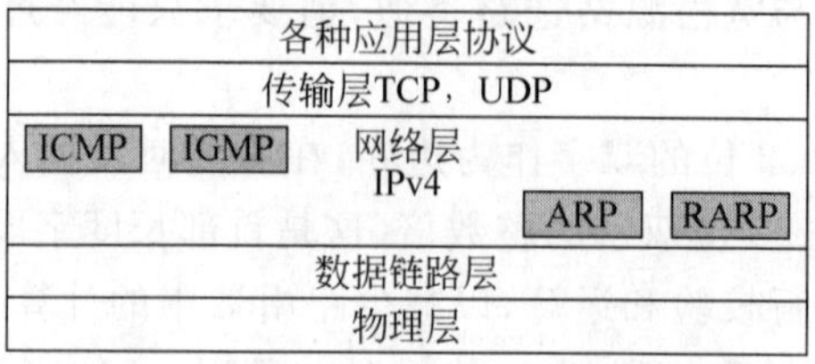

图 4-4　网络层的 IPv4 及其辅助协议

1. ARP 和 RARP

上文讲到,主机要发送分组时,必须要知道目的主机的 IP 地址,然后才能将数据封装到 IP 分组中,中间结点(即路由器)再根据分组的目的 IP 地址确定它的下一跳 IP 地址(称为目标 IP 地址,Target IP Address)。但是,IP 分组还要封装到 MAC 帧中才能在各种网络上传输,这样就必须要能根据分组的目标 IP 地址确定它的 MAC 地址。

IPv4 地址和 MAC 地址之间并没有简单的映射关系,必须使用地址解析协议(Address Resolution Protocol,ARP)来构建本网内主机 IPv4 地址与 MAC 地址之间的对应关系表。这种对应关系表称为 ARP 缓存,经过一段时间后,缓存中的记录就会被删去。当有分组要传送时,主机先在 ARP 缓存中查找目标 IPv4 地址对应的 MAC 地址。如果没有查找到,就需要使用如下过程来更新缓存。

(1)发送者向本网发送 ARP 请求报文,该报文的目的 MAC 地址是广播地址,报文中包含所要请求的目标 IPv4 地址。

(2)本网内所有主机收到 ARP 请求后,都将其中的目标 IPv4 地址与自己的 IPv4 地址进行比较。如果两者相同,该主机就向发出请求的主机返回 ARP 应答报文,报文中包含自己的 MAC 地址。

(3)发送者收到 ARP 应答后,根据其中的 MAC 地址更新自己的 ARP 缓存,并且将 IPv4 分组封装入 MAC 帧中进行传输。

在 Windows 操作系统中,要查看或者修改主机的 ARP 缓存,可以使用 arp 命令来完成,比如:在命令提示符窗口中输入"arp -a"或"arp -g"可以查看 ARP 缓存中的内容。

RARP(逆向地址解析协议)与 ARP 的工作过程正好相反,主机知道自己的 MAC 地址,要通过 RARP 协议获取自己的 IPv4 地址。RARP 主要用于无盘工作站中。无盘工作站主机由于没有硬盘,所以没有地方存储自己的 IPv4 地址,只有在启动时向 RARP 服务器请求自己的 IPv4 地址。RARP 服务器存储了本网内所有主机的 MAC 地址和 IPv4 地址的对应表。当无盘工作站通过 ROM 启动时,会向本网内的所有主机以广播方式发送一个 RARP 请求报文。RARP 服务器收到请求后,向该主机以单播方式返回一个 RARP 应答报文,其中包含为该主机分配的 IPv4 地址。无盘工作站根据 RARP 应答报文设置本机的 IPv4 地址。

ARP 是 IPv4 必备的辅助协议,而 RARP 现在已经很少使用。ARP 报文和 RARP 报文相似,都被直接封装在数据链路层帧中。对于以太网来讲,当封装 ARP 报文时,帧的"类型"字段值是 0x0806;当封装 RARP 报文时,帧的"类型"字段值是 0x0835。图 4-5 给出了这两种报文的结构,各字段含义如下。

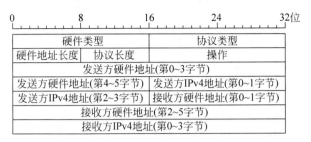

图 4-5 ARP/RARP 报文的结构

- 硬件类型(2 字节):表示发送方想知道的硬件接口类型,对于以太网该字段的值为 0x0001。
- 协议类型(2 字节):表示发送方提供的高层协议类型,对于 IPv4 该字段的值为 0x0800。
- 硬件地址长度(1 字节):对于以太网,该字段的值为 0x06。
- 协议长度(1 字节):表示高层协议地址的长度,对于 IPv4 该字段的值为 0x04。
- 操作(2 字节):表示这个报文的类型,ARP 请求报文该字段的值为 0x0001,ARP 响应报文该字段的值为 0x0002,RARP 请求报文该字段的值为 0x0003,RARP 响应报文该字段的值为 0x0004。
- 发送方硬件地址(6 字节)和发送方 IPv4 地址(4 字节):源主机 MAC 地址和 IPv4 地址。
- 接收方硬件地址(6 字节)和接收方 IPv4 地址(4 字节):目的主机 MAC 地址和 IPv4 地址。

2. ICMP

由于 IP 协议提供的是一种无连接的、不可靠的分组传送服务,自身没有内在机制来获取并处理差错信息。为了处理这些错误,网络层使用了另外一个协议,即因特网控制报文协议(Internet Control Message Protocol,ICMP),来完成差错控制与报警及测试等功能。例如:在目的端或中间结点发现接收到的分组有问题后,会产生相应类型的 ICMP 报文反馈给发送端。再如:"ping"命令就使用了一种回送类型的 ICMP 报文来测试网络的连通性。

ICMP 虽然在功能上属于网络层协议,但是它的报文却被封装在 IP 分组中。图 4-6 给出了 ICMP 报文的结构,各字段的含义如下。

- 类型(1 字节):用于标识 ICMP 数据报所属的大类,说明它的用途。
- 代码(1 字节):用于进一步区分某种类型中的子类。
- 校验和(2 字节):用来校验整个 ICMP 报文,计算方法与 IPv4 中 IP 首部校验和的计算相同。
- 首部其余部分(4 字节):与"类型"字段有关,有些未用该字段的 ICMP 报文将该字段值用 0 填充。
- 数据部分(可变):有些 ICMP 报文需要使用该字段,用户也可以在其中添加自定义数据。

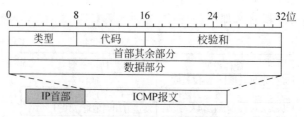

图 4-6 ICMP 报文的结构

ICMP 报文可分为差错报文和信息报文两大类。差错报文只能报告错误,不能纠正错误。常用的差错报文包括:目的端不可达报文、源抑制报文、超时报文、重定向报文、参数错误报文等。查询报文用于主机或设备之间的信息交换。常用的信息报文包括:回显请求/应答报文、时间戳请求/应答报文、路由器请求/通告报文、掩码请求/应答报文、Traceroute报文等。表 4-5 列出了各类 ICMP 报文的主要功能。一些 ICMP 报文又可以分为许多子类,通过"代码"字段相互区分,这里不做详细说明。

表 4-5 常用 ICMP 报文

类别	报文名称	类型字段值	主要含义
差错报文	目的端不可达	3	分组无法到达目的端
	源抑制	4	发生拥塞的网络层设备通知源端降低发送速率
	超时	11	在尚未到达目的端时 TTL 字段减少为 0
	重定向	5	路由器通告一条更好的路由
	参数错误	12	分组在交付目的端前出现的其他问题
信息报文	回显请求	0	一台设备为了测试与另外一台设备的连通性而发送和返回的报文,主要用在"ping"命令中
	回显应答	8	
	时间戳请求	13	一台设备为了实现与另外一台设备的时钟同步而发送和返回的报文
	时间戳应答	14	
	路由器请求	10	主机为了获取路由器的存在状况与能力而发送请求;
	路由器通告	9	路由器为了向主机通告自己的存在和能力而发送通告
	掩码请求	17	向一台设备请求子网掩码而发送的请求和获得的应答
	掩码应答	18	
	Traceroute	30	用于跟踪到达目的端所经过的路径状况

3. IGMP

IGMP 用来管理一个物理网络上的主机和路由器加入或离开多播组。该协议可以让一个网络上的所有系统知道各主机所在的多播组,以便接收某个特定多播组的信息;同时,多播路由器也可以通过该协议周期性地查询网内某个已知组的成员是否处于活动状态。IGMP 有三种版本,其中使用最多的是 IGMPv2,这里仅对该版本进行简要介绍。

IGMP 报文被封装在 IP 分组中,其 IP 首部的 TTL 字段值为 1,这样就可以保证 IGMP报文不被发送到外网。IGMP 报文长度固定为 8 字节,其结构如图 4-7 所示,各字段的含义如下。

- 类型(1 字节):定义了 IGMP 报文的类型。常用的 IGMP 报文有:成员查询报文(该字段值为 0x11)、成员报告报文(该字段值为 0x16)、退出多播组报文(该字段值为 0x17)等。

图 4-7 IGMP 报文的结构

- 最大的响应时间(1 字节):该字段仅在成员查询报文中有效,它规定了返回成员报告报文的时限。
- 校验和(2 字节):用来校验整个 IGMP 报文,计算方法与 ICMP 校验和的计算相同。
- 组地址(4 字节):要查询、要报告或要离开的多播组地址。

多播路由器为每一个与它相连的物理网络维护一个多播组成员列表,列表中的每一个多播组至少包含其中的一个成员。路由器会向网络发送成员查询报文,主机收到查询报文后会向该组内的其他成员和路由器返回成员报告报文。当主机加入多播组时发送成员报告报文,退出多播组时要向路由器发送退出报文。通过这些报文,IGMP 就实现了对一个子网内的多播组进行管理和维护。

4.2 IPv6 协议

随着 Internet 的飞速发展,IPv4 地址空间已基本耗尽。IPv4 地址变得越来越珍稀,迫使许多单位使用 NAT(网络地址翻译)将多个内部私有地址映射成一个公有地址。NAT 虽然在一定程度上缓解了公有地址匮乏的压力,但它不支持网络层的某些功能,并且会造成一些新的问题。而且,靠 NAT 并不可能从根本上解决 IPv4 地址匮乏问题,这必将妨碍互联网的进一步发展。为了扩大地址空间,必须通过 IPv6 重新定义地址空间,一劳永逸地解决地址短缺问题。IPv6 同时还考虑了在 IPv4 中解决不好的问题,如端到端连接、服务质量(QoS)、安全性、多播、即插即用、移动性等。从 IPv4 逐步过渡到 IPv6 对于 Internet 的持续发展具有重要意义。

4.2.1 IPv6 地址

1. IPv6 地址的表示

IPv6 地址共 128 位,地址数量是 IPv4 的 2^{96} 倍,完全可以满足更大范围互联网的需要。IPv6 地址使用"冒号十六进制"方法来表示,即:每 4 位二进制数用一个十六进制数表示,每 4 个十六进制数组成两字节单元,这样 128 位 IPv6 地址总计有 8 个两字节单元,单元之间用":"进行分割。例如,一个用"点分十进制"表示的 128 位二进制数用"冒号十六进制"表示如下:

101.202.103.204.105.206.107.208.109.210.111.212.113.214.115.216
65CA:67CC:69CE:6BD0:6DD2:6FD4:71D6:73D8

一些 IPv6 地址可能包含一长串零位,为了便于描述,可以使用"零压缩"法将这些连续的 0 删除,用"::"来代替这些 0。"零压缩"法只能在一个地址中出现一次。例如:

2001:0F10:0000:0001:0000:0000:0000:32A0 可以表示为 2001:F10:0:1::32A0。

"冒号十六进制"法可以和"点分十进制"法混合使用,这在 IPv4 向 IPv6 的过渡阶段特别有用。例如:0:0:0:0:0:0:0:202.195.100.91 是合法的,也可以压缩为: ::202.195.100.91。

2. IPv6 地址的类型

IPv6 地址可以分为以下三大类。

(1) 单播(Unicast)地址。用来标识单个接口,用于传统的点对点通信。

(2) 多播(Multicast)地址。用来标识多个接口,目的地址是多播地址的分组必须被交付到用该地址标识的所有接口上。多播与单播所使用的 IPv6 地址范围不同,可以在形式上区分。

(3) 选播(Anycast)地址。也用来标识多个接口,但是目的地址是选播地址的分组被交付到用该地址标识的一个(一般是最近的一个)接口上。有的资料上也将选播称为泛播、任意播、任播等。选播地址在形式上与单播地址无法区分,一个选播地址的每个成员必须显式地加以配置。

IPv6 分组的目的地址可以是上述三类地址中的任意一种,但源地址只能是单播地址。与 IPv4 相比,IPv6 没有广播地址,它将广播作为多播的一种特殊形式对待。IPv6 增加了选播通信方式,可以用一个选播地址标识提供相同服务的多个接口,这种通信方式可以在网站镜像、域名系统等许多领域使用。

3. IPv6 地址的结构

IPv6 地址可以分成两部分:"类型前缀"和"地址的其余部分",这两个部分的长度不固定。只要给出了地址,就能确定"类型前缀",表 4-6 列出了各"类型前缀"的值。

表 4-6　IPv6 地址的类型前缀

类型前缀	类型	前两个字节的范围	占地址空间的比例
0000 0000	保留地址	0000~00FF	1/256
0000 001	NSAP(网络服务接入点)	0200~03FF	1/128
0000 010	IPX(Novell)	0400~05FF	1/128
001	可聚合的全球单播地址	2000~3FFF	1/8
1111 1110 10	本地链路单播地址	FE80~FEBF	1/1024
1111 1110 11	本地站点单播地址	FEC0~FEFF	1/1024
1111 1111	多播地址	FF00~FFFF	1/256

表 4-6 中给出的所有类型的地址空间总和占 IPv6 整个地址空间的 15%,其他未列出的地址空间目前还没有分配。下面给出了这些地址的使用方法。

(1) 保留地址。

首字节为 0 的 IPv6 地址是保留地址,其中的一部分地址目前已作为特殊地址使用,主要有以下几个。

- 0:0:0:0:0:0:0:0:全 0 地址,当一个接口没有有效地址时,可采用该地址。该地址也可以表示为"::"。
- 0:0:0:0:0:0:0:1:环回地址,相当于 IPv4 第一个字节等于 127 的地址。该地址也可以表示为"::1"。
- 嵌有 IPv4 地址的 IPv6 地址:这类地址的高 80 位均为 0,低 32 位均为 IPv4 地址,中间 16 位为 0 或 FFFF。当中间的 16 位为 0 时,该地址是与 IPv4 兼容的 IPv6 地址,该类地址的主机既理解 IPv4 又理解 IPv6。当中间的 16 位为 FFFF 时,该地址是 IPv4 映像的 IPv6 地址,该类地址的主机只支持 IPv4。例如:地址为::202.195. 100.91 的主机可以兼容 IPv4 和 IPv6,而地址为::FFFF:202.195.100.91 的主机只支持 IPv4。

(2) NSAP 和 IPX 地址。

用于和 NSAP、IPX 网络进行互操作。

(3) 可聚合的全球单播地址。

主机要接入互联网,必须要有一个可聚合的全球单播地址,该类地址可以在全球范围内进行路由转发,相当于 IPv4 的公有地址。与 IPv4 所采用的平面与层次混合型路由机制不同,可聚合的全球单播 IPv6 地址层次结构更加清晰,能够支持更高效的层次寻址和路由机制,有助于构架一个基于层次的路由基础设施。图 4-8 给出了该类地址的结构,各部分的含义如下。

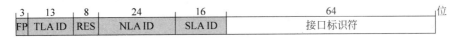

图 4-8　可聚合的全球 IPv6 单播地址结构

- FP(3 位):类型前缀,由表 4-6 可知,该字段的值为"001"。
- TLA ID(13 位):顶级聚合标识符,包含接口的最高级地址信息。
- RES(8 位):保留为将来使用。可能会用于扩展 TLA ID 或 NLA ID。
- NLA ID(24 位):下一级聚合标识符。该标识符被一些机构用于控制顶级聚合以安排地址空间,这些机构能按照自己的寻址分级结构将该字段切开使用。例如,一个机构可以用前 4 位将地址分割给 16 个子结构,这些子机构再在剩下的 20 位中用前几位将地址分割,分配给下一级机构,以此类推。
- SLA ID(16 位):站点级聚合标识符。被一些机构用来安排内部的网络结构(相当于 IPv4 的划分子网)。
- 接口标识符(64):包含 IEEE EUI—64 接口标识符的 64 位值,下文将会对其生成方法进行详细说明。

可聚合全球单播地址的前 64 位称为"子网前缀",与 IPv4 的子网号相似,也包含地址的位置信息,一般只用斜杠形式表示。如 IPv6 地址:2001:F10:0:1::32A0/64 表示子网前缀由高 64 位构成。

TLA、NLA、SLA 三者构成了自顶向下排列的三级(甚至更多级)网络层次,并且依次向上一级申请 ID 号。这种层次结构明晰的 IPv6 地址很容易和接口的地理位置对应,用户直接根据目的接口的 IPv6 地址就可以判断出它的大致位置。这就如同用户可以根据电话号码的区号判断出电话所在的城市类似。IPv6 的这种地址结构可以压缩路由器的路由表,减少路由算法的复杂度,加快分组转发的速度。

(4) 本地链路和本地站点单播地址。

当一个接口可以正常工作后,会自动生成一个本地链路单播地址。当接口连通到局域网后,若该局域网没有连接的互联网,它会根据子网号自动生成一个本地站点单播地址。当局域网连接到互联网后,接口会根据网络号生成一个可聚合的全球单播地址。本地链路和本地站点单播地址的结构如图 4-9 所示。

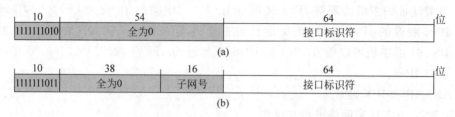

图 4-9 本地链路和本地站点 IPv6 单播地址结构

（5）多播地址。

多播地址的结构如图 4-10 所示，各字段的含义如下。

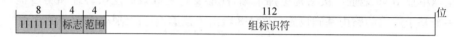

图 4-10 IPv6 多播地址结构

- 标志（4 位）：目前只指定了第 4 位，如果该位为"0"，表示该地址是由 Internet 编号机构指定的熟知的组播地址，如果该位为"1"，表示该地址是特定场合使用的临时组播地址。
- 范围（4 位）：用来表示多播的范围。该 4 位表示多播组只是包括同一本地网、同一站点、同一机构中的结点，还是包括 IPv6 全球地址空间中的任何结点。已分配的值如表 4-7 所示。

表 4-7 IPv6 多播地址范围字段含义

十六进制值	含　义	十六进制值	含　义
0/F	保留	5	本地站点
1	本地结点	8	本地机构
2	本地链路	E	全球

- 组标识符（112 位）：用于标识多播组。它标识的多播组，可以是永久的，也可以是临时的。例如：为 NTP 服务器组指定一个组标识符为 101（十六进制）的永久多播地址，则 FF01::101 指在同一结点上的所有 NTP 服务器；FF02::101 指在同一链路上的所有 NTP 服务器；FF05::101 指在同一站点上的所有 NTP 服务器；FF0E::101 指 Internet 上的所有 NTP 服务器。

另外，还有一些多播地址有特殊含义，例如：FF01::1 和 FF02::1 分别表示同一结点和同一链路上的所有 IPv6 接口组；FF01::2、FF02::2 和 FF05::2 分别表示同一结点、同一链路和同一站点上的所有 IPv6 路由器组。

4. IPv6 单播地址的自动配置

IPv6 单播地址的 64 位前缀是由接口所在的网络决定的，同一子网内所有主机的同类地址的前缀相同。IPv6 单播地址的后 64 位接口标识符一般不用人工指定，是自动配置的。接口标识符自动配置的方式有两种：一种是状态自动配置方式，通过服务器分配；另一种是无状态自动配置方式，不必向服务器发送显式请求，就能很容易地获得接口的 IPv6 地址，实现了"即插即用"，一般网络都使用这种方式。

IPv6 单播地址的 64 位前缀是通过邻居发现协议获得的(下文将详细说明),后 64 位接口标识符基于 IEEE EUI—64 格式,通过接口的 MAC 地址创建。图 4-11 给出了 MAC 地址与接口标识符的对应关系,其中 c 位是分配给生产厂商的标识符。当 G/L 位为 1 时,该 MAC 地址保证在全球范围内唯一;当 G/L 位为 0 时,该 MAC 地址是本地管理的。当 I/G 位为 1 时,该 MAC 地址为多播地址;I/G 位为 0 时,该 MAC 地址为单播地址。在根据 48 位 MAC 地址创建 64 位接口标识符时,G/L 位必须置 1,然后在中间插入 15 位连续的"1"和一位"0",即插入十六进制数"FFFE"。

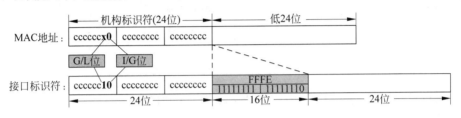

图 4-11   MAC 地址与接口标识符

既然 MAC 地址可以实现全球唯一,那么接口标识符也可以保证全球唯一。但是,这种方法只分配了 IPv6 地址空间中的一小部分地址,那么这些地址是否够用呢? IPv6 地址能否起到扩展地址空间的目标呢? 根据估算,这种分配方法可以在整个地球范围内,为每平方米的面积分配 1000 多个可用地址。在可以预见的未来,地址数量是足够的。

4.2.2   IPv6 分组结构

IPv6 分组由一个基本首部、零至多个扩展首部以及数据部分组成,如图 4-12 所示。基本首部的长度固定 40 字节,不同类型的扩展首部长度不同,数据部分承载上层的数据报文。扩展首部和数据部分统称为 IPv6 分组的有效载荷。基本首部各字段的含义如下。

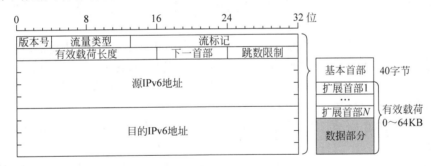

图 4-12   IPv6 分组的结构

- 版本号(4 位):对于 IPv6,该字段的值为 6(即 0110)。
- 通信量类型(8 位):用于区分不同 IPv6 分组的类别或优先级。
- 流标记(20 位):用于标识属于同一业务流的分组。标记和源结点地址唯一标识了一个业务流。
- 有效载荷长度(16 位):定义了 IPv6 分组除基本首部以外的总长度。IPv6 分组有效载荷的最大值为 64 KB,而上文所述的 IPv4 整个分组的最大值也为 64 KB。

- 下一个首部(8位)：定义了分组中跟随在基本首部后面的扩展首部或上层协议的类型,与IPv4分组中"协议"字段类似。表4-8给出了它们的对应关系。

表 4-8 IPv4 首部"协议"字段和 IPv6"下一个首部"字段的常用值

高层协议/扩展首部的类型	IPv4 协议字段值	IPv6 下一个首部字段值	高层协议/扩展首部的类型	IPv4 协议字段值	IPv4 下一个首部字段值
ICMPv4	1	1	AH	51	51
ICMPv6	/	58	OSPF	89	89
IGMP	2	2	逐跳选项	/	0
TCP	6	6	目的端选项	/	60
UDP	17	17	路由选择	/	43
ESP	50	50	分片	/	44

- 跳数限制(8位)：与 IPv4 中"TTL"字段的作用相同。
- 源 IPv6 地址和目的 IPv6 地址(各 128 位)。

IPv6 分组基本首部虽然长度有 40 个字节,但是只有 8 个字段。相比于 IPv4 分组首部,结构简单、长度固定,并且取消了"首部检验和"字段(数据链路层和传输层都有差错检验功能)。这样,就加快了路由器处理分组的速度。IPv6 分组基本首部没有"选项"字段,对于少数有特别需要的分组,使用扩展首部的方式来实现特别功能。目前定义的扩展首部主要有以下几种。

- 逐跳选项：必须紧随在基本首部之后,包含所经路径上的每个结点必须检查的可选数据。
- 目的端选项：包含只能由最终目的端所处理的选项。
- 路由选择：指明分组在到达目的地址途中将经过的特殊结点的地址列表。基本首部的目的地址不是分组的最终目的地址,当该地址的结点接收到该分组后,对基本首部进行处理,将分组发送到路由选择扩展首部地址列表中的第二个地址。以此类推,直至该分组到达最终目的端。
- 分片：IPv6 分组基本首部中删除了分片相关的几个字段,分片功能是通过分片扩展首部来实现的。图 4-13 给出了分片扩展首部的结构,各字段的含义如下。
① 下一个首部(8位)：与基本首部"下一个首部"字段含义相同。
② 保留：有两个字段,共 10 位。
③ 片偏移(13位)：与 IPv4 分组首部"片偏移"字段相同,指分片在原分组数据部分的相对位置。
④ MF(1位)：与 IPv4 分组首部"MF"位相同,指分片后是否还有同一分组的其他分片。
⑤ 标识(32位)：与 IPv4 分组首部"标识"字段功能相同,但长度由 16 位变为 32 位。

图 4-13 IPv6 分片扩展首部的结构

IPv6 扩展首部中包含 IPv4 首部中所有与分片相关的字段,使用与 IPv4 相同的方法实现数据分片。

- 身份验证(AH)：对分组加密的计算和校验。
- 封装安全性净荷(ESP)：指明该扩展首部后的载荷已经加密。

一个 IPv6 分组可以有多个扩展首部，当有新的需求时还可以增加扩展首部的种类，协议的升级比较方便。另外，由于只需要在源端和目的端对扩展首部进行处理(逐跳选项扩展首部除外)，中间结点(路由器)的处理效率也得到了提高。

4.2.3　IPv6 辅助协议*

与 IPv6 配套使用的主要是 ICMPv6 协议，IPv6 不再使用 ARP、RARP 和 IGMP，ICMPv6 就可以实现地址的自动配置和组管理等功能。

1. ICMPv6 协议报文

ICMPv6 报文封装在 IPv6 分组中，结构和 ICMP 报文类似，如图 4-14 所示。ICMPv6 报文的前 4 个字节与 ICMP 相同，但把第 5 个字节起的后面部分作为报文主体，即取消了 ICMP 中的"首部其余部分"字段。

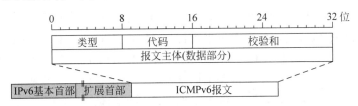

图 4-14　ICMPv6 报文的结构

ICMPv6 报文也可以分为差错报文和信息报文两大类，取消了 ICMP 中使用较少的报文。差错报文"类型"字段的最高位是 0，即值在 0~127 之间。信息报文"类型"字段的最高位是 1，即值在 128~255 之间。常用的 ICMPv6 报文如表 4-9 所示。

表 4-9　常用的 ICMPv6 报文

类别	报文名称	类型字段值	主要含义
差错报文	目的端不可达	1	分组无法到达目的端
	分组太大	2	分组大小超过下一跳的最大传输单元 MTU
	超时	3	在尚未到达目的端时 TTL 字段减少为 0
	参数错误	4	分组在交付目的端前出现了其他问题
信息报文	回显请求	128	一台设备为了测试与另外一台设备的连通性而发送和返回
	回显应答	129	的报文，主要用在"ping"命令中
	多播听众查询	130	由多播路由器发送的以便轮询组成员的报文
	多播听众报告	131	主机加入多播组或响应查询的报文
	多播听众停止	132	主机离开多播组时发送的报文
	路由器请求	133	主机为了获取路由器的存在状况与能力而发送的请求；
	路由器通告	134	路由器为了向主机通告自己的存在和能力而发送的通告
	邻居请求	135	一台设备向另外一台设备请求其 MAC 地址而发送的请求
	邻居通告	136	和获得的应答，可以实现地址解析功能
	重定向	137	通告一条更好的路由

由表 4-9 可以看出，ICMPv6 报文在实现 ICMPv4 基本功能的基础上，增加了邻居请求和邻居发现报文以实现 ARP 的功能，还增加了多播组管理相关报文以实现 IGMP 的功能。

2. 邻居发现协议

邻居发现协议（Neighbor Discovery Protocol，NDP）是 IPv6 的一个重要组成部分，它使用 ICMPv6 的邻居请求、邻居通告、路由器请求、路由器通告、重定向 5 种报文，实现无状态自动配置、路由器发现、前缀发现、地址解析、链路 MTU 发现、重复地址检测等功能。表 4-10 给出了邻居发现协议的主要功能所使用的 ICMPv6 报文。

表 4-10 邻居发现协议使用的 ICMPv6 报文

类　　　型	替代 ARP	路由器发现	前缀发现	重复地址检测	重　定　向
路由器请求		√	√		
路由器通告	√	√	√		
邻居请求	√			√	
邻居通告	√				
重定向					√

这里结合 IPv6 单播地址的结构，说明结点使用 NDP 进行无状态自动配置的过程。

（1）生成临时本地链路地址。主机根据接口 MAC 地址生成 EUI-64 接口标识符，然后将本地链路的 64 位网络前缀（FE80::/64）与接口标识组合，生成临时本地链路地址。

（2）验证本地链路地址在本地链路上的唯一性。发送目的地址为被请求结点多播地址（格式为 FF02::1:FFxx:xxxx，低 24 位与本地链路地址的低 24 位相同）的邻居请求报文进行重复地址探测。如果接收到了邻居通告报文，表明已经有结点在使用该临时本地链路地址，则地址自动配置停止；如果没有收到邻居通告报文，表明临时本地链路地址是唯一的，可以使用该地址。

（3）获得需要配置的信息。主机发送路由器请求报文（目的地址为所有路由器的多播地址 FF02::2），请求路由器发送路由器通告报文。路由器发送路由器通告报文（目的地址为所有结点的多播地址 FF02::1），给主机提供配置所需要的一些信息，如网络前缀、链路 MTU、默认路由、是否使用地址自动配置等。

（4）配置 IPv6 单播地址及其他信息。主机接收到路由器通告报文后，配置 IPv6 单播地址，并根据报文内容来设置跳数限制字段、可到达时间、重传定时器和 MTU 等。

NDP 还有一些 ICMPv4 所没有的功能，篇幅限制，这里不做详细介绍。

3. 多播听众发现协议

多播听众发现（Multicast Listener Discovery，MLD）协议就是使用 ICMPv6 的多播听众查询、报告、停止报文来实现 IGMPv2 的组管理功能。路由器使用听众查询报文来获悉某个多播地址在链路上是否有接收者，主机用听众报告报文来回应查询报文。当主机加入多播组时发送听众报告报文，退出多播组时发送听众停止报文。由此可见，MLD 只是将 IGMPv2 中的一些术语做了修改（例如："成员 member"更改成了"听众 Listener"），两者进行组管理的方法完全相同。

4.2.4　IPv4 向 IPv6 过渡

根据上文的介绍，可以总结出 IPv6 相较于 IPv4 具有以下优势。

- 地址空间更大。地址长度由 32 位增大到了 128 位,即使使用最保守的分配方式,都可以在全球范围内为每平方米面积分配 1000 多个地址。
- 地址层次结构明晰。地址可以自顶向下地划分为多个层次,根据地址的层次值很容易判断出接口所在的区域。这样就可以压缩路由器的路由表,加快分组的转发速度。
- 地址即插即用。不用服务器分配或人工指定,也可以为接口自动配置地址。这样就简化了网络管理的复杂度。
- 分组基本首部长度固定、结构简单。可以提高中间结点的处理效率。
- 分组基本首部中增加了"流标记"、"流类型"等字段,实现了对数据流的标识。这样中间结点就可以对数据流进行处理,对于网络上开展的越来越多的实时业务特别有用。
- 使用扩展首部改进了对选项的支持方式。不仅可以同时支持更多的特殊功能,而且可以方便地对扩展首部进行升级。
- 身份验证(AH)和载荷加密(ESP)都作为一种扩展首部,这更加适用于那些要求对敏感信息和资源特别对待的商业应用。相关实现方法还将在网络安全部分详细说明。

既然 IPv6 有这么多的优势,那么它提出至今已经十多年了,为什么还没有完全取代 IPv4 呢? NAT 技术的使用当然是 IPv4 寿命延长的一个原因,但更重要的是网络层的 IP 协议是互联网 5 层体系结构的核心,所谓 IP over Everything、Everything over IP,IP 协议的升级换代必定是一个长期的过程。这就决定了在相当长的一段时期内,IPv6 必然要和 IPv4 共存,在这个时期 IPv6 必须向后兼容,必须能够接收和转发 IPv4 分组。IPv4 向 IPv6 的过渡技术主要有双协议栈方式和隧道方式两大类。

1. 双协议栈方式

双协议栈方式是指在一部分结点同时具有 IPv4 和 IPv6 两个协议栈,可以接收、处理、转发 IPv4 与 IPv6 两种分组。对于主机来讲,"双协议栈"是指它可以根据需要将数据封装成 IPv4 分组或 IPv6 分组。对于路由器来讲,"双协议栈"是指它同时维护 IPv4 和 IPv6 两套路由协议栈,既能与 IPv4 主机通信,又能与 IPv6 主机通信。如果要实现全网双协议栈,则需要在所有的三层网络设备上启用双协议栈。这时,主机无论是安装 IPv4 还是安装 IPv6,都可以使用网络进行数据传输。

支持双协议栈的路由器还可以连接 IPv4 和 IPv6 两种网络,实现跨网络通信。如图 4-15 所示,主机 H1 和 H2 分别位于两个 IPv6 网络中,这两个网络都通过支持双协议栈的路由器 A、C 与一个 IPv4 网络相连。当 H1 向 H2 发送 IPv6 分组时,路由器 A 会根据 IPv6 分组首部生成 IPv4 首部,然后用 IPv4 首部替换 IPv6 首部,将分组在 IPv4 网络中传输。当该分组到达路由器 C 后,C 会用重新生成的 IPv6 首部替换 IPv4 首部,然后将该 IPv6 分组交给主机 H2。由于分组在传输过程中首部要进行转换,有一些字段是无法恢复的。例如:IPv6 首部在转换成 IPv4 首部时,其"流标记"字段中的值会被丢弃,在重新生成 IPv6 首部时,"流标记"字段的值就无法恢复了。

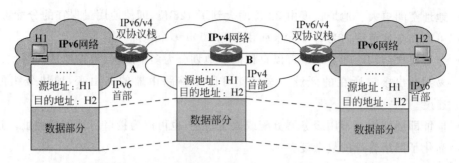

图 4-15　使用双协议栈方式实现 IPv4 向 IPv6 的过渡

2. 隧道方式[*]

所谓"隧道"就是利用一种协议来传输另一种协议数据包的技术。隧道两端的结点通常要支持双协议栈。在隧道的入口，以一种协议的形式来对另外一种协议的数据包进行封装并发送。在隧道的出口，对接收到的协议数据解封装，恢复出原协议的数据包。

支持双协议栈的路由器也可以作为隧道的出口和入口，实现跨网络通信。图 4-16 的拓扑结构与图 4-15 相同，位于两个 IPv6 网络中主机 H1 和 H2 使用隧道技术进行通信。当 H1 发向 H2 的 IPv6 分组到达路由器 A 后，A 会将 IPv6 分组作为数据封装在 IPv4 分组内，向路由器 C 传送。C 收到该分组后，会将 IPv4 首部去掉，恢复出原来的 IPv6 分组，并发送到 H2。在使用隧道技术时，IPv6 分组在传输过程中不需要改变，不会出现数据丢失。

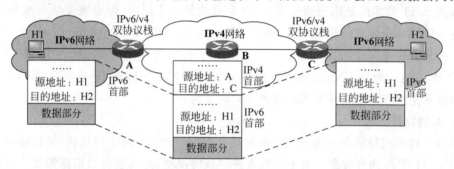

图 4-16　使用隧道方式实现 IPv4 向 IPv6 的过渡

根据应用环境的不同，隧道方式的实现技术有多种类型，如：ISATAP 隧道、6to4 隧道、6over4 隧道、6PE 隧道等。使用隧道方式，只需要对入口和出口设备进行升级，可以保护网络的投资。同时，IPv6 主机可以忽略隧道的存在，能够实现透明传输。但是，隧道方式的配置比较复杂，而且只能实现同种协议主机之间的通信，无法实现 IPv4 和 IPv6 设备之间的通信。

4.3　IP 路由

对主机进行 IP 编址就是为了方便地将 IP 分组按照目的地址发送给互联网上的任意一台主机。我们知道，为了保证互联网的健壮性，在其设计之初就确定采用网状拓扑结构，即不同子网上的两台主机之间有许多条不同的路径。在介绍了 IP 编址后，将 IP 分组发送到目的端所要解决的关键问题就是如何在这多条路径中选择一条路径传输 IP 分组，这就是

IP 路由。

4.3.1 路由协议的分类

路由协议是指路由器中用来进行路径选择以及路由表管理所使用的协议,路由算法是路由协议的核心。路由算法是指互联网上的结点(这里指的是路由器)计算到达任何一个网络的最佳路径的方法,它要通过各个结点的相互协作并进行信息交换才能实现。结点将路由算法所得的结果以路由表的形式存储。结点在接收到 IP 分组后,会根据分组的目的 IP 地址的网络号确定目的主机所在的网络,然后再根据路由表将分组转发给相应的下一个结点。分组依次经过多个中间结点后就会达到目的主机。路由算法不但要能求出满足一定条件的最佳路径,还要尽量简单,以适应互联网流量和拓扑结构的动态变化。

从能否适应网络的动态变化来看,路由算法可以分为静态路由和动态路由两大类。

静态路由是由管理员在路由器中手工设置的固定路由表,除非进行手工修改,否则不会发生变化。静态路由虽然不能及时适应网络的动态变化,但是简单、高效、开销小,对于规模不大、拓扑结构固定的网络一般都使用静态路由。

动态路由是由路由器相互传递网络的动态变化,实时计算到达各网络的最佳路径来更新路由表。当网络拓扑结构或链路可用带宽发生变化时,路由器会重新计算路由并更新路由表,所以动态路由能及时适应网络的动态变化。动态路由适用于规模较大、拓扑较复杂的网络。当然,动态路由协议会不同程度地占用网络带宽和路由器 CPU 资源。

因特网的规模非常大,目前已经有几百万个路由器互连在一起。如果在因特网上使用动态路由,这么多路由器相互通信所占用的带宽和引发的路由计算会使其瘫痪。为此,因特网被划分为许多较小的自治系统(Autonomous System,AS)。一个自治系统一般为一个机构所管理。根据路由协议所使用的范围,动态路由又可以分为内部网关协议(Interior Gateway Protocol,IGP)和外部网关协议(External Gateway Protocol,EGP)。自治系统内部运行的路由协议称为内部网关协议,如 RIP、OSPF、EIGRP、IS-IS 等;多个自治系统之间运行的路由协议称为外部网关协议,如 BGP、BGP-4。图 4-17 总结了路由协议的类别。

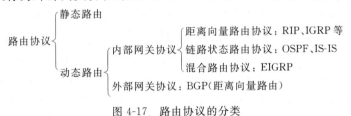

图 4-17 路由协议的分类

在使用路由算法求解最短路径时,需要将互联网抽象为一个"图",这样就可以利用数据结构中的 Bellman-Ford 算法或 Dijkstra 算法计算两个结点之间的最短路径。在计算机网络中,以这两种算法为基础分别设计了距离向量路由和链路状态路由两类算法。因此,动态路由协议还可以根据使用的算法不同分为距离向量路由协议和链路状态路由协议两大类。上文中的 RIP、BGP 属于距离向量路由协议,OSPF 和 IS-IS 属于链路状态路由协议,而EIGRP 是结合了两种算法的混合路由协议。

下面将重点对距离向量和链路状态两种路由算法的典型协议 RIP、OSPF 进行介绍,然后简要说明一下外部网关协议 BGP 的工作原理。这些路由协议中的大部分只适用于单播通信,而多播通信要使用专用的路由协议,下文还将对多播路由进行简要介绍。

4.3.2 距离向量路由协议 RIP

路由信息协议(Routing Information Protocol,RIP)是一种最常用的距离向量路由协议,它的产生时间比较早,有 RIPv1 和 RIPv2 两个版本,这里介绍的是 RIPv2。

1. 距离向量算法的基本原理

距离向量(Distance Vector,DV)算法比较简单,它主要包含以下两个要点。

- 所有运行同一种距离向量路由协议的路由器周期性地向相邻路由器广播自己的路由表拷贝。
- 路由器根据相邻路由器传送过来的路由表,按照距离最近的原则更新自己的路由表。

下面结合图 4-18 给出的简单例子说明路由表更新的过程。

图 4-18 距离向量算法的实现过程示例

(1)所有路由器都向邻居结点广播自己的路由表。在图 4-18(a)给出的拓扑结构中,当进行该过程时,R2、R4、R5 都会向 R1 发送自己的路由表信息。

(2)各路由器都接收到了邻居结点发送的路由表。图 4-18(b)给出了 R1 收到的邻居结点 R2、R4、R5 的路由表信息,这其中包含这三个结点到网络上所有结点的距离。

(3)路由器将到达各个邻居的距离加到收到的邻居路由表中。路由器到达邻居结点的距离很容易测出(例如:若以时延作为距离度量参数,路由器则可以通过发送 ICMP 回显报文就能测出到达邻居结点的时延)。R1 到达邻居结点 R2、R4、R5 的距离分别为 2、1、3,则给收到路由表的每一项都加上它到该结点的距离后得到如图 4-18(c)所示的结果。

(4)路由器求取修改后的邻居路由表中到达各结点的最小值,根据结果更新自己的路由表。根据图 4-18(c)可以得出:R1 经过 R2、R4、R5 到达 R2 的距离分别是 2、4、7,R1 经过 R2、R4、R5 到达 R3 的距离分别是 4、5、8,……记下其中的最小值以及下一跳的结点,用它来更新 R1 的各个路由表项,得到图 4-18(d)。

不同的路由协议其路由表项可能不同,但是对于距离向量路由协议来说,必须包含"目的地"、"距离"和"下一跳"三个路由表项。可以将"下一跳"看做是去往"目的地"的方向,这样路由表中到达各"目的地"的记录既有距离又有方向,可以作为一个个向量,这也就是距离向量算法名称的由来。

2. 距离向量路由算法的收敛问题*

距离向量算法虽然比较简单,但是在结点或链路失效时,网络上的其他结点要等很长时间才能发现,即收敛速度十分慢。下面结合图 4-19 给出的例子说明该算法收敛慢的原因。

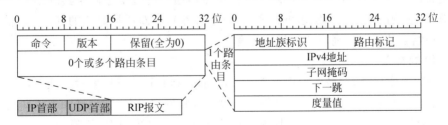

R1	R2	R3	R4	R5	R6	
	1	2	3	4		初始时各结点到R1的距离
	3	2	3	4		第1次路由信息交换后
	3	4	3	4		第2次路由信息交换后
	5	4	5	4		第3次路由信息交换后
	5	6	5	6		第4次路由信息交换后
	…	…	…	…		第i次路由信息交换后
	∞	∞	∞	∞		第∞次路由信息交换后

图 4-19　结点或链路失效时距离向量算法的收敛过程示例

在图中给出的拓扑结构中,设备结点之间的距离都是 1,图下第一行数据就是网络在初始稳定状态下各个结点到达 R1 的距离。如果 R1 结点或者 R1 与 R2 之间的链路失效了,那么 R2 可以通过物理信号得知与 R1 不能直连了。但是在第一次路由信息后,R2 会认为它还可以通过 R3 到达 R1,距离是 3。第二次交换路由信息后,R3 发现它的两个邻居 R2、R4 发过来的到达 R1 的距离都是 3,所以它将自己到 R1 的距离修改为 4。以此类推,如果不加限制,网络始终觉察不到 R1 结点或 R1 与 R2 之间的链路出现了故障,只会随着交换路由信息次数的增加不断累加到达 R1 的距离。

为了解决这个问题,最简单的方法就是限定网络中两个结点之间距离的最大值,将距离大于最大值的结点认为不可达。如果最大值设置得小一些,算法的收敛速度就会加快,但是网络的规模也会受到限制。如上例中,若将最大值设置为 4,则经过 4 次交换后各结点都知道 R1 不可达了;但是 R6 最远就只能到达 R2,无论 R1 是否出现故障它都认为不可达,网络的规模变得很小。在许多距离向量路由协议中,通常将距离最大值法和其他方法(如:水平分割法、路由下毒、反向下毒、保持时间、触发更新等)结合使用,以在最大值较大的情况下提高算法的收敛速度。篇幅限制,这里不再详细介绍。

3. RIP 报文的结构[*]

RIP 使用运输层的 UDP 进行路由信息的交换,路由器之间交换的报文主要有请求和通告两种类型。请求报文用于向相邻路由器请求路由信息,通告报文用于向相邻路由器通告本地路由信息。RIP 两种报文的结构相同,如图 4-20 所示。报文包含一个 4 字节的首部和 0 个到多个路由条目,一个 RIP 报文最多有 25 个路由条目。报文中各字段的含义如下。

图 4-20　RIP 报文的结构

- 命令(1 字节):表示 RIP 报文的类型。该字段的值为 1 时是 RIP 请求报文,为 2 时是 RIP 通告报文。
- 版本(1 字节):RIPv2 该字段值为 2。
- 地址族标识(2 字节):表示路由信息所属的地址族。RIP 可以支持包括 IPv4、IPv6

在内的多种地址(使用于 IPv6 的 RIP 称为 RIPng),这里给的是 IPv4 地址族,该字段值为 2。

- 路由标记(2 字节):用于标识路由信息。路由信息可能来源于 RIP 域,也可能来源于非 RIP 域。如果路由信息来源于 BGP 域,该字段值为 BGP 域自治系统编号。
- IPv4 地址与子网掩码(各 4 字节):表示目的网络的地址。
- 下一跳(4 字节):到达目的网络的下一个路由的 IPv4 地址。
- 度量值(4 字节):到达目的网络的距离。

4. RIP 的运行

作为一种距离向量路由协议,RIP 采用跳数作为距离的度量标准。无论相邻的两个路由器之间的时延和带宽等参数值是多少,RIP 都将它们之间的距离作为 1,结点之间的距离就是结点之间路由器的数目。RIP 两个结点之间距离的最大值为 15,即距离为 16 表示目的结点不可达。

RIP 启动时,路由器向所有邻居结点发送 RIP 请求报文。相邻路由器收到 RIP 请求报文后,将本地路由信息封装到 RIP 通告报文中,予以应答。当收到邻居的 RIP 通告报文后,按照距离向量算法依次处理其中的每条路由条目。图 4-21 给出了 R3 启动 RIP 后,邻居结点 R2 给它的 RIP 通告以及 R3 根据该通告生成的路由表。

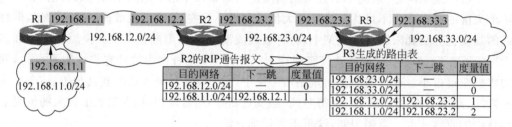

图 4-21 R3 启动 RIP 的初始化过程

RIP 初始化后,路由器会周期性地向所有的相邻路由器发送 RIP 通告报文,广播本地路由信息。RIP 通告报文的广播周期是 30 s,如果路由器 180 s 没有收到邻居结点发送的一项路由条目的任何信息,则将该项路由条目标记为无效。无效路由条目如果 120 s 后还没有收到更新信息,再将该条目彻底删除。一旦路由器通过物理信号确定其到达某个邻居的链接失效,将立刻向其他邻居发送更新消息,而不必等到更新周期时刻的到来,这种方法再与其他方法结合使用以提高协议的收敛速度。

5. RIP 的特点

RIP 使用非常广泛,它最大的优点就是实现简单、运行可靠、开销较小、便于配置。但是 RIP 的缺点也比较多。首先,RIP 只适用于小型的同构网络,因为它允许的结点间最大距离为 15,任何超过 15 个结点的目的地均被标记为不可达。其次,RIP 每隔 30 秒广播一次路由信息,当自治系统内网络结点较多时,路由信息所占用的网络资源也会比较大,这也是造成网络广播风暴的重要原因之一。最后,作为一种距离向量路由算法,它在结点或链路失效时收敛速度过慢,即会出现"坏消息传播得慢"的问题。对于自治系统规模较大的网络,不能使用 RIP,只能使用 OSPF 协议。

4.3.3 链路状态路由协议 OSPF

开放最短路径优先(Open Shortest Path First,OSPF)协议是一种最常用的链路状态路由协议,目前 IPv4 网络使用的是 OSPFv2、IPv6 网络使用的是 OSPFv3,下面会分别介绍。

1. 链路状态算法的基本原理

链路状态(Link State,LS)路由协议以 Dijkstra 算法(也称 SPF 算法)为基础计算结点之间的最短路径。使用 Dijkstra 算法,各个结点可以根据整个网络的拓扑结构,以其自身为根构建一个包含网络所有结点的最短路径树,从而得到该结点到其他所有结点的最短路径。Dijkstra 算法的实现过程在《数据结构》中有详细说明,这里不再介绍,我们只要知道:该算法的实现条件是每个结点都要获得整个网络的拓扑结构,链路状态路由协议的重点就是要为 Dijkstra 算法的运行准备好条件。

链路状态算法包含以下两个要点。

- 结点测量到达每个邻居结点的距离,构造链路状态表,并将该表发送给网络上的所有结点。
- 每个结点都可以收到网络上所有结点发过来的链路状态表,按照这些表构造整个网络的拓扑结构,再使用 Dijkstra 算法计算到达所有结点的最短路径,生成路由表。

下面结合图 4-22 给出的简单例子说明路由表的更新过程。

(1)发现邻居结点。相邻的结点之间通过交换询问报文来相互通告自己的信息。每个结点启动后,向同它相连的链路上发送一个特殊的询问报文,链路另一端的结点收到该报文后进行响应,返回其网络地址。这样,每个结点都可以知道自己和哪些路由器相邻。

(2)确定链路长度。一般路由算法中一条链路的长度是指两端结点的往返时延的一半。每个结点向它相邻的结点发送一个 ECHO 报文,另一端以最快的速度返回,即可测得链路的往返时延。

(3)构造链路状态表。在如图 4-22(a)所示的网络拓扑结构中,各结点的链路状态表如图 4-22(b)所示。序号字段是表的编号,寿命字段是该表生存的时长,表中剩下的字段是该结点到达各邻居结点的链路长度。

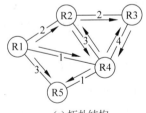

R1	
序号	
寿命	
R2	2
R4	1
R5	3

R2	
序号	
寿命	
R1	2
R3	2
R4	3

R3	
序号	
寿命	
R2	2
R4	4

R4	
序号	
寿命	
R1	1
R2	3
R3	4
R5	1

R5	
序号	
寿命	
R1	3
R4	1

目的地	距离	下一跳
R1	4	R2
R2	2	R2
R3	-	-
R4	4	R4
R5	5	R4

(a) 拓扑结构　　(b) 各结点向网络其他结点发送的链路状态表　　(c) R3生成的路由表

图 4-22　链路状态算法的实现过程示例

(4)发送链路状态表。各结点采用扩散法将链路状态表发往网络上的其他所有结点。即每一结点收到一个链路状态分组后,复制多份,向除接收接口之外的所有其他接口发送。图 4-22(a)上的箭头表示 R1 的链路状态表传送方向。中间结点记录下它收到表的源结点和序号,当再次收到相同的源结点发过来的表时,将记录下的表序号和收到的表序号进行比较。如果两者相同,表示是重复表,丢弃;如果后者小于前者,表示是过期表,也丢弃;如果后者大于前者,表示是新表,才会继续向其他结点扩散。

(5) 计算新的路由。结点获得了网络所有结点的链路状态表后,根据结点之间的连接状况构建全网的带权拓扑结构图。然后在结点本地运行 Dijkstra 算法计算到达各结点的最短路径,并将结果存储到路由表中。图 4-22(c)给出了 R3 生成的路由表。

比较两个算法可以看出:距离向量算法发送结点的整个路由表,而链路状态算法仅仅发送结点直连链路的信息;距离向量算法仅向结点的邻居发送路由表,而链路状态算法要向整个网络中的所有结点发送邻居信息。链路状态算法的收敛速度快,但是要存储网络的拓扑结构,要运行 Dijkstra 算法,对结点的要求比较高。

2. OSPF 协议的原理

(1) 自治系统的分区。

运行链路状态路由协议的每个路由器,都要存储整个自治系统的网络拓扑结构。如果自治系统内的结点很多,占用的路由器存储空间就会太大,构建最短路径所耗费的计算资源也会太高。作为一种链路状态路由协议,OSPF 使用了将自治系统划分为多个区域(Area)的方法来解决这个问题,如图 4-23 所示。

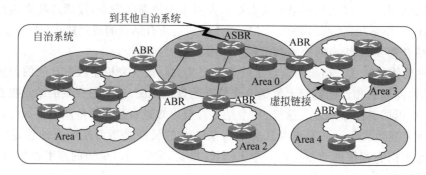

图 4-23　OSPF 自治系统的分区

OSPF 将一个区域作为一个处理单元,路由器只需要将本区域的拓扑结构存储到自己的拓扑数据库即可。同一个区域内的路由器拥有相同的拓扑数据库,该数据库对于外部区域是不可见的。和多个区域相连的路由器拥有多个区域的拓扑数据库。构建拓扑数据库所依据的链路状态信息也只要和本区域内的路由器交换即可,不用传递到区域外。划分区域的方法减少了拓扑数据库的大小,并极大地减少了路由器间交换的链路状态信息数量。

在一个运行 OSPF 的自治系统中,必须有一个骨干区域。骨干区域编号设置为区域 0(Area 0),其主要工作是在非骨干区域间传递路由信息。非骨干区域必须与骨干区域通过区域边界路由器(Area Border Router,ABR)直接相连。骨干区域必须是连续的,ABR 通过骨干区域交换区域路由信息。当在两个非骨干区域之间传递 IP 分组时,必须通过骨干区域。一个自治系统就像一个以骨干区域作为 Hub,各个非骨干区域连到 Hub 上的星状结构图。各个区域 ABR 在骨干区域上进行路由信息的交换,发布本区域的路由信息,同时接收其他 ABR 发布的信息,传到本区域进行链路状态的更新以形成最新的路由表。

在实际网络中,可能会出现骨干区域不连续或者某一个区域与骨干区域物理不相连的情况。在这两种情况下,系统管理员可以通过设置虚拟链路的方法来解决。图 4-23 中的 Area 4 未与 Area 0 物理相连,只有设置了虚拟链路后才可以正确地运行 OSPF 协议。虚拟链路被认为是属于骨干区域的,在 OSPF 协议看来,虚拟链路两端的两个路由器被一个点对点的链路连在一起。在 OSPF 协议中,通过虚拟链路的路由信息是作为域内路由来看待的。

对于自治系统外部的路由信息(如 BGP 产生的路由信息),可以通过该自治系统的区域边界路由器(ASBR)透明地扩散到整个自治系统的各个区域中,使得该自治系统内部的每一台路由器都能获得外部的路由信息。这样,自治系统内的路由器就可以通过 ASBR 将分组转发到自治系统外的路由器。

但是,自治系统外部的路由信息不会进入自治系统中一种特殊的 OSPF 区域——Stub 区域。Stub 区域中只有一个外部出口 ABR,不允许外部的非 OSPF 路由信息进入,图 4-23 中的 Area 2 就可以设置为 Stub 区域。Stub 区域发送到自治系统外的分组只能通过一个 ABR,ABR 必须向区域内的路由器宣告这个唯一的外部出口。Stub 区域的使用可以减少链路状态信息库的大小。Stub 区域还有两个特点:一是 Stub 区域中不允许存在虚拟链路;二是 Stub 区域中不允许存在自治系统边界路由器。

(2) DR 和 BDR。

如果一个广播型网络或非广播多点访问(NBMA)型网络连接着多台路由器,那么任意两台路由器之间都要建立邻接关系,以交换路由信息。如果网络中有 n 台路由器,则需要建立 $n(n-1)/2$ 个邻接关系。这使得任何一台路由器的路由变化都会导致多次链路状态信息传递,浪费了网络资源。

为了解决这个问题,OSPF 协议在广播型网络或 NBMA 网络中定义了一台指定路由器(Designated Router,DR),所有路由器都只与 DR 建立邻接关系,由 DR 将网络链路状态信息发送出去。为了避免由于 DR 故障而造成网络瘫痪,网络中还定义了一台 BDR(Backup DR)作为 DR 的备份。BDR 也和该网络中的其他路由器建立邻接关系,以保证当在 DR 发生故障时尽快接替 DR 的工作。图 4-24 给出了一个广播型网络中的 DR 和 BDR,图中实线代表以太网物理连接,虚线代表建立的邻接关系。可以看出,采用 DR 和 BDR 机制后,6 台路由器之间只需要建立 9 个邻接关系就可以了。

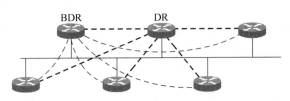

图 4-24　广播网络中的 DR 和 BDR

DR 和 BDR 是由同一网段中的所有路由器根据优先级、Router ID 选举出来的,只有优先级大于 0 的路由器才有当选资格。进行 DR/BDR 选举时每台路由器将自己选出的 DR 发给网段上的每台运行 OSPF 协议的路由器。当处于同一网段的两台路由器同时宣布自己是 DR 时,优先级高者胜出。如果优先级相等,Router ID 大者胜出。

3. OSPFv2 协议报文的结构[*]

OSPFv2 使用 5 种类型的报文在各个路由器间交换信息,各种报文都直接封装在 IPv4 分组内。OSPFv2 的 5 种报文的首部结构相同,如图 4-25 所示,都是由 24 个字节 8 个字段组成,各字段的含义如下。

- 版本(1 字节):OSPFv2 协议该字段的值为 2。

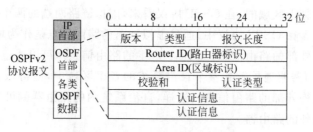

图 4-25　OSPFv2 协议报文的结构

- 类型(1 字节)：定义了 OSPFv2 协议报文的 5 种类型。
- 报文长度(2 字节)：定义了 OSPFv2 协议报文的长度。
- Router ID(4 字节)：用于描述报文的源地址，以 IPv4 地址来表示。
- Area ID(4 字节)：用于区分 OSPFv2 协议报文所属的区域号，所有的 OSPF 报文都属于一个特定的 OSPF 区域。
- 校验和(2 字节)：用于检验报文在传递过程中有无错误。
- 认证类型(2 字节)：在 OSPFv2 协议中初始定义了两种认证方式，分别为方式 0 和方式 1。方式 0 表示 OSPFv2 对所交换的路由信息不做认证。方式 1 为简单口令字认证，这种方式是基于一个区域内的每一个子网来定义的，每一个发送至该子网的 OSPFv2 报文的首部内都必须具有相同的 8 字节认证信息，也就是说方式 1 的口令字长度为 8 字节。
- 认证信息(8 字节)：使用认证方式 1 时的认证信息。

OSPFv2 报文共有以下 5 种类型。

(1) Hello 报文(类型字段值为 1)：用于建立和维护相邻的两个 OSPF 路由器的邻接关系，该报文是周期性发送的。

(2) 数据库描述报文(类型字段值为 2)：用于汇总整个数据库内容，该报文仅在 OSPF 初始化时发送。

(3) 链路状态请求报文(类型字段值为 3)：用于向相邻的 OSPF 路由器请求部分或全部的数据，这种报文是在路由器发现其数据已经过期时才发送的。

(4) 链路状态更新报文(类型字段值为 4)：这是对链路状态请求报文的响应，即通常所说的链路状态通告(Link State Advertisement，LSA)报文，它采用扩散法将链路状态传播到整个 OSPF 区域。

(5) 链路状态确认报文(类型字段值为 5)：是对 LSA 报文的响应。

4. OSPFv2 协议的运行*

在 OSPFv2 协议中，两个相邻的路由器每 10 s 就要交换一次 Hello 报文，以确定哪些相邻路由器是可达的。若有 40 s 没有收到某个相邻路由器发来的 Hello 报文，则可认为该相邻路由器是不可达的，应立即修改链路状态数据库，并重新计算路由表。

OSPFv2 协议从开始运行，到路由器之间形成邻接关系、建立拓扑结构表、生成路由表，会经历初始化、Two-Way、Exstart、Exchange、Loading 等几个状态，如图 4-26 所示，主要包含以下几个步骤。

(1) 当使用 OSPFv2 协议的网络开始运行时，其中总会有一台路由器首先发出 Hello

报文。如图 4-26 中路由器 A 首先发出 Hello 报文,另一台路由器 B 收到该报文后,将 A 计入自己的邻居表,进入了初始化状态。

(2) 路由器 B 向路由器 A 发送 Hello 报文,路由器 A 收到该报文后,将 B 计入自己的邻居表。这时两台路由器建立了邻接关系,进入了 Two-Way 状态。

(3) 若两台路由器是使用以太网接口连接的,说明它们工作在广播网络中,形成邻居表后要选举 DR。两者通过交换 Hello 报文选举出 DR,这个过程中的路由器处于 Exstart 状态。这里假设 A 和 B 的优先级相同,B 的 IP 地址大于 A,则 B 为 DR。

(4) DR 通过数据库描述报文将自己的链路状态数据库发送给非 DR,非 DR 再将自己的链路状态数据库发送给 DR,这样,DR 和非 DR 就相互交换了网络拓扑信息。这个过程中的路由器处于 Exchange 状态。

(5) 如果路由器 A 对某一条链路的信息不清楚,可以向 DR 发送链路状态请求报文。DR 向 A 返回链路状态更新报文,包含该链路信息。A 收到 DR 的链路状态更新报文后,向 DR 返回链路状态确认报文。路由器 A 如果还需要链路信息,还可再向 DR 发送请求。这个过程中的路由器处于 Loading 状态。

(6) Loading 状态之后,路由器学习到了完整的网络拓扑,进入 Full 状态。只有达到了 Full 状态,路由器才会根据拓扑结构表计算路由表。在达到 Full 状态之前,路由器没有路由能力。

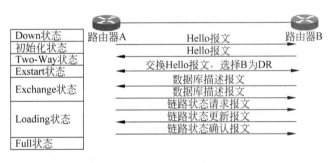

图 4-26 OSPFv2 协议的基本步骤

当由于某个路由器或链路的变化而引起网络拓扑结构变化时,邻居结点会根据 Hello 报文发现这个变化,然后使用扩散法向整个网络发送链路状态更新报文,包含发生变化的链路状态通告 LSA。各个路由器收到链路状态通告后,修改自己的拓扑结构表,重新计算路由表。这样,运行 OSPFv2 协议的路由器就根据网络的动态变化快速修改了自己的路由表。

5. OSPFv3 协议 *

OSPFv3 协议的设计思路和工作机制与 OSPFv2 基本一致,具体表现在:两者具有相同的报文类型、相同的区域划分方法、相同的路由计算方法、相同的邻居发现和邻接关系形成机制、相同的链路更新机制、相同的 DR 选举机制等。

为了能在 IPv6 网络中运行,OSPFv3 也对 OSPFv2 做出了一些改进,主要不同之处表现在以下几个方面。

(1) OSPFv2 是基于网络运行的,链路所连接的接口必须在同一个子网内。OSPFv3 是基于链路运行的,一个链路可以划分为多个子网,链路所连接的接口即使不在同一个子网内,也可以直接通话。

（2）一条链路上可以运行多个 OSPFv3 实例（Instance），以实现链路复用并节约成本。在如图 4-27 所示的网络中：R1、R2、R4 运行 OSPFv3 实例 1，相互建立邻接关系；R2、R3、R5 运行 OSPFv3 实例 2，相互建立邻接关系。

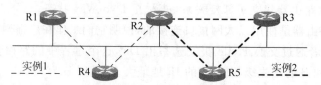

图 4-27　OSPFv3 多实例链路

（3）OSPFv3 不再提供认证功能，而是通过使用 IPv6 的安全机制来实现自身报文的认证。所以，OSPFv2 报文中的认证字段，在 OSPFv3 报文头中被取消，如图 4-28 所示。

图 4-28　OSPFv3 协议报文的结构

（4）OSPFv3 中的 Router ID、Area ID 和 LSA 链路状态 ID 值仍然使用 32 比特表达，而不能使用 IPv6 地址表示。OSPFv3 也总是使用 Router ID 来标识邻接路由器的身份，而 OSPFv2 会根据路由器 IP 地址确认邻接路由器的身份。

（5）比较图 4-28 和图 4-25 还可以看出，OSPFv3 首部长度为 16 字节。除了将首部的版本号字段值从 2 升级到 3 外，还增加了实例 ID 字段，用来支持在同一条链路上运行多个实例。如果路由器接收到的 Hello 报文的实例 ID 与当前接口配置的实例 ID 不同，将无法建立邻居关系。

（6）OSPFv3 的 LSA 扩散范围不但可以在整个区域内，还可以被限制在链路本地范围甚至整个自治系统范围。LSA 依据其类型字段值确定在什么范围内散播。

另外，OSPFv3 还对 LSA 报文和 Hello 报文的结构进行了一些修改，具体可以参考 RFC 2740，这里不再详细介绍。与 OSPFv2 相比，OSPFv3 的基本原理并未发生变化，所有的修改主要是为了保证 OSPFv3 可以在 IPv6 网络更好地运行。

6. OSPF 协议特点

作为一种链路状态路由协议，OSPF 的优势是十分明显的。首先，它克服了 RIP 的许多缺陷，不会产生路由环路，收敛速度快，能够在最短的时间内将路由变化传递到整个自治系统。其次，OSPF 使用自治系统划分区域的方法，大大减少了需要传递的路由信息数量，也使得路由信息不会随网络规模的扩大而增加。第三，OSPF 协议自身的开销很小，可以适应规模较大的网络。另外，OSPF 还具有良好的安全性，支持基于接口的认证。

OSPF 也有一些缺点。首先，它的实现方法比 RIP 复杂，由于每个路由器都要存储整个区域的拓扑结构，并且要计算到达各个网络的最短路径，所以对路由器的性能要求较高。早期性能较差的路由器实现 OSPF 协议还是有些困难的，但这些性能要求对现代路由器来说已经不成问题了。另外，OSPF 的配置相对复杂、路由负载均衡能力也较弱。这些缺点并不会对 OSPF 协议的应用产生很大影响，其凭借突出的优势成为目前 Internet 上最主要的内部网关路由协议。

4.3.4 外部网关协议 BGP*

BGP(Border Gateway Protocol,边界网关协议)是一种用于自治系统之间的动态路由协议。当前使用的版本 BGPv4,已经成为事实上的 Internet 外部网关协议标准,被广泛应用于 ISP(Internet Service Provider)之间的路由选择。下文的 BGP 就是指 BGPv4。

1. BGP 的基本概念

BGP 也是一种距离向量路由协议,但是比起 RIP 等典型距离向量协议,又有很多增强的性能。作为一种外部网关协议,BGP 的着眼点不在于发现和计算路由,而在于控制路由的传播和选择较佳路径。

每个自治系统内至少有一个路由器作为该自治系统的"BGP 发言人",BGP 发言人往往就是自治系统的边界路由器,但也可以不是自治系统的边界路由器。BGP 发言人之间可以被不使用 BGP 的路由器隔开,通过建立 TCP 连接来交换路由信息。这是因为 BGP 在内部网关协议之上工作,所以通过 BGP 连接的路由器能被多个运行内部网关协议的路由器分开。

BGP 路由器之间的连接模式有两种:IBGP(Internal BGP)和 EBGP(External BGP),如图 4-29 所示。同一个自治系统内部路由器之间的 BGP 连接称为 IBGP,自治系统之间路由器的 BGP 连接称为 EBGP。当路由器通过 EBGP 接收到更新信息时,它会对这个更新信息进行处理,并发送到所有的 IBGP 及余下的 EBGP 对等体;而当路由器从 IBGP 接收到更新信息时,它会对其进行处理并仅通过 EBGP 传送,而不会向 IBGP 传送。

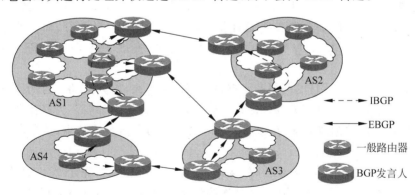

图 4-29 BGP 发言人之间的连接

BGP 将自治系统作为一个整体,BGP 发言人所交换的路径信息就是到达某个网络所经过的自治系统。路由信息在通过 IBGP 链路时不会发生改变,而在通过 EBGP 链路时就会发生变化。在自治系统内部,通过 IBGP 连接的路由器有相同的 BGP 路由表。

2. BGP 报文的结构

BGP 报文需要使用 TCP 进行传输,封装在 TCP 数据包内,并且使用相同的报文头,其结构如图 4-30 所示。

图 4-30　BGP 报文的结构

BGP 报文首部由标记、长度和类型三个部分组成。标记字段用于标识 BGP 报文的边界,所有位均为 1;长度字段用于标识整个 BGP 报文的总长度;类型字段用于标识 BGP 报文的类型。BGP 报文有以下 5 种类型。

(1) Open 报文:用在 BGP 路由器之间建立连接关系,它是 TCP 连接建立后发送的第一个报文。该报文的内容部分包括本自治系统的编号、连接保持时间、BGP 路由器的标识符以及一些可选参数。

(2) Update 报文:用在 BGP 路由器之间交换路由信息。它既可以发布可达路由信息,也可以撤销不可达路由信息。该报文的内容部分包括发布或撤销的路由信息。

(3) Notification 报文:当 BGP 检测到错误状态时,就向其他 BGP 路由器发送该报文,之后 BGP 连接会立即中断。该报文的内容部分包括错误的类型。

(4) Keepalive 报文:BGP 路由器会周期性地向其他 BGP 路由器发送该报文,用来保持连接的有效性。该报文没有内容部分。

(5) Route-refresh 报文:用来要求其他 BGP 路由器重新发送指定地址族的路由信息。该报文的内容部分包括指定地址族的标识。

3. BGP 的运行

BGP 发言人的主要任务是从到达目的网络的多条路径中选出一条较佳路径,然后将它通知给所有的 BGP 邻居。在传统的距离向量协议 RIP 中,每条路径只有跳数一个度量标准,不同路径的比较简化为值的比较,这样就可以选定最优的一条路径,而其他路径不用保存。自治系统间的路由复杂,没有共同认可的度量标准,自治系统间的 BGP 不能确定绝对的最优路径。

BGP 发言人会将到达目的网络的所有路径都保存下来,给到达同一目的网络的每条路径定义一个优先级,BGP 发言人选择优先级最高的路径发送给邻居。为路径分配优先级的标准有多种,最常用的标准是自治系统的数目,路径上的自治系统越少,该条路径的优先级越高。

BGP 使用 TCP 作为其传输层协议(端口号 179)。在通信时,先建立 TCP 连接,这样数据传输的可靠性就由 TCP 来保证。TCP 连接建立后,再通过交换 Open 报文来确定连接参数。BGP 连接关系建立时交换的路由信息将包括所有的 BGP 路由条目。

初始化交换完成以后,当路由条目发生改变或者失效的时候,会发出增量的触发式路由更新。路由更新都是由 Update 报文来完成的。只有在路由表发生变化时,才更新发生变化的路由条目,而并不发出周期性的 Update 报文。当没有路由更新传送时,BGP 连接用 Keepalive 报文来验证连接的可用性。由于 Keepalive 报文很小,这也可以节省大量带宽。在协商发生错误时,BGP 会向双方发送 Notification 报文来通知错误。

4. IPv6 BGP

BGP-4 只能管理 IPv4 的路由信息,为了提供对 IPv6 协议的支持,IETF 对 BGP-4 进行了扩展,就形成了 IPv6 BGP。BGP 在纯 IPv6 环境下的消息机制和路由机制与 IPv4 环境下基本一致,这里不再详细介绍。BGP 连接的范围很大,在 IPv4 向 IPv6 过渡的阶段,经常会有 IPv4 与 IPv6 混合的环境,这种情况下 BGP 是如何应用的呢? 例如,图 4-31 的网络环境中,双协议栈结点 R2 和 R4 通过隧道技术将两个 IPv6 网络互联,BGP 的使用可以分为以下几种情况。

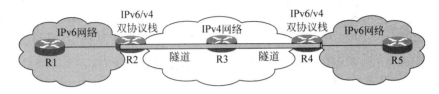

图 4-31　跨越 IPv4 网络使用隧道技术互联的 IPv6 网络

（1）当 IPv6 结点 R1 和 R5 间使用 BGP 时,双方均采用 IPv6 地址进行通信。IPv6 BGP 报文在 IPv4 网络直接使用隧道进行传输,R1 和 R5 不知道 IPv4 网络的存在,对它们来说等同于纯 IPv6 环境。

（2）当 IPv6 结点 R1 和双协议栈结点 R4 间使用 BGP 时,也要采用上述方式。

（3）当 IPv4 结点 R3 和双协议栈结点 R4 间使用 BGP 时,要采用 IPv4 建立 BGP 会话时,情况与上述纯 IPv6 环境有所不同。此时,BGP 能够控制 R2 和 R3 间的隧道,比单纯 IPv6 环境中的应用更有意义。

（4）当双协议栈结点 R2 和 R4 间使用 BGP 时,两者可以采用 IPv6,与纯 IPv6 相同;两者也可以采用 IPv4,与上述方式相同。

（5）当 IPv6 结点 R1 和 IPv4 结点 R3 间使用 BGP 时,必须要经过双协议栈结点 R2 将路由信息汇总和转换,无法直接建立连接。

5. BGP 特点

BGP 交换路由信息的结点数量级是自治系统的数量级,每个自治系统中 BGP 发言人的数目很少,这就使得自治系统之间的路由交换和路由选择都不会太复杂。BGP 使用 TCP 作为承载协议,提高了它的可靠性。BGP 还支持 CIDR,并且只发送更新的路由,路由交换所占用的网络资源较少,能够在 Internet 上大规模使用。另外,BGP 提供了丰富的路由策略,易于扩展,能够适应网络的发展。

4.3.5　IP 多播路由协议[*]

1. 多播路由协议的类型

同一个物理网络上的主机和路由器使用 IGMP 就可以实现多播,但在互联网上的各路由器之间实现多播就需要使用多播路由协议了。多播路由的目标就是在互联网上的发送源和多播组成员之间构造一棵树,多播数据流就可以通过这棵树从发送源传输到所有组成员。

随着因特网的发展,视频直播(VOB)、视频点播(VOD)、电视会议、远程教学等业务越来越多,使用单播方式承载这些业务会浪费大量的带宽。多播使用树状传输路径,在分支结点将数据包向多个接口发送相同的拷贝,这样不但可以减少带宽的占用,降低网络负载,而且可以减轻服务器负载,如图 4-32 所示。

多播树主要有最短路径树和 Steiner 树两种类型。

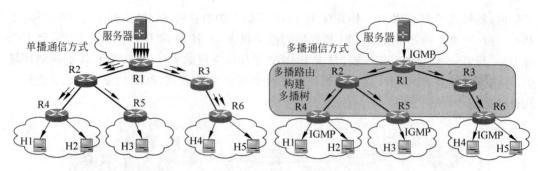

图 4-32 单播和多播通信的比较

- 最短路径树是指从源结点到目的结点的每条路径的长度都最小,该树可以保证源结点到每个结点的时延最小。最短路径树求解比较容易,下文所述的几种协议构建的多播树都属于这种类型。
- Steiner 树是以源结点为根包含所有目的结点的链路总和最小的树,该树可以保证占用的总资源最小、总费用最低。如果 Steiner 树包含网络中的所有结点,则该树就转化成了最小生成树。Steiner 树可用来解决树的最优化问题,能够充分发挥多播通信的优势。但是,Steiner 树求解比较复杂,需要使用启发式算法进行求解,相关研究虽然已经很多,却还没有形成标准的算法。

要确定多播路由,首先要收集网络中的相关状态信息。路由算法就是在这些信息的基础上确定的。多播路由协议可以分为密集模式和稀疏模式两种基本类型。

- 密集模式的多播路由协议假设多播组成员在网络中分布得十分密集,也就是说,网络大多数的子网都至少包含一个多播组成员。密集模式的多播路由协议依赖于广播技术将数据"推"向网络中所有的路由器。距离向量多播路由协议(Distance Vector Multicast Routing Protocol,DVMRP)、多播开放最短路径优先协议(Multicast Open Shortest Path First,MOSPF)和密集模式独立多播协议(Protocol-Independent Multicast-Dense Mode,PIM-DM)等都属于密集模式的多播路由协议。
- 稀疏模式的多播路由协议假设多播组成员在网络中是稀疏分散的,并且网络不能提供足够的传输带宽。在这种情况下,使用密集模式常用的广播方法就会浪费大量的网络资源,IP 多播路由协议必须依赖于具有路由选择能力的技术来建立和维持多播树。基于核心树的多播协议(Core Based Tree,CBT)和稀疏模式独立多播协议(Protocol-Independent Multicast-Sparse Mode,PIM-SM)等都属于稀疏模式的多播路由协议。

2. 距离向量多播路由协议

DVMRP 是第一个多播路由协议,已经被广泛地应用在多播骨干网上。DVMRP 为每个发送源和目的组构建不同的多播树。每个多播树都是一个以发送源作为根、包含所有目的结点、以"跳数"为度量参数的最短路径树。当一个发送源要向多播组中发送消息时,DVMRP 就根据这个消息建立一个多播树,并且使用"广播和修剪"技术来维护这个多播树。

协议的"广播"功能可以将多播分组沿着多播树传送到各组成员。当一个路由器接收到一个多播分组时,先检查它的单播路由表,查找到达发送源的最短路径的接口。如果该接口就是接收到这个多播分组的接口,那么路由器就将这个多播组信息记录到它的内部路由表上,并且将这个多播分组向除了接收接口以外的其他接口转发。如果该接口不是接收到这个多播分组的接口,那么这个分组就被丢弃。这种机制被称为"反向路径广播"(RPB)机制,它是该协议中的广播技术部分。

协议的"修剪"功能可以将不能到达多播组成员的多播树分支拆除。当一个路由器通过 IGMP 发现它所连的子网上没有主机属于这个多播组时,就发送一个修剪消息给它的上行路由器。同时,该路由器必须更新它的路由表,以表明这个分支已经从这个多播树中被删除。这个过程不断重复,直到所有的无用分支都从树中删除,从而得到一个最短路径树。这就是该协议中的修剪技术部分。

图 4-33 给出了一个 DVMRP 多播树的构建和修剪的例子。路由器 R1 收到源结点发送的多播分组后,向 R2 和 R3 转发。R2 检查它的单播路由表,确定 R1 在它到源结点的最短路径上,向 R3、R4、R5 转发该多播分组。R3 发现 R2 不在自己到源结点的最短路径上,丢弃该多播分组。其他路由器也经过类似的操作,最后就得出了图中粗线表示的多播树,以后的多播分组就沿着该树从源结点传送到各个多播组成员。当 H6 退出多播组时,R7 可以根据 IGMP 发现其所连的子网中没有了多播组成员,就向 R3 发送消息修剪掉该分支。

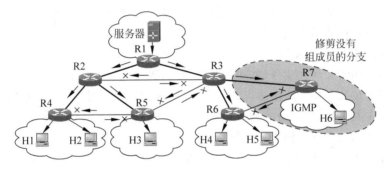

图 4-33 DVMRP 多播树的构建和修剪

如果网络上的多播组成员分布不够密集,DVMRP 产生的周期性广播行为会占用过多的网络带宽,路由器中存储的大量多播路由状态信息也会占用过多的路由器资源。所以,DVMRP 只能用于多播组成员分布十分密集的网络,而对于多播组成员分布比较稀疏的网络不能使用该协议。

3. 多播开放最短路径优先

MOSPF 只是 OSPF 的延伸。每个 MOSPF 路由器通过 IGMP 收集其所连子网内的多播组成员信息,然后将这些信息作为 OSPF 链路状态通告的一部分,转发给区域内的其他路由器。每个路由器根据其他路由器发送的链路状态通告,构建整个区域的拓扑结构,并且使用 Dijkstra 算法独立地计算出以源结点为根、包含所有多播组成员的最短路径树。这个树就是多播流从发送源传送到多播组成员的路径。由于区域内所有路由器共享相同的链路状态信息,它们计算出的多播树也相同。

为了减少计算量并有效使用计算结果,路由器只需要在它接收到第一个多播分组时计算多播树。一旦这个多播树计算完成,其信息就被存储下来,用于作为后继多播分组的路由。所以,MOSPF 会给第一个多播分组带来较大的时延。MOSPF 也支持多个 OSPF 区域之间的多播,并使用 OSPF 区域的边界路由器,在 OSPF 之间转发 IGMP 组成员信息和多

实用计算机网络教程

播分组。

MOSPF 不能脱离 OSPF 协议,因为 OSPF 是 Internet 上使用最多的单播路由协议,MOSPF 有它推广使用的网络环境。另外,MOSPF 还有 OSPF 对网络拓扑变化快速反应的能力。但是,MOSPF 对路由器资源的消耗较大,随着网络中多播组数量的不断增加,这种消耗也会迅速增加。

4. 独立多播密集模式协议

独立多播协议(Protocol Independent Multicast,PIM)是指不依赖于任何单播协议就能够在 Internet 上运行的多播路由协议。PIM 有两种运行模式:一种是密集模式(Dense Mode)的 PIM,另一个是稀疏模式(Sparse Mode)的 PIM,分别称为 PIM-DM 和 PIM-SM。

PIM-DM 与 DVMRP 类似,也使用"反向路径广播"(RPB)机制来构建以源结点为根的多播树。两者之间的主要区别是 PIM-DM 不依赖于单播路由算法,并且比 DVMRP 简单。在树的构建阶段,DVMRP 能根据单播路由协议提供的拓扑数据,有选择地转发收到的分组;而 PIM-DM 则更加侧重于简单性和独立性,甚至不惜增加分组复制所引起的额外开销。由于 PIM-DM 不依赖于任何单播路由协议,在树的构建阶段,路由器会将某个接口接收到的多播分组在其他所有接口转发。直到不需要的分支从树中修剪掉后,PIM-DM 路由器才会将多播分组在选择的接口转发。

5. 基于核心树的多播协议

当多播通信用于互动式业务(如视频会议、互动游戏等)时,一个多播组中会有多个有效的发送源。与上述几种多播路由协议为每个"发送源、目的组"对构建最短路径树不同,CBT 协议只构建一个共享树,该树上的数据传输是双向的,以整个多播组任意一个组成员为源结点的数据流都使用这个共享树进行传输。

CBT 共享树由一个核心路由器 RP(Rendezvous Point)来构建,如图 4-34 所示。要加入 CBT 的路由器向 RP 发送加入请求,RP 接收到这个请求后,沿原路径返回一个确认消息,以构建树的一个分支。加入请求不需要一直被传送到 RP,如果加入请求在到达 RP 之前先到达了树上的某个路由器,该路由器也可以接收下这个请求并返回确认消息。接收到确认消息的路由器就这样被连接到了共享树上。

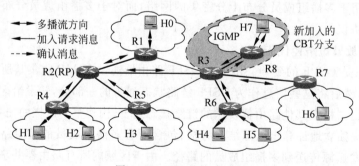

图 4-34　CBT 的构建过程

CBT 可以将多播流集中在最少数量的链路上,极大地减少了路由器的转发状态。但是,这种方式容易出现单点失效,并且会引起负载不均。有些算法对 CBT 进行了改进,支持多个 RP 以实现负载均衡。

6. 独立多播稀疏模式协议

和 CBT 相似,PIM-SM 也可以使用共享树来传递多播流,两者的不同之处在于 PIM-SM 共享树是单向的。PIM-SM 共享树也围绕一个核心路由器 RP 来构建,如图 4-35 所示。

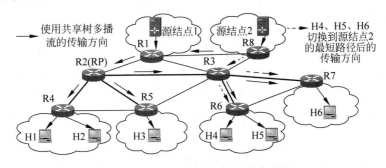

图 4-35　PIM-SM 共享树的构建过程

PIM-SM 协议首先为多播组构建一个以 RP 为根的共享树。这个树由连接到 RP 的源结点和多播组共同构建,就像 CBT 协议围绕着 RP 构建的共享树一样,它可能不会是源结点到多播组的最短路径。共享树建立以后,源结点先将多播流发送到 RP,然后通过 RP 将多播流传输到多播组的各个接收者。如果接收者对时延有要求,可以选择最短路径,改变到源结点的连接,这样多播流就按最短路径树传送。

PIM-SM 协议还定义了一些状态机制来周期性地更新系统状态,使之能够适应网络拓扑的改变和组成员的改变。虽然 PIM-SM 依赖于单播路由表来适应网络拓扑的改变,但它不依赖于构造这些路由表的特定单播路由协议。共享树和最短路径树各有优缺点,PIM-SM 支持这两种树,接收者可以灵活地选择是构建共享树还是最短路径树。

密集模式协议构建的多播树和稀疏模式构建的多播树之间具有不相容性。如果构建一个广域网上稀疏分布、但在部分网络中密集分布的多播树,就需要一种机制可以从密集多播组扩展到稀疏多播组,以获得加入请求。PIM 可以设立边界路由器,向稀疏多播组发送外来的加入请求,这种解决办法可以使 PIM-SM 和其他密集模式的协议具有互通能力。

目前,IP 多播路由协议尚未完全标准化,其应用范围还不够大。随着各类实时多媒体业务的推广,网络对于多播通信的要求也越来越紧迫。多播路由协议的大规模使用将会从根本上改变网络的结构。

4.4　路由与交换

通过本章和第 3 章的说明,我们可以看出,路由与交换是分别属于第三层(网络层)和第二层(数据链路层)的数据包转发技术,路由在互联网范围内使用,而交换只用在网络内部。路由是路由器根据数据包的三层地址(IP 地址)查找路由表进行分组转发的,这就需要路由器对帧进行拆封,读取三层首部(IP 首部)中的 IP 地址,然后把它重新封装成帧,再在相应的接口进行转发。交换是交换机根据数据包的二层地址(MAC 地址)查找转发表进行帧转发的,交换机不需要对帧进行改动,直接根据帧的目的 MAC 地址进行转发即可。

由于路由器要根据目的 IP 地址查询路由表,还要对帧进行拆封和重封装,所以转发速率相比于交换机要低得多。能否将路由技术和交换技术相结合,以提高其数据包的转发速度呢?答案是肯定的。本节将重点介绍结合两者优势的三层交换和多协议标记交换(MPLS)技术,然后说明两种应用广泛的三层技术虚拟专用网(VPN)和网络地址翻译(NAT)。

4.4.1 三层交换

在 3.4.2 节中提到,为了便于管理、控制"广播风暴",通常将物理网络划分成多个 VLAN。不同 VLAN 的主机位于不同子网内,按照传统方法要用路由器进行连接,图 4-36 给出了这种连接的一个示例。VLAN10 内的主机 H1 通过路由器向 VLAN20 内的主机 H2 发送 IP 分组,主要经过以下几个步骤。

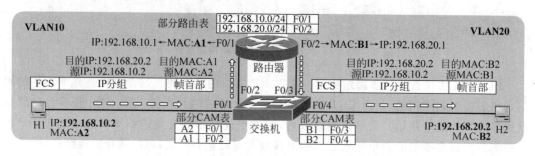

图 4-36 使用路由器连接的两个 VLAN

(1) H1 检查到 IP 分组目的地址(192.168.20.2/24)与源地址(192.168.10.2/24)不在同一个子网后,先要把该分组发送到该子网的网关(192.168.10.1/24)。假设 H1 已通过 ARP 得到了网关的 MAC 地址 A1,则它要把该 IP 分组封装到源 MAC 地址为 A2(H1 的 MAC 地址)、目的 MAC 地址为 A1 的以太网帧中,然后向交换机转发。

(2) 交换机收到 H1 发送的帧后,根据帧的目的 MAC 地址 A1 查找 VLAN10 的 CAM 表,得知 MAC 地址为 A1 的接口连接在交换机的 F0/2 端口上,便将该帧在 F0/2 端口转发出去。

(3) 路由器收到该帧后,去掉帧的首部和尾部,读取分组的目的 IP 地址,根据该地址查询路由表,得知目的主机所在的子网与端口 F0/2 相连。假设路由器已通过 ARP 得到了 H2 的 MAC 地址 B2,则它把该 IP 分组的 TTL 字段减1,重新计算校验和,再将分组封装到源 MAC 地址为 B1(路由器 F0/2 端口的 MAC 地址)、目的 MAC 地址为 B2 的新以太网帧中,然后将该新帧向交换机转发。

(4) 交换机收到路由器 F0/2 端口发送过来的帧后,根据帧的目的 MAC 地址 B2 查找 VLAN20 的 CAM 表,然后通过 F0/4 端口将帧转发到目的主机 H2。

若使用路由器连接 VLAN10 和 VLAN20 两个子网,主机 H1 发往 H2 的所有 IP 分组都要经过与上述步骤相同的处理过程,路由器的查表和重新封装帧会占用大量资源,这就降低了分组的转发速度。

三层交换也称为 IP 交换,它将第二层的交换技术和第三层的路由技术相结合,利用第三层协议中的信息来加强第二层的交换功能。使用三层交换技术的交换机称为三层交换机,三层交换机一般有路由引擎和三层交换引擎两类引擎。路由引擎相当于网络中的路由器,负责处理每个数据流的第一个帧,协助三层交换引擎在第三层的 CAM 表中建立快速转发记录。三层交换引擎依据三层 CAM 表中的快速转发记录,快速重新封装并转发数据流的其余帧。三层 CAM 表以 IP 地址为索引,包括目的 IP 地址、下一跳 MAC 地址、端口号等信息。

　　三层交换机收到一个以太网帧后,如果在三层 CAM 表中找到了一条匹配记录,则会由三层交换引擎对帧进行一些处理(例如目的 MAC 与源 MAC 替换、TTL 减 1、重新计算校验和、重新封装帧等),然后将它从表中指定的端口转发出去。如果未在三层 CAM 表中找到匹配记录,则会通过路由引擎查找路由表,使用传统路由方法处理 IP 分组,并将相关信息记录到三层 CAM 表中。以后再收到目的地址是该地址的 IP 分组,就由三层交换引擎对帧进行转发,而不必再把它交给路由引擎处理。三层交换使用这种"一次路由、多次交换"的数据包处理方式,大大提高了转发速度。

　　目前,同一物理网络不同 VLAN 的主机一般都使用三层交换机(而不是路由器)进行连接,图 4-37 给出了这种连接的一个示例。在该示例中,需要给三层交换机的 VLAN10 和 VLAN20 分别设置 IP 地址 192.168.10.1 和 192.168.20.1,交换机也会自动为两个 VLAN 分配 MAC 地址 A1、B1。主机 H1 通过三层交换机向 H2 发送 IP 分组要经过以下几个步骤。

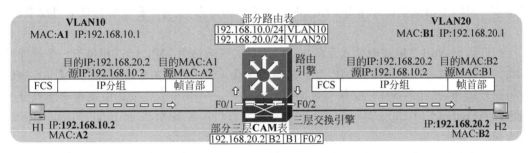

图 4-37　使用三层交换机连接的两个 VLAN

　　(1) H1 先要将目的地址为 192.168.20.2 的 IP 分组发送到该子网的网关 192.168.10.1(即 VLAN10 的 IP 地址),这就要把该 IP 分组封装到源地址为 A2(H1 的 MAC 地址)、目的地址为 A1(VLAN10 的 MAC 地址)的以太网帧中,然后向三层交换机转发。

　　(2) 三层交换机收到 H1 发送的帧后,根据它的目的 MAC 地址确定它是发到网关的,说明该帧内部的 IP 分组要送到外网。于是使用三层交换引擎,去掉帧的首部和尾部,根据分组的目的 IP 地址查询三层 CAM 表。

　　(3) 如果分组是发往 H2 的首个 IP 分组,那么在三层 CAM 表中就找不到相应记录,三层交换引擎会将它交给路由引擎处理。路由引擎使用上述传统的路由方法,确定 IP 分组应该转发给 VLAN20,便将它的 TTL 字段减 1 并重新计算校验和,再返回给三层交换引擎。三层交换引擎把该 IP 分组封装到源地址为 B1(VLAN20 的 MAC 地址)、目的地址为 B2(H2 的 MAC 地址)的以太网帧中,然后从 F0/2 端口发往 H2。三层交换引擎同时还要将目的 IP 地址、封装新帧用的目的 MAC 地址和源 MAC 地址、转发端口等信息存储到三层 CAM 表中。

　　(4) 如果分组是发往 H2 的非首个 IP 分组,那么就会在三层 CAM 表中找到相应记录。三层交换引擎直接把 IP 分组的 TTL 字段减 1 并重新计算校验和,再使用查表所得的 B2 作为目的 MAC 地址、B1 作为源 MAC 地址,将 IP 分组重新封装到以太网帧中,然后从 F0/2 端口发往 H2。

三层交换技术还可以使用硬件来处理包交换和重写帧头,分组的转发速率得到了极大提高。三层交换不但成为 VLAN 之间互联的主导技术,而且在骨干层、汇聚层一直到边缘接入层网络中都有着广泛应用。目前,凡是没有广域网联接需求,同时又需要路由器的地方,三层交换机都逐步代替了二层交换机。

4.4.2 多协议标记交换 MPLS

MPLS(Multi-Protocol Label Switching,多协议标记交换)是一种使用标记机制的交换技术,它通过简单的二层交换来集成三层路由控制。所谓多协议是指 MPLS 支持多种网络层协议(例如 IPv4、IPv6、IPX 等),而且与多种链路层技术(例如以太网、PPP、帧中继、ATM 等)兼容;所谓标记交换是指 MPLS 给要转发的报文附上标记,然后根据标记进行转发。MPLS 吸收了 ATM 虚电路交换的一些思想,集成了 IP 路由技术的灵活性和二层交换的简捷性,在无连接的 IP 网络中增加了面向连接的属性。使用 MPLS 技术可以消除网络的路由瓶颈,能够为上层业务提供 QoS 保证,并且支持流量控制和流量管理,便于虚拟专网技术的实现。MPLS 的这些优势与 Internet 的迫切需求相符合,成为一种重要的骨干网技术。

1. 基本概念

一些运行 MPLS 协议的结点互联在一起组成的区域称为 MPLS 域,相当于一个管理域或自治系统。域内的结点能被 MPLS 控制协议发现并建立邻接关系,可以使用 MPLS 协议进行路径选择,并且具备标记交换与数据包转发功能。MPLS 结点按其位置和功能可分为内部结点(Label Switching Router,LSR)和边缘结点(Label Switching Edge Router,LER)两大类。

LSR 是 MPLS 域内的核心交换机,它提供标记交换和标记分发功能。LER 在 MPLS 域的边缘,进入到 MPLS 域的数据包由 LER 分为不同的 FEC(Forwarding Equivalence Class,转发等价类),并根据这些 FEC 为数据包分配相应的标记;离开 MPLS 域的帧由 LER 去掉标记还原为原始的数据包。LER 的功能比 LSR 强大,除了具有标记交换和分发功能外,还有流量分类、标记的映射和移除功能。LER 一定是 LSR,但是 LSR 不一定是 LER。

转发等价类 FEC 也是 MPLS 的一个重要概念。LER 将具有相同目的地、相同转发路径且相同服务等级的分组归到一个转发等价类 FEC 中,分配相同的标记,在 MPLS 域中使用相同的方法处理。一个 FEC 的数据流在 MPLS 域经过的路径称为一个 LSP(Label Switched Path,标记交换路径),它是一系列 LSR 的集合。

2. 帧的转发过程

当 IP 分组到达 MPLS 域边缘的一个 LER 时,LER 分析 IP 分组的首部,并且按照它的目的地址和服务类型字段加以区分,映射到相应的 FEC 中。LER 根据标记信息库中为 FEC 分配的标记,将 IP 分组封装到 MPLS 帧中,向下一跳的 LSR 转发。

LSR 收到 MPLS 帧后,根据它的标记在标记信息库中查找相应记录,得到新标记与下一跳接口。LSR 用新标记替换旧标记,封装成新的 MPLS 帧,向下一跳转发。当帧到达 MPLS 域的另一端后,边缘的 LER 去掉 MPLS 帧首部,按照 IP 路由方式将分组向目的地传送。

图 4-38 给出了一个帧在 MPLS 域中的转发过程,该过程主要包括以下几个步骤。

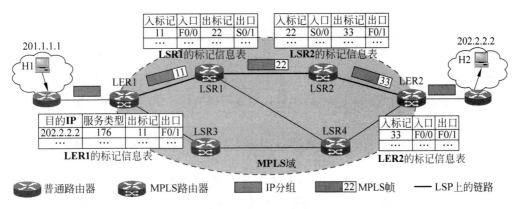

图 4-38　MPLS 帧的转发过程

（1）LER1 收到发往 202.2.2.2 的 IP 分组后,根据目的 IP 和服务类型查询标记信息表,将它封装在标记为 11 的 MPLS 帧中,然后将它通过 F0/1 接口发送到 MPLS 域内。

（2）LSR1 在 F0/0 接口收到标记为 11 的 MPLS 帧后,根据标记信息表中的查询结果,将帧的标记替换为 22,然后在 S0/1 接口转发。

（3）LSR2 在 S0/0 接口收到标记为 22 的 MPLS 帧后,根据标记信息表中的查询结果,将帧的标记替换为 33,然后在 F0/1 接口转发。

（4）LER2 在 F0/0 接口收到标记为 33 的 MPLS 帧后,根据标记信息表中的查询结果,将首部去掉,并将里面的 IP 分组封装到以太网帧中,在 F0/1 接口将其转发出 MPLS 域。

从帧的转发过程可以看出,LER 在收到 IP 分组后,就确定了它在 MPLS 域内的转发路径。这种"由入口 LER 进行路由选择"的方式称为显式路由,它和传统的"逐跳进行路由选择"的方式有很大区别。MPLS 通过显式路由方法减少了负载较重的网络核心路由器的处理步骤,提高了核心网络的数据包转发速率。MPLS 还可以通过硬件技术对打上标记的数据包进行转发,不需要上升到三层查找路由表,这样也会提高网络的数据包转发速率。

3. 帧的结构

MPLS 帧可以封装在多种数据链路层帧内部,在多种网络上传输,而 MPLS 帧承载的数据内容是 IP 或 IPX 分组。这就需要在数据包的数据链路层首部和网络层首部之间插入 MPLS 帧首部,放入 MPLS 标记。图 4-39 中给出了以太网中传输 IP 分组时使用 MPLS 技术的例子,说明了 MPLS 帧的结构。

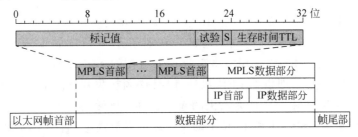

图 4-39　MPLS 帧的结构

MPLS 帧首部总长度为 32 位,包括以下几个字段。

- 标记值(20 位):表示 MPLS 可以使用的标记。从理论上讲,这 20 位的标记可以标识 2^{20} 个数据流。
- 试验(3 位):可以用于定义帧的优先级,支持语音、视频、数据等不同的服务类型,类似于 IP 首部的 TOS 字段。
- S(1 位):用于表示当前标记是否属于标记栈底。"1"表示是,"0"表示不是。
- TTL(8 位):Time-To-Live,用于防止帧传输时出现环路,和 IP 首部中的 TTL 字段含义相同。

一个 MPLS 帧可以有多个帧首部,每个首部有一个标记,这些首部中的标记形成一个标记栈。标记栈主要在 MPLS 嵌套域中使用。所谓嵌套域是指 MPLS 域内还有 MPLS 域,如图 4-40 所示。当帧从一个 MPLS 域进入其内部的 MPLS 域时,就在 MPLS 帧的前面再加上一个具有新标记的帧首部,即新标记入栈;当该帧离开内部 MPLS 域时,再将新加的帧首部去掉,即标记出栈。在图 4-40 的示例中,帧在 MPLS 域 1 进入 MPLS 域 2 时,加入新的标记 11;当帧由 MPLS 域 2 回到 MPLS 域 1 时,新加的帧首部被去掉,原始帧被还原。

图 4-40 MPLS 嵌套域与标记栈

4. 标记分发*

标记是 MPLS 路由器转发帧的依据,那 LSR 是如何获得这些标记的呢?这就需要在帧转发之前,使用标记分发协议为 LSP 上的各个 LSR 分配标记。标记分发协议是 MPLS 的控制协议,它负责 FEC 的分类、标记的分配以及 LSP 的建立和维护等一系列操作。标记分发协议有多种类型:有专为标记分发而制定的协议,例如 LDP(Label Distribution Protocol)、CR-LDP(Constraint-Routing LDP)等;有当前协议扩展后支持标记分发的协议,例如 MP-BGP、RSVP(Resource Reservation Protocol)等。这里仅对使用比较多的 LDP 进行简要介绍。

使用 LDP 为数据流分配标记与使用路由协议计算路由密切关联。在转发数据流的第一个 IP 分组之前,LSR 都要使用路由协议计算它的下一跳,然后再为数据流分配标记。LDP 独立于网络层的主要路由协议,可以使用多种路由协议的计算结果来进行标记分发。LSR 通过使用 LDP 把网络层的路由信息直接映射到数据链路层的交换路径,在 MPLS 域中建立 LSP。

LDP 一般使用数据流下游 LSR 通知上游 LSR 的方式捆绑标记,即标记是由下游 LSR 指定的,标记的捆绑方向是由下游到上游的。在如图 4-38 所示的 LSP 中,LER2 将它为 LSP 分配的标记 33 通知 LSR2,LSR2 将它为 LSP 分配的标记 22 通知 LSR1。LDP 标记分发一般使用有序方式进行,即指除 LER 以外,LSR 必须在收到下游 LSR 的标记映射,才能向上游 LSR 发布标记映射。LER 是路由的起发点,标记映射最先由它发起。

LDP 还可以释放 LSP。上游 LSR 主动发送标记释放消息,通知下游 LSR 释放某一标记,以后不再使用该标记发送帧。下游 LSR 也可以向上游 LSR 发送标记撤销消息,通知上游 LSR 停止使用某个标记。

4.4.3 虚拟专用网 VPN

现在,有许多较大的企业(或组织)包括很多分散在不同地点的分支机构。这类企业可以通过敷设线路或者租用电信公司路线的方式将各分支机构连接到一起,组成一个本企业专用的网络。这种方法的好处是简单方便,但是当各分支机构之间的距离太远时,线路敷设或租用的成本过高,并且会造成很大的资源浪费。在这种情况下,不需要敷设或租用专线的 VPN 技术成为这类企业构建专用网的常用技术。

虚拟专用网(Virtual Private Network,VPN)指在公用网络上建立的、由某一企业或某一群用户专用的通信网络。所谓虚拟是指 VPN 用户之间没有专用的物理连接,是通过公用网络来实现通信的。所谓专用是指 VPN 之外的用户无法访问 VPN 内部的资源,VPN 内部用户就像同在一个专用网一样,相互之间可以共享资源、实现安全通信。在 VPN 中,用户之间的连接没有传统专网的端到端线路,它是利用公用网资源动态组成的。

1. VPN 的分类

VPN 的使用范围和实现技术都很多,按照不同的标准可以将 VPN 分为不同的类型。

(1) 按服务类型可以将 VPN 划分为以下三种类型。

- 企业内部 VPN。也叫内联网 VPN,用于实现企业内部各个分支机构之间的互联。它通过因特网组建世界范围内的企业内部 VPN,利用公用网线路实现各分支机构网络的互联,利用隧道、加密和认证等技术保证信息在 VPN 内的安全传输。
- 企业外部 VPN。也叫外联网 VPN,用于实现企业与客户、供应商和其他相关团体之间的互联互通。企业外部 VPN 可以提供接入控制和身份认证机制,动态地改变企业业务和数据访问的权限。
- 远程接入 VPN。用于企业员工通过公用网远程访问企业内部网络。用户通过远程接入 VPN 可以随时随地以其所需的方式访问企业内部的网络资源,最适用于企业员工有移动或远程办公的情况。现在许多高校的校园网都已经开通了这类服务,以方便师生远程使用校园网资源。

(2) 按业务层次模型可以将 VPN 划分为以下 4 种类型。

- 拨号 VPN 业务(Virtual Private Dial Networks,VPDN)。用户利用拨号网络从企业数据中心获得一个私有地址,访问企业数据中心。
- 虚拟租用线(Virtual Leased Lines,VLL)。它是基于虚拟专线的一种 VPN,通过公用网开出各种隧道,模拟专线来建立 VPN。从两端的用户看来,这样的一条虚拟通道等价于过去的租用专线。
- 虚拟专用路由网(Virtual Private Routed Networks,VPRN)。企业利用公用网建立自己的专用网。这类专用网包含多个局域网,局域网通过虚拟路由器连接。用户可自由规划企业各分支机构所在的局域网地址,相互之间的路由策略、安全机制等。
- 虚拟专用局域网段(Virtual Private LAN Segment,VPLS)。就是在公用网上仿真一个局域网的技术。使用 VPLS 连接的公用网上的各个用户在一个局域网段内。

(3) 按实现方法可以将 VPN 划分为以下三种类型。

- 二层 VPN。主要包括 PPTP 和 L2TP 两种 VPN 协议。这两种协议最早使用,都是把数据封装在 PPP 帧中在互联网上传输,隧道的构建过程类似于在通信双方之间建立会话的过程,需要就地址分配、加密和压缩参数等进行协商,隧道建立后就可以进行数据传输。PPTP 和 L2TP 简单易行,但是可扩展性低,最多只能同时连接 255 个用户。更重要的是,它们都没有提供内在的安全机制,没有较强的加密和认证支持,安全性差。

- 三层 VPN。主要包括 IPSec 和 GRE 两种 VPN 技术。IPSec 是一种完善的网络层安全标准,将在后面的章节中详细介绍。IPSec VPN 在两个专用网络间创建一个加密隧道,在隧道两端进行认证,是一种广泛、开放的 VPN 协议。GRE 利用一种协议的传输能力为另一种协议建立点到点的隧道,被封装的报文将在隧道的两端进行封装和解封装,一般要与其他加密协议一起使用。
- 四层 VPN。主要包括 SSL、Sock5 两种 VPN 技术。它们都是建立在 TCP 之上的传输层协议,更容易为特定的应用程序建立特定的隧道。SSL VPN 可以为分散移动的用户提供从外网访问企业内网资源的安全访问通道。Sock5 需要同 SSL 或 IPSec 配合使用,才可以建立安全的虚拟专用网。

MPLS VPN 比较特殊,它既可以在二层实现,也可以在三层实现,下文将通过介绍这种技术的原理来说明 VPN 的实现方法。

2. MPLS VPN[*]

MPLS 技术可以非常容易地实现基于 IP 的 VPN,而且可以满足 VPN 高可扩展性和易管理的需求。MPLS VPN 可以分为二层 VPN(L2VPN)和三层 VPN(L3VPN)两类技术。MP-BGP VPN 就是三层 VPN,可以提供 VPRN 业务;而基于 MPLS 的点到点的 VLL 和多点到多点的 VPLS 就属于二层 VPN。

MPLS VPN 网络模型中有 CE、PE 和 P 三类设备。

- CE(Custom Edge)是用户直接与服务提供商相连的边缘设备,可以是路由器、交换机或者终端。通常情况下,CE 不知道 VPN 的存在,也不需要支持 MPLS。
- PE(Provider Edge Router)是骨干网中的边缘设备,直接与 CE 相连,相当于 MPLS 域的 LER,对 VPN 的所有处理都发生在 PE 上。
- P(Provider Router)是骨干网中不与 CE 直接相连的设备,相当于 MPLS 域的 LSR。P 也不知道 VPN 的存在,仅仅负责骨干网内部的数据传输,但其必须能够支持 MPLS 协议。

(1) MPLS 三层 VPN。

在 MPLS 三层 VPN 中,为了让 PE 区分本地接口上送来的是哪个 VPN 用户的路由,PE 上创建了许多虚拟路由器,每个虚拟路由器都有各自的路由表和转发表,这些路由表和转发表统称为 VPN 路由转发表(VPN Routing and Forwarding table,VRF)。每个 PE 可以维护一个或多个 VRF,同时维护一个公用网的路由表,多个 VRF 相互分离独立。

VPN 是一种私有网络,不同的 VPN 可以独立管理自己的地址范围,不同 VPN 的地址空间可能会在一定范围重合。例如,图 4-41 中的 VPN1 和 VPN2 都使用 10.1.1.0/24 网段地址,这就发生了地址空间的重叠。虚拟路由器能隔离不同 VPN 用户之间的路由,解决不同 VPN 之间 IP 地址空间重叠的问题。

当 CE 将一个 VPN 分组转发给入口 PE 后,PE 查找该 VPN 对应的 VRF,从 VRF 中得

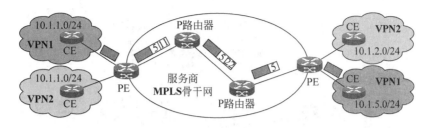

图 4-41　MPLS 三层 VPN 的结构和帧转发

到一个 VPN 标记,VPN 标记作为内层标记打在 VPN 分组上。根据下一跳出口 PE 路由器的地址能在全局路由表中查出到达该 PE 路由器应打上的标记,即外层标记。于是 VPN 分组被打上了两层标记,主干网的 P 路由器根据外层标记转发 VPN 分组。在出口 PE 处,出口 PE 路由器根据内层标记查找到相应的出口后,将 VPN 分组上的内层标记删除,将不含标记的 VPN 分组转发给正确的 CE。图 4-41 给出了一个 MPLS 三层 VPN 帧转发的示意图。

在 MPLS VPN 中,存在域内路由和 VPN 路由两个层面的路由。域内路由(如:OSPF 等)触发 MPLS 的一般标记分发,在所有的 PE 及 P 路由器上运行,生成的路由表将触发 LSP 的建立,产生的标记信息表用于 VPN 分组外层标记的交换。VPN 路由在 PE 之间运行,它跨越主干的 P 路由器在 PE 之间分发 VPN 标记。MP-BGP(MultiProtocol BGP)是最常用的 VPN 路由,它借助了 BGP 强大的路由发布功能,将 BGP 扩展而成。PE 与 PE 之间的路由交换本质上就是将 PE 上的 VRF 路由注入到 MP-BGP,并通过 MP-BGP 在 PE 之间交换。PE 就是通过运行 MP-BGP 确保路由信息被分发给所有其他的 PE。

(2) MPLS 二层 VPN。

MPLS 二层 VPN 也是利用标记栈来实现用户报文在骨干网中的透明传送。外层标记用于将报文从一个 PE 传递到另一个 PE,内层标记(在 MPLS 二层 VPN 中,称为 VC 标记)用于区分不同 VPN 中的不同连接,接收方的 PE 根据 VC 标记决定将报文传递给哪个 CE,以实现 CE 设备之间的二层互连。两个 PE 之间的通路为称做 VC(Virtual Circuit),值得注意的是 VC 是一个单向的连接,为了承载双向的数据流,需要一对 VC 连接。

MPLS 二层 VPN 包括 VPLS 和 VLL 两种技术,它们能够将地理上距离很远的用户站点通过公用网相连,这些站点就像在一个局域网中一样进行通信。VLL 仅能实现点到点的 VPN 组网,如图 4-42 所示;而 VPLS 可以实现多点到多点的 VPN 组网,如图 4-43 所示。

图 4-42　VLL 结构示意图

VLL 主要有两种实现方法:Martini 和 Kompella,其中 Martini 的机制简单、实现容易,支持它的厂家比较多,这里仅对 Martini VLL 进行简要介绍。在 Martini VLL 中,两个 PE 设备使用 LDP 建立点对点的 MPLS 隧道,这个隧道有一个唯一的 VC ID。这样两个 PE 设

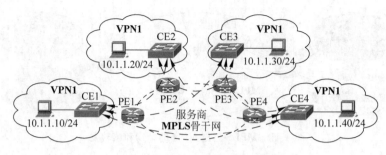

图 4-43　VPLS 结构示意图

备上所连的 CE 设备中的二层数据帧就可以穿过 MPLS 隧道,相互通信。在如图 4-42 所示的网络中,当 PE1 发送一个二层数据帧到 PE2 时,PE1 首先为二层净荷添加一个 VC 标记,再添加一个外层标记。骨干网路由器根据 MPLS 帧的外层标记将它从 PE1 传送到 PE2,PE2 再根据 VC 标记对帧进行处理。在 CE 看来,VLL 就像一条点对点链路,连接了同一个 VPN 的两个部分。

VPLS 实际上是 Martini 的扩展,它在 PE 之间建立了一个全网状的 VC 连接来仿真点到多点的连接。PE 具有类似于网桥的 MAC 源地址学习功能和未知地址帧的广播功能,并能检查二层帧的目的 MAC 地址,跨越骨干网通过隧道机制进行转发。每个 VPLS 实例作为一个 VPLS 域,具有一个全局唯一的 VPLS ID。VPLS 使用 VPLS ID 标识的是一个 VPN,而不像 VLL 中的 VC ID 一样标识一条隧道。同一 VPLS 域的 PE 通过 BGP 发现对方,并使用 LDP 在相互之间建立起全连通的隧道。VPLS 域内的 CE 端可以把同一 VPN 内的接口 MAC 地址加入同一个 VPLS 实例,这样此 VPN 内的二层帧就可以跨域 VPLS 域进行转发。在如图 4-43 所示的网络中,骨干网中运行了一个 VPLS 实例,VPN1 的 4 个部分实现了互连互通。在 CE 看来,VPLS 就像一台交换机,连接了同一个 VPN 的各个部分。

（3）MPLS VPN 的特点。

MPLS VPN 技术优势明显,它依托 MPLS 技术可以提供多样化的业务类型,提供不同的服务质量。MPLS 骨干网不负责维护所有的 VPN 路由,只进行标记交换,其安全性较高。PE 上的各 VPN 路由通过 VRF 来隔离,也有良好的安全性。MPLS VPN 的路由只存在于 PE 上,PE 只保存和它相连的客户站点的 VPN 路由,P 路由器无须了解 VPN 的状况,这就大大减少了 VPN 的维护。但是,当运营商的 VPN 客户较多时,若使用三层 VPN 技术,PE 上的维护量仍然会很大。二层 VPN 技术只提供连接,维护工作可以由客户完成,更容易被接受。另外,MPLS VPN 通过标记栈区分域内路由和 VPN 路由,使得网络具有较好的可扩展性。

4.4.4　网络地址转换 NAT

在 IPv6 大规模应用之前,大部分 ISP 或注册中心可以分配的 IPv4 地址实际上已经枯竭。为了缓解由于缺乏地址对网络规模扩大的限制问题,许多企业或机构将网络地址转换（Network Address Translation,NAT）作为一种临时的过渡技术,为网络内部主机分配私有地址,以减少对 IPv4 地址数量的需求。

上文表 4-1 中已经列出了 IANA 指定的三个私有地址块,即:10.0.0.0~10.255.255.

255,172.16.0.0~172.31.255.255,192.168.0.0~192.168.255.255。这三个地址块不会在 Internet 上被分配,任何企业或机构都不必向 ISP 或注册中心申请就可以在内部使用其中的地址。企业内部主机之间可以使用私有地址进行通信,同一网络的主机不能有相同的私有地址,不同网络的主机可以分配相同的私有地址。如果没有 NAT 技术,相互之间是不能使用私有地址跨越 Internet 进行通信的。

在具有私有地址的网络内部主机访问 Internet 时,NAT 才会为 IP 分组分配合法的公网地址。当访问 Internet 的 IP 分组经过 NAT 网关(一般是一台启用了 NAT 功能的路由器)时,NAT 网关会用一个合法的公网地址替换原分组中的源私有地址,并对这种转换进行记录。当分组从 Internet 返回时,NAT 网关查找原有的记录,将分组的目的地址再替换回原来的私有地址,并送回发出请求的主机。这样,在内部网与公网设备看来,这个过程与普通的网络访问并没有任何区别,使用私有地址的主机也跨越 Internet 进行了通信。

图 4-44 给出了一个使用 NAT 的示例。当地址为 192.168.1.1 的内部主机向地址为 202.1.1.1 的外部主机发送一个 IP 分组时,该分组将首先被送到 NAT。NAT 查看分组的 IP 地址,发现它是内部主机发往公网的,那么就将该分组的源地址 192.168.1.1 换成一个公网地址 200.1.1.1,并将它发送到公网上,同时在 NAT 表中记录这一映射。当外部主机给内部主机发送应答分组时,外部主机并不知道 192.168.1.1 这个地址,它认为内部主机的 IP 地址就是 200.1.1.1,所以该分组先被送到 NAT。NAT 查找表中的记录,用原来的内部主机的私有地址 192.168.1.1 替换目的地址,并将分组送到内部主机。

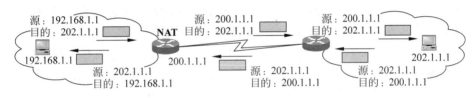

图 4-44　NAT 的基本过程

NAT 主要有以下三种实现方法。

(1) 静态 NAT。

静态 NAT 上的私有 IP 地址和公网 IP 地址是静态绑定的、一一对应的关系,它不能达到节省 IP 地址的作用,NAT 表中的记录一般是固定的、是管理员手工配置的。静态 NAT 一般在外网用户访问内网服务器时使用,内网服务器依然使用私网地址,在 NAT 上为它分配一个固定的公网地址,外网用户通过这个公网地址访问内网服务器。

(2) 动态 NAT。

动态 NAT 为每一个私有 IP 地址分配一个临时的公网 IP 地址,NAT 表中的记录一般是自动生成的。动态 NAT 主要应用于外网用户远程拨号访问内网,当外网用户连接上 NAT 后,动态地址 NAT 就会给它分配一个 IP 地址,当用户断开时,这个 IP 地址就会被释放。

(3) 网络地址端口转换 NAPT。

网络地址端口转换(Network Address Port Translation,NAPT)是一类最常用的 NAT,它使用多对一的地址转换方式,通过"IP 地址＋TCP 端口号"的形式来标识一个连接。NAPT 与动态 NAT 不同,它将内部连接映射到外部网络中的一个单独的 IP 地址上,同时在该地址上加一个由 NAPT 设备选定的 TCP 端口号。这样,多个私网用户就可以共用一个公网地址来访问外网,起到了节省 IP 地址的作用。NAPT 普遍应用于接入设备中,它可以将使用私有地址的中小型网络隐藏在一个公网地址后面,通过从 ISP 处申请的一个公网 IP 地址,将整个网络的主机接入 Internet。

图 4-45 给出了一个使用 NAPT 的例子,IP 地址冒号后面的数值表示 TCP 端口号,相关定义将在第 5 章中详细说明。

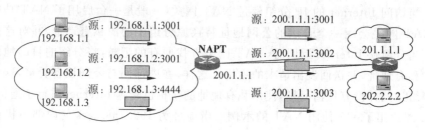

图 4-45   NAPT 的基本过程

NAT 技术的优势十分明显。首先,它可以使内部局域网的许多主机共享一个 IPv4 地址上网,从而大大节约了公网 IPv4 地址,延长了 IPv4 的寿命;其次,它可以使内部网络主机方便地访问外部网络,也可以给外部网络提供 WWW、FTP、Telnet 等服务;最后,它还可以屏蔽内部网络的主机状况,提高内部网络的安全性。

NAT 技术主要有以下几个缺点,决定了它只是缓解 IPv4 地址枯竭的过渡性方案,不能替代 IPv6。首先,NAT 会增大分组转发的时延,这是因为 CPU 必须查看每一个分组以决定是否进行转发,然后改变 IP 分组首部,甚至是 TCP 首部,而这一过程不易被高速缓存。其次,实施 NAT 后就无法进行 IP 端到端的路径跟踪,给有些网络管理带来了困难。再者,由于隐藏了端到端的 IP 地址,使得有些应用无法使用。另外,NAT 不能处理 IP 首部加密的情况。

4.5   路由器的组成与使用

根据 IP 分组的目的地址选择它的传输路径的设备就是路由器。路由器工作在网络层,不但可以实现各种网络的互联,还可以对 IP 分组的传输进行各种类型的控制。相比于交换机,路由器所支持的协议和功能比较多,相关配置也比较复杂。许多生产厂商都有自己的网络工程师认证(如 Cisco 公司的 CCNA、CCNP、CCIE 等),以培养本品牌设备的管理操作技术人员,推广本品牌设备以增大其市场占用率。本节将首先介绍路由器的基本工作原理与组成结构,再以 Cisco 路由器为例说明路由器的基本使用方法。

4.5.1   路由器的工作原理

1. 路由器的体系构架

路由器也是一种专用的计算机,它一般有多个接口,每个接口连接到一个网络中,以实现不同网络的互联。对于以太网来说,一个网络就是一个"广播域",即网络中一台主机发出的广播分组可以被网络中的所有其他主机接收到,而无法传递到该网络外的其他主机。路由器的各个接口都在不同的网络中,也就是在不同的"广播域"中,广播分组不能跨越路由器进行传输,路由器也起到了隔离广播域的作用。如图 4-46 所示路由器的三个接口在不同的网络中,隔离了三个网络的广播分组。

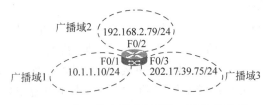

图 4-46 使用路由器进行网络互联的示意图

路由器的主要任务是将分组在各个网络之间进行转发,并最终将它交付给目的主机。要完成这个任务,路由器必须要进行两项工作。第一就是要能生成到达各个网络对应下一跳路由器的路由表,第二就是能在收到分组后迅速在路由表中查找到相关记录以便进行转发。路由器相应地可以划分为两大部分,即路由选择部分和分组转发部分,如图 4-47 所示。

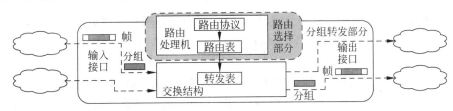

图 4-47 路由器的一般构架

路由选择部分的核心构件是路由选择处理机。路由选择处理机的任务是根据选定的路由协议生成和维护路由表。路由协议是路由选择部分所要实现的重要功能,常用的路由协议在上文已经做了介绍。

分组转发部分由交换结构和一组输入/输出接口等构件组成。交换结构的作用就是根据转发表对分组进行处理,将输入接口进入的分组从一个合适的输出接口转发出去。转发表是从路由表得出的,包含完成分组转发所必需的信息。许多文献中都不会对转发表和路由表严格区分,这里也统称路由表。根据分组的目的地址,在路由表中查找相关路由条目的过程称为路由查找。路由查找是分组转发部分所要实现的重要功能,下面先对路由查找法进行介绍。

2. 一般路由查找法

路由器在收到分组后,进行如下操作。

- 在分组的首部提取它的目的 IP 地址 D_Addr。
- 先判断 IP 地址为 D_Addr 的主机是否在路由器直连的网络。用各直连网络的子网掩码和 D_Addr 按位进行"与"操作。如果所得的结果和某个直连网络的地址相同,则把该分组封装到帧中,直接交给这个直连网络中相应的目的主机,分组转发任务完成;否则执行下一步。
- 搜索路由表的每一行(包括目的网络地址、子网掩码、下一跳地址),用其中的子网掩码和 D_Addr 按位进行"与"操作。如果所得的结果与该行的目的网络地址相同,则把分组传送给该行所指的下一跳路由器；否则，转发失败，向源主机返回 ICMP 消息。

在按照上述步骤转发分组的过程中，需要注意两个问题。

（1）最长前缀匹配规则。

为了减少路由表的条目，路由器中使用了无类别域间路由 CIDR 技术，通过子网掩码将 IP 地址分为网络前缀和主机号两部分。多个网络地址可能会被聚合到具有一个网络前缀的路由条目中。在根据目的 IP 地址搜索路由表时，可能查找到不止一个匹配条目，那应该选择哪一条路由条目作为分组的转发依据呢？在路由查找中使用最长前缀匹配规则，在多个匹配条目中选择最长网络前缀的路由条目作为分组的转发依据。这是因为网络前缀越长，其地址块就越小，路由就越具体。

例如：某个路由器到达目的网络 202.195.0.0/24、202.195.1.0/24、202.195.2.0/24、…、202.195.254.0/24 的下一跳都是 R1，而到达目的网络 202.195.255.0/24 的下一跳是 R2。在使用 CIDR 后，就不必在路由器中单独记录下 256 个路由条目，只需要记录 202.195.0.0/16 的下一跳是 R1、202.195.255.0/24 的下一跳是 R2 两个路由条目即可。当该路由器接收到目的 IP 是 202.195.255.7 的分组时，这两个路由条目都与该地址匹配。根据最长前缀匹配规则，路由器选择 202.195.255.0/24 所对应的 R2 作为分组转发的下一跳。

（2）默认路由。

路由器也可采用默认路由以减少路由表的大小、降低路由表的查找时间。所谓默认路由，是指路由表中的目的网络地址和子网掩码都为 0.0.0.0 的一条路由，它对应着一个默认下一跳。当在路由表中的其他条目中都查找不到与分组目的 IP 地址相匹配的条目时，路由器就按照默认路由指定的下一跳转发分组。默认路由可以看做是一条匹配长度最短、但与所有 IP 地址都能匹配的路由条目。在使用默认路由后，路由器永远不会将 TTL 大于 1 的分组丢弃。

可以将下一跳相同且对应条目最多的所有路由条目合并成一条默认路由，以减少路由表的大小。最常用的例子是：当一个小型网络只有一个出口时，只需要在出口路由器上配置一条默认路由即可，而不需要添加每一个外网的路由条目。默认路由不但简化了路由器的配置，而且提高了网络的性能。

图 4-48 给出了一个源地址为 202.1.1.1、目的地址为 202.2.2.2 的分组在 R1、R0、R2 三个路由器上传输的示例。这里仅给出了最短路径上的三个路由器的路由表，其中灰色的条目表示该分组在传输过程中使用的条目。

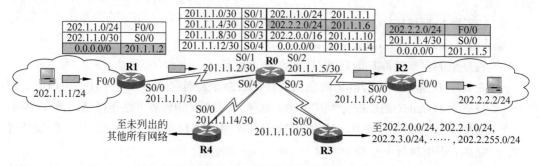

图 4-48 按照最长前缀匹配规则进行路由查找的示例

- R1 只有一个出口,只配置了默认路由,路由表中只有两个直联网络条目和一个默认路由。当该分组到达 R1 时,R1 根据默认路由将它转发给 R0。
- R0 的路由表中包含到达各个网络的路由条目。当该分组到达 R0 时,可以发现目的网络 202.2.0.0/16 和 202.2.2.0/24 都与目的地址 202.2.2.2 匹配。根据最长前缀匹配规则,R0 按照 202.2.2.0/24 对应的下一跳将该分组转发给 R2。
- R2 收到该分组后查找路由表得知,目的地址对应的主机在它直连的网络内。R2 就将该分组从 F0/0 接口转发给目的主机所在的子网。

3. 高速路由查找法[*]

按照最长前缀匹配规则进行路由查找时,需要对路由表进行逐条搜索,当路由表条目很多时,查找时延也会很大。随着链路传输速度的提高与设备硬件性能的增强,最长前缀匹配规则成为影响路由器线速率转发分组的瓶颈。对核心路由器而言,查找速率已经成为衡量路由性能的一个重要指标。近年来,人们提出了许多新的路由查找算法,这些算法大致可分为以下三类。

(1) 基于 Trie 树的路由查找算法。

Trie 采用一种基于树的数据结构,通过前缀中每一位的值来决定树的分支。基于 Trie 树的基本算法由于树的高度过大(32 层)、访问内存次数过多,所以查找速度不高。在此基础上提出了多种改进算法,运用多分支 Trie 树或压缩 Trie 树等数据结构,使查找速度有了一定程度的提高。

在多分支 Trie 树中,查找每一步时检查地址中的多位(每次所检查的位数称为查找步宽),同一层中的不同子树步宽可以相同,也可以不同,可变步宽的多分支 Trie 树在实现上比较复杂,但是可以节省一定的存储空间。多分支 Trie 树设计的关键是步宽的选择问题,也就是如何在算法查找速度和算法消耗的存储空间两个尺度上进行折中的问题。多分支 Trie 树需要通过前缀扩展的方法建立,在前缀扩展的过程中,前缀的转发信息被扩展到 Trie 树的多个结点中,因此信息的冗余度很高,需要进行压缩以减少对存储空间的占用。压缩 Trie 树就是将一系列连续的、拥有同一信息的地址范围表示为该信息出现的次数。基于 Trie 树的算法不仅具有较好的查找速度、空间复杂度和时间复杂度,而且能适应不断提高的路由器性能要求,所以现代快速的路由查找算法大部分都是在 Trie 树的基础上通过优化算法实现的。

(2) 基于硬件的 TCAM 方案。

CAM(Content Addressable Memory)技术是一种专用存储器,能够在一个硬件时钟周期内完成关键字的精确匹配查找。CAM 技术可实现快速的路由查找,但它不能存储变长的路由前缀,从而造成很多存储空间的浪费。

为了克服 CAM 的缺点,出现了 TCAM(Ternary CAM)技术,目前的高速路由查找技术大多采用基于 TCAM 的解决方案。其特征是采用单 TCAM 存储体存储前缀,将前缀对应的输出端口号和下一跳地址存储在 SRAM 中。查表时将目的 IP 地址送入 TCAM,TCAM 将匹配项的最低地址输出(优先编码)作为后续查表索引,据此从 SRAM 中读出相应的输出端口号和下一跳地址,即为最长前缀匹配结果。TCAM 过于昂贵,而且很难随着路由表项的增加而进行升级;同时 TCAM 表项的存储必须按前缀长度相对地址降序排列,因而影响了表项及其更新,也使查找的连续性能大幅下降。

（3）基于表结构的路由查找算法。

基于表结构的算法主要有基于前缀长度的二分查找、基于地址区间的二分查找和 DIR-24-8 等相关算法，这些算法基本上都是采用以空间换时间的方法。

在基于前缀长度的二分查找方案中，为了不造成查找路径误导，需要在查找所依赖的散列表中插入标记，且一个前缀最多需要在 4 张表中插入标记项。前缀长度的二分查找大大提高了查找的效率：对于 IPv4 地址查找过程最多需要 5 次存储器访问；对于 IPv6 地址查找过程最多需要 7 次存储器访问。地址前缀在整个地址空间内代表了一段连续的地址区间，根据目的地址所在的地址区间，通过该地址区间所对应的地址前缀，也可以得到最长匹配的地址前缀。二分查找由于其查找算法的时间复杂度呈对数分布，且前缀长度越长，其优越性越明显。

4.5.2 路由器的组成

1. 路由器的基本硬件组成

虽然路由器的生产厂家和型号很多，但是都由相似的核心硬件所组成。它一般使用模块化的组成构架，其各个部件及作用如下。

（1）中央处理器（CPU）。

CPU 负责执行路由器工作的指令，它的处理能力和路由器的处理能力密切相关。

（2）内存。

路由器的内存一般包括以下 4 种：Flash、ROM、RAM、NVRAM（非易失性 RAM）。

- Flash 用来存放路由器操作系统的镜像文件。路由器的操作系统可以升级，Flash 中的数据可以修改。路由器在断电或重启后，Flash 中的内容不会丢失。
- ROM 中存放的代码负责执行加电自检和引导启动。ROM 中的数据一般不能修改。
- NVRAM 主要用来保存路由器启动时使用的配置文件。NVRAM 中的数据也可以修改，在断电或重启后也不会丢失。
- RAM 中运行着路由器的操作系统，还保存着路由表、运行时的配置文件等。RAM 中的数据会在断电或重启后丢失。

（3）交换结构。

交换结构是做在路由器中的一个小的高速网络组织，作用就是根据路由表对分组进行处理，将某个输入接口进入的分组从一个合适的输出接口转发出去。

（4）接口。

路由器由于要连接各种不同类型的网络，其接口类型比交换机要多，但接口数量一般比交换机要少。图 4-49 给出了 Cisco 1841 路由器的后面板接口，各接口的主要功能如下。

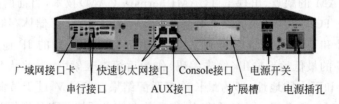

图 4-49　Cisco 1841 路由器的后面板

- 快速以太网(Fast Ethernet)接口。是一种 RJ-45 接口,通常通过双绞线连接到以太网交换机。
- 串行(serial)接口。路由器最常用的广域网接口,可以封装 HDLC、PPP、帧中继、X.25 等网络的数据帧。Cisco 的同步串行接口是多用的,通过不同的电缆可引出不同的接口,如 RS232、V.35 等。使用不同电缆时最高速率不同,如 EIA/TIA 232 为 115.2 Kb/s,EIA/TIA 449、X.21 为 2 Mb/s 等。图 4-49 中路由器的扩展槽 1 中插了一块广域网接口卡,卡上有两个串行口。
- 控制台(Console)接口。该接口也做成 RJ-45 型,与交换机的 Console 口相同,主要用于本地配置。
- 辅助(AUX)接口。该接口也做成 RJ-45 型,通常用来连接 Modem,以实现路由器的远程配置。

另外,一些路由器还有普通以太网接口、千兆以太网接口、令牌环接口、ISDN 接口等。

2. 路由器的性能参数[*]

路由器的接口种类与数量、扩展槽数量、CPU 处理能力、内存大小、QoS 能力、所支持的协议类型等都是衡量其性能的参数,这里对转发能力和路由表能力两个重要参数进行简要说明。

(1) 转发能力。路由器的转发能力需要吞吐量、全双工线速、背靠背帧数、丢包率等多个指标来衡量。其中的吞吐量包括接口吞吐量和设备吞吐量。接口吞吐量是指接口的包转发能力,单位是 pps(与交换机接口的吞吐量相同)。接口吞吐量与接口位置相关,例如同一插卡上接口间的吞吐量可能与不同插卡上接口间的吞吐量不同。设备吞吐量是指路由器整机的包转发能力,通常小于所有接口的吞吐量之和。全双工线速转发是指以最小包长(以太网 64 字节)和最小包间隔在路由器接口上双向传输时不会引起丢包。对于不能达到全双工线速的路由器,使用背靠背帧数来标明路由器的缓存能力。所谓背靠背帧数是指以最小帧间隔发送数据包时不出现丢包时的最大数据包数量。而丢包率是指在吞吐量范围内丢失数据包数量占所发送数据包数量的比率。

(2) 路由表能力。路由表能力是指路由表内所容纳的路由条目数量的极限。在 Internet 上执行 BGP 的路由器通常拥有数十万条路由条目,所以该参数也是路由器能力的重要体现。

3. 路由器的操作系统

路由器的操作系统执行路由操作与处理,如路由选择、协议转换、数据包过滤等,并接受、执行用户查询和配置路由器时输入的命令。不同品牌路由器的操作系统不同,但是基本原理比较相似。本节仍以 Cisco 路由器为例说明路由器操作系统的功能及基本配置方法。

Cisco 路由器的操作系统称为 IOS(Internet Operation System),它以镜像文件的形式存储在 Flash 存储器中。路由器的 ROM 中还有一个 MiniIOS,当 Flash 中的 IOS 不存在时,先引导起来,使用其他方式在 Flash 中导入 IOS 文件。路由器的一般启动过程如下。

(1) 打开电源,路由器在加电后首先会运行 ROM 中的加电自检程序,对硬件进行检测。

(2) 读取 ROM 中的 BootStrap 程序引导系统启动。

(3) 读取完整的操作系统镜像文件,将解压后的系统装载到 RAM 中。

(4) 在 NVRAM 中查找启动配置文件 startup-config,将该文件里的所有配置加载到 RAM 内,并且根据配置来学习、生成、维护路由表,启动过程完成。

Cisco 路由器的操作系统也有很多不同的版本,当操作系统要升级时,使用新版本的

IOS 镜像文件替换旧版本的文件即可。

4.5.3　路由器与三层交换机的配置

　　路由器与交换机的命令模式相同,也主要有用户模式、特权模式、配置模式三种类型。模式切换、主机名设置、密码设置、配置文件保存等基本命令也与交换机相同。路由器在使用前还必须要对接口地址、路由协议等进行配置,只有完成了这些基本配置才能进行网络互联。

　　这里以一个小型局域网接入 Internet 的操作为例说明路由器与三层交换机的基本配置,图 4-50 给出了这个小型网络的拓扑结构。其中的二层交换机 SW_A、SW_B 与 3.4.4 节中的配置方法相同,三层交换机 RS 所连接的交换机与主机被划分到了三个 VLAN 中。用第 3 章给出的方法,主机无法使用二层技术实现跨 VLAN 通信,这样就需要启用 RS 的三层交换功能来实现不同 VLAN 主机之间的通信。图 4-51 给出了 RS 的基本配置方法。

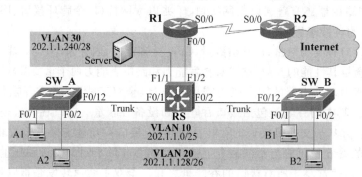

图 4-50　小型网络的拓扑结构示例

1	RS# config terminal	;进入配置模式
2	RS(config)# vlan 10	;添加 ID 为 10 的 VLAN
3	RS(config-vlan)# vlan 20	;添加 ID 为 20 的 VLAN
4	RS(config-vlan)# vlan 30	;添加 ID 为 30 的 VLAN
5	RS(config-vlan)# interface vlan 10	;进入 VLAN 10 的配置模式
6	RS(config-if)# ip address 202.1.1.1 255.255.255.128	;配置 VLAN 10 的 IP 地址,即该 VLAN 主机的网关
7	RS(config-if)# interface vlan 20	;进入 VLAN 20 的配置模式
8	RS(config-if)# ip address 202.1.1.129 255.255.255.192	;配置 VLAN 20 的 IP 地址
9	RS(config-if)# interface vlan 30	;进入 VLAN 30 的配置模式
10	RS(config-if)# ip address 202.1.1.241 255.255.255.240	;配置 VLAN 30 的 IP 地址
11	RS(config-if)# interface F0/1	;进入连接 SW_A 的 F0/1 端口的配置模式
12	RS(config-if)# switchport mode trunk	;将 F0/1 端口设置为 Trunk 模式
13	RS(config-if)# interface F0/2	;进入连接 SW_B 的 F0/2 端口的配置模式
14	RS(config-if)# switchport mode trunk	;将 F0/2 端口设置为 Trunk 模式
15	RS(config-if)# interface F1/1	;进入连接服务器的 F1/1 端口的配置模式
16	RS(config-if)# switchport mode access	;将 F1/1 端口设置为 Access 模式
17	RS(config-if)# switchport access VLAN 30	;将 F1/1 端口划入 VLAN 30
18	RS(config-if)# interface F1/2	;进入连接 R1 的 F1/2 端口的配置模式
19	RS(config-if)# switchport mode access	;将 F1/2 端口设置为 Access 模式
20	RS(config-if)# switchport access VLAN 30	;将 F1/2 端口划入 VLAN 30
21	RS(config-if)# ip routing	;开启 IP 路由功能(三层交换)
22	RS(config)# ip route 0.0.0.0 0.0.0.0 202.1.1.254	;设置默认路由

图 4-51　三层交换机 RS 的基本配置

使用 ip routing 命令就可以启用 RS 的三层交换功能,实现 VLAN 之间的通信。但是要与 Internet 上的其他主机进行通信,还必须要设置默认路由,指明将目的 IP 地址为外网主机的分组发送到网关(即网络出口路由器 R1)。

网络出口路由器 R1 必须要给内网接口和外网接口配置 IP 地址,然后启用路由协议,才能将分组转发到外网。对于小型网络来说,只有一个出口,不需要启用动态路由协议,直接在出口路由器配置静态路由即可,这样就可以减少路由器的运算。同样,出口对端的网络服务提供商(ISP)路由器 R2 也要配置相应的静态路由。图 4-52 和图 4-53 分别给出了 R1、R2 的基本配置方法。

```
1   R1# config terminal                                        ;进入配置模式
2   R1(config)# interface F0/0                                 ;进入内网接口 F0/0 的配置模式
3   R1(config-if)# ip address 202.1.1.254 255.255.255.240      ;配置 F0/0 接口的 IP 地址
4   R1(config-if)# no shutdown                                 ;打开 F0/0 接口
5   R1(config-if)# interface S0/0                              ;进入外网接口 S0/0 的配置模式
6   R1(config-if)# ip address 202.2.2.1 255.255.255.240        ;配置 S0/0 接口的 IP 地址
7   R1(config-if)# no shutdown                                 ;打开 S0/0 接口
8   R1(config-if)# exit                                        ;返回全局配置模式
9   R1(config)# ip route 202.1.1.0 255.255.255.0 202.1.1.241   ;配置指向内网的静态路由
10  R1(config)# ip route 0.0.0.0 0.0.0.0 202.2.2.2             ;配置指向外网路由器 R2 的默认路由
```

图 4-52　出口路由器 R1 的基本配置

```
1   R2# config terminal                                        ;进入配置模式
2   R2(config)# interface S0/0                                 ;进入连接 R1 的接口 S0/0 的配置模式
3   R2(config-if)# ip address 202.2.2.2 255.255.255.240        ;配置 S0/0 接口的 IP 地址
4   R2(config-if)# no shutdown                                 ;打开 S0/0 接口
5   R2(config-if)# exit                                        ;返回全局配置模式
6   R2(config)# ip route 202.1.1.0 255.255.255.0 202.2.2.1     ;配置指向该局域网的静态路由
```

图 4-53　服务提供商路由器 R2 的基本配置

通过设置静态路由可以给路由表直接添加路由条目,这种方式在小型网络中使用十分普遍。但是,对于骨干网络或大型网络(如 ISP),必须要使用动态路由来实时更新路由表。

4.5.4　路由协议的配置

RIP 和 OSPF 是目前最常用的两种动态路由协议,它们在 IPv4 和 IPv6 环境下的配置方法略有不同。本节将以图 4-54 中的拓扑结构为例(假设路由器的型号是 Cisco 1841),说明两种协议在不同环境下的配置方法。应当注意:在启用路由协议前,首先要保证相邻路由器之间可以互通。Cisco 路由器一般使用以太网接口作为局域网接口;使用串行接口作为广域网接口,数据链路层默认情况下使用其自定义的 HDLC 协议。两台路由器使用串行接口背对背连接时,一台要作为 DCE,另一台作为 DTE。作为 DCE 的接口要配置时钟频率,为数据通信提供时钟信号;否则会出现数据链路层故障,相邻接口不能通信。

1. IPv4 路由协议的基本配置

假设各个路由器接口的 IPv4 地址如表 4-11 所示,其中:R1 的 S0/0 接口、R2 的 S0/1 接口、R3 的 S0/1 接口被设置为 DCE,需要设置时钟频率。图 4-55 给出了路由器 R1 各个

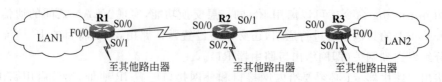

图 4-54　路由协议的配置示例拓扑结构

接口的基本配置,其他路由器接口的配置与 R1 类似,这里不再详细列出。

表 4-11　各路由器接口的 IPv4 地址

	F0/0	S0/0	S0/1	S0/2
R1	202.0.11.1/24	202.0.12.1/24	202.0.10.1/24	—
R2	—	202.0.12.2/24	202.0.23.2/24	202.0.20.2/24
R3	202.0.33.3/24	202.0.23.3/24	202.0.30.3/24	—

```
1   R1# config terminal                                      ;进入配置模式
2   R1(config)# interface F0/0                               ;进入内网接口 F0/0 的配置模式
3   R1(config-if)# ip address 202.0.11.1 255.255.255.0       ;配置 F0/0 接口的 IP 地址
4   R1(config-if)# no shutdown                               ;打开 F0/0 接口
5   R1(config-if)# interface S0/0                            ;进入外网接口 S0/0 的配置模式
6   R1(config-if)# clock rate 64000                          ;将 DCE 端的时钟配置为 64 K
7   R1(config-if)# ip address 202.0.12.1 255.255.255.0       ;配置 S0/0 接口的 IP 地址
8   R1(config-if)# no shutdown                               ;打开 S0/0 接口
9   R1(config-if)# interface S0/1                            ;进入外网接口 S0/1 的配置模式
10  R1(config-if)# ip address 202.0.10.1 255.255.255.0       ;配置 S0/1 接口的 IP 地址
11  R1(config-if)# no shutdown                               ;打开 S0/1 接口
```

图 4-55　路由器 R1 各接口的 IPv4 地址配置

图 4-56 给出了 R1 启用 RIPv2 的基本配置方法,其他两台路由器启用 RIPv2 的配置与 R1 类似。当三台路由器都启用了 RIPv2 后,就可以实现网络之间的互联了。

```
1   R1(config)# router rip                                   ;启用 RIP
2   R1(config-router)# version 2                             ;使用 RIPv2,不使用该命令,默认为 RIPv1
3   R1(config-router)# network 202.0.11.0                    ;宣告 F0/0 接口的直连网络
4   R1(config-router)# network 202.0.12.0                    ;宣告 S0/0 接口的直连网络
5   R1(config-router)# network 202.0.10.0                    ;宣告 S0/1 接口的直连网络
```

图 4-56　路由器 R1 配置 RIPv2

图 4-57 给出了 R1 启用 OSPF 的基本配置方法,其他两台路由器启用 OSPF 的配置也与 R1 类似。可以看出,OSPF 协议的配置较 RIP 稍微复杂。首先,在启用 OSPF 时要指定一个进程号,进程号的取值范围是 1~65 535,它只具有本地意义,同一个区域的 OSPF 路由器进程号之间没有关系。其次,OSPF 在宣告网络时在网络号后面加上子网掩码的反码,称为反掩码,可以实现无类的网络宣告;反掩码后面还有一个区域号,用于标识路由器接口所在的区域。这里由于没有划分多个区域,所有路由器接口都在骨干区域内,即区域号都为0。另外,OSPF 配置时不需要指定版本号,默认就启用 OSPFv2。当三台路由器都启用了 OSPF 后,也可以实现网络之间的互联。

```
1  R1(config)# router osfp 100                                          ;启用 OSPF 协议,进程号为 100
2  R1(config-router)# network 202.0.11.0 0.0.0.255 area 0               ;宣告 F0/0 接口的直连网络
3  R1(config-router)# network 202.0.12.0 0.0.0.255 area 0               ;宣告 S0/0 接口的直连网络
4  R1(config-router)# network 202.0.10.0 0.0.0.255 area 0               ;宣告 S0/1 接口的直连网络
```

图 4-57　路由器 R1 配置 OSPF

无论使用哪种路由协议,完成上述配置后,不相邻的路由器可以使用"ping"命令测试相互之间的连通性,也可以使用"show ip route"等命令观察本路由器的路由表。

2. IPv6 路由协议的基本配置

假设图 4-54 中各个路由器接口的 IPv6 地址如表 4-12 所示,设置为 DCE 的接口不变。图 4-58 给出了路由器 R1 各个接口的基本配置,其他路由器接口的配置与 R1 类似,这里不再详细列出。可以看出,接口在配置 IPv6 地址之前,需要在全局配置模式下使用"ipv6 unicast-routing"命令开启 IPv6,因为 Cisco 路由器默认不支持 IPv6 路由。

表 4-12　各路由器接口的 IPv6 地址

	F0/0	S0/0	S0/1	S0/2
R1	2001:0:0:11::1/64	2001:0:0:12::1/64	2001:0:0:10::1/64	—
R2	—	2001:0:0:12::2/64	2001:0:0:23::2/64	2001:0:0:20::2/64
R3	2001:0:0:33::3/64	2001:0:0:23::3/64	2001:0:0:30::3/64	

```
1   R1# config terminal                                    ;进入配置模式
2   R1(config)# ipv6 unicast-routing                       ;全局开启 IPv6
3   R1(config)# interface F0/0                             ;进入内网接口 F0/0 的配置模式
4   R1(config-if)# ip address 2001:0:0:11::1/64            ;配置 F0/0 接口的 IPv6 地址
5   R1(config-if)# no shutdown                             ;打开 F0/0 接口
6   R1(config-if)# interface S0/0                          ;进入外网接口 S0/0 的配置模式
7   R1(config-if)# clock rate 64000                        ;将 DCE 端的时钟配置为 64 K
8   R1(config-if)# ip address 2001:0:0:12::1/64            ;配置 S0/0 接口的 IPv6 地址
9   R1(config-if)# no shutdown                             ;打开 S0/0 接口
10  R1(config-if)# interface S0/1                          ;进入外网接口 S0/1 的配置模式
11  R1(config-if)# ip address 2001:0:0:10::1/64            ;配置 S0/1 接口的 IPv6 地址
12  R1(config-if)# no shutdown                             ;打开 S0/1 接口
```

图 4-58　路由器 R1 各接口的 IPv6 地址配置

IPv6 环境下使用的 RIP 叫做 RIPng,它与 RIPv2 的工作原理类似,图 4-59 给出了 R1 启用 RIPng 的基本配置方法,其他两台路由器启用 RIPng 的配置与 R1 类似。可以看出,在全局配置模式下启用了 RIPng 后,可以对它进行一些基本配置(如水平分割、毒性反转等),然后还要在各个接口启用该协议,这与 IPv4 环境下路由协议的配置方法不同。

IPv6 环境下使用的 OSPF 协议是 OSPFv3,图 4-60 给出了 R1 启用 OSPFv3 的基本配置方法,其他两台路由器启用 OSPFv3 的配置与 R1 类似。可以看出,OSPFv3 与 RIPng 的配置过程类似,也是要在全局配置模式下启用后,再在各个接口启用。

各路由器启用同一种路由协议完成上述配置后,不相邻的路由器可以使用"ping"命令测试相互之间的连通性,也可以使用"show ipv6 route"等命令观察本路由器的路由表。

1	R1(config)# ipv6 router rip test	;启用 RIPng,test 为名字
2	R1(config-rtr)# split-horizon	;启用水平分割(可选)
3	R1(config-rtr)# poison-reverse	;启用毒性反转(可选)
4	R1(config-rtr)# interface F0/0	;进入内网接口 F0/0 的配置模式
5	R1(config-if)# ipv6 rip test enable	;宣告 F0/0 接口运行 RIPng 协议
6	R1(config-if)# interface S0/0	;进入外网接口 S0/0 的配置模式
7	R1(config-if)# ipv6 rip test enable	;宣告 S0/0 接口运行 RIPng 协议
8	R1(config-if)# interface S0/1	;进入外网接口 S0/1 的配置模式
9	R1(config-if)# ipv6 rip test enable	;宣告 S0/1 接口运行 RIPng 协议

图 4-59　路由器 R1 配置 RIPng

1	R1(config)# ipv6 router ospf 100	;启用 OSPFv3 协议,进程号为 100
2	R1(config-rtr)# rouer-id 1.1.1.1	;设置路由器 ID
3	R1(config-rtr)# interface F0/0	;进入内网接口 F0/0 的配置模式
4	R1(config-if)# ipv6 ospf 100 area 0	;宣告 F0/0 接口运行 OSPFv3 协议
5	R1(config-if)# interface S0/0	;进入外网接口 S0/0 的配置模式
6	R1(config-if)# ipv6 ospf 100 area 0	;宣告 S0/0 接口运行 OSPFv3 协议
7	R1(config-if)# interface S0/1	;进入外网接口 S0/1 的配置模式
8	R1(config-if)# ipv6 ospf 100 area 0	;宣告 S0/1 接口运行 OSPFv3 协议

图 4-60　路由器 R1 配置 OSPFv3

4.5.5　访问控制列表与 NAT 的配置*

1. 访问控制列表基础

访问控制列表(Access Control List,ACL)是一个应用于路由器接口的指令列表。这些指令用来告诉路由器接收哪些数据包、拒绝哪些数据包,接收或拒绝的规则可以依据源地址、目的地址、端口号等的特定指示条件来决定。ACL 不但可以控制网络流量、流向,还可以起到保护网络设备以及内部资源的关键作用。

一个 ACL 中可以包含多个 ACL 指令,路由器接收到数据包后,按照 ACL 中指令的顺序依次检查数据包是否满足某一个指令的条件。当检测到某个指令满足条件时,就执行该指令规定的动作,并且不会再检测后面的指令条件。路由器的每一个端口上可以创建两个ACL:一个用于过滤进入端口的数据包,一个用于过滤出端口的数据包。

常用的 ACL 包括两类:标准 ACL 和扩展 ACL。标准 ACL 的表号取值范围为 1~99,只检查数据包的源地址。扩展 ACL 的表号取值范围为 100~199,既检查数据包的源地址,也检查数据包的目的地址,同时还可以检查数据包的上层协议类型、端口号等。扩展 ACL对数据包的控制更为精确,但配置也更为复杂。这里仅仅对标准 ACL 的配置方法做简单介绍。

(1) 标准 ACL 的指令结构。

```
Router(config)#access-list 列表号 {permit/deny} {执行条件}
```

在路由器的全局配置模式下,输入如上所示的语句,就相当于添加了一条 ACL 指令,各关键字的含义如下。

• access-list:ACL 声明关键字。

- 列表号：标准 ACL 的表号为 1～99 之间的数值。
- permit/deny：ACL 关键动作,选择转发或者拒绝两种动作中的一种。
- 执行条件：指执行关键动作的数据包所要满足的条件。标准 ACL 常用 IP 地址和通配符掩码共同分辨匹配的源地址范围作为执行条件。通配符掩码与子网掩码的作用比较像,但是含义却不同。通配符掩码中的 1 表示 IP 地址中的忽略位,0 表示 IP 地址中的检查位。

例如,要拒绝所有源地址为 202.0.11.1～202.0.11.254 的数据包通过,可以使用语句:

Router(config)#access‐list 1 deny 202.0.11.0 0.0.0.255

（2）标准 ACL 的放置。

Router(config)#{协议} access‐group 列表号 {in/out}

在接口配置模式下,使用如上所示的语句,将标准 ACL 放置到该接口上,各关键字的含义如下。
- 协议：指所要检查数据包的协议,一般是 IP 协议。
- access-group：ACL 声明关键字。
- 列表号：创建 ACL 中使用的列表号。
- in/out：是对进入端口的数据包进行检查,还是对出端口的数据包进行检查。

因为标准 ACL 只能对源地址进行控制,所以必须要将其放置在尽量靠近目的端的接口上。如图 4-54 所示的拓扑结构,路由器各接口的 IP 地址如表 4-11 所示。如果要拒绝 LAN1 中的主机访问 LAN2,最好将标准 ACL 放置到 R3 的 F0/0 接口的出方向,在 R3 的 F0/0 接口配置模式下,使用语句:

Router(config)#ip access-group 1 out

就可以对所有 LAN1 到 LAN2 的数据包进行过滤。如果将该 ACL 放置到了 R2 的 S0/0 接口的入方向,则该接口就不能接收 LAN1 发过来的所有数据包,相当于 R1 和 R2 之间的链路失效了。如果将该 ACL 放置到了 R3 的 S0/0 接口的入方向,LAN1 的数据包仍然可能通过 R3 的 S0/1 接口绕道进入 LAN2。由此可见,只有将标准 ACL 放置到靠近目的端的接口上才能进行正确过滤。

（3）标准 ACL 的应用示例。

如图 4-54 所示的拓扑结构,假设要设置一个 ACL,只允许 LAN1 中 IPv4 地址为 202.0.11.100 的主机访问 LAN2 网络,而不允许 LAN1 中的其他主机访问 LAN2。先要按照上文所示在各个路由器启用相同的路由协议,保证网络可以互联,然后再在 R3 上配置如图 4-61 所示的标准 ACL。

1	R3(config)# access-list 1 permit 202.0.11.100 0.0.0.0	;允许源地址为 202.0.11.100 的分组
2	R3(config)# access-list 1 deny 202.0.11.0 0.0.0.255	;拒绝源地址为 202.0.11.1～255 的分组
3	R3(config)# access-list 1 permit any	;允许源地址为所有地址的分组
4	R3(config)# interface F0/0	;进入口 F0/0 的配置模式
5	R3(config-if)# ip access-group 1 out	;将定义的 ACL 放置到该接口的出方向

图 4-61　路由器 R3 上配置的 ACL

图 4-61 中的 ACL 中有三条指令,它们执行条件中的地址范围依次增大,顺序不能交换。例如,若将第一行和第二行的顺序交换,当源地址为 202.0.11.100 的数据包到达时,"deny 202.0.11.0 0.0.0.255"语句就会执行,"permit 202.0.11.100 0.0.0.0"语句永远也执行不到,这与要求不符。图中的第三行不能省略,因为所有 ACL 的最后都有一条默认隐含语句"deny any",如果没有第三行,LAN2 中只能接收到源地址为 202.0.11.100 的数据包,其他所有网络发过来的数据包都被拒绝,这也与要求不符。

ACL 在数据包过滤方面发挥了巨大作用,同时还可以应用于 NAT、策略路由等许多方面。

2. NAT 的配置

静态 NAT、动态 NAT、NAPT 三种 NAT 的基本配置方法类似,主要步骤如下。

(1)指定与外部网络相连的外部端口,即在端口配置模式下输入:ip nat outside。

(2)指定与内部网络相连的内部端口,即在端口配置模式下输入:ip nat inside。

(3)在全局配置模式下,定义内部合法地址池(静态 NAT 不需要该步骤):

ip nat pool 地址池名称 起始 IP 地址 终止 IP 地址 netmask 子网掩码;

(4)在全局配置模式下,将要进行地址转换的内部地址定义到一个 ACL 中(静态 NAT 不需要该步骤):

access-list 表号 permit 源地址 通配符掩码;

(5)在全局配置模式下,将内部地址和外部地址进行映射。

- 对于静态 NAT,使用:ip nat inside source static 内部地址 外部地址。
- 对于动态 NAT,使用:ip nat inside source list 访问控制列表号 pool 地址池名称。
- 对于 NAPT,使用:ip nat inside source list 访问控制列表号 pool 地址池名称 overload。

三种 NAT 技术应用广泛,假设某企业构建了如图 4-62 所示的一个企业内部网,申请获得了 14 个外部地址 200.1.1.1~200.1.1.14,各个地址的规划如下。

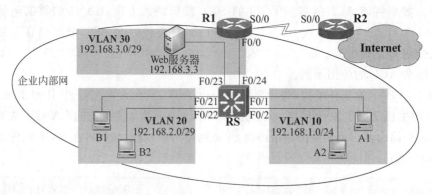

图 4-62　NAT 的应用

- 两个地址用于网络互联:出口地址 200.1.1.1,对端地址 200.1.1.2。
- 重要部门有 5 台计算机,划分到 VLAN 20,为保证上网速度,分配 5 个外部地址:200.1.1.3~200.1.1.7。

- 普通员工有 130 台计算机,划分到 VLAN 10,分配 6 个外部地址:200.1.1.8～
  200.1.1.13。
- Web 服务器划分到 VLAN 30,使用固定的外部地址:200.1.1.14。

通过分析可以得出,Web 服务器的内部地址 192.168.3.3 与外部地址 200.1.1.14 是一对一关系,需要使用静态 NAT;重要部门的 5 台计算机随机使用 5 个外部地址,需要使用动态 NAT;普通员工的 130 台计算机使用 6 个外部地址,需要使用 NAPT。

在配置 NAT 之前,先要保证网络的连通性,在三层交换机 RS 上划分与设置 VLAN 的方法与图 4-51 相似,如图 4-63 所示。VLAN 10、VLAN 20、VLAN 30 中计算机的默认网关分别为 192.168.1.1、192.168.2.1、192.168.3.1。路由器 R1 在启用 OSPF 协议后,又启用了 NAT,如图 4-64 所示。路由器 R2 的配置比较简单,如图 4-65 所示。

```
1   RS(config)# vlan 10                                    ;添加 ID 为 10 的 VLAN
2   RS(config-vlan)# vlan 20                               ;添加 ID 为 20 的 VLAN
3   RS(config-vlan)# vlan 30                               ;添加 ID 为 30 的 VLAN
4   RS(config-vlan)# interface vlan 10                     ;进入 VLAN 10 的配置模式
5   RS(config-if)# ip address 192.168.1.1 255.255.255.0   ;配置 VLAN 10 的 IP 地址,即该 VLAN 主机的网关
6   RS(config-if)# interface vlan 20                       ;进入 VLAN 20 的配置模式
7   RS(config-if)# ip address 192.168.2.1 255.255.255.248 ;配置 VLAN 20 的 IP 地址
8   RS(config-if)# interface vlan 30                       ;进入 VLAN 30 的配置模式
9   RS(config-if)# ip address 192.168.3.1 255.255.255.248 ;配置 VLAN 30 的 IP 地址
10  RS(config-if)# interface range F0/1 - F0/2            ;进入 F0/1 和 F0/2 端口的配置模式
11  RS(config-if-range)# switchport mode access           ;将这两个端口设置为 Access 模式
12  RS(config-if-range)# switchport access vlan 10        ;将这两个端口划入 VLAN 10
13  RS(config-if-range)# interface range F0/21 - F0/22    ;进入 F0/21 和 F0/22 端口的配置模式
14  RS(config-if-range)# switchport mode access           ;将这两个端口设置为 Access 模式
15  RS(config-if-range)# switchport access vlan 20        ;将这两个端口划入 VLAN 20
16  RS(config-if-range)# interface range F0/23 - F0/24    ;进入 F0/23 和 F0/24 端口的配置模式
17  RS(config-if-range)# switchport mode access           ;将这两个端口设置为 Access 模式
18  RS(config-if-range)# switchport access vlan 30        ;将这两个端口划入 VLAN 30
19  RS(config-if-range)# exit                             ;返回全局配置模式
20  RS(config)# ip routing                                ;开启 IP 路由功能(三层交换)
21  RS(config)# ip route 0.0.0.0 0.0.0.0 192.168.3.2      ;设置默认路由
```

图 4-63　三层交换机 RS 的配置

```
1   R1(config)# interface F0/0                             ;进入内网接口 F0/0 的配置模式
2   R1(config-if)# ip address 192.168.3.2 255.255.255.248 ;配置 F0/0 接口的 IP 地址
3   R1(config-if)# ip nat inside                           ;设置为 NAT 内部端口
4   R1(config-if)# no shutdown                             ;打开 F0/0 接口
5   R1(config-if)# interface S0/0                          ;进入外网接口 S0/0 的配置模式
6   R1(config-if)# ip nat outside                          ;设置为 NAT 外部端口
7   R1(config-if)# ip address 200.1.1.1 255.255.255.240    ;配置 S0/0 接口的 IP 地址
8   R1(config-if)# no shutdown                             ;打开 S0/0 接口
9   R1(config-if)# exit                                    ;返回全局配置模式
10  R1(config)# ip route 192.168.1.0 255.255.255.0 192.168.3.1   ;配置指向内网 VLAN 10 的静态路由
11  R1(config)# ip route 192.168.2.0 255.255.255.248 192.168.3.1 ;配置指向内网 VLAN 20 的静态路由
12  R1(config)# router ospf 100                            ;启用 OSPF 路由协议
```

图 4-64　NAT 路由器 R1 的基本配置

```
13  R1(config-router)# network 200.1.1.0 0.0.0.15 area 0          ;宣告 S0/0 接口的直连网络
14  R1(config-router)# exit                                        ;返回全局配置模式
15  R1(config)#  ip nat inside source static 192.168.3.3 200.1.1.14  ;设置 Web 服务器的静态 NAT
16  R1(config)#  access-list 2 permit 192.168.2.0 0.0.0.7          ;设置包含 VLAN 20 内所有 IP 地址的 ACL
17  R1(config)#  access-list 1 permit 192.168.1.0 0.0.0.255        ;设置包含 VLAN 10 内所有 IP 地址的 ACL
18  R1(config)#  ip nat pool P20 200.1.1.3 200.1.1.7 netmask 255.255.255.240
                                                                   ;设置 VLAN 20 内主机访问外网的外部地址池
19  R1(config)#  ip nat pool P10 200.1.1.8 200.1.1.13 netmask 255.255.255.240
                                                                   ;设置 VLAN 10 内主机访问外网的外部地址池
20  R1(config)#  ip nat inside source list 2 pool P20             ;VLAN 20 访问外网的动态 NAT
21  R1(config)#  ip nat inside source list 1 pool P10 overload    ;VLAN 10 访问外网的 NAPT
```

图 4-64 （续）

```
1  R2(config)# interface S0/0                              ;进入连接 R1 的接口 S0/0 的配置模式
2  R2(config-if)# ip address 200.1.1.2 255.255.255.240     ;配置 S0/0 接口的 IP 地址
3  R2(config-if)# no shutdown                              ;打开 S0/0 接口
4  R2(config-if)# exit                                     ;返回全局配置模式
5  R2(config)# router ospf 101                             ;启用 OSPF 路由协议
6  R2(config-router)# network 200.1.1.0 0.0.0.15 area 0    ;宣告 S0/0 接口的直连网络
```

图 4-65　服务提供商路由器 R2 的基本配置

完成了上述配置后,各个 VLAN 内的主机都能以内部地址作为源地址访问 Internet,而 Internet 的主机不能以内部地址作为目的地址访问企业内部网,Internet 用户只能以"200.1.1.14"为目的地址访问内网 Web 服务器。之后,在路由器 R1 上使用"show ip nat translations"命令,可以观察到内部地址与外部地址的对应关系。

4.6　自组织网络 Ad Hoc

第 3 章介绍的 802.11 WLAN、802.16 WMAN 以及蜂窝移动通信系统等都是属于有固定基础设施的无线网络,终端结点的通信必须要通过预先敷设的无线接入点或者基站等固定结点才能进行,固定结点的作用相当于一个 Hub 或者交换机。因此,这种无线网络的数据链路层协议虽然与有线网络不同,但网络层的逻辑拓扑结构却与有线网络相同,仍然使用 IP 路由算法即可实现相互通信。

无固定基础设施的无线网络不需要提前敷设基站或线路,各个结点相互利用,以实现整个系统内所有结点之间的通信,这种无线网络更能够满足人们对网络 4A(Anytime、Anywhere、Anyone 和 Anything)服务的要求。然而,这种无线网络的结点需要借助其他移动结点才能相互通信,所以网络的拓扑结构会不断发生变化,传统的适用于拓扑结构相对固定的 IP 路由算法直接应用于这种网络会出现很多问题,因此需要使用不同于 IP 路由的路由算法进行通信。

自组织网络属于一种最典型的无固定基础设施的无线网络,是目前研究的一个热点领域。本节将首先说明移动自组织网络的基本概念,然后对它的路由算法和关键技术进行简要介绍。

4.6.1 自组织网络的基本概念

自组织网络(Ad Hoc network)是由一群具有终端与路由两种功能的结点通过无线链接连成的多跳临时性自治系统。如果这些结点是可移动的,这种网络也称为移动自组织网络(Mobile Ad hoc NETworks,MANET)。Ad Hoc 网络结点的功率有限,发射信号的覆盖范围也会受到限制。当结点要与其覆盖范围之外的结点进行通信时,必须要借助中间结点的转发才能实现数据传输,结点之间形成了无线多跳路径。Ad Hoc 网络的每个结点都要具备终端和路由器两种功能。作为终端,结点需要运行面向用户的应用程序;作为路由器,结点需要运行路由协议,为其他结点转发数据包。

Ad Hoc 网络不需要任何中心控制结点,就可以自动形成一个网络系统。当结点加入或退出时,也可以自动检测并快速配置成新的网络拓扑结构。这种自组织的多跳移动网络,不依赖固定基础设施,既可以与现有的网络结合形成多跳网络,延伸传统网络的覆盖范围,也可以通过临时组网的方式在恶劣环境中支持移动结点之间的数据、语音甚至视频的传输,这就使得 Ad Hoc 网络最初在军事领域中的研究和应用迅速扩展到民用领域,应用范围覆盖到了工业、商业、医疗、家庭、办公环境、军事等各种场合和行业,得到了国际学术界和工业界的广泛关注,成为移动通信技术向前发展的一个重要方向。

与其他网络相比,Ad Hoc 网络具有以下特点。

(1) 自组织性。Ad Hoc 网络中所有结点的地位平等,通过分布式算法来协调相互之间的通信,不需要预先敷设基础设施,就可以在任何时间、任何地点快速自动组网。部分结点的故障不会影响到整个网络,Ad Hoc 网络的健壮性也很强。

(2) 动态拓扑。结点可以在网络中随意移动,并且可以随时打开或关闭。结点信号发送功率的变化、信道间的相互干扰、地形等诸多因素都会影响到结点之间的数据传输速率。这样就造成 Ad Hoc 网络的拓扑结构随时都可能发生变化。

(3) 多跳路由。使用多跳路由,结点的发射功率可以很低,从而节省了能量,延长了电池的工作时间。通过中间结点参与分组转发,有效降低了无线传输设备的设计难度和成本,扩大了自组织网络的覆盖范围。

(4) 无线信道。由于 Ad Hoc 网络采用无线信道进行数据传输,所以带宽比有线信道要低,考虑到冲突、信号衰减、噪声和信道之间干扰等多种因素,带宽还会随时间动态变化,并且可能产生单向信道。

(5) 结点的局限性。Ad Hoc 网络中的结点轻便灵巧,但是能量、存储、计算等资源受限,给应用软件的开发带来一定的难度。

(6) 安全性。Ad Hoc 作为一种无线网络,同样容易受到攻击。相比于其他无线网络,其结点的不断移动会导致结点间的信任关系不断发生变化,所以 Ad Hoc 比其他的无线网络安全性更差。

(7) 可扩展性。由于结点之间的相互干扰会造成网络容量下降,各结点的吞吐量也会随着结点总数的增加而下降,所以 Ad Hoc 的可扩展性比较弱。

无线传感器网络(Wireless Sensor Networks,WSN)可以看做是一种特殊类型的 Ad Hoc 网络。WSN 的各个结点静态地随机分布在某一区域,传感器负责收集区域内的传感信号,将它们发到网关结点。网关具有更大的处理能力,能进一步处理信息,并且具有更大的发送范围,可将信息送往某个大型网络(如 Internet)并且到达最终的用户。与一般 Ad Hoc 网络相比,WSN 结点数量更为庞大,分布更为密集;结点更容易失效,网络拓扑变化更频繁;结点的能量、存储、运算等资源受限更多。正是由于 WSN 与 Ad Hoc 网络存在这些区别,导致 Ad Hoc 网络的一些研究成果还不能直接应用于 WSN。

802.11 WLAN 与 Ad Hoc 网络虽然覆盖范围相差不大,却是两种结构和原理不同的网络。802.11 WLAN 为单跳网络,所有的结点通信都需要经过无线接入点,在网络内部不用使用多跳路由。因此,802.11 WLAN 的研究重点集中在物理层和数据链路层,而 Ad Hoc 网络的研究重点集中在以路由协议为核心的网络层。

在移动通信中,为了满足结点在移动过程中的连接性,实现移动结点在互联网及局域网中不受任何限制地即时漫游,需要使用移动 IP 技术。移动 IP 虽然一般也是应用于无线网络,但与 Ad Hoc 是两个不同的概念。在移动 IP 中,网络是固定不动的,结点以固定的 IP 地址在不同的网段间漫游,在保证固定结点连通性的同时,还要保证基于 IP 的网络权限在漫游过程中不发生改变。相比于移动 IP,Ad Hoc 网络中没有固定的结点,所有结点都是不停移动的,研究内容更为复杂。

Ad Hoc 与 WSN、802.11 WLAN、移动 IP 的比较如图 4-66 所示。

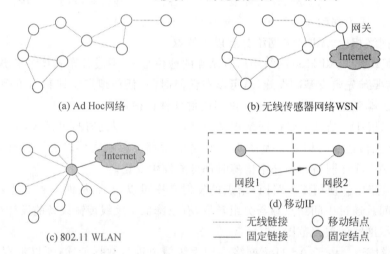

(a) Ad Hoc网络 (b) 无线传感器网络WSN

(c) 802.11 WLAN (d) 移动IP

图 4-66 Ad Hoc 与 WSN、802.11 WLAN、移动 IP 的比较

Ad Hoc 网络所面临的主要问题包括路由协议、功率控制、MAC 层协议、服务质量管理和网络安全等。其中:功率控制主要是解决结点的能量节约问题,MAC 协议主要是解决多信道接入、通信冲突以及协议的可扩展性等问题。路由协议是 Ad Hoc 网络所要解决的基本问题,它面临的最大难题就是因结点的移动和失效引起网络拓扑变化,从而导致路由很不稳定,使用 IP 路由会出现频繁的路由重建和路由维护,这不仅会造成传输时延增加,也会带来很高的开销。

经过多年的研究,许多 Ad Hoc 路由协议方案被相继提出。这些协议按照路由决策依据的信息分为基于拓扑的路由和基于地理位置的路由两大类:前者收集结点间的连接关系和链路特性,并据此计算最佳路由;后者收集结点的地理位置坐标,并据此进行路由决策。基于拓扑的路由按照触发路由计算的条件分为先验式(表驱动)路由和反应式(需求驱动)路由两类。先验式路由维护最新的、到网络中所有结点的路由;每当结点发现拓扑改变,就将路由更新消息广播到网络中的其他结点,每个结点都更新路由表;DSDV、OLSR、TBRPF等都属于这种路由。反应式路由仅当源结点需要向目的结点发送数据时,才启动一个路由发现过程;路由建立起来之后由一个路由维护过程进行维护,直到目的结点不可达或者源结点不再发送数据为止;AODV、DSR、DYMO等都属于这种路由。

Ad Hoc 路由协议的分类如图 4-67 所示,下面两节对其中的两种典型路由协议进行详细说明。

$$
\text{Ad Hoc 路由协议}\begin{cases}\text{基于拓扑的路由}\begin{cases}\text{先验式路由:DSDV、OLSR、TBRPF 等}\\\text{反应式路由:DSR、AODV、DYMO 等}\end{cases}\\\text{基于地理位置的路由:GPSR、GLS 等}\end{cases}
$$

图 4-67 Ad Hoc 路由协议的分类

4.6.2 先验式路由 DSDV *

DSDV(Destination-Sequenced Distance-Vector,带目的地序列号的距离向量)是一个典型的先验式路由协议,它按照距离向量算法的一般方式,在每个结点保存一个路由表,记录到达目的结点的最小跳数。当然,如果将一般距离向量算法直接应用于 Ad Hoc 网络,难以保证路由表的正确性和实时性。DSDV 在传统的距离向量算法的基础上,通过给路由表中的每个记录设定序号的方法来区分新旧路由,防止距离向量路由算法可能产生的环路。

DSDV 采用两种技术控制路由表的更新:①时间驱动——每个结点周期性地发送更新消息;②事件驱动——当发现拓扑结构发生改变时发送更新消息。在结点发送的每个路由更新消息中,除了包含一般距离向量路由更新消息中的"目的地址"、"跳数"等内容外,还包含一个由发送结点产生的"序号",用于指示路由的新旧。结点会将收到的路由信息与之前得到的路由信息进行比较,具有最新序号的路由被采用,较早序号的路由被丢弃;若两者的序号相等,则较小跳数的路由被采用。

正常情况下路由的序号由目的结点产生,在出现链路中断的情况下路由的序号由中间结点产生。为了区分这两种情况,目的结点产生的序号为偶数,中间结点产生的序号为奇数。当结点检测到去往某个下一跳的链路中断时,将通过该下一跳的所有路由的跳数都标记为∞(即大于最大跳数的数值),并为这些路由分配新的值为奇数的序号(将原来的序号加1)。当结点又收到一个序号(为偶数)更高的、跳数不为∞的路由时,更新该路由,并向其他结点广播该更新。

如果直接按照事件驱动更新技术的原理,每次变化都立即发送更新消息,则会发送大量的广播消息,也会导致路由波动。例如,当结点检测到与某个邻居结点链路中断,就要将消息广播到整个网络;它可能很快收到一个通过其他邻居到达中断邻居的路由,又要将这个消息广播到整个网络;可能很快又从另外一个邻居收到一个到达中断邻居的跳数更小的路由,还要向网络广播更新消息。事实上,结点几乎总是会收到从目的结点传来的序号不断增加的路由信息,并且较大跳数的路由总是最先到达。为了解决这个问题,DSDV 在每个结点内部维护一张"稳定数据(Stable Data)表",该表中记录着每一条路由的"目的地址"、"最近一次稳定时间"、"平均稳定时间"。所谓稳定时间就是指第一条路由到达和最佳路由到达之间的时间间隔。当一个序号较大的路由更新到来时,如果跳数比已有路由跳数大,新路由会被立即用来转发数据,但不会立即向网络发布,而是查询稳定数据表确定等待时间(如以"平均稳定时间"的两倍作为等待时间),到达等待时间到后再发送路由更新。

图 4-68 给出了一个 DSDV 路由的工作原理示例,同时列出了结点 M1 发生移动时结点 M5 的路由表变化。路由表中的"加入时间"字段用来存储路由表项的创建时间,以删除过期的表项;"稳定数据"字段中存储的是指向"稳定数据表"中相关记录的指针。结点 M1 离开 M4、移动进入 M2 的邻域后,M2 发现新邻居 M1 并触发一次序号更大的路由更新。路由更新被广播到 M5 后,M5 判断新路由跳数比已有路由跳数大,新路由会被立即用来转发数据,但不会立即向 M4 发布,根据稳定数据表到达等待时间后再发送路由更新。

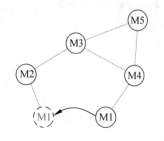

结点M5的路由表

目的地	下一跳	跳数	序号	加入时间	稳定数据
M1	M4	2	M1-508	001000	Ptr_M1
M2	M3	2	M2-162	001200	Ptr_M2
M3	M3	1	M3-386	001200	Ptr_M3
M4	M4	1	M4-272	001000	Ptr_M4

更新路由

M1	M3	3	M1-510	000800	Ptr_M1

图 4-68 DSDV 路由协议的工作原理

DSDV 路由协议比较简单,通过序号避免了路由循环,解决了 DV 算法中的无穷计数问题。DSDV 也具有一般先验式路由的优点,即路由表在转发分组之前就已经生成好了,避免了路由发现时延,减少了分组转发时延。但是,DSDV 路由协议的所有结点都必须发布路由,不支持休眠,不能直接用于传感器网络。它没有避免一般 DV 算法的缺点,收敛速度较慢。同时,它也具有一般先验式路由的缺点,即生成的路由表可能还未用到,网络拓扑就发生了变化,每个结点需要维护大量不活跃的路由,这样就浪费了许多资源,降低了算法的可扩展性。因此,DSDV 只适用于小规模的 Ad Hoc 网络。

4.6.3 反应式路由 AODV*

AODV(Ad-hoc On-demand Distance-Vector,自组网按需的距离向量)是一个典型的反应式路由协议,它使用距离向量算法求解最佳路径,借鉴 DSDV 中的目的结点序号来维护最新的路由信息。作为一种反应式路由,AODV 仅当源结点希望向某个目的结点发送数据包却并没有去往该目的结点的路由时,才启动路由发现过程。不在活跃路径上的结点不用维护路由信息,也不参与路由表交换。

AODV 采用广播路由发现机制,依靠中间结点动态建立路由表。当一个结点希望和当前路由表中无路由信息的结点通信时,向其邻居广播一个路由请求消息 RREQ。邻居结点收到 RREQ 消息后,查看本结点是否有到目的结点的路由:如果有就向源结点返回响应消息;否则,继续向邻居广播这个 RREQ 消息,并建立到源结点的反向路由。

RREQ 消息中包含两个序号:源结点序号和源结点所知道的最新的目的结点序号。前者用于维持到源的反向路由,后者表明了到目的结点的最新路由。当 RREQ 消息从源结点转发到不同的目的地时,沿途所经过的中间结点都要自动建立到源结点的反向路由。反向路由将会维持一定时间,足够 RREQ 消息在网内转发以及产生的 RREQ 响应消息返回源结点。当 RREQ 消息到达目的结点(或者有到达目的结点最新路由的中间结点)后,就会产生路由响应消息 RREP。利用刚刚建立的反向路由将 RREP 消息转发回源结点。

在 RREP 消息转发回源结点的过程中,沿着这条路径上的每一个结点都将建立到目的结点的正向路由。对于那些建立了反向路由,但 RREP 消息并没有经过的中间结点,反向路由将会在一定时间后自动变为无效。收到 RREP 消息的结点将只会对到某一个源结点的第一个或者跳数更少的 RREP 消息进行转发,对于其后收到的到同一个源结点且同一个序号的 RREP 消息不进行转发。这样就有效地抑制了向源结点转发的 RREP 消息的数量,确保了路由信息的最新及最快。

源结点在收到第一个 RREP 消息后,开始向目的结点发送数据分组,路由发现过程完成。图 4-69 给出了一个 AODV 协议进行路由发现的示例。其中的 MS 表示源结点,MD 表示目的结点,先通过如图 4-69(a)所示的过程建立反向路径,再通过如图 4-69(b)所示的过程建立正向路径。

如果路径上的一个结点的下一跳变得不可到达,它就要向利用该损坏链路的活跃上游结点发送新的 RREP 消息。收到这个 RREP 消息的结点再依次将它转发到这些结点各自的活跃邻居,这个过程持续到所有的与损坏链路有关的活跃结点都被通知到为止。源结点在收到断链的通知后,要再次发起新的路由发现过程。

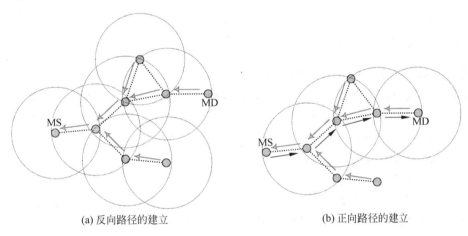

(a) 反向路径的建立   (b) 正向路径的建立

图 4-69　AODV 协议的路由发现机制

AODV 克服了 DSDV 的一些缺点,采用按需路由,各个结点不需要维护整个网络的路由表,只有在发送分组没有到目的结点的路由时才发起路由发现过程,路由表仅维护一条到目的结点的路由即可。这样就减少了结点资源的占用,提高了算法的可扩展性,使得该协议可以应用于规模较大的 Ad Hoc 网络。然而,这样做的代价是在转发第一个分组之前要先完成路由发现,这就增加了分组的转发时延。

上面给出的两种 Ad Hoc 路由协议都是以距离向量算法为基础的,当然目前还有许多以各种算法为基础的类似协议,它们各有优缺点,尚未形成一种占据主导地位的、实际应用的 Ad Hoc 路由协议。

第4章

网络层

第 5 章　　　　运　输　层

运输层（transport layer）协议负责端到端的数据传输，是整个网络体系结构中的关键组成部分之一。本章讨论 TCP/IP 体系中的运输协议 UDP 和 TCP，以及如何利用 UDP 和 TCP 的编程接口实现网络应用程序的基础知识。本章的重点内容是运输层的一些基本概念，如端口、连接等，以及 TCP 的各种数据传送机制，如面向连接的可靠数据传输服务、端到端的流量控制以及拥塞控制等。

5.1　运输层概述

5.1.1　运输层的功能

在因特网体系结构中，运输层具有承上启下的作用：它向上面的应用层提供通信服务，属于面向通信部分的最高层，同时也是应用功能的最低层。运输层只存在于网络边缘的主机中，在通信子网中不包含运输层。根据第 4 章的内容，我们知道，IP 协议能够将源主机发送出的分组按照首部中的目的地址送交到目的主机，那么，为什么还需要再在主机中设置一个运输层呢？这主要有以下几个理由。

与传统的通信网络相比，计算机网络一个重要技术特征是终端发生了改变——由原来的只有少量固定功能的简单终端变为具有强大处理能力的智能终端。可以说，终端的改变是通信网络革命性变化的根源。严格地讲，计算机网络中两个主机进行通信实际上是两个主机中的应用进程互相通信。IP 协议虽然能把分组送到目的主机，但是这个分组只是到达主机，还没有交付给主机中的应用进程（IP 地址标识因特网中的一个主机，而不是标识主机中的应用进程）。然而一个主机中经常有多个应用进程同时分别和其他主机中的多个应用进程通信。例如，用户在使用浏览器查找某网站的信息时，其主机的应用层运行浏览器客户进程。如果在浏览网页的同时，还要用电子邮件给网站发送反馈意见，那么主机的应用层就还要运行电子邮件的客户进程。在图 5-1 中，主机 A 的应用进程 1 和主机 B 的应用进程 3 通信，而与此同时，应用进程 2 也和对方的应用进程 4 通信。因此，运输层的一个基本功能就是允许通信在进程而非主机之间进行，即实现进程的复用和分用。

应用层不同进程的报文向下交到运输层，再往下即可共用网络层提供的服务。当这些报文沿着图中的虚线到达目的主机后，目的主机的运输层就使用其分用功能，通过不同的进程标识将报文分别交付到相应的应用进程。图 5-1 中两台主机的运输层之间有一个粗的双向箭头，写明"运输层提供应用进程间的逻辑通信"。"逻辑通信"的意思是：应用进程的报文到达运输层后，从效果上看，就好像是直接沿水平方向传送到远地的运输层。当然，两个

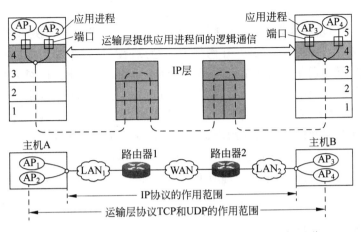

图 5-1 运输层为相互通信的应用进程提供了逻辑通道

应用进程之间并没有一条水平方向的物理连接,要传送的数据是沿着图中的虚线方向传送的。

从这里可以看出网络层和运输层的根本区别。运输层为应用进程之间提供逻辑通信,而网络层是为主机之间提供逻辑通信,如图 5-2 所示。

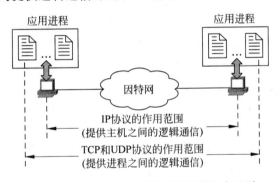

图 5-2 运输层协议和网络层协议的根本区别

如果运输层只有进程复用和分用功能,那么取消运输层而在网络层增加此功能也未尝不可。然而,运输层还需实现在网络层难以实现的其他重要功能。首先,网络层只能提供不可靠的通信服务,经过网络层的数据包可能发生丢失、重复、延时、失序以及比特差错(在网络层,IP 数据报首部中的校验和字段,只检验首部是否出现差错)。不是所有的应用程序都能在存在上述问题的情况下还能正常工作(比如最简单的文件传输)。因此,运输层需具备保证传输可靠性的能力,即保证接收方能正确地接收发送方传送的数据。为实现可靠传输,通常不仅要对收到的报文进行差错检测,还要能够检测出分组丢失与重复,并对正确接收的数据分组进行排序。

其次,通信过程是在收发两方进行的。即便在此过程中只涉及收发双方,也存在相互协调的问题。比如,如何约定通信的时间(否则可能"寻隐者不遇"),如何实现通信的速率匹配等。数据传送的速率匹配问题保证发方的速率不超过收方的速率,从而避免收方来不及接收而发生溢出(正如老师讲课速度过快,学生来不及接受),或者发方速率过低造成收方空闲。

再次，从全网的角度来看，大量的通信终端需要共享网络中的交换和路由设备，如因特网的路由器。考虑到可扩展性问题，在网络中间结点应尽量减少端到端的状态信息，因此，主要由端系统负责合理共享交换结点的资源。与电话网相比，计算机网络的流量具有较强的时变特性，因此，交换结点难以预测短期的流量负载。交换结点的负载来源于用户产生的流量，当流量汇聚过多、交换结点过载时，网络的性能将受到严重影响。这就要求端系统能够根据网络的状态控制注入网络中的流量以避免网络交换结点发生过载。

此外，根据应用需求的不同，运输层需要能够提供不同的服务，因而需要有不同的协议来实现相应的功能，因特网的运输层即有面向连接和无连接两种运输层服务，而网络层无法同时实现这两种协议功能。

5.1.2 运输层的服务

TCP/IP 的运输层有两个不同的协议，如图 5-3 所示，它们都是因特网的正式标准。即：①传输控制协议(Transmission Control Protocol, TCP)，由 RFC 768 定义；②用户数据报协议(User Datagram Protocol, UDP)，由 RFC 793 定义。它们分别实现面向连接和无连接的运输层服务。

按照 OSI 的术语，两个对等运输实体在通信时传送的数据单位叫做运输协议数据单元(Transport Protocol Data Unit, TPDU)。但在 TCP/IP 体系中，则根据所使用的协议是 TCP 或 UDP，分别称之为 TCP 报文段(Segment)或 UDP 报文或用户数据报(Datagram)。

UDP 是一个轻量级的运输协议，它的主要功能是在 IP 协议之上提供进程复用与分用。通过 UDP 进行数据传送时，在传送数据之前不需要先建立连接，远程主机的运输层在收到 UDP 报文后，也不需要给出任何确认。因此，UDP 只能提供不可靠的数据交付，也没有实现主机之间的速率协调和面向网络的流量控制。然而，在某些情况下，UDP 是一种简单高效的工作方式。它的某些特点，比如保留数据包的边界是 TCP 所不具备的。TCP/IP 体系中的应用服务，如域名解析服务(DNS)就使用 UDP 作为运输协议。此外，大多数的多媒体数据传送也都采用 UDP。

TCP 则提供面向连接的服务。在传送数据之前必须先建立连接，数据传送结束后要释放连接。由于 TCP 要提供可靠的、面向连接的运输服务，因此不可避免地增加了许多的开销，如确认、流量控制、定时器以及连接管理等。这不仅使协议数据单元的首部增大很多，还要占用许多的处理机资源。特别是，由于连接仅在两台主机之间建立，TCP 难以提供广播或多播服务。

这里还要强调两点。

(1) 运输层的 UDP 用户数据报与网际层的 IP 数据报有很大的区别。IP 数据报要经过互联网中许多路由器的存储转发，但 UDP 用户数据报是在运输层的端到端的抽象逻辑信道中传送的。这个逻辑信道虽然也是尽最大努力交付，但运输层的逻辑信道功能只在端系统实现，并不经过路由器(路由器只实现下三层协议而没有运输层)。IP 数据报虽然需要经过路由器进行转发，但用户数据报只是 IP 数据报中的载荷，因此对路由器而言完全是透明的。

(2) TCP 连接也和网络层中的虚电路(如 X.25 所使用的)完全不同。TCP 报文段是在运输层的端到端抽象的逻辑信道中传送，但 TCP 连接是可靠的全双工信道，不涉及网络中的路由器。路由器根本不知道上面的运输层建立了多少个 TCP 连接。然而在 X.25 建立的虚电路所经过的交换结点中,都要保存虚电路的状态信息。

我们要再次强调指出,运输层向高层用户屏蔽了下面通信子网的细节(如网络拓扑、所采用的协议等),它使应用进程看见的就是在两个运输层实体之间有一条端到端的逻辑通信信道,但这条逻辑通信信道对上层的表现却因运输层使用的不同协议而有很大的差别。当运输层采用面向连接的 TCP 时,尽管下面的网络是不可靠的(只提供尽最大努力服务),但这种逻辑通信信道就相当于一条全双工的可靠信道。但当运输层采用无连接的 UDP 时,这种逻辑通信信道则是一条不可靠信道。在图 5-4 中我们将可靠信道画成一个管道,这意味着报文在这样的“管道”中运输时,可以做到无差错、按序(接收的顺序和发送的顺序一样)、无丢失和无重复。对不可靠信道就用一个云状网络来表示,它不具备可靠信道的按序、无丢失和无重复的特性,但仍具有无差错的特性。只要检查出报文有差错就将其丢弃。运输层提供可靠的交付,是指运输层将数据可靠地交付给接收端的应用层。

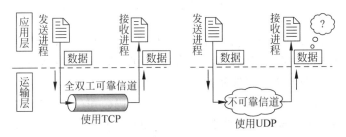

图 5-4 运输层向上提供可靠的和不可靠的逻辑通信信道

5.1.3 端口的概念

运行在计算机中的进程是用进程标识符进行区分的。应用层的各种应用都是进程,但在实现进程间通信时却不应当让计算机操作系统指派它的进程标识符。这是因为因特网连接的计算机的操作系统种类很多,而不同的操作系统又使用不同格式的进程标识符。为了使运行不同操作系统的计算机的应用进程能够互相通信,就必须用统一的方法对 TCP/IP 体系的应用进程进行标识。

UDP 和 TCP 通过定义端口(port)作为进程标识实现进程的复用与分用。端口是个非常重要的概念,因为应用层的各种进程是通过相应的端口与运输实体进行交互。当运输层收到 IP 层交上来的数据(即 TCP 报文段或 UDP 用户数据报)时,就要根据其中首部的端口号来识别应当接收此数据的应用进程。图 5-5 说明了端口在进程之间的通信中所起的作用。

用 OSI 的术语,图中的端口就是运输层服务访问点。若没有端口,运输层就无法知道数据应当交付给应用层的哪一个进程。从这个意义上讲,端口是用来标识应用层的进程。由于使用了复用和分用技术,在运输层与网络层的交互中已看不见各种应用进程,而只有 TCP 报文段或用户数据报。IP 层也使用类似的复用和分用技术,因而在网络层和链路层的交互中也只有 IP 数据报。

在运输层与应用层的接口上所设置的端口是一个 16 比特的二进制地址,并称之为端口号。端口的作用就是:应用层的源进程将报文发送给运输层的某个端口,而应用层的目的

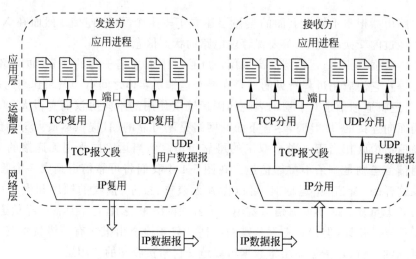

图 5-5 端口在进程之间的通信中所起的作用

进程从端口接收报文。端口号只具有本地意义,即端口号只是为了标识本计算机应用层中的各进程。不同计算机中的相同端口号是没有联系的。16 比特最多可以表示 64K 个端口号,这个数目对一个计算机来说足够使用。

端口号分为三类。一类是由因特网指派名字和号码公司(IANA)负责分配给一些常用的应用层程序在因特网中固定使用的熟知端口(well-known ports,其数值一般为 0~1023,见 RFC 1700)。例如,FTP 用 21,Telnet 用 23,SMTP 用 25,DNS 用 53,HTTP 用 80,等等。"熟知"表示这些端口号是 TCP/IP 体系确定并公布的,因而是所有用户进程都知道的。在应用层中的各种不同的服务器进程不断地检测分配给它们的熟知端口,以便发现是否有某个客户进程要和它通信。另一类为登记端口号,数值为 1024~49 151,提供给没有熟知端口号的应用程序使用。使用这个范围的端口号必须在 IANA 登记,以防止重复。

最后一类称为客户端口号或暂时端口号,数值为 49 152~65 535,留给客户进程选择临时使用。当一种新的应用程序出现时,必须为它指派一个公开端口,否则其他的应用进程就无法和它进行交互。当服务器进程收到客户进程的报文时,就知道了客户进程所使用的动态端口号。通信结束后,这个端口号可供其他客户进程以后使用。

为了在通信时不致发生混乱,就必须把端口号和主机的 IP 地址结合在一起使用。因此,TCP 使用"连接"(而不仅仅是"端口")作为最基本的抽象。一个连接由它的两个端点来标识。端点信息包括 IP 地址(32 比特)和端口号(16 比特),共 48 比特。在因特网中,在运输层通信的一对端点必须是唯一的。

5.2 用户数据报协议 UDP

5.2.1 UDP 概述

UDP 的中文全称是用户数据报协议,是因特网中一种无连接的运输层协议,提供面向事务的简单不可靠数据传送服务。

UDP 只提供不可靠的数据交付,它把应用程序发给网络层的数据发送出去后,不再保留数据备份。因此,每个 UDP 报文除了包含要发送的用户数据,还包含目的端口号和源端口号,这样就使目的机器上的 UDP 协议软件能够把报文交付给正确的接收者,而接收者也能利用源端口号发送应答报文。

UDP 只在 IP 的数据报服务之上增加了很少的功能,即基于端口的进程复用/分用功能和差错检测的功能。由于缺乏可靠性,UDP 应用一般必须允许一定量的丢包、重复、时延、无序交付以及连接性的丢失(loss of connectivity)。由于 UDP 缺乏拥塞避免和控制机制,使用 UDP 的应用需负责避免因 UDP 流量负荷过高而导致的网络拥塞崩溃效应。虽然 UDP 只能提供不可靠的交付,但它在某些方面有其特殊的优点,例如:

(1) 发送数据之前不需要建立连接(当然发送数据结束时也无须释放连接),因而减少了开销和发送数据之前的时延。

(2) UDP 用户数据报只有 8 个字节的首部开销,比 TCP 的 20 个字节的首部要短。

(3) UDP 没有拥塞控制,也不保证可靠交付,因此主机不需要维持具有许多参数的、复杂的连接状态表。

(4) 由于 UDP 没有拥塞控制,因此网络出现的拥塞不会使源主机的发送速率降低。这对某些实时应用是很重要的。很多的实时应用(如 IP 电话、实时视频会议等)要求源主机以恒定的速率发送数据,并且允许在网络发生拥塞时丢失一些数据,但不允许数据有太大的时延。UDP 正好适合这种要求。

虽然某些实时应用需要使用没有拥塞控制的 UDP,但当很多的源主机同时都向网络发送高速率的实时视频流时,网络就有可能发生拥塞,结果大家都无法正常接收。因此"UDP 不具有拥塞控制功能",可能会引起网络产生严重的拥塞问题。

还有些使用 UDP 的实时应用需要对 UDP 的不可靠的传输进行适当的改进以减少数据的丢失。在这种情况下,应用进程本身可在不影响应用的实时性的前提下增加一些提高可靠性的措施,如采用前向纠错或重传已丢失的报文。

5.2.2 UDP 的报文格式

UDP 数据单元有两个字段:数据字段和首部字段。首部字段很简单,只有 8 个字节,由 4 个字段组成,如图 5-6 所示。各字段意义如下所述。

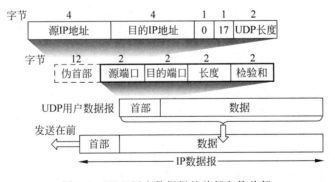

图 5-6 UDP 用户数据报的首部和伪首部

(1) 源端口字段:源端口号。

(2) 目的端口字段:目的端口号。

（3）长度字段：UDP 用户数据报的长度。

（4）检验和字段：防止 UDP 用户数据报在传输中出错的差错控制码。

源端口和目的端口用来标记发送和接收的应用进程。因为 UDP 不需要应答，所以源端口是可选的，如果源端口不用，那么置为零。在目的端口后面是长度固定的以字节为单位的长度字段，用来指定 UDP 数据报包括数据部分的长度。

UDP 的校验和字段是可选的，不是所有数据报都需要使用它；如果该字段值为零，则意味着没有计算检验和。设计者把这个字段作为可选的，是为了在高可靠性的局域网上使用 UDP 时，能够以很少的计算开销运行。但是，IP 协议对 IP 数据报中的数据部分并不计算校验和。因此，UDP 检验和为保证数据原封不动地到达提供了唯一的验证途径，建议使用这个字段。

UDP 用户数据报首部中检验和的计算方法有些特殊。在计算检验和时在 UDP 用户数据报之前要增加 12 个字节的伪首部，其组成如图 5-6 所示。所谓"伪首部"是因为这种伪首部并不是 UDP 用户数据报真正的首部。只是在计算检验和时，临时和 UDP 用户数据报连接在一起，得到一个过渡的 UDP 用户数据报。检验和就是按照这个过渡的 UDP 用户数据报来计算的，伪首部既不向下传送，也不向上递交。此外，UDP 用户数据报校验和同时校验首部和数据部分。

使用伪首部的目的是验证 UDP 数据报是否已经到达正确的终点。理解伪首部的关键在于：一个正确的终点包括一台特定的主机和该机器上的一个特定协议端口。UDP 首部本身仅仅指明了协议端口号。因此，为了验证终点正确与否，发送端机器上的 UDP 在计算检验和时把目的机器的 IP 地址和 UDP 数据报都包括在内。在最终的目的机器上，UDP 实现软件对检验和进行验证时，用到了携带 UDP 报文的 IP 数据报首部中的 IP 地址。如果检验和一致，则说明 UDP 数据报到达了正确主机上的正确协议端口。

UDP 计算检验和的方法和计算 IP 数据报首部检验和的方法相似。在发送端，首先将全零放入检验和字段。再将伪首部以及 UDP 用户数据报（现在要包括数据字段）看成是由许多 16 比特的字串接起来。若 UDP 用户数据报的数据部分不是偶数个字节则要填入一个全零字节（填充字节不发送），然后按二进制反码计算出这些 16 比特字的和。将此和的二进制反码写入检验和字段后，发送此 UDP 用户数据报。在接收端，将收到的 UDP 用户数据报连同伪首部（以及可能的填充全零字节）一起，按二进制反码求这些 16 比特字的和。当无差错时其结果应为全 1。否则就表明有差错出现，接收端就应将此 UDP 用户数据报丢弃（也可以上交给应用层，但附上出现了差错的警告）。图 5-7 给出了一个计算 UDP 检验和的例子。这里假定用户数据报的长度是 15 字节，因此要添加一个全 0 的字节，读者可以自己检验一下在接收端是怎样对检验和进行检验的。不难看出，这种简单的差错检验方法的检错能力并不强，但它的好处是简单、处理起来较快。

伪首部的第 3 字段是全 0，第 4 个字段是 IP 首部中的协议字段的值。对于 UDP，此协议字段值为 17，第 5 字段是 UDP 用户数据报的长度。因此可以看出，这样的检验和，既检查了 UDP 用户数据报的源端口号、目的端口号以及 UDP 用户数据报的数据部分，又检查了 IP 数据报的源 IP 地址和目的地址。

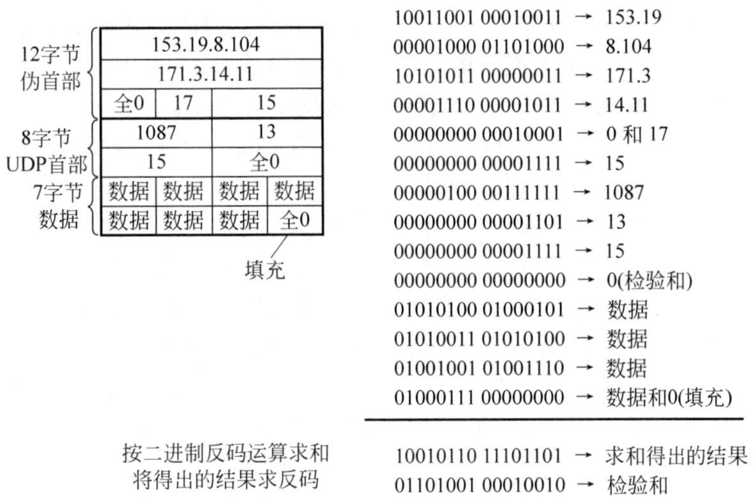

12字节 伪首部	153.19.8.104	
	171.3.14.11	
	全0	17	15
8字节 UDP首部	1087	13
	15	全0
7字节 数据	数据 数据 数据 数据	
	数据 数据 数据 全0	

填充

```
10011001 00010011  →  153.19
00001000 01101000  →  8.104
10101011 00000011  →  171.3
00001110 00001011  →  14.11
00000000 00010001  →  0 和 17
00000000 00001111  →  15
00000100 00111111  →  1087
00000000 00001101  →  13
00000000 00001111  →  15
00000000 00000000  →  0(检验和)
01010100 01000101  →  数据
01010011 01010100  →  数据
01001001 01001110  →  数据
01000111 00000000  →  数据和0(填充)
```

按二进制反码运算求和
将得出的结果求反码

```
10010110 11101101  →  求和得出的结果
01101001 00010010  →  检验和
```

图 5-7　计算 UDP 检验和的例子

5.2.3　UDP 的特征

UDP 的特征总结如下。

- UDP 是一个无连接协议,传送数据之前源端和终端无需建立连接。在发送端,UDP 传送数据的速度仅仅受应用产生数据的速度、计算机的处理能力和传输带宽的限制;在接收端,UDP 把每个消息放在队列中,应用进程每次从队列中读取一个数据报。
- UDP 报文首部很短,只有 8 个字节,相对于 TCP 的 20 个字节的首部,额外开销很小。
- UDP 传输不提供数据编号以及反向确认机制,因此 UDP 报文可能会丢失、重复或无序到达,通信的可靠性将由应用层协议提供保障。但 UDP 报文格式和控制机制简单,因此通信开销比较小,适合对传送可靠性要求不高的应用。
- UDP 不保证可靠交付,因此主机不需要维持复杂的连接状态表。
- UDP 是面向报文的。发送方的 UDP 对应用层交下来的报文在添加首部后就向下交付给 IP 层。在此过程中,既不拆分,也不合并,而是保留这些报文的边界,因此,应用层需要选择合适的报文大小。
- 由于传输数据不建立连接,因此也就不需要维护连接状态,包括收发状态等! 因此,一个服务器可同时向多个客户端传输相同的消息,即支持多播。
- 吞吐量不受拥塞控制算法的调节,只受应用生成数据的速率、传输带宽、源端和终端主机性能的限制。

5.3　传输控制协议 TCP

5.3.1　TCP 概述

传输控制协议(Transmission Control Protocol,TCP)是一种面向连接的、可靠的、基于字节流的全双工运输层通信协议。TCP 和 UDP 同处运输层,两者最大的不同之处在于 TCP 提供了一种面向字节流的可靠数据传输服务。TCP 具有面向连接的特性,也就是说,

184

利用 TCP 通信的两台主机首先要经历一个"建立连接"的过程,等到通信准备好才开始传输数据,最后结束会话。UDP 是无连接的,它把数据直接发出去,而不管对方是不是在接收、最终是否会正确送达,接收方也不会产生任何差错反馈消息。

应当指出,TCP 连接是逻辑连接而不是真正的物理连接,是一种通信协议的抽象。它表示了协议双方之间的关系,其连接的功能是由收发双方的状态维护和协调行动实现的。

TCP 采用了许多与数据链路层类似的机制来保证可靠的数据传输,如采用序列号、确认、滑动窗口协议等。不同之处在于,TCP 的目的是为了实现端到端结点之间的可靠数据传输,而数据链路层协议则是为了实现相邻通信设备之间的可靠数据传输。

首先,TCP 要为所发送的每一个报文段加上序列号,保证每一个报文段能被接收方接收,并只被正确地接收一次。

其次,TCP 采用具有重传功能的主动确认技术作为可靠数据流传输服务的基础。这里,"确认"是指接收端在正确收到报文段之后向发送端回送一个肯定的响应(ACK)信息。发送方将每个已发送的报文段备份在自己的发送缓冲区里,而且在收到相应的确认之前不会丢弃所保存的报文段。"主动"是指发送方在每一个报文段发送完毕的同时启动一个定时器,假如定时器的定时期满而关于报文段的确认信息尚未到达,则发送方认为该报文段已丢失并主动重发。为了避免由于网络延迟引起迟到的确认和重复的确认,TCP 规定在确认信息中捎带一个报文段的序号,使接收方能正确地将报文段与确认联系起来。

第三,TCP 具有面向字节流的特性,在发送数据时,TCP 采用可变长的滑动窗口作为发送缓存,发送端根据接收端缓存的数据接收能力和网络中间结点的负载状态进行动态调整。因此,与 UDP 不同,TCP 不能保留应用层数据边界。图 5-8 为 TCP 基本工作原理的示意图。

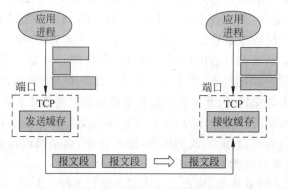

图 5-8 TCP 的工作原理

由于 TCP 是面向连接的,建立和维护连接需要一定的开销,因此适合大量数据传输的情况。而 UPD 通信前无须建立连接,适合少量数据的即时传送以及对时间要求较高的实时数据传送。表 5-1 对 TCP 和 UDP 进行了简单的对比。

表 5-1 TCP 与 UDP 的简单对比

TCP	UDP
面向连接	无连接
大量数据传输	少量或实时数据传输
可靠	不可靠

5.3.2 TCP 报文段的首部

TCP 的数据单元被称为报文段(Segment)。与 UDP 类似,TCP 报文段分为首部和数据两部分,如图 5-9 所示。应当指出,TCP 的全部功能都体现在它的首部的各字段中。本节先大致介绍各字段的作用,后续的内容还要结合相关的字段进一步讨论 TCP 的各种主要机制。

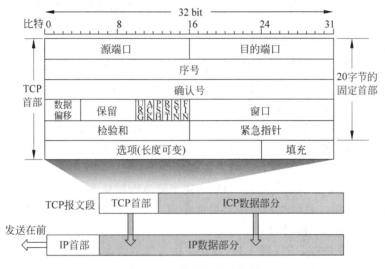

图 5-9　TCP 报文段的首部

TCP 报文段首部包括前 20 个字节的固定部分和长度为 $4N$ 字节的根据需要而增加的选项(必要时增加的填充字符,N 是整数),因此 TCP 首部的最小长度是 20 字节。首部固定部分各字段的意义如下所述。

(1) 源端口和目的端口。

各占两个字节,前面已经讲过,端口是运输层与应用层的服务访问点。16 比特的端口号加上 32 比特的 IP 地址,构成了运输层服务访问点(TSAP)的地址。这些端口用来向下复用应用层协议,也用来向上分用运输层协议。

(2) 序号。

占 4 字节。TCP 是面向数据流的,TCP 传送的报文可看成连续的数据流,其中每一个字节都对应一个序号。首部中的"序号"则指的是本报文段所发送的数据中第一个字节的序号,例如,某报文段的序号字段的值是 301,而携带的数据共 100 字节,则本报文段的数据的第一个字节的序号是 301,而最后一个字节的序号是 400。这样,下一个报文段的数据序号应当从 401 开始,因而下一个报文段的序号字段的值应为 401。

(3) 确认序号。

占 4 字节,是期望收到对方的下一个报文段的数据的第一个字节的序号,也就是期望收到的下一个报文段首部的字号字段的值。例如,正确收到了一个报文段,其序号字段的值是 501,而数据长度是 200 字节,这就表明序号在 501~700 之间的数据均已正确收到。因此在响应的报文段中应将确认序号置为 701。请注意:确认序号既不是 501 也不是 700。

由于序号字段有 32 比特长,可对 4 GB 的数据进行编号,这样就可保证当序号重复使用时具有相同序号的数据早已在网络中消失了。

(4) 数据偏移。

占 4 比特,它指出数据开始的地方离 TCP 报文段的起始处有多远。这实际上就是 TCP 报文段首部的长度。由于首部长度不固定(因首部中还有长度不确定的选项字段),因此数据偏移字段是必要的。但应注意,"数据偏移"的单位不是字节,而是 32 比特字(即 4 字节字)。由于 4 比特能表示的最大十进制数是 15,因此数据偏移的最大值是 60 字节,这也是 TCP 首部的最大长度。

(5) 保留。

占 6 比特,保留为今后使用,但目前一般置为 0。

下面有 6 个比特是说明本报文段性质的控制比特,它们的意义如下。

(6) 紧急比特 URG(URGent)。

当 URG=1 时,表明紧急指针字段有效。它告诉系统此报文段中有紧急数据,应尽快传送(相当于高优先级的数据),而不要按原来的排队顺序来传送。例如,已经发送了很长的一个程序要在远地的主机上运行。但后来发现了一些问题,需要取消该程序的运行。因此用户从键盘发出中断命令(Ctrl+C)。如果不使用紧急数据标志,那么这两个字符将存储在接收 TCP 缓存的末尾。只有在所有的数据被处理完毕后这两个字符才被交付到接收应用进程。这样做就浪费了许多时间。

当使用紧急比特并将 URG 置 1 时,发送应用进程就告诉发送 TCP 这两个字符是紧急数据。于是发送 TCP 就将这两个字符插入到报文段的数据的最前面,其余的数据都是普通数据。紧急比特位要与首部中第 5 个 32 比特字中的一半"紧急指针"(Urgent Pointer)字段配合使用。紧急指针指出在本报文段中的紧急数据的最后一个字节的序号。紧急指针使接收方知道紧急数据共有多少个字节。紧急数据到达接收端后,当所有紧急数据都被处理完时,TCP 就告诉应用程序恢复到正常操作。值得注意的是,TCP 规定,即使窗口为零时也可发送紧急数据。

(7) 确认比特 ACK。

只有当 ACK=1 时确认序号字段才有效。当 ACK=0 时,确认序号无效。

(8) 推送比特 PSH(PuSH)。

当两个应用进程进行交互式的通信时,有时在一端的应用进程希望在输入一个命令后立即就能够收到对方的响应。在这种情况下,TCP 就可以使用推送(push)操作。这时,发送端 TCP 将推送比特 PSH 置 1,并立即创建一个报文段发送出去。接收 TCP 收到推送比特置 1 的报文段,就尽快(即"推送"向前)交付给接收应用进程,而不再等到整个缓存都填满了后再向上交付。

虽然应用程序可以选择推送操作,但该操作往往不被人们使用。TCP 可以选择不实现这个操作。

(9) 复位比特 RST(ReSeT)。

当 RST=1 时,表明 TCP 连接中出现严重差错(如由于主机崩溃或其他原因),必须释放连接,然后再重新建立运输连接。复位比特还用来拒绝一个非法的报文段或拒绝打开一个连接。复位比特也可称为重建比特或重置比特。

(10) 同步比特 SYN。

在连接建立时用来同步序号。当 SYN=1 而 ACK=0 时,表明这是一个连接请求报文段。对方若同意建立连接,则应在响应的报文段中置 SYN＝1 和 ACK＝1。因此,同步比特 SYN 置为 1,就表示这是一个连接请求或连接接受报文。关于连接的建立和释放,后面还要进行讨论。

(11) 终止比特 FIN(FINal)。

用来释放一个连接,当 FIN＝1 时,表明此报文段的发送端的数据已发送完毕,并要求释放运输连接。

(12) 窗口。

占两字节。窗口字段用来控制对方发送的数据量,单位为字节。为了实现收发双方速率匹配,计算机网络经常用接收端的接收能力的大小来控制发送端的数据发送量。TCP 也是这样。TCP 连接的一端根据自己缓存的空间大小确定自己的接收窗口大小,然后通知对方来确定其发送窗口大小。假定 TCP 连接的两端是 A 和 B。若 A 确定自己的接收窗口为 WIN,则将窗口 WIN 的数值写在 A 发送给 B 的 TCP 报文段的窗口字段中,这就是告诉 B,"你(B)在未收到我(A)的确认时所能够发送的数据量最多是从本首部中的确认序号开始的 WIN 个字节"。所以 A 所确定的 WIN 是 A 的接收窗口,同时也就是 B 的发送窗口。例如,A 发送的报文段首部中的窗口 WIN＝500,确认序号为 201,则表明 B 可以在未收到确认的情况下,向 A 发送序号从 201～700 的数据。B 在收到此报文段后,就以这个窗口数值 WIN 作为 B 的发送窗口。但应注意,B 所发送的报文段中的窗口字段则是根据 B 的接收能力来确定 A 的发送窗口,不要混淆。

(13) 检验和。

占两字节。检验和字段检验的范围包括首部和数据这两部分。和 UDP 用户数据报一样,在计算检验和时,要在 TCP 报文段的前面加上 12 字节的伪首部。伪首部的格式与图 5-6 中 UDP 用户数据报的伪首部一样。但应将伪首部第 4 个字段中的 17 改为 6(TCP 的协议号是 6),将第 5 个字段中的 UDP 长度改为 TCP 长度。接收端收到此报文段后,仍要加上这个伪首部来计算检验和。若使用 IPv6,则相应的伪首部也要改变。

(14) 选项。

长度可变。TCP 只规定了一种选项,即最大报文段长度(Maximum Segment Size,MSS)。MSS 告诉对方 TCP:"我的缓存所能接收的报文段的数据字段的最大长度是 MSS"。

MSS 的选择并不简单。若选择较小的 MSS 长度,网络的利用率就降低。设想在极端的情况下,当 TCP 报文段只含有 1 字节的数据时,在 IP 层传输的数据报的开销至少有 40 字节(包括 TCP 报文段的首部和 IP 数据报的首部)。这样,对网络的利用率就不会超过 1/41,到了数据链路层还要加上一些开销。但反过来,若 TCP 报文段非常长,那么在 IP 层传输时就有可能要分解成多个短数据报片。在目的站要将收到的各个短数据片装配成原来的 TCP 报文段。当任何一个数据片传输出错时还要进行重传。这些也都会使开销增大。一般认为,MSS 应尽可能大些,只要在 IP 层传输时不需要再分片就行。在连接建立的过程中,双方都将自己能够支持的 MSS 写入这一字段。在以后的数据传送阶段,MSS 取双方提出的较小的那个数值;若主机未填写这项,则 MSS 的默认值是 536 字节长。因此,所有因特网上的主机都能接受的报文段长度是 536＋20＝556 字节。表 5-2 总结了 TCP 报文段首部的各个字段的作用。

表 5-2 TCP 报文段首部各字段的作用

报头字段名	位　数	说　明
源端口号	16	本地通信端口,支持 TCP 的多路复用机制
目的端口号	16	远地通信端口,支持 TCP 的多路复用机制
序号(SEQ)	32	数据段第一个数据字节的序号(除含有 SYN 的段外); SYN 段的 SYN 序号(建立本次连接的初始序号)
确认号(ACK)	32	表示本地希望接收的下一个数据字节的序号
数据偏移 控制字段(CTL)	4	指出该段中数据的起始位置(以 32 位为单位)
◇　URG	1	紧急指针字段有效标志,即该段中携带紧急数据
◇　ACK	1	确认号字段有效标志
◇　PSH	1	PUSH 操作的标志
◇　RST	1	要求异常终止通信连接的标志
◇　SYN	1	建立同步连接的标志
◇　FIN	1	本地数据发送已结束,终止连接的标志
窗口	16	本地接收窗口尺寸,即本地接收缓冲区大小
校验和	16	包括 TCP 报头和数据在内的校验和
紧急指针	16	从段序号开始的正向位移,指向紧急数据的最后一个字节
选项	可变	提供任选的服务
填充	可变	保证 TCP 报头以 32 位为边界对齐

5.3.3 TCP 的连接管理

TCP 是面向连接的,运输协议连接的建立和释放是每一次通信中必不可少的过程。TCP 的连接管理就是使运输连接的建立和释放能正常地进行。

在连接建立过程中要解决以下三个问题。

(1) 要使每一方能够确知对方的存在。

(2) 要允许双方协商一些参数(如最大报文段长度,最大窗口大小,服务质量要求等)。

(3) 能够对运输实体资源(如缓存大小,连接表中的项目等)进行分配。

TCP 的连接建立采用客户-服务器方式。主动发起连接建立的进程叫做客户(client),被动等待连接建立的进程叫服务器(server)。

设主机 B 中运行一个服务器过程,如图 5-10 所示,它先发出一个被动打开(passive open)命令,告诉它的 TCP 要准备接受客户进程的连接请求。然后服务器进程就处于"监听"(listen)的状态,不断检测是否有客户进程要发起连接请求,如有,即做出响应。

设客户进程运行在主机 A 中。它先向其 TCP 发出主动打开(active open)命令,表明要向某个 IP 地址的某个端口建立运输连接。

主机 A 的 TCP 向主机 B 的 TCP 发出连接请求报文段,其首部的同步比特 SYN 应置为 1,同时选择一个序号 x. 表明在后面传送数据时的第一个数据字节的序号是 x。在图 5-10 中,一个从 A 到 B 的箭头上标有"SYN,SEQ=x"就是这个意思。

主机 B 的 TCP 收到连接请求报文段后,如同意,则发回确认。在确认报文段中应将 SYN 置为 1,确认序号应为 x+1,同时也为自己选择一个序号 y。

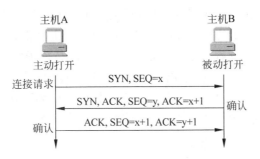

图 5-10　用三次握手建立 TCP 连接

主机 A 的 TCP 收到此报文段后,还要向 B 给出确认,其确认序号为 y+1。

运行客户进程的主机 A 的 TCP 通知上层应用进程,连接已经建立(或打开)。

当运行服务器进程的主机 B 的 TCP 收到主机 A 的确认后,也通知其上层应用进程,连接已经建立。

连接建立采用的这个过程叫做三次握手(there-way handshake),或三次联络。

为什么要发送这第三个报文段呢?这主要是为了防止已失效的连接请求报文段意外又传送到了主机 B,从而错误建立连接。

所谓"已失效的连接请求报文段"是这样产生的。考虑这样一种情况。主机 A 发出连接请求,但因连接请求报文丢失而未收到确认。主机 A 于是再重传一次。后来收到了确认,建立了连接。数据传输完毕后,就释放了连接。主机 A 共发送了两个连接请求报文段,其中的第二个到达了主机 B。

现假定出现另一种情况,即主机 A 发出的第一个连接请求报文段并没有丢失,而是在某些网络结点滞留的时间太长,以致延误到在这次的连接释放以后才传送到主机 B。本来这是一个已经失效的报文段。但主机 B 收到此失效的连接请求报文段后,就误认为是主机 A 又发出一次新的连接请求,于是就向主机 A 发出确认报文段,同意建立连接。

主机 A 由于并没有要求建立连接,因此不会理睬主机 B 的确认,也不会向主机 B 发送数据,但主机 B 却以为运输连接就这样建立了,并一直等待主机 A 发来数据。主机 B 的资源就这样白白浪费了。

采用三次握手的办法可以防止上述现象的发生。例如在刚才的情况下,主机 A 不会向主机 B 的确认发出确认。主机 B 收不到确认,连接就建立不起来。

在数据传输结束后,通信的双方都可以发出释放连接的请求。设图 5-11 中的主机 A 的应用进程先向其 TCP 发出连接释放请求,并且不再发送数据。TCP 通知对方要释放从 A 到 B 这个方向的连接,将发往主机 B 的 TCP 报文段首部的终止比特 FIN 置 1,其序号 x 等于前面已传送过的数据的最后一个字节的序号加 1。

主机 B 的 TCP 收到释放连接通知后即发出确认,其序号为 x+1,同时通知高层应用进程,如图 5-11 中的箭头①所示。这样,从 A 到 B 的连接就释放了,连接处于半关闭(half-close)状态,相当于主机 A 向主机 B 说:"我已经没有数据要发送了。但你如果还发送数据,我仍接收。"

此后,主机 B 不再接收主机 A 发来的数据。但若主机 B 还有一些数据要发往主机 A,则可以继续发送。主机 A 只要收到数据,仍应向主机 B 发送确认。

在主机 B 向主机 A 的数据发送结束后,其应用进程就通知 TCP 释放连接,如图 5-11 中的箭头②所示。主机 B 发出的连接释放报文段必须将终止比特 FIN 置 1,并使其序号 y 等于前面已传送过的数据的最后一个字节的序号加 1,还必须重复上次已发送过的 ACK= x+1。主机 A 必须对此发出确认,给出 ACK=y+1,这样才将从 B 到 A 的反方向连接释放掉。主机 A 的 TCP 再向其应用进程报告,整个连接已经全部释放。

由此可见,上述连接释放过程和连接建立时的三次握手在本质上是一致的。

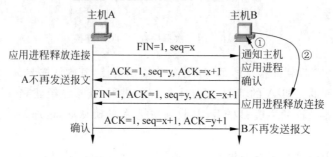

图 5-11　TCP 连接释放的过程

5.3.4　TCP 的可靠传输

TCP 的可靠传输建立在数据编号和重传的基础之上。数据编号保证收方双方可以管理每一个字节,而重传则为数据字节丢失提供补救措施。重传机制是 TCP 中最重要和最复杂的问题之一。TCP 每发送一个报文段,就设置一次计时器。只要计时器设置的重传时间已经到了但还没有收到确认,就要重传这一报文段。

TCP 是面向字节流的。TCP 将所要传送的数据(可能包括许多个报文段)看成是一个个字节组成的流,且每一个字节对应于一个序号。在连接建立时,双方要商定初始序号。TCP 会对所发送报文段的字节进行编号,TCP 报文段首部的序号字段表示该报文段数据部分的第一个字节的序号。

TCP 的确认是针对接收到的连续数据的最高序号。但接收端返回的确认序号是已收到的数据的最高序号加 1。也就是说,确认序号表示接收端期望下次收到的数据中的第一个数据字节的序号。

由于 TCP 连接能提供全双工通信,因此通信中的每一方都不必专门发送确认报文段,而可以在传送数据时顺便把确认信息捎带传送,这样做可以提高传输效率。

TCP 可采用三种基本机制来控制报文段的发送。第一种机制是 TCP 维持一个变量,它等于最大报文段长度 MSS,只要发送缓存从发送进程得到的数据达到 MSS 字节时,就组装成一个 TCP 报文段,然后发送出去。第二种机制是发送端的应用进程指明要求发送报文段,即 TCP 支持的推送(push)操作。第三种机制是发送端的发送计时器时间到了,这时就把当前已有的缓存数据装入报文段发送出去。

但是,在发送端如何控制 TCP 发送报文段的时机仍然是一个较为复杂的问题。例如,一个交互式用户使用一条 Telnet 连接(运输层为 TCP)。设用户只发一个字符,加上 20 字节的首部后,得到 21 字节长的 TCP 报文段,再加上 20 字节的 IP 首部,形成 41 字节长的 IP 数据报。在接收端 TCP 立即发出确认,构成的数据报是 40 字节长(假定没有数据发送)。

若用户要求远地主机回送这一个字符,则又要发回 41 字节长的 IP 数据报和 40 字节长的确认 IP 数据报。这样,用户仅发一个字符时线路就需传送总长度为 162 字节共 4 个报文段。当线路带宽并不富余时,这种低效传送方法对线路利用率的影响很大。因此应适当推迟发回确认报文,并尽量使用捎带确认的方法。

在 TCP 的实现中广泛使用 Nagle 算法控制报文段的发送时机:若发送端应用进程将欲发送的数据逐个字节地发到发送端的 TCP 缓存,则发送端就将第一个字符(一个字符的长度是一个字节)发送出去,将后面到达的字符都缓存起来。当接收端收到对第一个字符的确认后,再将缓存中的所有字符装成一个报文段发送出去,同时继续对随后到达的字符进行缓存。只有在收到对前一个报文段的确认时才继续发送下一个报文段。当字符到达较快而网络速率较慢时,用这样的方法可明显地减少所用的网络带宽。Nagle 算法还规定,当到达的字符已达到窗口大小的一半或已达到报文段的最大长度时,就立即发送一个报文段。

但有时不宜采用 Nagle 算法。例如在因特网上使用 X Windows,并将鼠标移动的信息传到远地主机。若采用 Nagle 算法会使用户感到无法忍受。这时最好关闭这个算法。

另一个问题叫做糊涂窗口综合症(Silly Window Syndrome,详见 RFC 813),有时也会使 TCP 的性能变坏。设想这种情况:接收端的缓存已满,而交互的应用进程一次只从缓存中读取一个字符,这样就在缓存产生一个字节的空位,然后向发送端发送确认,并将窗口设置为一个字节(但发送的数据报是 40 字节长)。接着,发送端又传来一个字符(但发来的 IP 数据报是 41 字节长)。接收端发回确认,仍然将窗口设置为一个字节。这样进行下去,网络的效率将会很低。

要解决这个问题,可让接收端等待一段时间,使得或者缓存已能有足够的空间容纳一个最长的报文段,或者缓存已有一半的空间处于空的状态。只要出现这两种情况之一,就发出确认报文,并向发送端通知当前的窗口大小。此外,发送端也不要发送太小的报文段,而是将数据积累成足够大的报文段,或达到接收端缓存空间的一半大小。

上述两种方法可配合使用。使得在发送端不发送很小的报文段的同时,接收端也不要在缓存刚刚有了一点小的空位置就急忙将一个很小的窗口大小通知给发送端。

若发送方在规定的设置时间内没有收到确认,就要将未被确认的报文段重新发送。接收方若收到有差错的报文段,则丢弃此报文段(不发达否认信息)。若收到重复的报文段,也要将其丢弃,但要发回(或捎带发回)确认信息。这与数据链路层的情况相似。

若收到的报文段无差错,只是未按序号,那么该如何处理?TCP 对此未做明确规定,而是让 TCP 的实现者自行确定。或者将不按序的报文段丢弃,或者先将其暂存于接收缓存内,待所缺序号的报文段收齐后再一起上交应用层。如有可能,采用后一种策略对网络的性能会更好些。例如,发送端每个报文中含有 100 字节的数据,且一连发送了 8 个报文段,其序号分别为 1,101,201,…,701。设接收端正确收到了其中的 7 个,而未收到序号为 201 的报文段。接收端可以将序号为 30l~701 的 5 个报文段先进行暂存,而发回确认序号为 201 的报文段(即序号为 200 及这以前的都已正确收到了)。当发送端重传的序号为 201 的报文段正确到达接收端后,接收端就可发回确认序号为 801 的确认,因而提高了传输效率。

TCP 建立在不可靠的网络基础上,发送的报文段可能只经过一个高速率的局域网,但也可能是经过多个低速率的局域网,并且数据报所选择的路由还可能会发生变化。往返时延是指从数据发出到收到对方的确认所经历的时间。不同于数据链路层,运输层报文的往返时延变化很大。若将超时重传时间设置得过短,则会引起很多不必要的报文重传,增加了网络的负荷。但若将超时时间设置得过长,则又使网络的空闲时间增加,降低了网络的传输效率。

那么,运输层的超时器的重传时间究竟应设置为多大呢?

TCP 采用了一种自适应算法。这种算法记录每一个报文段发出的时间,以及收到相应的确认报文段的时间。这两个时间之差就是报文段的往返时延。将各个报文段的往返时延样本加权平均,就得出报文段的平均往返时延 T,每测量到一个新的往返时间样本,就按式(5-1)重新计算一次平均往返时延:

$$\text{平均往返时延 } T = a \times (\text{旧的往返时延 } T) + (1-a) \times (\text{新的往返时延样本}) \quad (5\text{-}1)$$

在式(5-1)中,$0<a<1$。若 a 很接近于 1,表示新算出的往返时延 T 和原来的值相比变化不大,而新的往返时延样本的影响不大(T 值更新较慢)。若选择 a 接近于 0,则表示加权计算的往返时延 T 受新的往返时延样本的影响较大(T 值的更新较快)。典型的 a 值为 7/8。

显然,计时器设置的重传时间应略大于上面得出的平均往返时延,即

$$\text{重传时间} = B \times (\text{平均往返时延}) \quad (5\text{-}2)$$

这里 B 是个大于 1 的系数。实际上,系数 B 是很难确定的,若取 B 很接近于 1,发送端可以很及时地重传丢失的报文段,因此效率得到提高。但若报文段并未丢失而仅仅是增加了一点时延,那么过早地重传未收到确认的报文段,反而会加重网络的负担。因此 TCP 原先的标准推荐将 B 值取为 2。

上面所说的往返时间的测量,实现起来相当复杂,试看下面的例子。

如图 5-12 所示,发送出一个 TCP 报文段 1,设定的重传时间到了,但还没有收到确认。于是重传此报文段,即图中的报文段 2,后来收到了确认报文段 ACK。现在的问题是:如何判断此确认报文段是对原来的报文段 1 的确认,还是对重传的报文段 2 的确认? 由于重传的报文段 2 和原来的报文段 1 完全一样,因此源站在收到确认后,就无法做出正确的判断了。

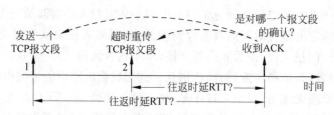

图 5-12 重传报文段的确认对往返时延计算的影响

若收到的确认是对重传报文段 2 的确认,但被源站当成是对原来的报文段 1 的确认,那么这样计算出的往返时延样本和重传时间就会偏大。如果后面再发送的报文段又是经过重传后才收到确认报文段,那么按此方法得出的重传时间就越来越长。

同样,若收到的确认是对原来的报文段 1 的确认,但被当成是对重传报文段 2 的确认,则由此计算出的往返时延样本和重传时间都会偏小。这就必然更加频繁地导致报文段的重传,也就有可能使重传时间越来越短。

根据以上所述,Karn 提出了一个算法:在计算平均往返时延时,只要报文段重传了,就不采用其往返时延样本。这样得出的平均往返时延和重传时间当然就较准确。

但是,这又引起新的问题。设想出现这样的情况:报文段的时延突然增大了很多。因此在原来得出的重传时间内,不会收到确认报文段,于是就重传报文段。但根据 Karn 算法,不考虑重传的报文段的往返时延样本。这样,重传时间就无法更新。

因此,对 Karn 算法进行修正的方法是:报文段重传一次,就将重传时间增大一些,

$$新的重传时间 = Y \times (旧的重传时间) \qquad (5\text{-}3)$$

系数 Y 的典型值是 2,当不再发生报文段的重传时,才根据报文段的往返时延更新平均往返时延和重传时间的数值。实践证明,这种策略较为合理。

5.3.5 TCP 的流量控制机制

TCP 采用可变长的滑动窗口协议进行流量控制,以防止由于发送端与接收端之间的不匹配而引起数据丢失。这里所采用的滑动窗口协议与数据链路层的滑动窗口协议在工作原理上是完全相同的,唯一的区别在于滑动窗口协议用于运输层是为了在端到端结点之间实现流量控制,而用于数据链路层是为了在链路连接的设备之间进行流量控制。

一般说来,人们总是希望数据传输得更快一些。但如果发送方把数据发送得过快,接收方就可能来不及接收,这就会造成数据的溢出丢失(重传导致数据传送时间增加)。流量控制(flow control)就是让发送方的发送速率不要太快,既要让接收方来得及接收,也不要使网络发生拥塞。利用滑动窗口机制可以很方便地在 TCP 连接上实现流量控制。

为了提高报文段的传输效率,TCP 采用大小可变的滑动窗口进行流量控制。窗口大小的单位是字节。在 TCP 报文段首部的窗口字段写入的数值就是当前给对方设置的窗口数值。发送窗口在连接建立时由双方商定。但在通信的过程中,接收端可根据自己的资源情况,动态地调整对方的发送窗口(可增大或减小)。这种由接收端控制发送端的做法,在计算机网络中经常使用。图 5-13 表示的是在 TCP 中使用的窗口概念。在 TCP 中接收端的接收窗口总是等于发送端的发送窗口(因为后者是由前者确定的),因此一般就只使用发送窗口这个词汇。这一点和数据链路层 HDLC 中的滑动窗口不一样:在不使用选择重传 ARQ 时,通常接收双方的接收窗口都是 1,而发送窗口是由帧编号的位数确定的。

图 5-13(a)表示发送端要发送 900 字节长的数据,划分为 9 个 100 字节长的报文段,对方确定的发送窗口为 500 字节。发送端只要收到了对方的确认,发送窗口就可前移。发送端的 TCP 要维护一个指针。每发送一个报文段,指针就向前移动一个报文段的距离。当指针移动到发送窗口的最右端(即窗口前沿)时就不能再发送报文段了。

图 5-13(b)表示发送端已发送了 400 字节的数据,但只收到对前 200 字节数据的确认,同时窗口大小不变,我们注意到,现在发送端还可发送 300 字节。

图 5-13(c)表示发送端收到了对方对前 400 字节数据的确认,但窗口减小到 400 字节,于是,发送端还可发送 400 字节的数据。

下面通过图 5-14 的例子说明利用可变窗口大小进行流量控制。

设主机 A 向主机 B 发送数据。双方确定的窗口值是 400。再设每一个报文段为 100 字节长,序号的初始值为 1(图 5-14 中第一个箭头上的 SEQ=1)。图 5-14 中右边的注释可帮助理解整个的过程。我们应注意到,主机 B 进行了三次流量控制。第一次将窗口减小为 300 字节,第二次又减为 200 字节,最后减至 0,即不允许对方再发送数据了。这种暂停状态将持续到主机 B 重新发出一个新的窗口值为止。

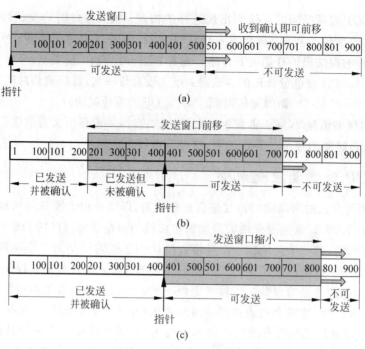

图 5-13　TCP 中的滑动窗口概念

图 5-14　利用可变窗口进行流量控制举例

5.3.6　TCP 的拥塞控制机制

1. 拥塞控制原理

流量控制往往指在给定的发送端和接收端之间的两点间通信量的控制。流量控制所要做的就是调节发送端发送数据的速率,以便与接收端的接收速率匹配。

在某段时间,若对网络中某种资源的需求超过了该资源所能提供的可用部分,网络的性能就要变坏——产生拥塞(congestion)。所以不难看出,出现资源拥塞的条件是:对资源需求的总和大于可用资源供给。

若网络中有许多资源同时产生拥塞,网络的性能就要明显变坏,整个网络的吞吐量将随输入负荷的增大而下降。现阶段,网络中最为紧张的资源通常是网络中间设备的带宽资源。

不同于流量控制只在两点间进行协作,拥塞控制是一个全局性的过程,涉及所有的主机、所有的路由器，以及与降低网络传输性能有关的所有因素。拥塞控制机制的设计比较困难，因为它是一个动态的（而不是静态的）问题。从控制理论的角度，实现拥塞控制无外两种方法。

（1）开环控制方法，就是在设计网络时事先将有关发生拥塞的因素考虑周到，力求网络在工作时不产生拥塞。这种方法设计较为简单，其困难在于难以事先估计网络的准确状态。

（2）闭环控制方法，基于反馈环路的概念，通常有以下几种措施：监测网络系统以便检测到拥塞在何时、何处发生；将拥塞发生的信息传送到可采取行动的地方；调整网络系统的运行以解决出现的问题。

网络拥塞检测的指标可以有多种，比如分组丢弃率、平均队列长度、超时重传分组数、平均分组时延等。检测到拥塞发生时，一般将拥塞信息发送到产生分组的源站，但通知拥塞发生的分组会使网络更加拥塞。解决的方法主要有：①在路由器转发的分组中保留一个比特或字段用以显式标示有没有产生拥塞；②主机或路由器周期性地发送拥塞探测分组。

2. TCP 拥塞控制机制

由于拥塞控制对网络的性能非常重要，且拥塞控制也较为复杂，TCP 的拥塞控制机制得到了广泛关注。二十多年来，大量的研究论文提出了各种拥塞控制方法。本章只讨论已经标准化的基本方法，这些方法主要记录在 RFC 2581 中。为便于说明，我们假定：①数据是单方向传送，而另一个方向只传送确认；②接收方有足够大缓存，因而发送窗口大小只由拥塞程度来决定。

对一条广域网中的端到端路径而言，其通信能力是由路径中能力最差的链路决定的（短板效应），这个链路称为瓶颈链路。拥塞控制的目的就是要公平合理地在所有共享瓶颈链路的主机之间分配该链路的通信资源，保证通信功能的正常。实现拥塞控制需要的一个基本信息就是瓶颈链路当前的可用资源。在 TCP 中，这个信息是通过拥塞窗口间接表示的。与流量控制的接收窗口一样，拥塞窗口表示一段编号数据范围。它是 TCP 连接的一个参数，表示 TCP 发送方受瓶颈链路限制的最大数据吞吐量。

考虑到可扩展性，网络中间结点不能维护每个 TCP 连接的信息，因此，瓶颈链路不能直接通知发送端其当前的可用资源情况，而需要发送端主动"探测"这个信息，拥塞控制主要根据这个探测来的信息做出反应。拥塞窗口探测的原理很简单：TCP 发送方首先发送一个数据报，然后等待对方的回应，得到回应后就把这个窗口的大小加倍，然后连续发送两个数据报，等到对方回应以后，再把这个窗口加倍（先是 2 的指数倍，到一定程度后就变成线性增长），发送更多的数据报，直到出现超时错误，这样，发送端就了解到了通信双方的线路承载能力，也就确定了拥塞窗口的大小，发送方就用这个拥塞窗口的大小发送数据。要观察这个现象并不困难。我们在用 TCP 下载数据的时候，速度都是慢慢"冲起来的"。

发送端的主机在确定发送报文段的速率时，既要根据接收端的接收能力，又要从全局考虑不要使网络发生拥塞。因此，每一个 TCP 连接需要有以下两个状态变量。

接收端窗口 rwnd（receiver window）又称为通知窗口（advertised window）。这是接收端根据其目前的接收缓存大小所许诺的最新的窗口值，是来自接收端的流量控制。接收端将此窗口值放在 TCP 报文的首部中的窗口字段，传送给发送端。

拥塞窗口 cwnd（congestion window）是发送端根据自己估计的网络拥塞程度而设置的窗口值，是来自发送端的流量控制。

在以太网的环境下,当发送端不知道对方窗口大小的时候,便直接向网络发送多个报文段,直至收到对方通告的窗口大小为止。但如果在发送方和接收方有多个路由器和较慢的链路时,就可能出现一些问题,一些中间路由器必须缓存分组,并有可能耗尽存储空间,这样就会严重降低 TCP 连接的吞吐量。这时采用了一种称为慢启动的算法,慢启动为发送方的 TCP 增加一个拥塞窗口(发送端根据自己估计的网络拥塞程度而设置的窗口值,是来自发送端的流量控制),当与另一个网络的主机建立 TCP 连接时,拥塞窗口被初始化为一个报文段(即另一端通告的报文段大小),每收到一个 ACK,拥塞窗口就增加一个报文段(以字节为单位)。发送端取拥塞窗口与通告窗口中的最小值作为发送上限。拥塞窗口是发送方使用的流量控制,而通告窗口则是接收方使用的流量控制。开始时发送一个报文段,然后等待 ACK。当收到该 ACK 时,拥塞窗口从 1 增加为 2,即可发送两个报文段。当收到这两个报文段的 ACK 时,拥塞窗口就增加为 4。这是一种指数增加的关系。随着窗口不断增大,在某些网络中间结点上可能达到了最大容量,于是这些中间路由器开始丢弃分组,即通知发送方它的拥塞窗口开得过大。

具体来说,TCP 的拥塞控制包括慢启动(Slow-Start)、拥塞避免(Congestion Avoidance)、快重传(Fast Retransmit)和快恢复(Fast Recovery)4 种算法。

(1) 慢启动和拥塞避免。

TCP 拥塞控制机制中对瓶颈链路的可用带宽探测是通过慢启动和拥塞避免两个算法实现的。其发送窗口的变化过程如图 5-15 所示。

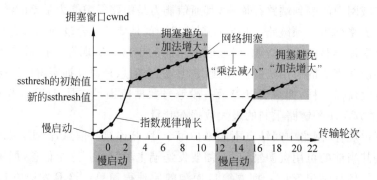

图 5-15　慢启动和拥塞避免算法的拥塞窗口变化过程

- 当 TCP 连接进行初始化时,将拥塞窗口置为 1,并设置慢启动门限值。
- 发送端的发送窗口不能超过拥塞窗口 cwnd 和接收端窗口 rwnd 中的最小值。我们假定接收端窗口足够大,因此现在发送窗口的数值等于拥塞窗口的数值。
- 发送端若收到了对所有发出报文段的确认,就在下次发送时将拥塞窗口加倍,可见拥塞窗口从 1 开始,按指数规律增长。这就是慢启动。
- 当拥塞窗口的大小超过慢启动门限时,将拥塞窗口增长方式改为每收到一个确认增加一个报文段,即窗口值加 1。
- 若出现超时,即认为网络发生拥塞,此时将当前拥塞窗口值减半,作为新的慢启动门限窗口值,同时拥塞窗口再次变为 1。拥塞窗口重新从 1 开始按指数规律增长。当增长到新的门限值时,就每次将拥塞窗口加 1,使拥塞窗口按线性规律增长。直到下一次出现确认超时。

图中的窗口单位不使用字节而使用报文段。当 TCP 连接进行初始化时,将拥塞窗口置为 1。慢开始门限的初始值设置为 16 个报文段,即 ssthresh = 16。

从以上讨论可看出,"慢启动"是指每出现一次超时,拥塞窗口都降低到 1,使报文段慢慢注入到网络中。慢启动算法的拥塞窗口是指数增加的,其速度并不慢。由于历史原因,这个名字一直被保留下来。"拥塞避免"是指当拥塞窗口增大到门限窗口值时,就将拥塞窗口指数增长速率降低为线性增长速率,避免网络再次出现拥塞。每出现一次超时,就将门限窗口值减半。若超时频繁出现,则门限窗口减小的速度很快。采用这样的流量控制方法使得 TCP 的性能有明显的改进。

(2) 快速重传和快速恢复。

某些情况下,TCP 连接会因等待重传计时器的超时而空闲较长的时间。为此以后又增加了两个新的拥塞控制算法,即快速重传和快速恢复。下面结合例子来说明快速重传的工作原理。

假定发送端发送了 M1~M4 共 4 个报文段,由于网络拥塞使 M3 丢失了。接收端后来收到下一个 M4,发现其序号不对,但仍收下放在缓存中,同时发出确认,不过发出的是重复的 ACK3(不能够发送 ACK4,因为 ACK4 表示 M4 和 M3 都已经收到了)。发送端接着发送 M5 和 M6。接收端收到了 M5 和 M6 后,也还要分别发出重复的 ACK3。这样,发送端连续收到了三个重复的 ACK3。快重传算法规定,发送端只要一连收到三个重复的 ACK 即可断定有分组丢失了,就应立即重传丢失的报文段 M3 而不必继续等待为 M3 设置的重传计时器的超时。

与快速重传配合使用的还有快速恢复算法。当不使用快速恢复算法时,发送端若发现网络出现拥塞就将拥塞窗口降低为 1,然后执行慢开始算法。但这样做的缺点是网络不能很快地恢复到正常的工作状态。快速恢复算法可以较好地解决这一问题,其具体步骤如下。

- 当发送端收到连续三个重复的 ACK 时,就重新按照前面讲过的"窗口减半"的策略重新设置慢启动门限 ssthresh。这一点和慢启动算法是一样的。
- 与慢启动算法不同之处是拥塞窗口 cwnd 不是设置为 1,而是设置为 ssthresh+3×MMS。
- 若收到的重复的 ACK 为 n 个($n>3$),则将 cwnd 设置为 ssthresh+n×MMS。
- 若发送窗口值还容许发送报文段,就按拥塞避免算法发送报文段。
- 若收到了确认新的报文段的 ACK,就将 cwnd 缩小到 ssthresh。

采用快速恢复算法的拥塞窗口变化规律可以概括为"加性增加,乘性减小"。每次按时收到确认时,拥塞窗口增加一个报文段大小,当确认超时,即网络拥塞时,窗口减为当前窗口大小的一半。采用这种慢增加、快降低方法的目的是保证控制的稳定性。

5.3.7 IP 层对改善 TCP 性能的支持

当 TCP 在源端检测到网络出现拥塞并采取行动时,网络已经或正在经历拥塞并造成了性能下降。拥塞发生在网络结点(如 IP 网络的路由器)中,网络结点最容易得到其当前的拥塞状况,因此在网络结点采取拥塞避免措施是更加有效的拥塞控制方法。传统的队列管理采用的尾丢弃(Tail Drop, TD)方法:若报文到来时队列已满,则丢弃该报文。所以,路由器总是丢弃队列的尾部。尾丢弃队列管理带来了两个问题:①"排外"(lock-out),单个或少数流始终占据队列空间,其他流没有机会得到缓存;②"满队"(full queue),队列经常保持在满状态,如果有突发流量到达将造成大量的分组同时丢失,从而引起"全局同步"(global synchronization)。"满队"效应使得缓存失去了吸收流量突发的作用。为了克服上述缺点,IETF 提出用主动队列管理(Active Queue Management,AQM)来解决上述问题。

主动队列管理的基本思想是路由器在队列发生溢出之前"主动地"丢弃或标记分组,通知源结点网络有可能发生拥塞,需要源结点减小流量发送速率。标记分组与显式网络反馈机制相对应,它只是修改分组头部的特定位置以携带链路的拥塞状态信息而无须丢弃分组,这样可以减少分组重传的次数,从而提高链路的带宽利用率。显然只有在拥塞发生前标记分组才有意义,否则由于队列已满,被标记的分组仍将被丢弃。

主动队列管理机制是一种"主动地"网络反馈机制,它在网络拥塞发生之前产生拥塞"预警"信号,通过与 TCP 的端到端拥塞控制相结合可以起到拥塞避免作用,并且有效地提高网络的端到端性能。对于 TCP,在网络中间结点实施 AQM 具有三个方面的优点:①减少路由器的分组丢失。因为路由器在拥塞发生之前通知源端降低速率,避免了因队列溢出大量丢弃分组;②由于平均队列始终维持在较低的水平,因而路径时延较小,对交互式应用非常有利;③队列一直有空闲的空间存在,避免了"排外"行为,在一定程度上提高了带宽共享的公平性。

主动队列管理的算法有很多,本章通过著名的随机早检测(Random Early Detection,RED)算法来说明其基本工作原理。在 RED 算法中,路由器的队列维持两个参数,即队列长度最小门限 TH_{min} 和最大门限 TH_{max}。RED 对每一个到达的数据报都先计算平均队列长度 L_{av}。

- 若平均队列长度小于最小门限 TH_{min},则将新到达的数据报放入队列进行排队。
- 若平均队列长度超过最大门限 TH_{max},则将新到达的数据报丢弃。
- 若平均队列长度在最小门限 TH_{min} 和最大门限 TH_{max} 之间,则按照某一概率 p 将新到达的数据报丢弃。

图 5-16 显示了随机早检测算法的基本操作原理。

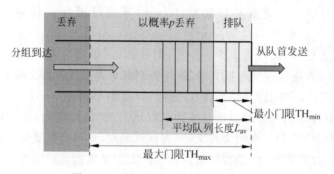

图 5-16　随机早检测算法的基本操作

虽然这个算法比较简单,但是也涉及不少技术细节。比如队列长度门限 TH_{min} 和 TH_{max} 的选择,以及随机丢弃概率的计算等。随机丢弃概率 p 不是常数,而是以每个报文当时的平均队列长度作为参数计算出来的。图 5-17 说明了丢弃概率与平均队列长度之间的关系。从图中可见:

- 当 $L_{av} < TH_{min}$ 时,丢弃概率 $p = 0$。

- 当 $L_{av} >$ THmax时,丢弃概率 $p = 1$。
- 当 THmin $< L_{av} <$ THmax时,$0 < p < 1$,且 p 是平均队列长度的线性函数。

之所以采用平均队列长度而非实际队列长度,是考虑流量的突发往往是短时间的,此时草率地丢弃报文是不明智的。平均队列长度可以有效地平滑流量的突发,保证拥塞控制行动是建立在长期稳定的网络状态之上的。平均队列长度可通过历史队列长度的简单加权得到,如式(5-4):

$$avg = (1 - \gamma) \times Old\_avg + \gamma \times Current\_queue\_size \qquad (5-4)$$

其中,γ 是介于 0 和 1 之间的常数。若 γ 足够小(例如 0.002),平均值会呈长期稳定的趋势(亦即 Old_avg),从而不受突发流量的影响。

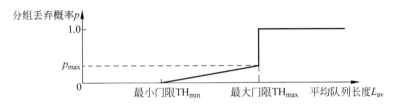

图 5-17 RED算法分组丢弃概率的计算

RED 与尾丢弃的不同之处在于两个方面:①随机丢弃,可以避免全局同步,从而提高链路利用率;②早丢弃,防止过度拥塞,起到提前预警、避免拥塞的作用,从而保持端到端的低时延和分组丢失率。实验表明,RED 在避免网络拥塞方面具有良好的效果。

5.4 基于 Socket 接口的网络编程

5.4.1 Socket 编程基础知识

Socket 接口是支持 TCP/IP 网络应用开发的应用编程接口(Application Programming Interface,API),中文常译做套接字或套接口。Socket 接口定义了应用程序与协议栈软件进行交互时可以使用的一组操作,决定了应用程序使用协议栈的方式,以及所能实现的功能。从程序设计的角度来看,Socket 接口定义了许多函数或例程,程序员可以用它们来开发 TCP/IP 网络上的应用程序。作为应用编程接口,Socket 接口通常在操作系统内部实现,网络程序员只有通过 Socket 接口才能得到网络提供的通信服务。因此,要学习 Internet 上的 TCP/IP 网络编程,必须理解 Socket 接口。图 5-18 显示了应用进程、套接口、网络协议栈及操作系统的关系。

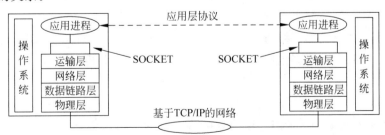

图 5-18 应用进程、套接口、网络协议栈及操作系统的关系

如图中所示,套接字上承应用进程,下启网络协议栈,是应用程序通过网络协议栈进行通信的接口。

和 TCP/IP 网络一样,Socket 接口最早出现在 UNIX 操作系统中。在 UNIX 系统中,Socket 与其他的输入/输出(I/O)操作采用类似的实现方式。UNIX 系统的 I/O 命令集是从 Maltics 和早期系统中的命令演变出来的,其模式为打开-读/写-关闭(open-read/write-close)。在一个用户进程进行 I/O 操作时,它首先调用"打开"获得对指定文件或设备的使用权,并返回称为文件描述符的整型数,以描述用户在打开的文件或设备上进行 I/O 操作的进程。然后这个用户进程多次调用"读/写"以传输数据。当所有的传输操作完成后,用户进程关闭调用,通知操作系统已经完成了对某对象的使用。基于 Socket 的网络数据传输是一种特殊的 I/O,Socket 也可看作是一种文件描述符。Socket 接口中有一个类似于打开文件的函数调用 Socket(),该函数返回一个整型的 Socket 描述符,随后的连接建立、数据传输等操作都是通过该 Socket 实现的。

在 UNIX 系统中,网络应用编程接口有两类:BSD UNIX 的套接字(socket)和 System V 的 TLI。由于 Sun 公司采用了支持 TCP/IP 的 BSD UNIX 操作系统,促进了 TCP/IP 应用的发展,其网络应用编程接口——套接字(socket)也在网络软件中被广泛应用。本章拟介绍的 Windows 系统中的网络编程接口也由此演变而来。

1. 网络编程与进程间通信

在操作系统中,应用以进程的形式存在。不同于一般的计算机应用程序,网络应用需要两台以上计算机利用网络的通信能力实现某种功能。TCP/IP 被集成到 UNIX 内核中时,相当于在 UNIX 系统中引入了一种新型的 I/O 操作。UNIX 用户进程与网络协议的交互作用比用户进程与传统的 I/O 设备相互作用复杂得多。首先,进行网络操作的两个进程在不同机器上,如何建立它们之间的联系? 其次,网络协议存在多种,如何建立一种通用机制以支持多种协议? 这些都是网络应用编程接口所要解决的问题。

进程通信的概念最初来源于单机系统。由于每个进程都在自己的地址范围内运行,为保证两个相互通信的进程之间既互不干扰又协调一致工作,操作系统为进程通信提供了相应设施,如 UNIX BSD 中的管道(pipe)、命名管道(named pipe)和软中断信号(signal),UNIX system V 的消息(message)、共享存储区(shared memory)和信号量(semaphore)等,但都仅限于用在本机进程之间通信。网间进程通信要解决的是不同主机进程间的相互通信问题(可把同机进程通信看做是其中的特例)。为此,首先要解决的是网间进程标识问题。同一主机上,不同进程可用进程号(process ID)唯一标识。但在网络环境下,各主机独立分配的进程号不能唯一标识该进程。例如,主机 A 赋予某进程号 5,在 B 机中也可以存在 5 号进程,因此,"5 号进程"这个标识就没有意义了。

其次,操作系统支持的网络协议众多,不同协议的工作方式不同,地址格式也不同。因此,网间进程通信还要解决多重协议的识别问题。为了解决上述问题,TCP/IP 引入了下列几个概念。

(1) 端口。

网络中可以被命名和寻址的通信端口,是操作系统可分配的一种资源。

按照 OSI 七层协议的描述,运输层与网络层在功能上的最大区别是运输层提供进程间通信能力。从这个意义上讲,网络通信的最终地址就不仅仅是主机地址了,还包括可以描述进程的某种标识符。为此,TCP/IP提出了协议端口(protocol port,简称端口)的概念,用于标识通信的进程。

套接口是一种抽象的软件结构(包括一些数据结构和I/O缓冲区),套接口建立时通过系统调用与某端口建立联系(binding)后,运输层传给该端口的数据都被相应进程所接收,相应进程发给运输层的数据都通过该端口输出。在TCP/IP的实现中,套接口操作类似于一般的I/O操作,相当于获取本地唯一的I/O文件,可以用一般的读写原语对其访问。

类似于文件描述符,每个套接口都拥有一个叫端口号(port number)的整数型标识符,用于区别不同端口。由于TCP/IP运输层的两个协议TCP和UDP是完全独立的两个软件模块,因此各自的端口号也相互独立,如TCP有一个255号端口,UDP也可以有一个255号端口,二者并不冲突。端口号的分配是一个重要问题,通常采用两种基本分配方式:一种叫全局分配,这是一种集中控制方式,由一个公认的权威中央机构根据用户需要进行统一分配,并将结果公布于众;另一种是本地分配,又称动态分配,即进程需要访问运输层服务时,向本地操作系统提出申请,操作系统返回一个本地唯一的端口号,进程再通过相应的系统调用将自己与该端口号关联起来。TCP/IP端口号的分配综合了上述两种方式。TCP/IP将端口号分为两部分,少量作为保留端口,以全局方式分配给标准服务进程。每一个标准服务器都拥有一个全局公认的端口(即周知口,well-known port)。即使在不同机器上,其端口号也相同。根据标准约定,小于256的端口号用作保留端口。剩余的为自由端口,以本地方式进行分配。

(2)地址。

网络通信中通信的两个进程分别在不同的机器上。在互联网络中,两台机器可能位于不同的网络,这些网络通过网络互联设备(网关,网桥,路由器等)连接。因此需要三级寻址。

① 某一主机可与多个网络相连,必须指定一特定网络地址。

② 网络上每一台主机应有其唯一的地址。

③ 每一主机上的每一进程应有在该主机上的唯一标识符。

通常主机地址由网络ID和主机ID组成,在TCP/IP中用32位整数值表示;TCP和UDP均使用16位端口号标识用户进程。

不同的计算机存放多字节值的顺序不同,有的机器在起始地址存放低位字节(低位先存),有的存高位字节(高位先存)。为保证数据的正确性,在网络协议中须指定网络字节顺序。TCP/IP使用16位整数和32位整数的高位先存格式,它们均含在协议头文件中。

(3)连接。

两个进程间的通信链路称为连接。连接是端到端的逻辑关联,在操作系统内部表现为一些缓冲区和一组协议机制,在外部表现出比无连接高的可靠性。

综上所述,网络中用一个三元组可以在全局唯一标志一个进程:

(协议,本地地址,本地端口号)

这样一个三元组,叫做一个半相关(half-association),它指定连接的半个部分。

一个完整的网间进程通信需要由两个进程组成,并且只能使用同一种高层协议。也就是说,不可能通信的一端用TCP,而另一端用UDP。因此一个完整的网间通信需要一个五元组来标识：

(协议,本地地址,本地端口号,远地地址,远地端口号)

这样一个五元组,叫做一个相关(association),即两个协议相同的半相关才能组合成一个合适的相关,或完全指定组成一连接。

2. 客户-服务器模式

网络应用本质上是一种分布式应用系统。分布式应用系统需要解决的一个基本问题是系统中的各方如何进行协作。客户-服务器模式就是一种最为常用的分布式系统协作模式。在 TCP/IP 网络应用中,通信的两个进程间相互作用的主要模式是客户-服务器模式(Client-Server model),即客户向服务器发出服务请求,服务器接收到请求后,提供相应的服务。客户-服务器模式的建立基于以下两点：首先,建立网络的驱动力是共享网络中的软硬件资源和数据资源,客观上需要资源丰富的主机提供服务,资源较少的客户请求服务这一非对等作用。其次,网间进程通信完全是异步的,相互通信的进程间既不存在父子关系,又不共享内存缓冲区,因此需要一种机制实现远程进程间通信,为二者的数据交换提供同步。

客户-服务器模式通过客户与服务器交互操作实现,首先服务器方要先启动,并做好提供相应服务的准备。

(1) 打开一通信通道并告知本地主机,它愿意在某一公开的地址和端口上接收客户请求。

(2) 等待客户请求到达该端口。

(3) 接收到重复服务请求,处理该请求并发送应答信号。接收到并发服务请求,要激活一新进程或线程来处理这个客户请求。新进程处理此客户请求,并不需要对其他请求做出应答。服务完成后,关闭此新进程与客户的通信链路,并终止。

(4) 返回第二步,等待另一客户请求。

(5) 关闭服务器。

客户方：

(1) 打开一通信通道,并连接到服务器所在主机的特定端口。

(2) 向服务器发出服务请求报文,等待并接收应答；重复此过程。

(3) 请求结束后关闭通信通道并终止。

从上面所描述的过程可知：

(1) 客户与服务器进程的作用是非对称的,服务器提供服务,客户端获取服务。

(2) 服务进程一般先于客户请求而启动作为双方协作的汇聚点。只要系统运行,该服务进程一直存在,直到正常或强迫终止。

3. 套接口类型

在 TCP/IP 网络体系结构中,运输层直接为应用层提供服务,因此,Socket 接口是运输层的功能接口。对应于不同的运输层协议类型,常用的套接口类型也有两种：流式 Socket(SOCK_STREAM)和数据报 Socket(SOCK_DGRAM)。流式 Socket 是一种面向连接的Socket,针对面向连接的 TCP 服务应用；数据报类型 Socket 是一种无连接的 Socket,对应于无连接的 UDP 服务。为了实现应用程序直接调用 IP 协议的功能,Socket 接口中还提供了一种原始套接口(SOCK_RAW)类型。该接口允许直接访问较低层协议,如 IP、ICMP,

常用于检验新的协议实现或访问现有服务中配置的新设备。本章主要介绍流式与数据报套接口的基本使用方法，请感兴趣的读者通过专门的资料学习更多的 Socket 编程知识。

5.4.2 Winsock 接口规范及基本调用

Windows Sockets(简称 Winsock)规范以 BSD UNIX Socket 接口为蓝本定义了一套 Microsoft Windows 平台上的网络编程接口。它不仅包含人们所熟悉的 Berkeley Sockets 风格的库函数，也包含一组针对 Windows 的扩展库函数，以使程序员能充分地利用 Windows 消息驱动机制进行编程。

Winsock 规范的目标在于提供给应用程序开发者一套简单的 API 供各网络软件供应商共同遵守。因此，这份规范定义了应用程序开发者能够使用，并且网络软件供应商能够实现的一套库函数调用和相关语义。

遵守这套 Winsock 规范的网络软件，我们称之为 Winsock 兼容的。一个网络软件供应商必须百分之百地实现 Winsock 规范才能做到与之兼容。任何能够与 Winsock 兼容实现协同工作的应用程序就被认为是具有 Winsock 接口的，我们称这种应用程序为 Winsock 应用程序。

Winsock 规范定义并说明了如何通过 API 与 Internet 协议族(通常我们指的是 TCP/IP)建立联系，尤其要指出的是所有的 Winsock 实现都支持流式套接口和数据报套接口。

Winsock 规范最初建立在 Berkeley 套接口模型上，它提供了习惯于 UNIX 套接口编程的程序员极为熟悉的环境，并且简化了移植现有的基于 Berkeley 套接口的应用程序源代码的工作。Windows Socket API 也是和 4.3BSD 的要求一致的。

1997 年 5 月，Winsock 2.2 版本正式发布。这个版本对 Winsock 1.1 做了较大的扩展，其目的不再是尽量兼容 BSD Socket，而是如何充分发挥 Windows 平台的性能和特点，特别是其消息驱动机制。为了更好地说明套接字编程的基本原理，下面给出几个基本套接字系统调用说明。由于 Winsock 1.1 版本的接口定义与 BSD UNIX 基本一致，下面的基本调用来源于 Winsock 1.1 接口规范。

1. 创建套接字——socket()

应用程序在使用套接字前，首先必须拥有一个套接字，系统调用 socket() 向应用程序提供创建套接字的手段，其调用格式如下：

```
SOCKET PASCAL FAR socket (int af, int type, int protocol);
```

该调用要接收三个参数：af、type、protocol。参数 af 指定通信发生的区域，UNIX 系统支持的地址族有：AF_UNIX、AF_INET、AF_NS 等，而 Windows 中仅支持 AF_INET，即因特网域。参数 type 描述要建立的套接字的类型。参数 protocol 说明该套接字使用的特定协议，如果调用者不希望特别指定使用的协议，则置为 0，使用默认的连接模式。根据这三个参数建立一个套接字，并将相应的资源分配给它，同时返回一个整型套接字描述符。因此，socket() 系统调用实际上指定了连接五元组中的"协议"这一元。

2. 指定本地地址——bind()

当一个套接字用 socket() 创建后，存在一个名字空间(地址族)，但它没有被命名。bind()

将套接字地址(包括本地主机地址和本地端口地址)与所创建的套接字号联系起来,即将名字赋予套接字,以指定本地半相关。其调用格式如下:

```
int PASCAL FAR bind(SOCKET s, const struct sockaddr FAR * name, int namelen);
```

参数 s 是由 socket()调用返回的并且未做连接的套接字描述符(套接字号)。参数 name 是赋给套接字 s 的本地地址(名字),其长度可变,结构随通信域的不同而不同。namelen 表明了 name 的长度。

如果没有错误发生,bind()返回 0,否则返回 SOCKET_ERROR。

地址在建立套接字通信过程中起着重要作用,作为一个网络应用程序设计者对套接字地址结构必须有明确认识。例如,UNIX BSD 有一组描述套接字地址的数据结构,其中使用 TCP/IP 的地址结构为:

```
struct sockaddr_in {
short sin_family;              /* AF_INET */
u_short sin_port;             /* 16 位端口号,网络字节顺序 */
struct in_addr sin_addr;      /* 32 位 IP 地址,网络字节顺序 */
char sin_zero[8];             /* 保留 */
}
```

3. 建立套接字连接——connect()与 accept()

这两个系统调用用于完成一个完整相关的建立,其中 connect()用于客户端建立连接。无连接的套接字进程也可以调用 connect(),但这时在进程之间没有实际的报文交换,调用将从本地操作系统直接返回。这样做的优点是程序员不必为每一数据指定目的地址,而且如果收到的一个数据报,其目的端口未与任何套接字建立"连接",便能判断该端口不可操作。而 accept()用于使服务器等待来自某客户进程的实际连接请求。

connect()的调用格式如下:

```
int PASCAL FAR connect(SOCKET s, const struct sockaddr FAR * name, int namelen);
```

参数 s 是欲建立连接的本地套接字描述符。参数 name 指出说明对方套接字地址结构的指针。对方套接字地址长度由 namelen 说明。

如果没有错误发生,connect()返回 0,否则返回 SOCKET_ERROR。在面向连接的协议中,该调用成功返回将实现本地系统和外部系统之间连接实际建立。

由于地址族总被包含在套接字地址结构的前两个字节中,并通过 socket()调用与某个协议族相关。因此,bind()和 connect()无须协议作为参数。

accept()的调用格式如下:

```
SOCKET PASCAL FAR accept(SOCKET s, struct sockaddr FAR * addr, int FAR * addrlen);
```

参数 s 为本地套接字描述符,在用做 accept()调用的参数前应该先调用过 listen()(见下文)。addr 指向客户方套接字地址结构的指针,用来接收连接实体的地址。addr 的确切格式由套接字创建时建立的地址族决定。addrlen 为客户方套接字地址的长度(字节数)。如果没有错误发生,accept()返回一个 SOCKET 类型的值,表示接收到的套接字的描述符,否则返回值 INVALID_SOCKET。

accept()用于面向连接服务器。参数 addr 和 addrlen 存放客户方的地址信息。调用前,参数 addr 指向一个初始值为空的地址结构,而 addrlen 的初始值为 0;调用 accept()后,服务器等待从编号为 s 的套接字上接受客户连接请求,而连接请求是由客户方的 connect()调用发出的。当有连接请求到达时,accept()调用将请求连接队列上的第一个客户方套接字地址及长度放入 addr 和 addrlen,并创建一个与 s 有相同特性的新套接字。

在客户-服务器模式中,有两种类型的服务:重复服务和并发服务。重复服务器在一个时间只能和一个客户程序建立连接,它对多个客户程序的处理是采用循环的方式重复进行。并发服务要求服务器能同时满足多个客户端的服务需求。accept()调用返回一个新的套接字,可用于通过创建子进程或新的线程来处理服务器并发请求。

4 个套接字系统调用,socket()、bind()、connect()、accept(),可以完成一个完全五元相关的建立。socket()指定五元组中的协议元,它的用法与是否为客户或服务器、是否面向连接无关。bind()指定五元组中的本地二元,即本地主机地址和端口号,其用法与是否面向连接有关:在服务器方,无论是否面向连接,均要调用 bind();在客户方,若采用面向连接,则可以不调用 bind(),而通过 connect()自动完成。若采用无连接,客户方也可使用 bind()以获得一个唯一的地址。

以上讨论仅对客户-服务器模式而言,实际上套接字的使用是非常灵活的,唯一需遵循的原则是进程通信之前,必须建立完整的相关。

4. 监听连接——listen()

此调用用于面向连接服务器,表明它愿意接收连接。listen()需在 accept()之前调用,其调用格式如下:

```
int PASCAL FAR listen(SOCKET s, int backlog);
```

参数 s 标识一个本地已建立、尚未连接的套接字号,服务器愿意从它上面接收请求。backlog 表示请求连接队列的最大长度,用于限制排队请求的个数,目前允许的最大值为 5。如果没有错误发生,listen()返回 0。否则它返回 SOCKET_ERROR。

listen()在执行调用过程中可为没有调用过 bind()的套接字 s 完成所必需的连接,并建立长度为 backlog 的请求连接队列。

调用 listen()是服务器接收一个连接请求的四个步骤中的第三步。它在调用 socket()分配一个流套接字,且调用 bind()给 s 赋予一个名字之后调用,而且一定要在 accept()之前调用。

5. 数据传输——send()与 recv()

当一个连接建立以后,就可以传输数据了。常用的系统调用有 send()和 recv()。

send()调用用于在参数 s 指定的已连接的数据报或流套接字上发送输出数据,格式如下:

```
int PASCAL FAR send(SOCKET s, const char FAR * buf, int len, int flags);
```

参数 s 为已连接的本地套接字描述符。buf 指向存有发送数据的缓冲区的指针,其长度由 len 指定。flags 指定传输控制方式,如是否发送带外数据等。如果没有错误发生,send()返回总共发送的字节数。否则它返回 SOCKET_ERROR。

recv()调用用于在参数 s 指定的已连接的数据报或流套接字上接收输入数据,格式如下：

```
int PASCAL FAR recv(SOCKET s, char FAR * buf, int len, int flags);
```

参数 s 为已连接的套接字描述符。buf 指向接收输入数据缓冲区的指针，其长度由 len 指定。flags 指定传输控制方式，如是否接收带外数据等。如果没有错误发生，recv() 返回总共接收的字节数。如果连接被关闭，返回 0，否则它返回 SOCKET_ERROR。

6. 输入/输出多路复用——select()

select() 调用用来检测一个或多个套接字的状态。对每一个套接字来说，这个调用可以请求读、写或错误状态方面的信息。请求给定状态的套接字集合由一个 fd_set 结构指示。在返回时，此结构被更新，以反映那些满足特定条件的套接字的子集，同时，select() 调用返回满足条件的套接字的数目，其调用格式如下：

```
int PASCAL FAR select(int nfds, fd_set FAR * readfds, fd_set FAR * writefds, fd_set FAR *
exceptfds, const struct timeval FAR * timeout);
```

参数 nfds 指明被检查的套接字描述符的值域，此变量用于和 Berkeley 套接字兼容，一般被忽略。

参数 readfds 指向要做读检测的套接字描述符集合的指针，调用者希望从中读取数据。参数 writefds 指向要做写检测的套接字描述符集合的指针。exceptfds 指向要检测是否出错的套接字描述符集合的指针。timeout 指向 select() 函数等待的最大时间，如果设为 NULL 则为阻塞操作，调用将一直等待直至有结果。select() 返回包含在 fd_set 结构中已准备好的套接字描述符的总数目，或者是发生错误返回 SOCKET_ERROR。

7. 关闭套接字——closesocket()

closesocket() 关闭套接字 s，并释放分配给该套接字的资源；如果 s 涉及一个打开的 TCP 连接，则该连接被释放。closesocket() 的调用格式如下：

```
BOOL PASCAL FAR closesocket(SOCKET s);
```

参数 s 为待关闭的套接字描述符。如果没有错误发生，closesocket() 返回 0，否则返回 SOCKET_ERROR。

5.4.3 无连接的 Socket 编程

如前所述，TCP/IP 的应用一般采用客户-服务器模式，因此在实际应用中，必须有客户和服务器两个进程，无论是采用面向连接或无连接的套接口，首先必须启动服务器，否则客户请求或数据无法传递到服务器端。

无连接协议的套接字调用如图 5-19 所示。

无连接套接字客户端无须调用 connect()，因此在数据发送之前，客户与服务器之间尚未建立完全相关，但各自通过 socket() 和 bind() 调用建立了半相关。发送数据时，发送方除指定本地套接字号外，还需指定接收方套接字号，从而在数据收发过程中动态地建立了全相关。

下面是一个采用 UDP 接收数据的例子。

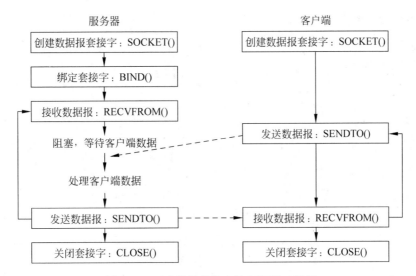

服务器 | 客户端

创建数据报套接字：SOCKET() | 创建数据报套接字：SOCKET()

绑定套接字：BIND()

接收数据报：RECVFROM()

阻塞，等待客户端数据 | 发送数据报：SENDTO()

处理客户端数据

发送数据报：SENDTO() | 接收数据报：RECVFROM()

关闭套接字：CLOSE() | 关闭套接字：CLOSE()

图 5-19　无连接协议的套接字调用时序图

```
#include <winsock2.h>

void main() {
    WSADATA wsaData;
    SOCKET   ReceivingSocket;
    SOCKADDR_IN   ReceiverAddr;
    int   Port = 5150;
    char   ReceiveBuf[1024];
    int   BufLength = 1024;
    SOCKADDR_IN   SenderAddr;
    int   SenderAddrSize = sizeof(senderAddr);

    WSAStartup(MAKEWORD(2,2), &wsaData);

    ReceivingSocket = socket(AF_INET, SOCK_DGRAM, IPPROTO_UDP);

    ReceiverAddr.sin_family = AF_INET;
    ReceiverAddr.sin_port = htons(Port);
    ReceiverAddr.sin_addr.s_addr = htonl(INADDR_ANY);
    bind(ReceivingSocket, (SOCKADDR * )&SenderAddr, sizeof(SenderAddr));

    /* 接收数据 */
    recvfrom(ReceivingSocket, ReceiveBuf, BufLength, 0,
        (SOCKADDR * )&SenderAddr, &SenderAddrSize);

    closesocket(ReceivingSocket);
    WSACleanup();
}
```

用 UDP 发送数据的程序示例如下。

```
#include < winsock2.h >

void main(){
    WSADATA   wsaData;
    SOCKET    SendingSocket;
    SOCKADDR_IN   ReceiverAddr;
    int       port = 5150;
    char      SendBuf[1024];
    int       BufLength = 1024;

    WSAStartup(MAKEWORD(2,2), &wsaData);

    SendingSocket = socket(AF_INET, SOCK_DGRAM, IPPROTO_UDP);
    ReceiverAddr.sin_family = AF_INET;
    ReceiverAddr.sin_port = htons(Port);
    ReceiverAddr.sin_addr.s_addr = inet_addr("136.149.3.29");

    /* 发送数据 */
    sendto(SendingSocket, SendBuf, BufLength, 0,
        (SOCKADDR * ) &ReceiverAddr, sizeof(RecieverAddr));

    closesocket(SendingSocket);
    WSACleanup();
}
```

5.4.4 面向连接的 Socket 编程

面向连接的协议(如 TCP)的套接字系统调用如图 5-20 所示。服务器必须首先启动,直

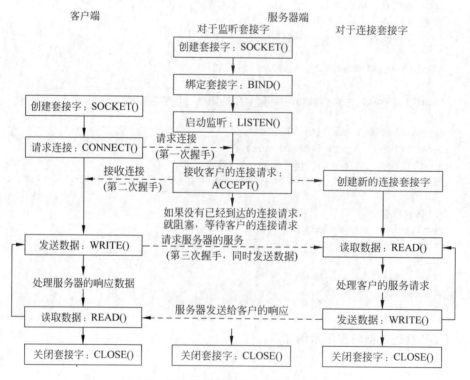

图 5-20　面向连接的套接字系统调用时序图

到它执行完 accept() 调用,进入等待状态后,方能接收客户请求。假如客户在此前启动,则 connect() 将返回出错代码,连接不成功。在监听状态下,服务器端接收一个客户连接请求,将返回一个新的套接口,该套接口将与客户端套接口合作完成数据收发任务。这样,服务器端的监听套接口仍然可用来监听新的连接请求。为防止服务器进程阻塞在数据读写操作而影响监听功能,服务器进程在接受新的连接后将为该连接创建一个线程,数据的读写操作将在这个新的线程中进行,即便该线程出现阻塞,执行监听功能的主线程仍将正常工作。

以下实例使用面向连接协议的客户-服务器模式,其流程如图 5-20 所示。下面先给出服务器方程序。这个程序建立一个套接字,然后开始无限循环;每当它通过循环接收到一个连接,则打印出一个信息。当连接断开,或接收到终止信息时,则此连接结束,程序再接收一个新的连接。

```c
/* File Name: streams.c */
#include <winsock2.h>
#include <stdio.h>

main( )
{
    int sock, length;
    struct sockaddr_in server;
    struct sockaddr tcpaddr;
    int msgsock;
    char buf[1024];
    int rval, len;

    /* 建立套接字 */
    sock = socket(AF_INET, SOCK_STREAM, 0);
    if (sock < 0) {
    perror("opening stream socket");
    exit(1);
    }
    /* 使用任意端口命名套接字 */
    server.sin_family = AF_INET;
    server.sin_port = INADDR_ANY;
    if (bind(sock, (struct sockaddr * )&server, sizeof(server)) < 0) {
        perror("binding stream socket");
        exit(1);
    }
    /* 找出指定的端口号并打印出来 */
    length = sizeof(server);
    if (getsockname(sock, (struct sockaddr * )&server, &length) < 0) {
        perror("getting socket name");
        exit(1);
    }
    printf("socket port #%d\n", ntohs(server.sin_port));
    /* 开始接收连接 */
    listen(sock, 5);
```

```
    len = sizeof(struct sockaddr);
    do {
        msgsock = accept(sock, (struct sockaddr * )&tcpaddr, (int * )&len);
        if (msgsock ==- 1)
            perror("accept");
        else do{
            memset(buf, 0, sizeof(buf));
            if ((rval = recv(msgsock, buf, 1024)) < 0)
                perror("reading stream message");
            if (rval == 0)
              printf("ending connection \n");
        else
          printf(" --> % s\n", buf);
    } while (rval ! = 0);

    closesocket(msgsock);
    } while ("1");
    /* 因为这个程序已经有了一个无限循环,所以套接字"sock"从来不显式关闭.
    然而,当进程被杀死或正常终止时,所有套接字都将自动地被关闭. */
    exit(0);
}
```

下面是相应的客户方程序。这个程序建立套接字,然后与命令行给出的套接字连接;连接结束时,在连接上发送一个消息,然后关闭套接字。该程序带有命令行参数,其命令行的格式为:"streamc 主机名 端口号",其中端口号应与服务器程序的端口号相同。

```
/* File Name: streamc.c */
# include < winsock2. h >
# include < stdio. h >

Main (int argc, char * argv[])
{
  int sock;
  struct sockaddr_in server;
  struct hostent * hp, * gethostbyname( );
  char * data = "half a league, half a league...";
  /* 建立套接字 */
  sock = socket(AF_INET, SOCK_STREAM, 0);
  if (sock < 0) {
      perror("opening stream socket");
      exit(1);
  }
  /* 使用命令行中指定的名字连接套接字 */
  server. sin_family = AF_INET;
  hp = gethostbyname(argv[1]);
  if (hp == 0) {
      fprintf(stderr, " % s: unknown host \n", argv[1]);
      exit(2);
  }
```

```
    memcpy((char * )&server.sin_addr, (char * )hp - > h_addr, hp - > h_length);
    sever.sin_port = htons(atoi(argv[2]));
    if (connect(sock, (struct sockaddr * )&server, sizeof(server)) < 0) {
        perror("connecting stream socket");
        exit(3);
    }
    if (send(sock, data, sizeof(data)) < 0)
        perror("sending on stream socket");

    closesocket(sock);
    exit(0);
}
```

第5章

运输层

第6章　应 用 层

6.1　常用应用层协议

6.1.1　DNS 协议的原理与配置

1. DNS 概述

DNS(Domain Name System,域名系统)是一种按层次结构组织的分布式数据库系统,它由分布在全世界的成千上万个 DNS 服务器中的数据库组成。每个 DNS 服务器的数据库中包含若干条资源记录,每条资源记录为其所管辖的区域中的 DNS 域名到某种数据(如 IP 地址)的映射,它提供主机名字和 IP 地址之间的转换及有关电子邮件的选路信息。

所谓"分布式"是指在 Internet 上的单个 DNS 服务器不能拥有所有的信息。每个 DNS 服务器(如大学中的系、校园、公司或公司中的部门)保留它自己的信息数据库,并运行一个服务器程序供 Internet 上的其他系统(客户程序)查询。域名服务器使用固定的端口号 53,支持 UDP 和 TCP 访问。

在 Internet 中,域名可用来对某个组织或实体进行寻址。例如"www.sina.com"这个域名可用来对 IP 地址为 71.5.7.191 的 Internet 网点"sina.com"进行寻址,而特定的主机服务器名称为"www"。域名中的"com"部分表明该组织或实体的性质,"sina"定义了该组织或实体。

而 DNS 就像是一个自动的电话号码簿,我们可以直接拨打某人的名字来代替他的电话号码(IP 地址)。DNS 在我们直接呼叫网站的名字以后,就会将像 www.sina.com 一样便于人类使用的名字转化成像 71.5.7.191 一样便于机器识别的 IP 地址。

这个转换工作称为域名解析,域名解析需要由专门的域名解析服务器来完成,DNS 就是进行域名解析的服务器。它是一种分布式网络目录服务,主要用于域名与 IP 地址的相互转换,以及控制因特网的电子邮件的发送。大多数因特网服务依赖于 DNS 而工作,一旦 DNS 出错,就无法连接 Web 站点,电子邮件的发送也会中止。

在 DNS 域名方式中,采用了分散和分层的机制来实现域名空间的委派授权,以及域名与地址相转换的授权。通过使用 DNS 的命名方式来为遍布全球的网络设备分配域名,而这则是由分散在世界各地的服务器实现的。

域名系统是分层次的,域名树是倒置的,它的根级显示在最上方,分为若干顶级域(.com、.net、.edu、.gov、.org 等,以及 200 多个国家级的顶级域),这些域又被分成二级域,以此类推。它们由各自相应的政府或私有实体管理。

DNS 的分布式机制支持有效且可靠的名字到 IP 地址的映射。多数名字可以在本地映射,不同站点的服务器相互合作能够解决大网络的名字与 IP 地址的映射问题。单个服务器的故障不会影响 DNS 的正确操作。

2. DNS 的工作原理

DNS 分为 Client 和 Server,Client 扮演发问的角色,也就是问 Server 一个域名,而 Server 必须要回答此域名的真正 IP 地址。而当地的 DNS 先会查自己的资料库。如果自己的资料库没有,则会往该 DNS 上所设的 DNS 询问,依此得到答案之后,将收到的答案存起来,并回答客户。

DNS 服务器会根据不同的授权区(Zone),记录所属该网域下的各名称资料,这个资料包括网域下的次网域名称及主机名称。

在每一个名称服务器中都有一个快取缓存区(Cache),这个快取缓存区的主要目的是将该名称服务器所查询出来的名称及相对的 IP 地址记录在快取缓存区中,这样当下一次还有另外一个客户端到该服务器上去查询相同的名称时,服务器就不用再到别台主机上去寻找,而直接可以从缓存区中找到该笔名称记录资料,传回给客户端,加速客户端对名称查询的速度。

因此,当 DNS 客户端向指定的 DNS 服务器查询网络上的某一台主机名称时,DNS 服务器会在该资料库中找寻用户所指定的名称。如果没有,该服务器会先在自己的快取缓存区中查询有无该笔记录,如果找到该笔名称记录后,会从 DNS 服务器直接将所对应到的 IP 地址传回给客户端,如果名称服务器在资料记录查不到且快取缓存区中也没有时,服务器会向其他最近的 DNS 服务器去要求帮忙找寻该名称的 IP 地址,在另一台服务器上也有相同的动作的查询,当查询到后会回复原本要求查询的服务器,该 DNS 服务器在接收到另一台 DNS 服务器查询的结果后,先将所查询到的主机名称及对应 IP 地址记录到快取缓存区中,最后再将所查询到的结果回复给客户端。

因此,DNS 的查询方法分为以下两种。

(1) 递归查询。DNS 服务器代表请求客户端查询或联系其他 DNS 服务器,以便完全解析该域名,并将应答返回至客户端。

(2) 迭代查询。客户端尝试联系其他的 DNS 服务器来解析名称,然后根据来自 DNS 服务器的应答,使用其他的独立查询。

3. DNS 报文格式

DNS 定义了一个用于查询和响应的报文格式,如图 6-1 所示。

图 6-1　DNS 查询/响应报文格式

该报文由 12 字节的首部和 4 个长度可变的字段组成,其中:

(1) 标识字段由客户程序设置并由服务器返回结果。客户程序通过它来确定响应与查询是否匹配。

(2) 16 bit 的标志字段被划分为若干子字段,如图 6-2 所示。

QR	opcode	AA	TC	RD	RA	(zero)	rcode
1	4	1	1	1	1	3	4

图 6-2   DNS 报文标志字段

- QR 是 1 bit 字段:0 表示查询报文,1 表示响应报文。
- opcode 是一个 4 bit 字段:通常值为 0(标准查询),其他值为 1(反向查询)和 2(服务器状态请求)。
- AA 是 1 bit 标志:表示"授权回答(authoritative answer)"。该名字服务器是授权于该域的。
- TC 是 1 bit 字段:表示"可截断的(truncated)"。使用 UDP 时,它表示当应答的总长度超过 512 字节时,只返回前 512 个字节。
- RD 是 1 bit 字段表示"期望递归(recursion desired)"。该比特能在一个查询中设置,并在响应中返回。这个标志告诉名字服务器必须处理这个查询,也称为一个递归查询。如果该位为 0,且被请求的名字服务器没有一个授权回答,它就返回一个能解答该查询的其他名字服务器列表,这称为迭代查询。
- RA 是 1 bit 字段:表示"可用递归"。如果名字服务器支持递归查询,则在响应中将该比特设置为 1。
- 随后 3 bit 必须为 0。
- rcode 是一个 4 bit 返回码字段,通常为 0(没有差错)和 3(名字差错)。名字差错只能从一个授权名字服务器上返回,它表示在查询中指定的域名不存在。

(3) 后面 4 个 16 bit 字段说明最后 4 个变长字段中包含的条目数。对于查询报文,问题数通常是 1,而其他三项则均为 0。类似地,对于应答报文,回答数至少是 1,剩下的两项可以是 0 或非 0。

(4) DNS 查询报文中的问题部分,如图 6-3 所示。

图 6-3   DNS 查询报文的问题部分

查询名为要查找的名字,它由一个或者多个标识符序列组成。每个标识符以首字节数的计数值来说明该标识符字节长度,每个名字以 0 结束。计数字节数必须是在 0~63 之间。因为标识符的最大长度仅为 63。不像我们已经看到的许多其他报文格式。该字段无须以整 32 bit 边界结束,即无须填充字节。例如,如图 6-4 所示为查询名为 www.suda.edu.cn 的计数值。

每个问题有一个查询类型,最常用的查询类型为 A,表示期望由名字获得查询名的 IP

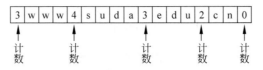

图 6-4　查询名 www.suda.edu.cn

地址,一个 PTR 查询则请求获得一个 IP 地址对应的域名。

(5) DNS 响应报文中的资源记录部分。

DNS 最后三个字段:回答字段,授权字段和附加信息字段均采用与资源记录(Resource Record,RR)的相同格式,如图 6-5 所示。

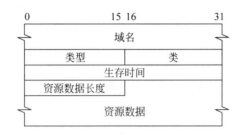

图 6-5　DNS 响应报文的资源记录

- 域名是记录中资源数据对应的名字。它的格式和查询名字段格式相同。
- 类型说明 RR 的类型码。它的值和前面介绍的查询类型值是一样的。类通常为 1, 指 Internet 数据。
- 生存时间字段是客户程序保留该资源记录的秒数。资源记录通常的生存时间值为 两天。
- 资源数据长度说明资源数据的数量。该数据的格式依赖于类型字段的值。对于类 型 1(A 记录)资源数据是 4 字节的 IP 地址。

下面以一个 DNS 查询(查询 www.google.cn)为例,说明其数据包格式。

```
0000    00 19 56 6e 19 bf 00 17    a4 1a b2 e0 08 00 45 00    ..Vn....    ......E.
0010    00 3b ed c6 00 00 80 11    e3 c3 ac 15 0f 04 ac 15    .;......    ........
0020    01 f9 04 a9 00 35 00 27    2f bd 3e 3a 01 00 00 01    .....5.'    /.>:....
0030    00 00 00 00 00 00 03 77    77 77 06 67 6f 6f 67 6c    .......w    ww.googl
0040    65 02 63 6e 00 00 01 00    01                         e.cn....    .
```

说明:

前面三段分别为以太网包头,IP 包头和 UDP 包头。

从 0020 行后面开始为 DNS 数据包。

3e 3a 为标识字段。

01 00 为标志字段,该字段设置了 TC 表示该报文是可截断的。

00 01 表示查询报文数量为 1。

00 00 00 00 00 00 表示回答,授权和额外信息都为 0。

03 77 77 77 06 67 6f 6f 67 6c 65 02 63 6e 00 表示查询的名字为 www.google.cn。

00 01 为类型,1 表示 A 查询。

00 01 为类,1 表示 Internet 数据。

该 DNS 查询的响应数据包(DNS response)的格式如下。

```
0000    00 17 a4 1a b2 e0 00 19    56 6e 19 bf 08 00 45 00    ........    Vn....E.
0010    00 78 48 af 00 00 7d 11    8b 9e ac 15 01 f9 ac 15    .xH...}.    ........
0020    0f 04 00 35 04 a9 00 64    75 db 3e 3a 81 80 00 01    ...5...d    u.>:....
0030    00 03 00 00 00 00 03 77    77 77 06 67 6f 6f 67 6c    .......w    ww.googl
0040    65 02 63 6e 00 00 01 00    01 c0 0c 00 05 00 01 00    e.cn....    e.......
0050    00 05 42 00 11 02 63 6e    01 6c 06 67 6f 6f 67 6c    ..B...cn    .l.googl
0060    65 03 63 6f 6d 00 c0 2b    00 01 00 01 00 00 00 5f    e.com..+    ......._
0070    00 04 cb d0 21 65 c0 2b    00 01 00 01 00 00 00 5f    ....!e.+    ......._
0080    00 04 cb d0 21 64                                     ....!d
```

说明:

前面三段分别为以太网包头,IP 包头和 UDP 包头。

3e 3a 为标识字段。

81 80 为标志字段,其中设置了 QR = 1,RD = 1,RA = 1。

00 01 表示问题数 1,00 03 回答数 3,其余两个为 0。

03 77 77 77 06 67 6f 6f 67 6c 65 02 63 6e 00 表示查询的名字为 www. google. cn。

00 01 为类型,1 表示 A 查询。

00 01 为类,1 表示 Internet 数据。

接下来为回答报文。

c0 0c 为域名指针。

00 05 表示 CNAME(规范名称)。

00 01 表示类,表示为 Internet 数据。

00 00 05 42 为生存时间。

00 11 为数据长度。

02 63 6e 01 6c 06 67 6f 6f 67 6c 65 03 63 6f 6d 00 为数据 cn. l. google. cn。

然后接下来两段为另外两个回答。

最后的数据为 IP 地址。

4. DNS 服务器的配置

要想成功部署 DNS 服务,运行 Windows Server 2003 的计算机中必须拥有一个静态 IP 地址,只有这样才能让 DNS 客户端定位 DNS 服务器。另外,如果希望该 DNS 服务器能够解析 Internet 上的域名,还需保证该 DNS 服务器能正常连接至 Internet。

(1) 添加 DNS 服务器。

安装 Windows 2000/2003 Server 操作系统的主机都能够充当 DNS 服务器。如果管理员程序组或计算机管理器中没有 DNS 项,则需要添加 DNS 服务。选择"控制面板"→"添加或删除 Windows 组件"→"网络服务"→"详细信息"→"域名服务系统"即可安装 DNS。重新引导 Windows 2000 Server 之后,DNS 服务开始生效。注意,前提是该主机已经安装了 TCP/IP。

(2) 启动 DNS 管理器。

选择"开始"→"管理工具"→DNS,启动 DNS 管理器窗口。

创建搜索区域。DNS 管理器的 DNS 服务器结点下的"正向搜索区域"和"反向搜索区域"两个子结点是 DNS 服务管理的基本单位。"正向搜索区域"用于正向搜索,它将域名解析为 IP 地址。一台 DNS 服务器上至少要有一个正向搜索区域才能工作。"反向搜索区域"用于反向搜索,它将 IP 地址解析为域名。Nslookup 之类的工具需要反向搜索,此外 IIS 中的域名限制也依赖于反向搜索来实现。

先来看创建正向搜索区域的方法。选择需要配置的服务器,在本实验中可选择"这台计算机"。在 DNS 管理器中展开 DNS 服务器图标,选择"正向搜索区域"→"创建区域",打开 DNS 创建区域向导。然后制定新建正向搜索区域的类型:活动目录区域、主要区域或者辅助区域。标准主要区域是一个新区域的标准主拷贝,创建区域的主机负责维护主要区域。标准辅助区域是一个已存在区域的副本,辅助区域本身是只读的,它从主要区域拷贝数据。辅助区域的用途是产生冗余,一方面可以减少主控服务器的流量负载,另一方面可以降低主控区域关机造成的时间损失。集合的 Active Directory(活动目录)区域是一个新区域的主拷贝,用 Active Directory 存储和复制区域文件。在本实验中可选择"标准主要区域"。指定区域名称,例如 com。

根据所选区域类型的不同,此时配置的信息也不相同。如果选择创建标准主要区域,则在此指定区域映射文件名称,或者指定一个现有文件作为区域文件;如果选择创建标准辅助区域,则在此指定辅助区域所对应的主区域的 DNS 服务器,在"IP 地址"栏中添加主控 DNS 服务器地址,单击"添加"加入列表,DNS 将按照列表中的主控服务器顺序逐一联系它们,单击"上移"或者"下移"可以更改主控服务器在列表中的顺序。本实验因选择标准主要区域,因此系统会自动创建新区域文件。

创建反向搜索区域的步骤是,在 DNS 管理器中展开 DNS 服务器图标,选择"反向搜索区域"→"创建区域",指定新建反向搜索区域的类型,实验中可选择"标准主要区域"。输入反向搜索 DNS 的 IP 地址,例如 169.254.125.0 系统将会自动创建反向搜索区域的新文件名。

(3) 添加资源记录。

创建区域之后还需要向区域中添加资源记录才能使 DNS 服务器工作。例如,Web 站点域名 alook.com 映射为站点的 IP 地址 169.254.125.3,这就是一条资源记录。

为正向搜索的新区域添加要解析的主机名的方法如下。

- 展开 DNS 管理器控制树中的相应结点,右击欲创建主机资源记录的正向搜索的新区域,选择"新建主机"。
- 输入主机名称,指定其 IP 地址,单击"添加主机"。例如全域名为 alook.com,只输入 alook 即可,IP 地址为 169.254.191.3。

为反向搜索的新区域新建指针的方法如下。

- 展开 DNS 管理器控制树中的相应结点,右键单击反向搜索的新区域,选择"新建指针"。
- 输入要创建的指针的主机 IP 地址和对应主机名,单击"确定"。至此,已经完成了 DNS 的配置,该域名服务器可对域名为 alook.com 的 IP 地址为 169.254.191.3 的主机进行正反方向的解析,这样便使 alook.com 和 169.254.191.3 对应起来了。

6.1.2 电子邮件的原理与配置

1. 电子邮件工作原理

每天,通过互联网发送的电子邮件有数十亿封之多。电子邮件已经成为日常生活中广泛使用的沟通工具。

据记载,1971 年,工程师雷·汤姆林森(Ray Tomlinson)发送了历史上第一封电子邮件。此前,人们只能给使用同一台计算机的人留言。汤姆林森的突破在于通过使用@标识指明接收消息的计算机,实现了通过互联网向其他计算机发送邮件。只要机器上安装了电子邮件客户端,就已经做好发送和接收电邮的准备了。接下来,只需要把客户端连接到电子邮件服务器。

电子邮件与普通邮件有类似的地方,发信者注明收件人的姓名与地址(即邮件地址),发送方服务器把邮件传到收件方服务器,收件方服务器再把邮件发到收件人的邮箱中。在 Internet 上收发电子邮件,可通过三种协议来完成,即 SMTP(Simple Mail Transfer Protocol,简单邮件传输协议)、POP3(Post Office Protocol,邮局协议 3)和 IMAP(Internet Message Access Protocol,互联网邮件访问协议)。

目前,对于大多数用户来说,电子邮件服务器上运行着两套服务器程序。其中一个叫 SMTP 服务器,SMTP 服务器负责处理发送的邮件;另一个是 POP3 服务器或 IMAP 服务器,这两个服务器都负责处理收到的邮件。这些程序始终在服务器计算机上运行,它们监控特定的端口(port),等待用户或程序接入,如图 6-6 所示。SMTP 服务器监听端口 25,POP3 服务器监听端口 110,IMAP 服务器监听端口 143。

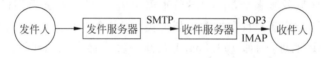

图 6-6 电子邮件服务

2. SMTP

SMTP 是 TCP/IP 中的邮件标准。在 Internet 上能够接收电子邮件的服务器都有 SMTP。电子邮件在发送前,发件方的 SMTP 服务器与接收方的 SMTP 服务器联系,确认接收方准备好了,则开始邮件传递;若没有准备好,发送服务器便会等待,并在一段时间后继续与接收方邮件服务器联系。这种方式在 Internet 上称为"存储-转发"方式,意味着它允许邮件通过一系列的服务器发送到最终目的地。服务器在一个队列中存储到达的邮件,等待发送到下一个目的地。下一个目的地可以是本地用户,或者是另一个邮件服务器

在发送电子邮件时,电子邮件客户端和 SMTP 服务器进行会话。主机上的 SMTP 服务器还可能与其他 SMTP 服务器会话以发送邮件。

假设你想发送一封电子邮件到 smith@163.com。你的电子邮件用户名是 brain,使用的是 sina.com 的邮件系统和 Outlook Express 之类的独立客户端。在 Outlook Express 中输入了 SMTP 发件服务器名称——smtp.163.com。写完邮件,单击"发送"按钮后:

- Outlook Express 通过端口 25 连接到 smtp.163.com 的 SMTP 服务器。
- Outlook Express 和 SMTP 服务器进行会话,告诉 SMTP 服务器发件人和收件人的

地址以及邮件内容。

- SMTP 服务器获取收件人地址(smith@163.com)后把它分成两部分:收件人的用户名(smith)和域名(163.com)。如果收件人是 sina.com 的另一位用户,SMTP 服务器直接把信息通过投递代理(delivery agent)程序传输到 sina.com 的 POP3 服务器。163.com 和 sina.com 是不同的域名,在这种情况下,SMTP 服务器需要和收件人域名服务器进行会话。
- SMTP 服务器与域名服务器进行会话。SMTP 服务器说:"请给我 163.com 的 SMTP 服务器的 IP 地址。"然后域名服务器会把 163.com 的 SMTP 服务器的一个或几个 IP 地址发送到 SMTP 服务器。
- sina.com 的 SMTP 服务器通过端口 25 与 163.com 的 SMTP 服务器连接起来,并把邮件传输到 163.com 服务器。它们之间的通信与邮件客户端和 sina.com 服务器之间的会话是一样的,都是简单的文本通信。163.com 服务器找出了 smith 这个用户名,于是把邮件交给了 163.com 的 POP3 服务器,POP3 服务器再把邮件发送到 smith 的邮箱。

如果由于某种原因,sina.com 的 SMTP 服务器无法连接 163.com 的 SMTP 服务器,邮件会进入队列(queue)中。大多数计算机上的 SMTP 服务器使用 sendmail 代理程序发送邮件,因此这一队列被称为 sendmail 队列。sendmail 会定期重新发送队列中的邮件,比如,它可能每 15 min 重新发送一次。如果 4 h 后还没有发送成功,sendmail 通常会向用户发送一封报错邮件。5 天后,根据大多数 sendmail 的配置,sendmail 会放弃继续发送邮件并把邮件返回给发件人。

SMTP 服务器有一些非常简单的文本命令,如 HELO、MAIL、RCPT、DATA 等。最常见的命令如下。

- HELO:介绍自己。
- EHLO:介绍自己并要求扩展模式。
- MAIL FROM:指明发件人。
- RCPT TO:指明收件人。
- DATA:确认邮件内容(前三行应为 To、From 和邮件主题)。
- RSET:重置。
- QUIT:退出进程。
- HELP:命令帮助。
- VRFY:验证地址。
- EXPN:扩展地址。

3. POP3

POP3 用于接收来自 SMTP 服务器的电子邮件。换句话说,电子邮件在客户端与服务提供商之间的传递是通过 POP3 来完成的,而电子邮件在 Internet 上的传递则是通过 SMTP 来实现。

在最简单的 POP3 应用中,服务器确实管理着大量文本文件——每个邮件账户对应一个文件。有新邮件时,POP3 服务器直接把邮件放置到收件人文本文档的末尾。

当收件人查看邮件时,收件人的电子邮件客户端通过端口 110 连接到 POP3 服务器。

在此过程中,收件人必须输入用户名和密码才能连接。登录后,POP3 服务器打开收件人的账户对应的文本文档,这样就可以查看邮件了。

和 SMTP 服务器一样,POP3 服务器也有一些非常简单的文本命令,其中最为常用的如下。

- USER:输入用户名。
- PASS:输入密码。
- QUIT:退出 POP3 服务器。
- LIST:列出邮件及其大小。
- RETR:获取某一编号的邮件。
- DELE:删除某一编号的邮件。
- TOP:显示某一编号的邮件前面几行的内容。

电子邮件客户端连接到 POP3 服务器,并发布一系列命令,把邮件拷贝到本地计算机。一般来说,邮件客户端接着会删除服务器上的邮件(除非用户命令客户端不要这样做)。

我们可以把 POP3 服务器看做电子邮件客户端和包含邮件文本的服务器之间的媒介,POP3 服务器的原理就是这么简单。用户可以通过端口 110 远程登录 POP3 服务器,然后自己发布命令。

4. IMAP

从上文可以看出,POP3 服务器的协议非常简单。在这种协议中,邮件以文本形式存储在服务器里。电子邮件客户端(如 Outlook Express)可以连接到 POP3 服务器并把文本文件从服务器的文档中下载到本地计算机。

很多用户对电子邮件服务器有更高的要求,而且希望邮件能够保存在服务器上。因为如果邮件保存在服务器上,用户从任何计算机都能获取邮件。而使用 POP3 服务器,只能在下载邮件的计算机上查看信息。有的用户在办公室用的是台式计算机,但在外出时则使用笔记本,POP3 服务器很难满足用户在台式计算机和笔记本上同时查看电邮的需求。

IMAP 是更为先进的协议,它能解决上述问题。使用 IMAP 服务器时,用户的邮件保存在邮件服务器上。用户可以把邮件整理到文件夹中,文件夹也保存在服务器上。当用户搜索邮件时,事实上是在服务器主机上进行搜索,而不是本地计算机。这样用户可以从任何计算机访问所有文件夹中的所有邮件。

电子邮件客户端通过端口 143 连接 IMAP 服务器。连接之后,电子邮件客户端可以向服务器发送命令,比如列出服务器上的所有文件夹、列出某个文件夹中的所有邮件标头、从服务器中获取某封邮件、删除服务器上的邮件或搜索服务器中的所有邮件等。

也许有人会问:"我的邮件都存储在服务器上,如果无法上网怎么阅读邮件?"这正是 IMAP 服务器的问题之一。为了解决这个问题,大多数电子邮件客户端都通过某种方法把电子邮件存储到本地计算机中。邮件内容仍然保存在 IMAP 服务器上,但本地计算机上存有备份。这样即使无法上网也能阅读和回复电子邮件。下次接入网络时,可以把收到的新邮件下载下来,并把回复的邮件发送出去。

5. 附件

使用电子邮件客户端可以在邮件中实现发送或下载附件的功能。附件可能包括文本文件、电子表格、声音文件、图片或软件。附件一般来说不是纯文本文档(文本可以直接在正文中发送)。电子邮件只能包含文本信息,而附件不是文本,这样就出现了新的问题。

在电子邮件发展早期,人们要使用二进制数据编码工具 uuencode 程序手动处理这个问题。uuencode 程序会假定文件中的信息是二进制的。它从二进制文件中每次提取三个字节并把它们转换成 4 个文本字符(也就是说它一次提取 6 位,然后转化成 32 位的文本字符——请阅读位和字节,了解更多关于 ASCII 字符的信息)。因此,uuencode 对原来的二进制文件经过编码处理后产生的是仅包含文本字符的文件。在电子邮件的早期阶段,人们只能自己运行 uuencode,把经过处理的文件粘贴到电子邮件中发送。

电子邮件对现今社会产生了巨大影响,它改变了人们的沟通方式,今天的电子邮件系统可以说是一项最为简单实用的发明。电子邮件系统中的某些部分比较复杂,如 sendmail 的路由规则,但总地来说,整个系统简单得令人难以置信。下次再发送邮件的时候,就完全明白邮件是怎样发送出去的了。

6. 电子邮件客户端

电子邮件客户端用于查看、编辑邮件。流行的电邮客户端包括 Microsoft Outlook、Outlook Express、Foxmail 等。Hotmail 或 Sina 等免费电子邮件服务提供的是基于网页的客户端。不同类型的客户端一般都有以下 4 个基本功能。

(1) 以邮件标头的形式呈现用户邮箱中的所有邮件。标头包括发件人和邮件主题,还可能包含邮件的发送时间、日期以及邮件大小。

(2) 用户可以点选标头,阅读相应邮件。

(3) 用户可以新建并发送邮件。写信时要输入收件人地址、邮件主题和邮件内容。

(4) 用户可以在发送邮件时添加附件,也可保存来信中的附件。

高级的电子邮件客户端可能有许多其他功能,但以上这 4 个基本功能是所有电子邮件客户端的核心。

7. 电子邮件服务器的配置

(1) 配置 POP 服务。

打开"开始"→"程序"→"管理工具"→"管理您的服务器",单击"添加或删除角色",进入"配置您的服务器向导"界面,单击"下一步",在弹出的界面中选择"邮件服务器"角色,单击"下一步"。

配置 POP3 服务,指定电子邮件客户如何进行身份验证,从而进入服务器和电子邮件域名,选择用户验证方法并填写电子邮件域名,例如身份验证选择"本地 Windows 账户",电子邮件域名为 email.com。单击"下一步"配置组件,完成邮件服务器的添加。

注意,如果希望配置的电子邮件服务器能够在互联网上正常工作,必须是该电子邮件域名为真实合法的域名,这需要到有关机构申请。

(2) 配置 SMTP 服务。

打开"开始"→"程序"→"管理工具"→"服务",选择"简单邮件传输协议(SMTP)",然后单击"启动"启动 SMTP 服务。

打开"开始"→"程序"→"管理工具"→"POP3 服务",在控制台树中,右键单击结点(如 WLM),然后单击"属性"进行配置。

- 身份验证方法:可以设置为"本地 Windows 账户"或"加密的密码文件"。只有在定义域之前才可以更改身份验证方法。如果已经存在域,则更改身份验证方法的选项将被禁用。

- 服务器端口：POP3 服务使用的端口默认配置为 110，也可以是 1～65 535 之间的任何端口。如果要更改端口号，必须通知用户对电子邮件客户端的配置做出相应的更改。
- 日志级别：日志分为无建议、低、中等、高 4 级，分别表示不记录事件，仅记录关键事件，记录关键性事件和警告事件，记录关键事件、警告事件和信息事件。
- 根邮件目录：默认邮件存储区为"系统驱动器：\Inetpub\mailroot\Mailbox"，不能将邮件存储区设置成硬盘的根目录（例如 C：\）或文件正在使用的目录。建议将邮件存储区存放在 NTFS 文件系统的分区上。邮件存储区必须是一个本地文件系统的目录，或者是通用命名约定（UNC）路径，它不支持磁盘映射。
- 将邮件服务器配置为要求安全密码身份验证：仅支持 Active Directory 集成的身份验证和本地 Windows 账户身份验证，它只会影响 POP3 服务，不会影响简单邮件传输协议（SMTP）服务。
- 更改 POP3 服务状态：POP3 服务有 5 种状态，即启动、停止、暂停、继续和重启动。更改方法是，在控制台树中，右键单击"计算机名"，指向"所有任务"，然后单击所需的状态。

（3）管理域。

在"POP3 服务"界面中单击服务器名（如 WLM），在详细信息窗口中将列出域的统计信息。

- 新建域。右键单击服务器名（如 WLM），在弹出的下拉菜单中选择"新建/域"，在弹出的"添加域"对话框中添加电子邮件域名，如 mailbox.com，单击"确定"，在服务器名下就可以看到新添加的邮件域名。POP3 服务支持顶级和三级域名。
- 删除域。选中服务器名（如 WLM），右键单击要删除的域，然后单击"删除"。删除域的同时，也将删除域中所有邮箱、相应的邮箱存储目录以及那些目录下存储的所有电子邮件。如果域中有用户正连接到运行 POP3 服务的服务器，则不能删除该域。如果使用本地 Windows 账户或 Active Directory 集成的身份验证，并且已经创建了用户账户，那么删除相应的邮箱时，该用户账户不会被删除。
- 锁定域。单击服务器名，右键单击要锁定的域，然后单击"锁定"。锁定域可以阻止该域的所有成员检索其中的电子邮件，但发往该域的电子邮件将仍然被接收并发送到邮件存储区适当的邮件目录下，服务器还将继续发送传出邮件。当域被锁定时，无法解除对单个邮箱的锁定，必须解除整个域的锁定。

（4）管理邮箱。

在"POP3 服务"界面中选中指定邮件域名（如 email.com），在详细信息窗口中将列出该邮箱的统计信息，如图 6-7 所示。

- 新建邮箱。选择邮件域名，右键单击域名（如 email.com），在弹出的下拉菜单中，选择"新建"→"邮箱"，在弹出的"添加邮箱"对话框中添加邮箱名，输入"密码"和"确定密码"，并选中"为此邮箱创建相关联的用户"，单击"确定"即完成邮箱的添加。注意，每个邮箱对应一个 Active Directory 用户账户。
- 删除邮箱。单击要删除的邮箱所在的域，在详细信息窗格中，右键单击要删除的邮

图 6-7　创建用户邮箱

箱,然后单击"删除",此时出现"删除邮箱"提示框。如果要从 Active Directory 或本地计算机的安全账户管理器(SAM)中删除该用户账户,请选中"同时也删除与此邮箱相关联的用户账户",并单击"是"按钮。删除邮箱的同时,也将删除该邮箱的邮件存储目录以及该目录存储的所有电子邮件。

• 锁定邮箱。单击域名,右键单击要锁定的邮箱,然后反击"锁定"。当邮箱被锁定时,仍然能接收发送到邮件存储区的电子邮件。但是,用户不能连接到服务器检索电子邮件。锁定邮箱只是限制用户不能连接到服务器,管理员仍然可以执行所有管理任务,例如删除邮箱更改邮箱密码。

6.1.3　文件传输的原理与配置

1. 文件传输协议

一般来说,用户联网的首要目的就是实现信息共享,文件传输是信息共享非常重要的内容之一。Internet 上早期实现传输文件,并不是一件容易的事,我们知道 Internet 是一个非常复杂的计算机环境,有 PC,有工作站,有 MAC,有大型计算机。据统计,连接在 Internet 上的计算机已有上千万台,而这些计算机可能运行不同的操作系统,有运行 UNIX 的服务器,也有运行 DOS、Windows 的 PC 和运行 MacOS 的苹果机等,而各种操作系统之间的文件交流问题,需要建立一个统一的文件传输协议,这就是所谓的 FTP(File Transfer Protocal)。基于不同的操作系统有不同的 FTP 应用程序,而所有这些应用程序都遵守同一种协议,这样用户就可以把自己的文件传送给别人,或者从其他的用户环境中获得文件。

FTP 用于 Internet 上的控制文件的双向传输。同时,它也是一个应用程序(Application)。用户可以通过它把自己的 PC 与世界各地所有运行 FTP 的服务器相连,访问服务器上的大量程序和信息。FTP 的主要作用,就是让用户连接上一个远程计算机(这些计算机上运行着 FTP 服务器程序)查看远程计算机有哪些文件,然后把文件从远程计算机上拷到本地计算机,或把本地计算机的文件送到远程计算机去。

FTP 是 TCP/IP 的一种具体应用,它工作在 OSI 模型的第 7 层,TCP 模型的第 4 层上,即应用层,使用 TCP 传输而不是 UDP,这样 FTP 客户在和服务器建立连接前就要经过一个被广为熟知的"三次握手"的过程,它带来的意义在于客户与服务器之间的连接是可靠的,而且是面向连接,为数据的传输提供了可靠的保证。

起初,FTP 并不是应用于 IP 网络上的协议,而是 ARPAnet 中计算机间的文件传输协议,ARPAnet 是美国国防部组建的老网络,于 1960—1980 年使用。在那时,FTP 的主要功能是在主机间高速可靠地传输文件。目前 FTP 仍然保持其可靠性,即使在今天,它还允许文件远程存取。这使得用户可以在某个系统上工作,而将文件存储在别的系统。例如,如果某用户运行 Web 服务器,需要从远程主机上取得 HTML 文件和 CGI 程序在本机上工作,他需要从远程存储站点获取文件(远程站点也需安装 Web 服务器)。当用户完成工作后,可使用 FTP 将文件传回到 Web 服务器。采用这种方法,用户无须使用 Telnet 登录到远程主机进行工作,这样就使 Web 服务器的更新工作变得相当轻松。

2. 工作原理

与大多数 Internet 服务一样,FTP 也是一个客户机-服务器系统。用户通过一个支持 FTP 的客户机程序,连接到在远程主机上的 FTP 服务器程序。简单地说,支持 FTP 的服务器就是 FTP 服务器。用户通过客户机程序向服务器程序发出命令,服务器程序执行用户所发出的命令,并将执行的结果返回到客户机。比如,用户发出一条命令,要求服务器向用户传送某一个文件的一份拷贝,服务器会响应这条命令,将指定文件送至用户的机器上。客户机程序代表用户接收到这个文件,将其存放在用户目录中。

以下载文件为例,当启动 FTP 从远程计算机拷贝文件时,事实上启动了两个程序:一个本地机上的 FTP 客户程序,它向 FTP 服务器提出拷贝文件的请求;另一个是启动在远程计算机上的 FTP 服务器程序,它响应请求并把指定的文件传送到指定计算机中。FTP 采用"客户-服务器"方式,用户端要在自己的本地计算机上安装 FTP 客户程序。FTP 客户程序有字符界面和图形界面两种。字符界面的 FTP 的命令复杂、繁多。图形界面的 FTP 客户程序,操作上要简洁方便得多。

在 FTP 的使用当中,用户经常遇到两个概念:"下载"(Download)和"上载"(Upload)。"下载"文件就是从远程主机拷贝文件至自己的计算机上;"上载"文件就是将文件从自己的计算机中拷贝至远程主机上。用 Internet 语言来说,用户可通过客户机程序向(从)远程主机上载(下载)文件。

使用 FTP 时必须首先登录,在远程主机上获得相应的权限以后,方可上载或下载文件。也就是说,要想同哪一台计算机传送文件,就必须具有哪一台计算机的适当授权。换言之,除非有用户 ID 和口令,否则便无法传送文件。这种情况违背了 Internet 的开放性,Internet 上的 FTP 主机何止千万,不可能要求每个用户在每一台主机上都拥有账号。匿名 FTP 就是为解决这个问题而产生的。匿名 FTP 是这样一种机制,用户可通过它连接到远程主机上,并从其下载文件,而无须成为其注册用户。系统管理员建立了一个特殊的用户 ID,名为 anonymous,Internet 上的任何人在任何地方都可使用该用户 ID。通过 FTP 程序连接匿名

FTP 主机的方式同连接普通 FTP 主机的方式差不多,只是在要求提供用户标识 ID 时必须输入 anonymous,该用户 ID 的口令可以是任意的字符串。习惯上,用自己的 E-mail 地址作为口令,使系统维护程序能够记录下来谁在存取这些文件。

在一个典型的 FTP 会话中,用户在本地主机上向远程主机或从远程主机传递文件。这通常需要一个用户标识和一个口令,在通过系统认证后,FTP 客户提出传输请求,FTP 服务端在收到请求后,将相应的文件发送给客户端。如图 6-8 所示为 FTP 交互模型。

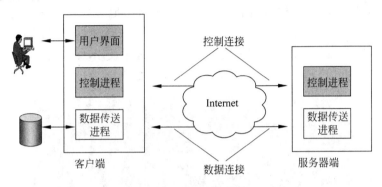

图 6-8　FTP 交互模型

FTP 命令是从客户端传向服务器端,而应答则是从服务器端向客户端传输。命令和应答都是 ASCII 字符文本,目的是为了便于查询和调试。每一条命令都以<CR><LF>结束,命令是由大写的字母组成的动作和一些选项组成。下面是一些常用的 FTP 命令。

- USER username:用来将用户标识发送给服务器。
- PASS password:用来将用户口令发送给服务器。
- LIST:向服务器请求当前目录下的文件目录,文件目录是通过另一个单独的数据连接来返回的。
- RETR filename:从服务器的当前目录下返回一个指定的文件。
- STOR filename:将一个文件存放到服务器的当前目录下。

FTP 命令和应答是一一对应的,即客户发送一个命令,服务器返回一个应答。应答由两部分组成:一个由三个数字组成的状态代码和可选的状态信息,下面是一些应答的例子,说明比较清楚,这里不再解释。

- 331 Username OK,password required
- 125 Data connection already open;transfer starting
- 425 Can't open data connection
- 452 Error writing file

3. 连接过程

下面,以标准的 FTP 端口号为例,说明一个 FTP 客户端和服务器的连接过程。

首先,FTP 并不像 HTTP 那样,只需要一个端口作为连接(HTTP 的默认端口是 80,FTP 的默认端口是 21),FTP 需要两个端口,一个端口是作为控制连接端口,也就是 21 这个端口,用于发送指令给服务器以及等待服务器响应;另一个端口是数据传输端口,端口号为 20(仅 PORT 模式),是用来建立数据传输通道的,主要有以下三个作用。

- 从客户向服务器发送一个文件。

- 从服务器向客户发送一个文件。
- 从服务器向客户发送文件或目录列表。

其次,FTP 的连接模式有两种,PORT 和 PASV。PORT 模式是一个主动模式,PASV 是被动模式,这里都是相对于服务器而言的。为了清楚地认识这两种模式,下面分别举例说明。

(1) PORT 模式。

当 FTP 客户以 PORT 模式连接服务器时,他动态地选择一个端口号(本次试验是 6015)连接服务器的 21 端口,注意这个端口号一定是 1024 以上的,因为 1024 以前的端口都已经预先被定义好,被一些典型的服务使用,当然有的还没使用,保留给以后会用到这些端口的资源服务。当经过 TCP 的三次握手后,连接(控制信道)被建立,如图 6-9 和图 6-10 所示。

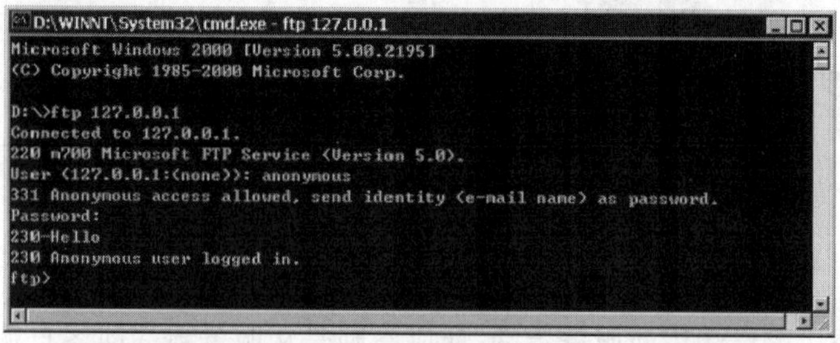

图 6-9 FTP 客户使用 FTP 命令建立于服务器的连接

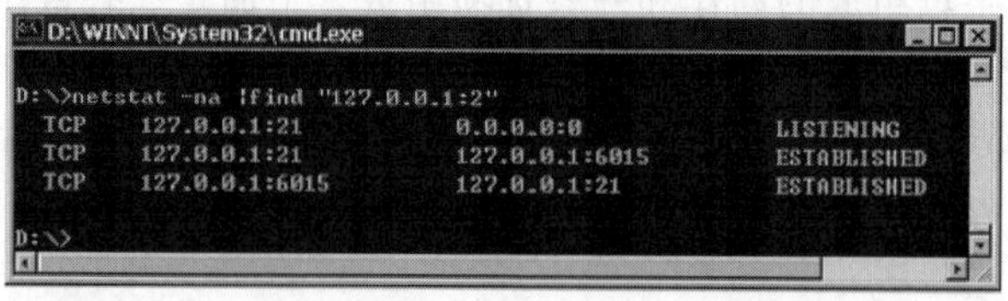

图 6-10 用 netstat 命令查看控制信道

现在用户要列出服务器上的目录结构(使用 ls 或 dir 命令),那么首先就要建立一个数据通道,因为只有数据通道才能传输目录和文件列表,此时用户会发出 PORT 指令告诉服务器连接自己的什么端口来建立一条数据通道(这个命令由控制信道发送给服务器),当服务器接到这一指令时,服务器会使用 20 端口连接用户在 PORT 指令中指定的端口号,用以发送目录的列表。如图 6-11 所示为 ls 命令结果。

ls 命令是一个交互命令,它会首先与服务器建立一个数据传输通道。当完成这一操作时,FTP 客户也许要下载一个文件,那么就会发出 get 指令,请注意,这时客户会再次发送 PORT 指令,告诉服务器连接他的哪个"新"端口,可以先用 netstat-na 这个命令验证,上一次使用的 6044 已经处于 TIME_WAIT 状态,如图 6-12 所示。

使用 netstat 命令验证上一次使用 ls 命令建立的数据传输通道已经关闭。当这个新的数据传输通道建立后(在微软的系统中,客户端通常会使用连续的端口,也就是说这一次客户端会用 6045 这个端口),就开始了文件传输的工作。

(2) PASV 模式。

然而,当 FTP 客户以 PASV 模式连接服务器时,情况就有些不同了。在初始化连接这

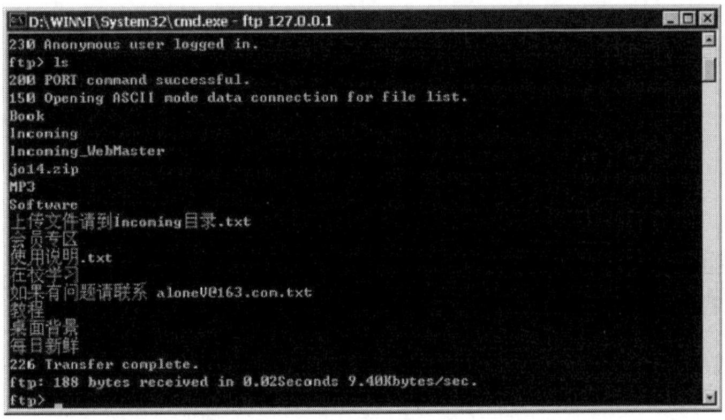

图 6-11　ls 命令结果

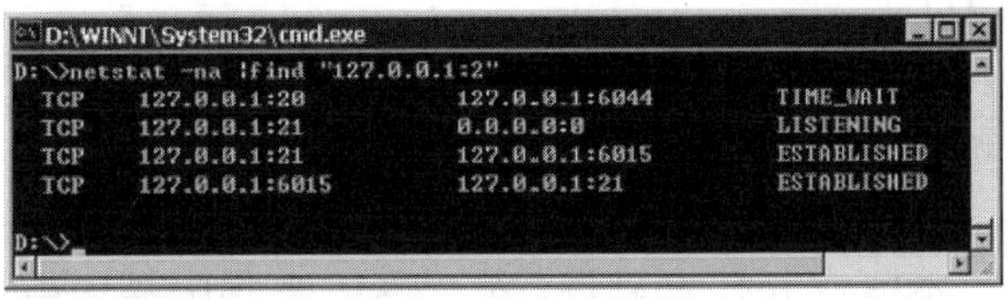

图 6-12　用 netstat 命令查看连接端口

个过程即连接服务器这个过程和 PORT 模式是一样的,不同的是,当 FTP 客户发送 ls、dir、get 等这些要求数据返回的命令时,他不向服务器发送 PORT 指令而是发送 PASV 指令,在这个指令中,用户告诉服务器自己要连接服务器的某一个端口,如果这个服务器上的这个端口是空闲的、可用的,那么服务器会返回 ACK 的确认信息,之后数据传输通道被建立并返回用户所要的信息(根据用户发送的指令,如 ls、dir、get 等);如果服务器的这个端口被另一个资源所使用,那么服务器返回 UNACK 的信息,那么这时,FTP 客户会再次发送 PASV 命令,这也就是所谓的连接建立的协商过程。为了验证这个过程我们需借助 CuteFTP Pro 这个大家经常使用的 FTP 客户端软件,因为微软自带的 FTP 命令客户端,不支持 PASV 模式。虽然可以使用 QUOTE PASV 这个命令强制使用 PASV 模式,但是当用 ls 命令列出服务器目录列表时,会发现它还是使用 PORT 方式来连接服务器的。现在使用 CuteFTP Pro 以 PASV 模式连接服务器。

请注意连接 LOG 里有这样几句话:

COMMAND:> PASV
227 Entering Passive Mode (127,0,0,1,26,108)
COMMAND:> LIST
STATUS:> Connecting ftp data socket 127.0.0.1: 6764...
125 Data connection already open; Transfer starting.
226 Transfer complete.

其中:

227 Entering Passive Mode (127,0,0,1,26,108) 代表客户机使用 PASV 模式连接服务器的 $26 \times 256 + 108 = 6764$ 端口。(当然服务器要支持这种模式。)

125 Data connection already open; Transfer starting. 说明服务器的这个端口可用,返

回 ACK 信息。

再让我们看看用 CuteFTP Pro 以 PORT 模式连接服务器的情况。其中在 LOG 里有这样的记录：

```
COMMAND:> PORT 127,0,0,1,28,37
200 PORT command successful.
COMMAND:> LIST
150 Opening ASCII mode data connection for /bin/ls.
STATUS:> Accepting connection: 127.0.0.1:20.
226 Transfer complete.
STATUS:> Transfer complete.
```

其中：

PORT 127,0,0,1,28,37 告诉服务器当收到这个 PORT 指令后，连接 FTP 客户的 $28 \times 256 + 37 = 7205$ 这个端口。

Accepting connection：127.0.0.1:20 表示服务器接到指令后用 20 端口连接 7205 端口，而且被 FTP 客户接受。

在这两个例子中，PORT 模式建立数据传输通道是由服务器端发起的，服务器使用 20 端口连接客户端的某一个大于 1024 的端口；在 PASV 模式中，数据传输的通道的建立是由 FTP 客户端发起的，他使用一个大于 1024 的端口连接服务器的 1024 以上的某一个端口。如果从 C-S 模型这个角度来说，PORT 对于服务器来说是 OUTBOUND，而 PASV 模式对于服务器是 INBOUND，这一点请特别注意，尤其是在使用防火墙的企业里，比如使用微软的 ISA Server 2000 发布一个 FTP 服务器，这一点非常关键，如果设置错了，那么客户将无法连接。

最后，在 FTP 客户连接服务器的整个过程中，控制信道是一直保持连接的，而数据传输通道是临时建立的。

上述例子中没有涉及 FTP 的其他内容，比如 FTP 的文件类型（Type），格式控制（Format control）以及传输方式（Transmission mode）等。不过这些规范大家可能不需要花费过多的时间去了解，因为现在流行的 FTP 客户端都可以自动地选择正确的模式来处理，对于 FTP 服务器端通常也都做了一些限制，例如以下一些内容。

- 类型：ASCII 或图像。
- 格式控制：只允许非打印。
- 结构：只允许文件结构。
- 传输方式：只允许流方式。

4. FTP 服务器的配置

（1）创建 FTP 站点。

执行"开始"→"程序"→"管理工具"→"Internet 服务器管理器"，打开"Internet 信息服务"。用鼠标右键单击服务器结点，选择"新建"→"FTP 站点"，打开"欢迎使用 FTP 站点创建向导"，并在"说明"框中输入字符串，如"MyFTP"。

打开"IP 地址和端口设置"界面，选择或者直接输入 IP 地址，并设定 TCP 端口的值为"21"。

在"FTP 站点主目录"→"路径"中输入主目录的路径，如"F：\Inetpub\ftp-down"。打开"FTP 站点访问权限"界面,FTP 站点只有两种访问权限:读取和写入。前者对应下载权限,后者对应上传权限,选择相应的权限后继续,完成 FTP 站点的创建。

（2）创建虚拟目录

主目录是存储站点文件的主要位置,虚拟目录以在主目录中映射文件夹的形式存储数据,可以更好地拓展 FTP 服务器的存储能力。

右键单击要建立虚拟目录的 FTP 站点,选择"新建"→"虚拟目录",在"虚拟目录别名"→"别名"中指定虚拟目录别名,如"MyFTP"。

在"FTP 站点内容目录"界面上单击"浏览"按钮,设定虚拟目录所对应的实际路径,如"F:\Inetpub\ftp-down"。

在"访问权限"对话框中,设定虚拟目录允许的用户访问权限,可以选择"读取"或"写入"权限,完成虚拟目录的设置。

（3）维护与管理 FTP 站点。

右键单击想要维护的 FTP 站点,选择"属性"。此时可以对站点说明、IP 地址和 TCP 端口等内容进行配置。同时,在"连接"中可以设定同时连接到该站点的最大并发连接数。

单击"当前会话"按钮,打开"FTP 用户会话"对话框,在这里可以查看当前连接到 FTP 站点的用户列表。对列表中的用户,单击"断开"可切断当前用户的连接。

在界面的"消息"选项卡中可以设定三种 FTP 站点消息:欢迎、退出和最大连接数。"欢迎消息"用于向每一个连接到当前站点的访问者介绍本站点的信息;"退出消息"用于在客户断开连接时给站点访问者发送信息;"最大连接数消息"用于在系统同时连接数达到上限时,向请求连接站点的新访问者发出提示信息。

要配置匿名登录,可用右键单击 FTP 站点,选择"属性",然后单击"安全账号"标签。在默认状态下,当前站点是允许匿名访问的。如果选择"允许匿名连接"选项,那么 FTP 服务器将提供匿名登录服务。

如果选择"只允许匿名连接"选项,则可以防止使用有管理权限的账户进行访问,即便是 Administrator(管理员)账号也不能登录,从而加强 FTP 服务器的安全管理。

利用站点属性对话框的"主目录"选项卡可改变 FTP 站点的主目录并修改其属性,在"主目录"选项卡界面,单击"浏览"按钮,可以改变 FTP 站点的主目录文件夹存储的位置。如果打算改变主目录读写权限,可以选择是否允许"读取"和"写入"权限。为了更进一步保障服务器的安全,建议选择"日志访问"选项,这样就可以同时记录 FTP 站点上的操作,从而在服务器发生故障的时候,及时打开日志文件检查故障发生的情况。

单击选择"目录安全性"选项卡,在此可以通过限制某些 IP 地址来控制访问 FTP 服务器的主机。选择"授权访问"或"拒绝访问"选项,可以调整如何处理这些 IP 地址,并可以进行 IP 地址的添加操作,从而控制来自安全的 IP 地址的访问。

6.1.4 HTTP 的原理与配置

1. HTTP 的概念

超文本传输协议(HTTP)是应用层协议,由于其简捷的方式,适用于分布式和合作式超媒体信息系统。自 1990 年起,HTTP 就已经被应用于 WWW 全球信息服务系统。

HTTP 允许使用自由答复的方法表明请求目的,它建立在统一资源识别器(URI)提供的参考原则下,作为一个地址(URL)或名字(URN),用以标志采用哪种方法,它用类似于网络邮件和多用途网际邮件扩充协议(MIME)的格式传递消息。

在浏览器的地址栏里输入的网站地址叫做 URL(Uniform Resource Locator,统一资源定位符)。就像每家每户都有一个门牌地址一样,每个网页也都有一个 Internet 地址。当在浏览器的地址框中输入一个 URL 或是单击一个超级链接时,URL 就确定了要浏览的地址。浏览器通过 HTTP,将 Web 服务器上站点的网页代码提取出来,并翻译成漂亮的网页。因此,有必要先弄清楚 URL 的组成。例如: http://www. microsoft. com/china/index. htm。它的含义如下。

- http://代表超文本传输协议,通知 microsoft. com 服务器显示 Web 页,通常不用输入。
- www 代表一个 Web 服务器。
- microsoft. com 是装有网页的服务器的域名,或站点服务器的名称。
- china 为该服务器上的子目录,类似文件夹。
- index. htm 是文件夹中的一个 HTML 网页文件。

Internet 的基本协议是 TCP/IP,然而在 TCP/IP 模型最上层的是应用层,它包含所有高层的协议。高层协议有: 文件传输协议 FTP、电子邮件传输协议 SMTP、域名系统服务 DNS、网络新闻传输协议 NNTP 和 HTTP 等。

HTTP 是用于从 Web 服务器传输超文本到本地浏览器的传送协议。它可以使浏览器更加高效,使网络传输减少。它不仅保证计算机正确快速地传输超文本文档,还确定传输文档中的哪一部分,以及哪部分内容首先显示(如文本先于图形)等。这就是为什么在浏览器中看到的网页地址都是以"http://"开头的原因。

自 WWW 诞生以来,一个多姿多彩的资讯和虚拟的世界便出现在人们眼前,可是怎么能够更加容易地找到需要的信息呢? 当决定使用超文本作为 WWW 文档的标准格式后,在1990 年,科学家们立即制定了能够快速查找这些超文本文档的协议,即 HTTP。经过几年的使用与发展,得到不断的完善和扩展。HTTP 的第一版本 HTTP/0.9,是一种简单的用于网络间原始数据传输的协议。而由 RFC 1945 定义的 HTTP/1.0,在原 HTTP/0.9 的基础上,有了进一步的改进。允许消息以类 MIME 信息格式存在,包括请求/响应范式中的已传输数据和修饰符等方面的信息。但是,HTTP/1.0 没有充分考虑到分层代理服务器、高速缓冲存储器、持久连接需求或虚拟主机等方面的效能。相比之下,HTTP/1.1 要求更加严格以确保服务的可靠性。

HTTP 也可用做普通协议,实现用户代理与连接其他 Internet 服务(如 SMTP、NNTP、FTP、GOPHER 及 WAIS)的代理服务器或网关之间的通信,允许基本的超媒体访问各种应用提供的资源,同时简化了用户代理系统的实施。

2. 工作原理

HTTP 是 WWW 应用层的通信协议,它是 WWW 的核心。WWW 服务由两个部分组成: 客户程序和服务器程序。客户程序和服务器程序分别驻留在不同的机器上,通过 HTTP 来交换信息。HTTP 定义了客户和服务器之间如何交换信息以及所交换信息的格式。

浏览器是 WWW 服务的客户端,它显示所需的 Web 页面,并且提供导航和配置功能。

浏览器实现了 HTTP 的客户端功能。而 Web 服务器则存放通过 URL 来寻址的 Web 网页,它实现的是 HTTP 的服务端功能。常用的 Web 服务器有 Apache、微软的 IIS(Internet Information Server)等。

HTTP 定义了浏览器如何向 Web 服务器请求 Web 页面以及服务器如何将 Web 页面传递给浏览器,如图 6-13 所示。当用户请求一个 Web 页面时,浏览器将 HTTP 请求信息发送给服务器。服务器接受这个请求并进行分析,最后将包含 Web 页面的 HTTP 应答返回给浏览器。

HTTP 是一种请求/响应式的协议。HTTP 报文由从客户机到服务器的请求和从服务器到客户机的响应构成。一个客户机与服务器建立连接后,发送一个请求给服务器,请求报文格式如图 6-14 所示。

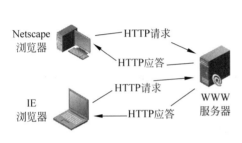

图 6-13　HTTP 交互模型

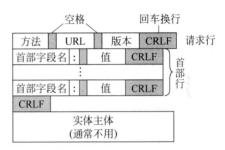

图 6-14　HTTP 请求报文结构

其中请求行由三个字段组成:请求方法、被请求者的 URL 和 HTTP 的版本,并以 CRLF 结尾。首部行则说明了浏览器的属性和此次请求的一些选项。实体主体在大多数请求中不出现。下面是出现在请求报文中的常用方法。

- GET:请求读取 URL 标识的对象。
- HEAD:请求读取 URL 标识的对象的首部。
- POST:给服务器添加信息。
- OPTION:请求一些选项的信息。

在下面的例子中,Web 浏览器按 HTTP/1.1 的协议格式请求主机 www.suda.edu.cn 上的网页/department/computer/index.htm。

```
GET /department/computer/index.htm HTTP/1.1
Host: www.suda.edu.cn
Connection: Close
User－agent: Mozilla/4.0
Accept: text/html,image/gif,image/jpeg
Accept－language: en
[CRLF]
```

与 HTTP 请求报文相类似,HTTP 应答报文是由状态行、首部行和实体主体组成,响应报文格式如图 6-15 所示。

其中状态行包含 HTTP 的版本、状态码和解释

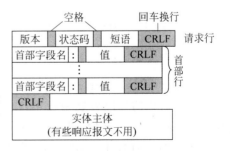

图 6-15　HTTP 应答报文结构

状态码的简单短语,用以指明此次 HTTP 请求的操作结果。

状态码由三位数字组成,其中第一位表示大类,其余两位表示小类,分别如下。

- 1xx:保留未用。
- 2xx:成功,表示请求已被成功接收、理解和执行。

```
200   OK
201   POST command successful
202   Request accepted
203   GET or HEAD request fulfilled
204   No content
```

- 3xx:重定向,表示需要进一步的操作来完成请求。

```
300   Resource found at multiple locations
301   Resource moved permanently
302   Resource moved temporarily
304   Resource has not modified (since date)
```

- 4xx:客户端错误,表示 HTTP 请求语法错或请求不能实现。

```
400   Bad request from client
401   Unauthorized request
403   Resource access forbidden
404   Resource not found
405   Method not allowed for resource
```

- 5xx:服务器错误,表示服务器不能完成一个有效的请求。

```
500   Internal server error
501   Method not implemented
502   Bad gateway or server overload
503   Service unavailable / gateway timeout
504   Secondary gateway / server timeout
```

下面为 HTTP 应答报文的一个实例。

```
HTTP/1.1 200 OK
Connection: Close
Date: Tue, 27 Nov 2001 16:20:10 GMT
Server: Apache/1.3.0 (Linux)
Last - Modified: Mon,1 Nov 2001 09:23:21 GMT
Content - Length: 6821
Content - Type: text/html
[ CRLF ]
data data data …
```

许多 HTTP 通信是由一个用户代理初始化的并且包括一个申请在源服务器上资源的请求。最简单的情况可能是在用户代理和服务器之间通过一个单独的连接来完成。在 Internet 上,HTTP 通信通常发生在 TCP/IP 连接之上。默认端口是 TCP80,但其他的端口也是可用的。但这并不预示着 HTTP 在 Internet 或其他网络的其他协议之上才能完成。HTTP 只预示着一个可靠的传输。

这个过程就好像打电话订货一样，我们可以打电话给商家，告诉他我们需要什么规格的商品，然后商家再告诉我们什么商品有货，什么商品缺货。这些，我们是通过电话线用电话联系（HTTP是通过TCP/IP），当然我们也可以通过传真，只要商家那边也有传真。下面介绍一下HTTP的内部操作过程。

在WWW中，"客户"与"服务器"是一个相对的概念，只存在于一个特定的连接期间，即在某个连接中的客户在另一个连接中可能作为服务器。基于HTTP的客户-服务器模式的信息交换过程，分为4个过程：建立连接、发送请求信息、发送响应信息、关闭连接。这就好像上面电话订货的全过程。

其实简单说就是任何服务器除了包括HTML文件以外，还有一个HTTP驻留程序，用于响应用户请求。浏览器是HTTP客户，向服务器发送请求，当浏览器中输入了一个开始文件或单击了一个超级链接时，浏览器就向服务器发送了HTTP请求，此请求被送往由IP地址指定的URL。驻留程序接收到请求，在进行必要的操作后回送所要求的文件。在这一过程中，在网络上发送和接收的数据已经被分成一个或多个数据包，每个数据包包括：要传送的数据；控制信息，即告诉网络怎样处理数据包。TCP/IP决定了每个数据包的格式。如果事先不告诉你，你可能不会知道信息被分成用于传输和再重新组合起来的许多小块。也就是说商家除了拥有商品之外，也有一个职员在接听你的电话，当你打电话的时候，你的声音转换成各种复杂的数据，通过电话线传输到对方的电话机，对方的电话机又把各种复杂的数据转换成声音，使得对方商家的职员能够明白你的请求。这个过程中你不需要明白声音是怎么转换成复杂的数据的。

3. HTTP服务器的配置

IIS(Internet信息服务)是架设HTTP服务器必须安装的Windows组件。与其他Windows平台一样，Windows Server 2003同样可以采用第三方软件或系统自带IIS 6.0两种方式架设Web服务器。在Windows Server 2003服务器的4种版本"企业版、标准版、数据中心版和Web版"中都包含IIS 6.0，它不能运行在Windows XP/2000/NT上。除了Windows Server 2003的Web版专用于基于Web服务的各种Web接口应用，Windows Server 2003的其余版本默认情况下都不安装IIS；与以前IIS版本相比，IIS 6.0比较显著的变化就是提供POP3服务和POP3服务Web管理器支持。

在Windows Server 2003下的IIS安装可以有三种方式：传统的"添加或删除程序"中的"添加/删除Windows组件"方式、利用"配置您的服务器向导"、采用无人值守的智能安装。这里采用在控制面板里"添加或删除程序"的安装方式进行，此种方式比起用"配置您的服务器向导"方式要灵活一些。

(1) IIS 6.0的安装。
- 在控制面板里依次选择"添加或删除程序"→"添加/删除Windows组件"。
- 单击"应用程序服务器"→"详细信息"，再单击"Internet信息服务"→"详细信息"。
- 选中"万维网服务"，单击"确定"，按提示操作直至安装完成。此选项下还可进一步做选项筛选，请根据需要选用（如同时安装FTP服务），如图6-16所示。

(2) IIS 6.0的配置。
安装完成之后，依次选择"开始"→"程序"→"管理工具"→"Internet信息服务(IIS)管理器"，对IIS进行配置。

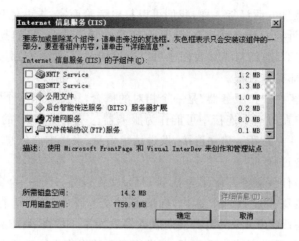

图 6-16   IIS 6.0 的安装

此时默认 Web 站点已经启动了,但 IIS 6.0 最初安装完成是只支持静态内容的(即不能正常显示基于 ASP 的网页内容),因此首先要做的就是打开其动态内容支持功能。在打开的 IIS 管理器窗口左面单击"Web 服务扩展",如图 6-17 所示,将右侧的 ASP. NET v1.1.4322以及 Active Server Pages 两项启用(单击"允许")即可。

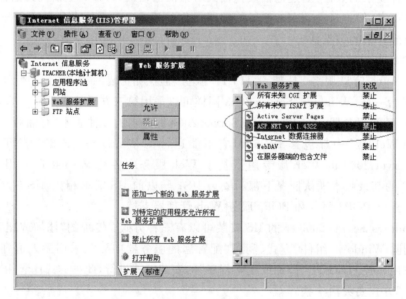

图 6-17   配置 IIS

除此之外,如果根据需要对网站 WWW 服务进行具体设置,可以分别右击左侧的"网站",在弹出框中选择"属性",然后分别进行设置。这一类设置包括如身份验证和访问控制、启用网站内容过期控制、设定主目录路径及给予用户的访问权限等,如图 6-18 和图 6-19所示。

(3) Web 服务器测试。

IIS 6.0 安装配置完成后,在服务器端修改"C:\Inetpub\wwwroot\iisstart. htm"文件,

图 6-18 配置默认网站

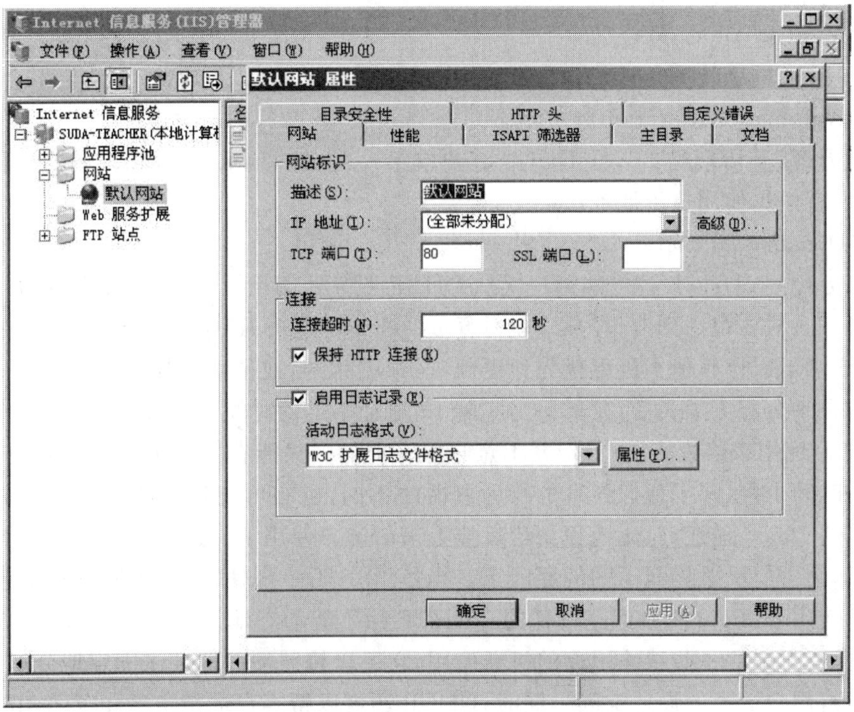

图 6-19 配置默认网站的各项属性

将文件中＜BODY＞与＜/BODY＞之间的文本改为"＜H1＞Hello，This is a test page.＜/H1＞"，然后保存、关闭。

在客户端打开 IE 浏览器，在地址栏中输入网址，如果可以显示上述信息，则说明 Web 服务器都工作正常。

6.1.5 DHCP 的原理与配置

1. DHCP 概述

动态主机设置协议(Dynamic Host Configuration Protocol，DHCP)是一个局域网的网络协议，使用 UDP 工作，主要有两个用途：使得内部网络或网络服务供应商可以自动分配 IP 地址给用户，为内部网络管理员提供对所有计算机作中央管理的手段。

DHCP 的前身是 BOOTP。BOOTP 原本是用于无磁盘主机连接的网络上面的：网络主机使用 BOOT ROM 而不是磁盘起动并连接上网络，BOOTP 则可以自动地为那些主机设定 TCP/IP 环境。但 BOOTP 有一个缺点：在设定前须事先获得客户端的硬件地址，而且与 IP 的对应是静态的。换而言之，BOOTP 非常缺乏"动态性"，若在有限的 IP 资源环境中，BOOTP 的一对一对应会造成非常严重的资源浪费。DHCP 可以说是 BOOTP 的增强版本，它分为两个部分：一个是服务器端，而另一个是客户端。所有的 IP 网络设定数据都由 DHCP 服务器集中管理，并负责处理客户端的 DHCP 要求；而客户端则会使用从服务器分配下来的 IP 环境数据。比较起 BOOTP，DHCP 透过"租约"的概念，有效且动态地分配客户端的 TCP/IP 设定。而且，作为兼容考虑，DHCP 也完全照顾了 BOOTP Client 的需求。DHCP 提供三种 IP 地址分配方式。

(1) Manual Allocation。

手动分配，网络管理员为某些少数特定的 Host 绑定固定 IP 地址，且地址不会过期。

(2) Automatic Allocation。

自动分配，其情形是：一旦 DHCP 客户端第一次成功地从 DHCP 服务器端租用到 IP 地址之后，就永远使用这个地址。

(3) Dynamic Allocation。

动态分配，当 DHCP 客户端第一次从 DHCP 服务器端租用到 IP 地址之后，并非永久地使用该地址。只要租约到期，客户端就得释放(release)这个 IP 地址，以给其他工作站使用。当然，客户端可以比其他主机更优先地更新(renew)租约，或是租用其他的 IP 地址。动态分配显然比自动分配更加灵活，尤其是当实际 IP 地址不足的时候。例如：一家 ISP 只能提供 200 个 IP 地址用来给拨接客户，但并不意味着客户最多只能有 200 个。因为客户们不可能全部同一时间上网，除了他们各自的行为习惯的不同，也有可能是电话线路的限制。这样，就可以将这 200 个地址，轮流地租用给拨接上来的客户使用了。这也是为什么当查看 IP 地址的时候，会因每次拨接而不同的原因了。当然，ISP 不一定使用 DHCP 来分配地址，但这个概念和使用 IP Pool 的原理是一样的。DHCP 除了能动态地设定 IP 地址之外，还可以将一些 IP 保留下来给一些特殊用途的机器使用，它可以按照硬件地址来固定地分配 IP 地址，这样可以给用户更大的设计空间。同时，DHCP 还可以帮客户端指定 router、netmask、DNS Server、WINS Server 等项目。在客户端上面，除了将 DHCP 选项打勾之外，几乎无须做任何的 IP 环境设定。

2. DHCP 工作原理

(1) 寻找 Server。

当 DHCP 客户端第一次登录网络的时候,也就是客户发现本机上没有任何 IP 数据设定,它会向网络发出一个 DHCP discover 报文。因为客户端还不知道自己属于哪一个网络,所以报文的来源地址会是 0.0.0.0,而目的地址则为 255.255.255.255,然后再附上 DHCP discover 的信息,向网络进行广播。在 Windows 的预设情形下,DHCP discover 的等待时间预设为 1s,也就是当客户端将第一个 DHCP discover 报文送出去之后,在 1s 之内没有得到响应的话,就会进行第二次 DHCP discover 广播。若一直得不到响应,客户端一共会有 4 次 DHCP discover 广播(包括第一次在内),除了第一次会等待 1s 之外,其余三次的等待时间分别是 9s、13s、16s。如果都没有得到 DHCP 服务器的响应,客户端则会显示错误信息,宣告 DHCP discover 的失败。之后,基于使用者的选择,系统会继续在 5 min 之后再重复一次 DHCP discover 的过程。

(2) 提供 IP 租用地址。

当 DHCP 服务器监听到客户端发出的 DHCP discover 广播后,它会从那些还没有租出的地址范围内,选择最前面的空置 IP,连同其他 TCP/IP 设定,响应给客户端一个 DHCP offer 报文。由于客户端在开始的时候还没有 IP 地址,所以在其 DHCP discover 报文内会带有其 MAC 地址信息,并且有一个 XID 编号来辨别该报文,DHCP 服务器响应的 DHCP offer 报文则会根据这些资料传递给要求租约的客户。根据服务器端的设定,DHCP offer 报文会包含一个租约期限的信息。

(3) 接受 IP 租约。

如果客户端收到网络上多台 DHCP 服务器的响应,只会挑选其中一个 DHCP offer 而已(通常是最先抵达的那个),并且会向网络发送一个 DHCP request 广播报文,告诉所有 DHCP 服务器它将指定接受哪一台服务器提供的 IP 地址。同时,客户端还会向网络发送一个 ARP 报文,查询网络上面有没有其他机器使用该 IP 地址;如果发现该 IP 已经被占用,客户端则会送出一个 DHCP declient 报文给 DHCP 服务器,拒绝接受其 DHCP offer,并重新发送 DHCP discover 信息。事实上,并不是所有 DHCP 客户端都会无条件接受 DHCP 服务器的 offer,尤其这些主机安装有其他 TCP/IP 相关的客户软件。客户端也可以用 DHCP request 向服务器提出 DHCP 选择,而这些选择会以不同的号码填写在 DHCP Option Field 里面。

换句话说,在 DHCP 服务器上面的设定,未必是客户端全都接受,客户端可以保留自己的一些 TCP/IP 设定,而主动权永远在客户端这边。

(4) 租约确认。

当 DHCP 服务器接收到客户端的 DHCP request 之后,会向客户端发出一个 DHCP ACK 响应,以确认 IP 租约的正式生效,也就结束了一个完整的 DHCP 工作过程。

DHCP 发放流程第一次登录之后:一旦 DHCP 客户端成功地从服务器那里取得 DHCP 租约之后,除非其租约已经失效并且 IP 地址也重新设定回 0.0.0.0,否则就无须再发送 DHCP discover 信息了,而会直接使用已经租用到的 IP 地址向之前的 DHCP 服务器发出 DHCP request 信息,DHCP 服务器会尽量让客户端使用原来的 IP 地址,如果没问题,直接响应 DHCP ACK 来确认则可。如果该地址已经失效或已经被其他机器使用了,服务器则会响应一个 DHCP NACK 封包给客户端,要求其重新执行 DHCP discover。至于 IP 的租约期限却是非常考究的,并非如租房子那样简单,以 NT 为例子:DHCP 工作站除了在开机的时候发出 DHCP request 请求之外,在租约期限一半的时候也会发出 DHCP request,如果此时得不到 DHCP 服务器的确认,工作站还可以继续使用该 IP;当租约期过了 87.5%时,如果客户机仍然无法与当初的 DHCP 服务器联系上,它将与其他 DHCP 服务器通信。如果网络上再没有任何 DHCP 服务器在运行时,该客户机必须停止使用该 IP 地址,并从发送一个 DHCP discover 报文开始,再一次重复整个过程。要是想退租,可以随时送出 DHCP release 命令解约,就算租约在前一秒钟才获得的。

从前面描述的过程中,不难发现:DHCP discover 是以广播方式进行的,其情形只能在同一网络之内进行,因为 Router 是不会将广播传送出去的。但如果 DHCP 服务器安设在其他的网络上面呢? 由于 DHCP 客户端还没有 IP 环境设定,所以也不知道 Router 地址,而且有些 Router 也不会将 DHCP 广播报文传递出去,因此这个情形下 DHCP discover 是永远没办法抵达 DHCP 服务器那端的,当然也不会发生 offer 及其他动作了。要解决这个问题,可以用 DHCP Agent(或 DHCP Proxy)主机来接管客户的 DHCP 请求,然后将此请求传递给真正的 DHCP 服务器,然后将服务器的回复传给客户。这里,Proxy 主机必须自己具有路由能力,且能将双方的封包互传对方。若不使用 Proxy,也可以在每一个网络之中安装 DHCP 服务器,但这样,一方面设备成本会增加,另一方面,管理上面也比较分散。当然,如果在一个十分大型的网络中,这样的均衡式架构还是可取的。

3. DHCP 服务器的配置

(1) 安装 DHCP 服务器。

DHCP 服务器必须运行于 Windows 2000/2003 Server 的主机上,并且主机上已配置好 TCP/IP。要安装 DHCP 服务器,选择"控制面板"→"添加删除 Windows 组件"→"网络服务"→"网络服务的子组件"→"动态主机配置协议(DHCP)",即可安装 DHCP 程序。重新启动主机后,在"开始"→"程序"→"管理工具"下出现 DHCP 项,说明 DHCP 服务器已安装成功。

(2) DHCP 服务授权。

安装了 DHCP 服务器后,还必须进行授权操作,才能提供 DHCP 服务。对 DHCP 服务器授权操作的过程如下:选择"开始"→"程序"→"管理工具"→"DHCP",在控制台窗口中,选中服务器后单击右键,选择"授权",将出现新的界面。

(3) 在 DHCP 服务器中添加作用域。

当 DHCP 服务器被授权后,接下来的工作是设置 IP 地址范围。当 DHCP 客户机向 DHCP 服务器申请 IP 地址时,就会从所设置的 IP 地址范围中动态选择一个还没有被使用的 IP 地址分配给客户机。

在 DHCP 控制台中选择"要添加作用域的服务器"→"操作"→"新建"→"作用域"→"创建作用域向导",然后在"输入作用域名"中输入本域的域名,设置与 IP 地址范围有关的各项。

此后,输入需要排除的 IP 地址范围。由于网络中有很多网络设备需要指定静态 IP 地址(即固定的 IP 地址),此时必须把这些已经分配的 IP 地址从 DHCP 服务器的 IP 地址范围中排除,否则会引起 IP 地址的冲突,导致网络故障。至少排除该 DHCP 服务器已占用的

IP 地址。

在出现的"租约期限"窗口中可以设置 IP 地址租期的时间值（默认值为 8 天）。在"配置 DHCP 选项"窗口中，如果选择"是，我想现在配置这些选项"，可以对 DNS 服务器、默认网关、WINS 服务器地址等内容进行设置；如果选择"否，我想稍后配置这些选项"，可以在需要这些功能时再进行配置。在本实验中，可先选择"否，我想稍后配置这些选项"。在 DHCP 控制台中对添加的作用域单击右键，选择"激活"来激活此作用域。此时，DHCP 服务正式启动。

保留特定的 IP 地址。如果用户想将特定的 IP 地址保留给指定的客户机（如 WINS Server、IIS Server 等），以便这些客户机每次启动都能获得相同的 IP 地址，可做如下设置：选择作用域中的保留项，单击"操作"→"添加"→"添加保留"，出现新界面。

在"保留名称"框中输入客户名称，如 Tom。注意此名称只是一般的说明文字，但不能为空白；在"IP 地址"框中输入要保留的 IP 地址；在"MAC 地址"框中输入上述 IP 地址要保留给的网卡的 MAC 地址，因为每块网卡都有一个唯一的 MAC 地址；最后选择相应的"支持的类型"并单击"添加"按钮即可完成保留过程。

6.2 网络管理协议

6.2.1 SNMP 的原理

SNMP(Simple Network Management Protocol，简单网络管理协议)是目前 TCP/IP 网络中应用最为广泛的网络管理协议。前身是简单网关监控协议(SGMP)，用来对通信线路进行管理。随后，人们对 SGMP 进行了很大的修改，特别是加入了符合 Internet 定义的 SMI 和 MIB 体系结构，改进后的协议就是著名的 SNMP。1990 年 5 月，RFC 1157 定义了 SNMP(Simple Network Management Protocol)的第一个版本 SNMPv1。RFC 1157 和另一个关于管理信息的文件 RFC 1155 一起，提供了一种监控和管理计算机网络的系统方法。因此，SNMP 得到了广泛应用，并成为网络管理的事实上的标准。

SNMP 的目标是管理互联网 Internet 上众多厂家生产的软硬件平台，因此 SNMP 受 Internet 标准网络管理框架的影响也很大。现在 SNMP 已经出到第三个版本的协议，其功能较以前已经大大地加强和改进了。

SNMP 为应用层协议，是 TCP/IP 协议族的一部分。它通过用户数据报协议(UDP)来操作。在分立的管理站中，管理者进程对位于管理站中心的 MIB 的访问进行控制，并提供网络管理员接口。管理者进程通过 SNMP 完成网络管理。SNMP 在 UDP、IP 及有关的特殊网络协议(如 Ethernet，FDDI，X.25)之上实现。

SNMP 采用了 Client-Server 模型的特殊形式：代理/管理站模型。对网络的管理与维护是通过管理工作站与 SNMP 代理间的交互工作完成的。每个 SNMP 从代理负责回答 SNMP 管理工作站(主代理)关于 MIB 定义信息的各种查询。

SNMP 代理和管理站通过 SNMP 中的标准消息进行通信，每个消息都是一个单独的数据报。SNMP 使用 UDP 作为传输协议，进行无连接操作。SNMP 消息报文包含两个部分：SNMP 报头和协议数据单元 PDU。数据报结构如图 6-20 所示。

版本标识符	团体名	PDU

图 6-20　SNMP 消息报文格式

版本标识符(Version Identifier)：确保 SNMP 代理使用相同的协议，每个 SNMP 代理都直接抛弃与自己协议版本不同的数据报。

团体名(Community Name)：用于 SNMP 从代理对 SNMP 管理站进行认证；如果网络配置成要求验证时，SNMP 从代理将对团体名和管理站的 IP 地址进行认证，如果失败，SNMP 从代理将向管理站发送一个认证失败的 Trap 消息。

协议数据单元(PDU)：指明了 SNMP 的消息类型及其相关参数。

6.2.2　SNMP 程序设计初步

本节主要阐述的是基于 VC 6.0 的 SNMP 编程，介绍有关 SNMP 编程的过程及 API 函数的用法。首先来阐述几个重要的概念。

(1) community（共同体名）：如果翻译过来可能会显得难于理解，其实完全可以把它理解为一个带有权限的登录账户，这是访问网络设备的重要凭据。比如要访问交换机，假如交换机的 community 是 public，其权限是只读的，那一次用户登录交换机就可以查看有关交换机记录的数据。如果其权限是读写的，就有权修改其中的一些设置，如封锁某一个交换机的端口。大部分交换机在默认情况下，以 public 作为只读 community，以 private 作为读写 community。

(2) Oid（对象标志符）：以 SMI(Structure of Management Information,管理信息结构)为基础的一系列点分符号，如 1.3.6.1.2.1.1.1，这些点分符号在任何网络设备中都唯一标识某一个数据参数。它们的集合称为 MIB(Management Information Base,管理信息库)。

和其他编程过程一样，整个 SNMP 编程也要经过一个创建、执行、销毁的过程，通俗点说就是要做准备，初始化 SNMP 环境即加载 SNMP 的功能，接着就要执行所进行的操作，SNMP 是基于消息机制的，所以消息传递与管理是在编程中所必须注意的问题，最后要进行销毁和回收资源。以下按步骤给予详细介绍。

(1) 加载 SNMP，用到的函数是：

SnmpStartup(smiLPUINT32 nMajorVersion, smiLPUINT32 nMinorVersion, smiLPUINT32 nLevel, smiLPUINT32 nTranslateMode, smiLPUINT32 nRetransmitMode);

5 个参数作为接收参数返回 SNMP 的主版本号，副版本号，支持最高的操作标准，默认的实体/上下文传输模式，默认的重发机制。

(2) 建立会话，用到的函数是：

HSNMP_SESSION SnmpOpen(HWND hWnd, UINT wMsg);

第一个参数指向接收消息的窗口句柄，第二个参数则指向该窗口需要接收的消息码。该函数返回一个会话句柄，这一句柄是在以下程序中都要用到的一个重要变量。

(3) 设置传输模式，用到的函数是：

SNMPAPI_STATUS SnmpSetTranslateMode(smiUINT32 nTranslateMode);

该函数只有一个参数，有以下几种选择。

• SNMPAPI_TRANSLATED：不常用。

- SNMPAPI_UNTRANSLATED_V1：版本 V1。
- SNMPAPI_UNTRANSLATED_V2：版本 V2。

（4）创建实体，用到的函数是：

HSNMP_ENTITY SnmpStrToEntity(HSNMP_SESSION session，LPCSTR string)；

该函数的第一个参数是第二步返回的会话句柄，第二个参数与第三步中设置的传输模式有关。如果选择后两个参数，那么这里的 string 就是要发送消息的网络设备 IP 地址或接收消息的管理设备 IP 地址。根据自己的需要，通常将这两个实体都创建一下。该函数返回一个实体句柄。

（5）设置重传模式，用到的函数是：

SNMPAPI_STATUS SnmpSetRetransmitMode(smiUINT32 nRetransmitMode)；

该函数只有一个参数，有以下两种选择：

- SNMPAPI_ON：启动重传模式。
- SNMPAPI_OFF：关闭重传模式。

（6）设置超时时间，用到的函数是：

SNMPAPI_STATUS SnmpSetTimeout（HSNMP_ENTITY hEntity，smiTIMETICKS nPolicyTimeout)；

该函数的第一个参数是第 4 步返回的实体句柄，通常设置目标实体的超时时间，也就是接收消息的网络设备的实体。第二个参数是超时的时间。

（7）设置重传次数，用到的函数是：

SNMPAPI_STATUS SnmpSetRetry（HSNMP_ENTITY hEntity，smiUINT32 nPolicyRetry)；

该函数的第一个参数是第（4）步返回的实体句柄，通常设置目标实体的重传次数，也就是接收消息的网络设备的实体。第二个参数是重传次数。

（8）创建上下文句柄，用到的函数是：

HSNMP_CONTEXT SnmpStrToContext（HSNMP_SESSION session，smiLPCOCTETS string)；

该函数的第一个参数是第二步返回的会话句柄，第二个参数与第三步中设置的传输模式有关，如果选择后两个参数，那么这里的 string 就是共同体名。该函数返回一个上下文句柄。由此用到了三个重要的句柄：①会话句柄；②实体句柄；③上下文句柄。这三个重要的句柄在 SNMP 编程过程中时刻用到，只有在结束后才释放它们。

（9）创建变量捆绑列表，用到的函数是：

HSNMP_VBL SnmpCreateVbl（HSNMP_SESSION session，smiLPCOID name，smiLPCVALUE value)；

这是一个比较难理解的函数，要对其有深入的理解，必须对 SNMP 的数据报格式有所了解，在这里不做过多的阐述。该函数的第一个参数是第二步返回的会话句柄，而其他两个参数开始时就可以置为空了。该函数返回一个绑定列表句柄。

（10）追加绑定列表，用到的函数是：

SNMPAPI_STATUS SnmpSetVb（HSNMP_VBL vbl，smiUINT32 index，smiLPCOID name，miLPCVALUE value)；

这个函数的后两个参数与 SnmpCreateVbl 相同。第一个参数是 HSNMP_VBL，一个绑定列表句柄。第二个参数是变量绑定索引。如果只创建了一个绑定列表，当要追加变量绑定时，须将该索引值置为 0。该索引值只是在实现诸如 set 命令时才用到。

(11) 要想将数据正确地发送到目的地，必须按照特定的格式来发送，对于了解 IP 协议的编程人员来说，就不需要做过多的解释了。用函数来完成该功能。

HSNMP_PDU SnmpCreatePdu (HSNMP_SESSION session, smiINT PDU_type, smiINT error_status, smiINT error_index, HSNMP_VBL varbindlist);

第一个和最后一个参数是上面构造的会话句柄和变量绑定列表句柄，第二个参数很重要，表示想要执行的操作方式，SNMP 中有如下的选项。

SNMP_PDU_GET

SNMP_PDU_GETNEXT

SNMP_PDU_RESPONSE

SNMP_PDU_SET

SNMP_PDU_V1TRAP

SNMP_PDU_GETBULK

SNMP_PDU_TRAP

第三个参数 request_id，对于同步实现消息机制的编程来说，几乎没有作用，但是对于异步操作，该参数有很重要的作用，可以用它来标志某一个请求的消息，如果有几个消息都在消息队列中，可以通过它来确定自己想要处理的消息，该值完全可以自己来设定。error_status 和 error_index 在 SNMP_PDU_GETBULK 操作中分别为 PDU 中 non_repeaters 域指定一个值和 PDU 的 max_repetitions 域指定一个值。在其他操作中都为 0。该函数返回一个 PDU 句柄。

(12) 发送 PDU 用到的函数是：

SNMPAPI_STATUS SnmpSendMsg (HSNMP_SESSION session, HSNMP_ENTITY srcEntity, HSNMP_ENTITY dstEntity, HSNMP_CONTEXT context, HSNMP_PDU PDU);

以上就是整个发送过程：①加载 SNMP；②建立会话；③设置传输模式；④创建实体；⑤设置重传模式；⑥设置超时时间；⑦设置重传次数；⑧创建上下文句柄；⑨创建变量捆绑列表；⑩追加绑定列表；⑪创建 PDU；⑫发送消息。接下来要接收消息，并处理它们。

(1) 接收消息，用函数：

SNMPAPI_STATUS SnmpRecvMsg (HSNMP_SESSION session, LPHSNMP_ENTITY srcEntity, LPHSNMP_ENTITY dstEntity, LPHSNMP_CONTEXT context, LPHSNMP_PDU PDU);

声明一下，该函数的参数和 SnmpSendMsg 好像是一样的，但参数的进出不一样。SnmpRecvMsg 除第一个参数是创建过的以外，其他参数都是输出参数，就是用来接收的参数。

(2) 提取数据报，用函数：

SNMPAPI_STATUS SnmpGetPduData (HSNMP_PDU PDU, smiLPINT PDU_type, smiLPINT32 request_id, smiLPINT error_status, smiLPINT error_index, LPHSNMP_

VBL varbindlist）；

第一个参数是需要输入的，而这已经通过 SnmpRecvMsg 得到了，其他的参数都是需要接收的。

（3）计算返回列表数目，用函数：

SNMPAPI_STATUS SnmpCountVbl(HSNMP_VBL vbl)；

将上一步得到的 varbindlist 代到里面去就行了，它的返回只是一个整型，是所得到的变量绑定列表返回的变量数。

（4）取得返回结果，用函数：

SNMPAPI_STATUS SnmpGetVb(HSNMP_VBL vbl, smiUINT32 index, smiLPOID name, smiLPVALUE value)；

在上一步已经得到了结果数，用一个简单的 for 循环一次将结果取出。该函数有 4 个参数，第一个在第三步已得到，第二个就是 for 循环中的变量值，取得变量是从 0 开始的。最后还有一个很重要的环节，前面总共用到了 5 个重要的句柄，只有会话句柄是在发送和接收消息时都用到的，所以在发送和接收消息以后，要将其他 4 个句柄释放掉。会话句柄在应用程序退出的过程中释放掉。以上这些释放句柄资源的函数 SNMP API 都有提供，如 SnmpFreeEntity，SnmpFreeContext，SnmpFreeVbl，SnmpFreePdu，SnmpClose，它们的参数只有一个，就是要释放的句柄。最后要清理整个现场，使用函数 SnmpCleanup()。

6.3 应用层网络

6.3.1 对等网络概述

对等网络（Peer-to-Peer，P2P）是一种采用对等策略计算模式的网络。对等技术是一种网络新技术，依赖网络中参与者的计算能力和带宽，而不是把依赖都聚集在较少的几台服务器上。

在传统的互联网计算模式中，客户机/服务器（C/S）模式占据了主流。当时，客户端的带宽和计算资源较弱，通过 C-S 模式可以降低对客户终端能力的要求，而将处理集中在服务器端。

近年来，不同资源的发展速度出现了以下特点：网络的流量以每 6 个月翻倍的速度增长，网络带宽以每 7 个月翻倍的速度增长，计算资源近似依照摩尔定理速度增长（18 个月翻倍），而存储能力每年仅提升 7%。因此在诸多资源中，计算和存储资源可能逐渐变为"瓶颈"。相应地，处于体系架构的中心服务器也成为性能的"瓶颈"，一旦中心服务器崩溃将造成整个服务系统崩溃。在这样的技术发展背景下，人们引入了对等计算模式。随着终端技术和网络接入技术的发展，终端的能力越来越强，P2P 采用处于网络边缘的终端的协作来弥补和解决集中式架构导致的性能"瓶颈"。

从网络角度看，P2P 并不是新概念，P2P 是互联网整体架构的基础。互联网最基本的协议 TCP/IP 并没有客户机和服务器的概念，所有的通信设备都是平等的。在十年之前，所有的互联网上的系统都同时具有服务器和客户机的功能。当然，后来发展的那些架构在 TCP/IP 之上的软件的确采用了客户机-服务器的结构：浏览器和 Web 服务器，邮件客户端和邮件服务器。但是对于服务器来说,它们之间仍然是对等联网的。以 E-mail 为例,互联网上并没有一个巨大的、唯一的邮件服务器来处理所有的 E-mail,而是对等联网的邮件服务器相互协作把 E-mail 传送到相应的服务器上去。另外,用户之间的 E-mail 则一直通过对等的联络渠道。

从不同的行业和视角来看,P2P 的定义略有差别。一种典型定义为:P2P 是一种分布式网络,网络的参与者共享他们所拥有的一部分硬件资源(处理能力、存储能力、网络连接能力、打印机等),这些共享资源能被其他对等结点直接访问而无须经过中间实体。在此网络中的参与者既是资源(服务和内容)提供者,又是资源(服务和内容)获取者。

而另一种解释是,P2P 就是一种思想,有着改变整个互联网基础的潜能的思想。客观地讲,单从技术角度而言,P2P 并未激发出任何重大的创新,而更多的是改变了人们对因特网的理解与认识。正是由于这个原因,IBM 早就宣称 P2P 不是一个技术概念,而是一个社会和经济现象。

C-S 模式和 P2P 模式如图 6-21 所示。

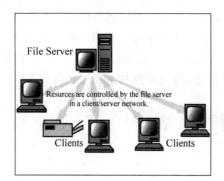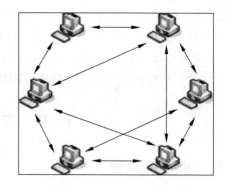

图 6-21 C-S 模式和 P2P 模式

P2P 打破了传统的 C-S 模式,在网络中的每个结点的地位都是对等的,如图 6-21 所示。每个结点既充当服务器,为其他结点提供服务,同时也享用其他结点提供的服务。与 C-S 模式相比,P2P 具有下列优势。

- 可在网络的中央及边缘区域共享内容和资源。在客户-服务器网络中,通常只能在网络的中央区域共享内容和资源。
- 由对等方组成的网络易于扩展,而且比单台服务器更加可靠。单台服务器会受制于单点故障,或者会在网络使用率偏高时,成为瓶颈。
- 由对等方组成的网络可共享处理器,整合计算资源以执行分布式计算任务,而不只是单纯依赖一台计算机,如一台超级计算机。
- 用户可直接访问对等计算机上的共享资源。网络中的对等方可直接在本地存储器上共享文件,而不必在中央服务器上进行共享。

为了便于理解,本文中以一个下棋应用系统的简单例子来解释一些基本原理。在传统的 C-S 架构下,下棋系统由下棋服务器和下棋者两类结点构成。一个下棋系统的工作流程是,下棋者 A 和 B 登录下棋服务器,在服务器的撮合(组配)下,A 和 B 在一个桌子上坐下开始下棋,A 每下一个棋子,是通过"A→下棋服务器→B"的流程来实现的,每一次下棋的控制管理流程(用户登录和下棋组配)和业务流程(具体的下棋流程)都需要服务器的参与。因此,提供给上百万并发用户的下棋系统需要数量庞大、功能强大的服务器群才能正常运转。

P2P技术的特点体现在如下几个方面。

(1) 非中心化。

网络中的资源和服务分散在所有结点上,信息的传输和服务的实现都直接在结点之间进行,无须中间环节和服务器的介入,避免了可能的"瓶颈"。以下棋系统为例,下棋的业务流程直接在下棋者的两个结点之间完成,无须中心服务器的参与(除了统一计费、记分等需要集中管理的服务)。非中心化是P2P的基本特点,带来了其在可扩展性、健壮性等方面的优势。

(2) 可扩展性。

在P2P网络中,随着用户的加入,不仅服务的需求增加了,系统整体的资源和服务能力也在同步扩充(因为新加入的用户本身也提供服务和资源),因此能够较好地满足用户的需要。整个体系是全分布的,不存在明显的"瓶颈"。以下棋系统为例,下棋的业务能力主要是通过下棋者的结点来提供(包括棋盘的绘制,下棋的流程规则管理等),对下棋服务器增加的负担较小。

(3) 健壮性。

P2P架构具有耐攻击、高容错的优点。P2P网络通常都是以自组织的方式建立起来的,并允许结点自由地加入和离开。不同的P2P网络采用不同的拓扑构造方法,根据网络带宽、结点数、负载等变化不断自适应地调整拓扑结构。由于服务是分散在各个结点之间进行的,部分结点或网络遭到破坏对其他部分的影响很小(即两个下棋人之间的网络被破坏,不会直接影响其他的下棋用户),即便是部分结点失效了,P2P网络也能通过自动调整机制重构整体拓扑,保持与其他结点的连通性。

(4) 高性价比。

采用P2P架构可以有效地利用互联网中散布的大量普通结点,将计算任务或存储资料分布到所有结点上,利用其中闲置的计算能力或存储空间,达到高性能计算和海量存储的目的。以下棋系统为例,采用P2P架构的下棋系统,不再需要那么多数量的服务器,因为大部分的业务都被用户结点所分担。

(5) 隐私保护。

在P2P网络中,由于信息的传输分散在各结点之间进行而无须经过某个集中环节,用户的隐私信息被窃听和泄漏的可能性大大缩小。目前,解决Internet隐私问题主要采用中继转发的技术方法,从而将通信的参与者隐藏在众多的网络实体之中。在传统的匿名通信系统中,实现这一机制依赖于某些中继服务器结点(比如传统的下棋系统中的计费和记分,一般都需要通过中心服务器来实现)。而在P2P中,所有参与者都可以提供中继转发的功能,因而大大提高了匿名通信的灵活性和可靠性,能够为用户提供更好的隐私保护。这个优点恰恰也是P2P系统的缺点,这种特性导致了它常常被非法组织用于私密信息传递(比如,此时下棋人之间要想作弊的话,就更为容易,因为没有中心服务器进行监管)。

P2P正广泛应用于以下一些领域。

(1) 实时通信(RTC)。

对于RTC,对等网络可实现无服务器介入的即时通信以及实时的游戏对战。如今,计算机用户可与其他用户聊天,进行语音或视频对话。但是,许多现有的程序及其通信协议必须依赖服务器才能发挥作用。如果用户加入了特殊的无线网络或独立的网络,就无法使用这些 RTC 设备。对等技术允许将 RTC 技术扩展到其他网络环境中。与 RTC 一样,用户如今也可以在网上实时玩游戏。有许多基于 Web 的游戏网站通过 Internet 来迎合游戏社区的需求。他们使用户可以寻找志趣相投的玩家,一起玩游戏。问题在于,游戏网站只存在于 Internet 上,面向那些想要与世界上最优秀的玩家对战的狂热游戏爱好者。这些网站会跟踪并提供有关统计数字,为用户提供帮助。然而,这些网站不允许玩家在各种网络环境下,为好友建立特定的游戏。而对等网络可提供这项功能。

(2) 协作。

在协作方面,对等网络允许用户共享工作区、文件和体验。共享工作区应用程序允许用户创建特殊的工作组,然后允许工作组所有者为共享工作区提供可帮助工作组解决问题的工具和内容。这些工具和内容包括留言板、生产效能工具和文件。项目工作区共享可提供文件共享能力。虽然 Windows 的当前版本如今具备这种能力,但是借助对等网络可增强该功能,能够通过一种简单、友好的方式提供文件内容。允许用户轻松访问位于 Internet 边缘或特殊计算环境中的庞大内容,增加了网络计算的价值。随着无线连接越来越普及,对等网络可允许用户与一组对等方进行联机,在第一时间与他人分享自己的体验(比如:日落、摇滚音乐会或水上度假)。

(3) 内容分发。

对等网络允许对用户分发文本、音频和视频,以及软件产品更新。对等网络允许以文件或消息的形式,将文本信息分发给一大群用户。新闻列表就是一个例子。对等网络还允许将音频或视频信息分发给一大群用户,如大型音乐或公司会议。如今,要分发内容,用户必须配置大容量服务器,来收集内容并分发给成百上千个用户。实际上,只有一小部分对等方可通过对等网络,从中央服务器获得内容。这些对等方会将获得的信息传播给其他一些人员,而这些人又会将该信息发送给其他人。分发内容的负载会被分布给 cloud 中的对等方。需要接收内容的对等方会寻找最近的分发对等方,来获取有关内容。对等网络还可提供一个高效的机制,用以分发软件,如产品更新(安全更新和服务软件包)。连接到软件分发服务器的对等方可获取产品更新,并将其传播给所在组的其他成员。

(4) 分布式处理。

对等网络允许分发计算任务,并聚合处理器资源。大型计算任务可先被分割为几个较小的独立计算任务,从而与对等方的计算资源很好地匹配。对等方可对大型计算任务进行分割。然后,对等网络可将分割后的各个任务分发给组中各个对等方。每个对等方执行各自的计算任务,并向中央聚集点汇报结果。运用对等网络执行分布式处理的另一种方法是:在每个对等方上运行程序。这类程序在处理器闲置期间运行,属于大型计算任务(由一台中央服务器协调)的一部分。通过聚合多台计算机的处理器,对等网络可将一组对等计算机转变成一个用以执行大型计算任务的大型的并行处理器。

(5) 改进的 Internet 技术。

对等网络还可进一步挖掘 Internet 的潜能,支持新的 Internet 技术。过去,Internet 被设计成使网络对等方具备端到端连接能力。而当今的 Internet 更像是一个客户-服务器环境,由于网络地址转换器(NAT)的普及,在很多情况下,通信都不是以端到端的方式进行的。向 Internet 最初用途的回归,将迎来创建用以实现个人通信和团队效率的应用程序的新潮流。

　　总地来说,P2P 系统最大的特点就是用户之间直接共享资源,其核心技术就是分布式对
象的定位机制,这也是提高网络可扩展性、解决网络带宽被吞噬的关键所在。迄今为止,
P2P 网络按照其体系结构可以分为非结构化和结构化两种网络模型,各有优缺点,有的还存
在着本身难以克服的缺陷,因此在目前 P2P 技术还远未成熟的阶段,各种网络结构依然能
够共存,甚至呈现相互借鉴的形式。

6.3.2　非结构化对等网络

　　非结构化 P2P 系统又分为集中目录式和完全分布式的,典型代表分别是 Napster 和
Gnutella,如图 6-22 和图 6-23 所示。

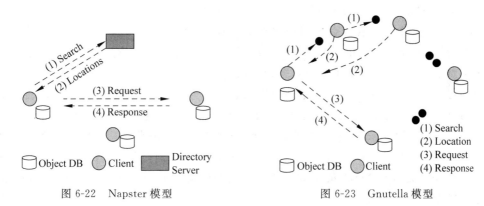

图 6-22　Napster 模型　　　　　　　　图 6-23　Gnutella 模型

　　集中目录式 P2P 结构是最早出现的 P2P 应用模式,因为仍然具有中心化的特点也被称
为非纯粹的 P2P 结构。用于共享 MP3 音乐文件的 Napster 是其中最典型的代表,也是最早
出现的 P2P 系统之一,并在短期内迅速成长起来。Napster 采用了集中式的目录服务器机
制。目录服务器集中存放对等结点的地址信息和所保存数据的信息,可以对请求数据进行
快速查找并能够返回最合适的目的结点。其用户注册与文件检索过程类似于传统的 C-S 模
式,区别在于所有资料并非存储在服务器上,而是存储在各个结点中。请求结点根据网络流
量和延迟等信息选择合适的目的结点建立直接连接,而不必经过中央目录服务器进行。实
际的文件传输将在请求结点和目的结点之间通过 TCP 连接直接进行。这种网络结构非常
简单,实现了文件查询和文件传输的分离,有效地节省了中央服务器的带宽消耗,减少了系统
的文件传输延时,显示了 P2P 系统信息量巨大的优势和吸引力。但是存在单点失效的问题。

　　和 Napster 不一样,Gnutella 采用了完全分布式的策略。Gnutella 模型是现在应用最
广泛的纯 P2P 非结构化拓扑结构。纯 P2P 模式也被称做广播式的 P2P 模型。它取消了集
中的中央服务器,每个用户随机接入网络,并与自己相邻的一组邻居结点通过端到端连接构
成一个逻辑覆盖的网络。对等结点之间的内容查询和内容共享都是直接通过相邻结点广播
接力传递,同时每个结点还会记录搜索轨迹,以防止搜索环路的产生。它解决了网络结构中
心化的问题,扩展性和容错性较好,无单点失效问题,但是定位效率低。因为,Gnutella 网络
中的搜索算法以泛洪的方式进行,控制信息的泛滥消耗了大量带宽并很快造成网络拥塞甚
至网络的不稳定。同时,局部性能较差的结点可能会导致 Gnutella 网络被分片,从而导致
整个网络的可用性较差,另外这类系统更容易受到垃圾信息,甚至是病毒的恶意攻击。

随后,在集中目录式和完全分布式的基础上,又出现了混合式模型。Kazaa 是 P2P 混合模型的典型代表,如图 6-24 所示,它在纯 P2P 分布式模型基础上引入了超级结点的概念,综合了集中式快速查找和完全分布式去中心化的优势。Kazaa 模型将结点按能力不同(计算能力、内存大小、连接带宽、网络滞留时间等)区分为普通结点和搜索结点两类(也有的进一步分为三类结点,其思想本质相同)。其中搜索结点与其临近的若干普通结点之间构成一个自治的簇,簇内采用基于集中目录式的 P2P 模式,而整个 P2P 网络中各个不同的簇之间再通过纯 P2P 的模式将搜索结点相连起来,甚至也可以在各个搜索结点之间再次选取性能最

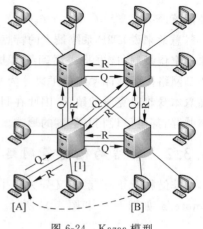

图 6-24　Kazaa 模型

优的结点,或者另外引入一新的性能最优的结点作为索引结点来保存整个网络中可以利用的搜索结点信息,并且负责维护整个网络的结构。

由于普通结点的文件搜索先在本地所属的簇内进行,只有查询结果不充分的时候,再通过搜索结点之间进行有限的泛洪。这样就极为有效地消除了纯 P2P 结构中使用泛洪算法带来的网络拥塞、搜索迟缓等不利影响。同时,由于每个簇中的搜索结点监控着所有普通结点的行为,这也能确保一些恶意的攻击行为能在网络局部得到控制,并且超级结点的存在也能在一定程度上提高整个网络的负载平衡。目前我国流行的 BitTorrent、电驴 eMule 也是基于这种模型。

总地来说,基于超级结点的混合式 P2P 网络结构比以往有较大程度的改进。然而,由于超级结点本身的脆弱性也可能导致其簇内的结点处于孤立状态,因此这种局部索引的方法仍然存在一定的局限性。这导致了结构化的 P2P 网络模型的出现。

6.3.3　结构化对等网络

由于非结构化系统的可扩展性差,大量的研究集中在如何构造高度结构化的系统方面,结构化 P2P 系统应运而生。结构化 P2P 系统将每个资源定位在确定的结点上,提供了资源表示 ID 到资源所在位置的映射关系,从而保证在有限步数内定位到资源,典型的代表有 Chord,CAN 等。

所谓结构化与非结构化模型的根本区别在于每个结点所维护的邻居是否能够按照某种全局方式组织起来以利于快速查找。结构化 P2P 模式是一种采用纯分布式的消息传递机制和根据关键字进行查找的定位服务,目前的主流方法是采用分布式哈希表(DHT)技术,这也是目前扩展性最好的 P2P 路由方式之一。

DHT 实际上是一个由广域范围大量结点共同维护的巨大散列表。散列表被分割成不连续的块,每个结点被分配给一个属于自己的散列块,并成为这个散列块的管理者。DHT 的结点既是动态的结点数量也是巨大的,因此非中心化和原子自组织成为两个设计的重要目标。

DHT 结构能够自适应结点的动态加入/退出,有着良好的可扩展性、鲁棒性、结点 ID 分配的均匀性和自组织能力。由于 DHT 各结点并不需要维护整个网络的信息,只在结点中存储其临近的后继结点信息,因此较少的路由信息就可以有效地实现到达目标结点,同时

又取消了泛洪算法。由于采用了确定性拓扑结构,DHT 可以提供精确的发现。只要目的结点存在于网络中 DHT 总能发现它,发现的准确性得到了保证,有效地减少了结点信息的发送数量,从而增强了 P2P 网络的扩展性。同时,出于冗余度以及延时的考虑,大部分 DHT 总是在结点的虚拟标识与关键字最接近的结点上复制备份冗余信息,这样也避免了单一结点失效的问题。

目前基于 DHT 的代表性的研究项目主要包括加州大学伯克利分校的 CAN 项目和 Tapestry 项目,麻省理工学院的 Chord 项目、IRIS 项目,以及微软研究院的 Pastry 项目等。

Tapestry 提供了一个分布式容错查找和路由基础平台,在此平台基础之上,可以开发各种 P2P 应用(OceanStore 即是此平台上的一个应用)。Tapestry 的思想来源于 Plaxton。在 Plaxton 中,结点使用自己所知道的邻近结点表,按照目的 ID 来逐步传递消息。Tapestry 基于 Plaxtion 的思想,加入了容错机制,从而可适应 P2P 的动态变化的特点。OceanStore 是以 Tapestry 为路由和查找基础设施的 P2P 平台。它是一个适合于全球数据存储的 P2P 应用系统。任何用户均可以加入 OceanStore 系统,或者共享自己的存储空间,或者使用该系统中的资源。通过使用复制和缓存技术,OceanStore 可提高查找的效率。最后,Tapstry 为适应 P2P 网络的动态特性,做了很多改进,增加了额外的机制实现了网络的软状态(soft state),并提供了自组织、鲁棒性、可扩展性和动态适应性,当网络高负载且有失效结点时性能有限降低,解决了对全局信息的依赖、根结点易失效和弹性(resilience)差的问题。

Pastry 是微软研究院提出的可扩展的分布式对象定位和路由协议,可用于构建大规模的 P2P 系统。在 Pastry 中,每个结点分配一个 128 位的结点标识符号(nodeID),所有的结点标识符形成了一个环形的 nodeID 空间,范围从 0 到 $2^{128} - 1$,结点加入系统时通过散列结点 IP 地址在 128 位 nodeID 空间中随机分配,如图 6-25 所示。

在 MIT,开展了多个与 P2P 相关的研究项目:Chord,GRID 和 RON。Chord 项目的目标是提供一个适合于 P2P 环境的分布式资源发现服务,它通过使用 DHT 技术使得发现指定对象只需要维护 $O(\log N)$ 长度的路由表。

在 DHT 技术中,网络结点按照一定的方式分配一个唯一结点标识符(Node ID),资源对象通过散列运算产生一个唯一的资源标识符(Object ID),且该资源将存储在结点 ID 与之相等或者相近的结点上。需要查找该资源时,采用同样的方法可定位到存储该资源的结点,如图 6-26 所示。因此,Chord 的主要贡献是提出了一个分布式查找协议,该协议可将指定的关键字(Key)映射到对应的结点(Node)。从算法来看,Chord 是相容散列算法的变体。MIT 的 GRID 和 RON 项目则提出了在分布式广域网中实施查找资源的系统框架。

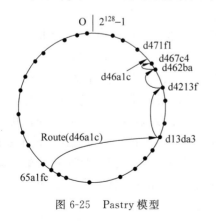

图 6-25　Pastry 模型

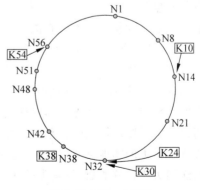

图 6-26　Chord 模型

AT&T ACIRI 中心的 CAN(Content Addressable Networks) 项目的独特之处在于采用多维的标识符空间来实现分布式散列算法。CAN 将所有结点映射到一个 n 维的笛卡儿空间中,并为每个结点尽可能均匀地分配一块区域。CAN 采用的散列函数通过对(key, value) 对中的 key 进行散列运算,得到笛卡儿空间中的一个点,并将 (key, value) 对存储在拥有该点所在区域的结点内。CAN 采用的路由算法相当直接和简单,知道目标点的坐标后,就将请求传给当前结点四邻中坐标最接近目标点的结点,如图 6-27 所示。CAN 是一个具有良好可扩展性的系统,给定 n 个结点,系统维数为 d,则路由路径长度为 $O(n/d)$,每个结点维护的路由表信息和网络规模无关,为 $O(d)$。

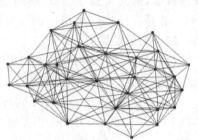

图 6-27　CAN 模型

这些系统一般都假定结点具有相同的能力,这对于规模较小的系统较为有效。但这种假设并不适合大规模的 Internet 部署。同时,DHT 结构最大的问题是 DHT 的维护机制较为复杂,比 Gnutella 模型和 Kazaa 模型等无结构的系统要复杂得多,尤其是结点频繁加入退出造成的网络波动(Churn)会极大增加 DHT 的维护代价,如在 Chord 项目中产生了"绕路"的问题。DHT 所面临的另外一个问题是 DHT 仅支持精确关键词匹配查询,无法支持内容/语义等复杂查询。

事实上,目前大量实际应用还大都是基于无结构的拓扑和泛洪广播机制,现在大多采用 DHT 方式的 P2P 系统缺乏在 Internet 中大规模真实部署的实例,成功应用还比较少见。

当然,P2P 本身也在不断地发展和完善当中。在原有技术的基础上,不断有人提出和应用了一些新技术措施进行改进,典型的有以下几个。

- 动态端口选择。目前的 P2P 应用一般使用固定的端口,但是一些应用已经开始引入动态端口选择技术。一般来说,动态选择的端口范围为 1024~65535。甚至有些 P2P 应用占用原来用于 HTTP(SMTP)的端口 80(25)来传输以便隐藏。这使得要对跨运营商网络的 P2P 流量进行识别,掌握其流量特点变得更加困难。

- 双向下载。eMule/eDonkey 和 BitTorrent 等公司进一步发展引入双向流下载。该项技术可以多路并行下载和上载一个文件和/或多路并行下载一个文件的一部分。而目前传统的体系结构要求目标在完全下载后才能开始上载。这将大大加快文件分发速度。

- 智能结点弹性重叠网络。智能结点弹性重叠网络是系统应用 P2P 技术来调度已有的 IP 承载网资源的新技术,在路由器网络层上设置智能结点用各种链路对等连接,构成网络应用层的弹性重叠网。可以在保持互联网分布自治体系结构前提下、改善网络的安全性、QoS 和管理性。智能结点可以在路由器之间交换数据,能够对数据分类(分辨病毒、垃圾邮件),保证安全。通过多个分散的结点观察互联网,共享信息可以了解互联网蠕虫感染范围和性质。提供高性能、可扩张、位置无关的消息路由,以确定最近的本地资源位置,改进内容分发。使用智能结点探测互联网路径踪迹并且送回关于踪迹的数据;解决目前互联网跨自治区路径选择方面存在的问题。实现 QoS 选路,减少丢包和时延,快速自动恢复等。

第7章   网络多媒体技术

具备多媒体信号处理与传输能力改变了计算机和网络只能处理简单文本的状况,对计算机和网络都带来了革命性的影响。多媒体应用本身或作为一个关键组成部分已经成为当前网络的重要服务对象,在不远的将来,这种状态和趋势还会维持和继续下去。本章介绍网络多媒体的基本概念和基础知识,包括多媒体的概念,网络多媒体技术的相关协议,网络多媒体的服务质量保证技术,以及近年来用于支持网络多媒体服务的内容分发网络技术与对等网络技术等。

7.1   网络多媒体概述

7.1.1   多媒体的概念

简单地说,媒体(Media)就是信息的载体,是人与人之间、人与机器之间以及机器与机器之间实现信息交流的中介,也称为媒介或媒质。在日常生活中,被称为媒体的东西有许多,如蜜蜂是传播花粉的媒体、报纸电视是社会的媒体。但准确地说,这些所谓的"媒体"并非人们所说的多媒体中的"媒体"。在计算机和通信领域所说的"媒体",是利用计算机进行处理的信息存储、传播和展现的载体,并不是一般的媒介和媒质。

多媒体(Multimedia)就是多重媒体的意思,即多种信息载体的表现形式和传递方式。通常,多媒体指的是感觉媒体,即在多媒体应用中呈现给用户的媒体形式,它主要包括:文本、图形、图像、音频、视频、动画等。各种媒体形式的含义如下:

(1) 文本(Text),包含字母、数字、字、词语等基本符号元素。

(2) 图形(Graph),是多媒体中的静态可视元素之一,一般以软件生成的矢量图(Vector Drawing)的形式存在。

(3) 图像(Image),也是多媒体的一种静态可视元素,其基本形式为位图(Bitmap),即由多个像素点构成的点阵图像。

(4) 音频(Audio),是指大约在 15 Hz～20 kHz 频率范围内连续变化的声音信号。

(5) 视频(Video),属于动态可视元素。图像与视频是两个既有联系又有区别的概念,视频是由连续变化的图像构成。

(6) 动画(Animation),是指采用计算机软件创作并生成的一系列可供实时演播的连续画面,属于动态可视媒体元素。

自然界和人类社会原始信息存在的各种形式——数据、文字、语音、音响、绘画、动画、图像(静态的照片和动态的电影、电视和录像)等,可归结为三种最基本的媒体形式:文字、图形和声音。传统的计算机只能够处理单种形式媒体——"文字",显然不能称为多媒体。传统的电视能够传播声、图、文集成信息,但通常也不认为它是多媒体系统。因为在观赏电视节目时,只能单向被动地接受信息,不能双向地、互动地处理信息,即不具备交互性。传统的电话服务虽然有交互性,但仅仅能够听到对方的声音,也不是多媒体。综上可见,计算机领域的所谓多媒体技术,是指能够同时采集、处理、存储、传输和展现两个或以上不同类型信息媒体,且这些信息可以在人机之间进行交互的技术。

多媒体技术的概念和方法起源于 20 世纪 60 年代,多媒体技术于 20 世纪 80 年代中期得到实现。1985 年 10 月,IEEE 计算机杂志首次出版了完备的"多媒体通信"的专集,是文献中可以找到的最早的出处。自 20 世纪 90 年代以来,多媒体技术逐渐成熟,从以研究开发为重心转移到以应用为重心。由于多媒体技术是一种综合性技术,它的实用化涉及计算机、电子、通信、影视等多个行业技术协作,其产品的应用目标,既涉及研究人员也面向普通消费者,涉及各个用户层次,因此标准化问题是多媒体技术实用化的关键。在标准化阶段,研究部门和开发部门首先各自提出自己的方案,然后经分析、测试、比较、综合,总结出最优、最便于应用推广的标准,指导多媒体产品的研制。

随着多媒体各种标准的制定和应用,极大地推动了多媒体产业的发展。许多多媒体标准和实现方法(如 JPEG、MPEG 等)已被做到芯片级,并作为成熟的商品投入市场。涉及多媒体领域的各种软件系统及工具,也层出不穷。这些既解决了多媒体发展过程必须解决的难题,又对多媒体的普及和应用提供了可靠的技术保障,并促使多媒体成为一个产业而迅猛发展。

近年来,多媒体应用已经非常广泛,不仅计算机具备多媒体处理能力,一些移动终端,如大多数手机,也可以用于处理多媒体数据,具有音视频播放的功能。多媒体技术的发展促进了信息传播技术的发展,出现了一些以多媒体信息为主的网络,国际上具有代表性的如 YouTube(www.youtube.com),国内的优酷网(www.youku.com)、土豆网(www.tudou.com)都是专业的视频网络。

7.1.2 网络多媒体

在多媒体技术出现之前,信息交流基本通过文字、话音、图像或图形等单一媒体形式进行。多媒体计算机的出现是多媒体技术得以发展的起源和主导,极大地促进了多媒体技术的发展和广泛应用。但是利用单个计算机进行多媒体信息处理有很大的缺点:一是不能及时获取多媒体信息,很难保证信息的及时性;二是难以共享多媒体信息。计算机网络技术很好地解决了上述不足,使人们能够及时获取各种信息,同时便于信息的共享。多媒体技术与网络技术相结合,是网络多媒体产生的原动力。

多媒体内容数据量大,具有严格的处理时间要求,对计算机的处理能力提出了很高的要求。不同于一般的数据处理,多媒体应用具有以下几个特点:①由多种媒体组成,不仅有文本,还有图形、图像以及动画、音频和视频;②媒体内部和不同媒体之间有严格的时间约束关系,同一种媒体内部的数据单元和不同媒体之间需要保持同步;③人和应用之间具有很强的交互性,从视频点播,视频会议到网络游戏,虚拟环境合作等,人与应用的交互程度不断提高。

在 Internet 上开展的多媒体应用是 20 世纪 90 年代初出现的新的应用形式,国际电信联盟(ITU-T)H.261 压缩标准可以将合成的音视信号压缩到只有 $p \times 64$ k 的比特率,使得人们有可能在一定的时间约束下通过 Internet 传输多媒体内容。基于网络的多媒体应用又被称为网络多媒体(networked multimedia)，指的是由地理上处于不同位置的多方构成，相互之间通过网络进行通信和信息交换的多媒体应用。由于因特网的普遍性，网络多媒体主要是构建在因特网或 IP 网络上。如图 7-1 所示为网络多媒体系统的最基本组成部分。该系统主要由三部分组成：一个(或多个)分布于网络中多媒体信号采集/存储终端、通信网络以及一个(或多个)多媒体信号回放终端。多媒体采集终端提供多媒体数据流，因而作为服务器端；多媒体回放终端是媒体数据的消费者和控制命令的发送方，作为客户端。系统的收发终端通过 IP 网络进行数据传输。

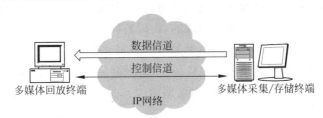

图 7-1　网络多媒体系统结构示意图

　　流媒体(Streaming Media)是网络多媒体的一种形式，现阶段已经成为主要形式。多媒体应用刚出现时，多媒体数据传送与回放是相对独立的过程。如某个终端想要展现多媒体服务器中的内容，首先需要从服务器中将相应的多媒体数据文件完整地下载到本地，然后调用本地的媒体播放器进行回放。流媒体应用通过网络传输的音频、视频等多媒体文件，在播放前无需下载整个文件，只需在开始时有一些延迟用于获取播放所需的最少数据，然后在数据流传送过程中随时传送随时播放。当流式媒体文件传输到计算机时，在播放之前该文件的部分内容已存入内存。本章所述网络多媒体，主要是指流媒体应用。流媒体实现的关键技术就是流式传输，即通过网络获得平滑的数据流。

7.1.3　网络多媒体应用

　　网络的基本功能是数据传输。网络多媒体技术利用通信网络，特别是 Internet 传送多媒体数据，从而满足各种应用需求。当前，以网络多媒体为基本组成部分的应用有很多，比如多媒体远程教育、可视电话、视频会议、视频网络及 IPTV 等。

　　(1) 多媒体远程教学(Distance Education)。远程教学将为更多的人提供接受教育的机会。教学者事先在 Internet/Intranet 上发出通知，听众在讲座开始前访问某个 URL 地址，当讲座开始时，听众可以看到演讲者的演讲画面并听到他的声音。整个讲座也可以媒体文件的形式记录下来，用于以后按需播放。当听众需要听讲座时，同样访问相应的 URL 地址，请求获取服务器中的媒体内容。媒体数据通过流式传输下载到用户的浏览器高速缓存中，由媒体播放器实时回放。更高级的远程教学方式还应支持师生之间的实时交互。

　　(2) 视频会议(Video Conferencing)。视频会议和远程教学有很多类似之处，但它对实时性的要求更高。在一个视频会议中，各个会议点用音/视频采集设备得到多媒体内容信息，经过数字化后用一定压缩方法进行压缩。压缩数据可以通过网络直接在各个会议点之间进行组播，或传到多点处理器(MP)经过合成或转换再向各与会点组播。但不管采用哪

网络多媒体技术

种方式,多媒体会议都需要保证以尽量小的时延在各个点进行回放。

(3) 视频点播(Video on Command)。娱乐是多媒体的重要应用场合。用摄像机或其他装置获得视频信号后,就可以通过 Web 站点进行基于因特网的现场直播;或者保存为流媒体格式的文件,以供用户在不同时刻点播。为了进行视频点播,需要通过视频、音频采集卡获取视频和声音信号,或利用现成的模型信号源,再用实时编码工具进行压缩制成多媒体数据文件。在这种应用中可加入适当的计费机制,从而能够提供有偿多媒体内容服务。

(4) 网络电视:即 IPTV。数字电视的信号是与文本数据相同的数字信号,因此它完全可以在因特网上传输,关键在于服务质量是否能达到和有线电视或卫星电视相当的水平。电视信号数字化不仅提高了画面和声音的质量,便于传输,而且还带来一个重要特征,即交互性。这在原先的广播系统中是难以实现的,而因特网在这方面具有优势。因此,IPTV 将为人们带来新的感受。数字电视是高质量的连续多媒体信号,对网络的服务质量提出了很高的要求。如何高效地利用带宽是 IPTV 的一个关键问题。为了使现在的电视机可以接收数字信号,需要为传统的电视机增加双向通信能力,如配置所谓的“机顶盒”(set-top box)。数字电视技术将成为庞大的产业。

基于下一代因特网的网络多媒体应用更加复杂,功能也更加强大,与传输的多媒体应用相比,具有以下发展趋势或基本特点。

- 宽带化,视频、音频成分增加,具有很高的比特率,需要更高的网络带宽。
- 交互性增强,改变了过去使用者被动接受的状况,可以更多地参与其中,如交互式电视,网络游戏等。
- 普及程度高,使用广泛,具有无所不在的特点,与人们的工作、学习和生活紧密相关。

7.1.4 网络多媒体的关键技术

网络多媒体系统与一般的数据传输系统的根本区别在于传输的对象是多媒体数据。相比于普通数据,多媒体数据具有特殊的传输质量要求。音频和视频是多媒体通信的核心,未经压缩的视频信号和音频信号具有很大的数据量。庞大的数据量不仅超出了多媒体通信终端的存储能力,也远远超出了当前通信信道的带宽。由于多媒体信号数字化以后所需数据量很大,因此多媒体数据在传输前都需要压缩,压缩数据减轻了传输带宽压力,但对数据丢失更加敏感。不同于一般的数据,多媒体数据具有严格的时间要求。所谓实时性是指在多媒体系统中多种媒体间无论在时间上还是在空间上都存在着紧密的联系,是具有同步性和协调性的群体。例如,声音及活动图像具有强实时性(hard real time)。对同一声音或视频信号,简单地进行(匀速)快进或慢进播放就会让人感觉不舒服,如果播放速率是不均匀的,只会更加破坏人的感受效果。可见改变数据间的相对时间关系将直接影响主观感受的质量。实时性要求对通信网络的传输带宽和传输质量都提出了新的要求。在进行视频数据传输时,传输带宽不能小于视频的播放速率,否则回放终端在规定时间内将不能得到足够的数据用于播放。

网络多媒体的支撑技术主要包括信号处理技术、多媒体终端实现技术和计算机网络技术,只有这些相关技术取得了突破,多媒体应用才能得到进一步发展。从网络多媒体应用的需求出发,网络多媒体涉及的关键技术如下。

首先,多媒体通信网络必须有足够的带宽。这一方面是多媒体通信海量数据的要求,另一方面,只有高带宽才能确保实现用户与网络之间交互的实时性。按照一般的估计,通过多媒体网络传输压缩的数字图像信号要求有 2～15 Mb/s 以上的速率(MPEG1/2),传输 CD 音质的声音信号要求有 1 Mb/s 以上的传输速率。因为多媒体信息包含多种不同类型的数据,数据传输速率在 100 Mb/s(理论上最多 50 个 MPEG1 视频流)以上,才能充分满足各类媒体通信应用的需要。

其次,网络必须满足多媒体通信的实时性和可靠性要求,以保证服务质量。为了获得真实的现场感,语音和图像的延时都要求小于 0.25 s,静止的图像要求少于 1 s。对于共享数据要求没有误码。

最后是媒体同步要求,包括媒体间同步和媒体内同步。因为传输的多媒体信息在时空上都是相互约束、相互关联的,多媒体通信系统必须正确反映它们之间的约束关系,如保证声音与图像的同步。

现有的几种通信网络——电信网络、计算机网络和电视传播网络,虽然都可以用来传递多媒体信息,但都存在不同程度的缺陷,如电视网络的单向性、计算机分组网络(IP)的无服务质量保证、电信网络的复杂和高开销等。

压缩编码是数字信号处理中最具挑战性的技术,音频信号的码率已可降至 8 K/s 以下,最新的视频压缩标准 MPEG-4/H.264 AVC 不但可以达到极低的比特率而且可实现压缩码率的细粒度可伸缩(fine granularity and scalable);高清晰度电视技术可产生效果非常逼真的数字视频;新一代压缩编码技术,如模型编码、分形编码等也取得了重要进展。

PC 的能力进一步提高,已经能够满足多媒体应用的要求,但新型的多媒体终端是具有智能、体积小的便携式终端,可方便用于移动场合。实现这种终端对硬件和软件技术都提出了很高的要求。DSP 的处理能力越来越强,能够实现复杂的编码算法;随着电子技术的发展,如 FPGA、ASIC 等,为实现各种体积小功能强的智能终端打下了基础。嵌入式实时操作系统,典型代表如 VxWorks、pSOS、RTLinux 等,不但占用存储空间小,而且模块化程度高,具有实时任务调度能力。

对于流媒体应用,还需要终端和网络密切配合以保证较好的应用性能。比如,与下载方式相比,尽管流式传输对于系统存储容量的要求大大降低,但仍需要数据缓存。这是因为因特网是以分组传输为基础进行统计时分复用,数据在传输过程中要被分解为许多分组,在网络内部采用无连接方式传送。由于网络是动态变化的,各个分组选择的路由也可能不尽相同,故到达用户计算机的路径和时间延迟也就不同。所以,必须使用缓存机制来弥补延迟和时延抖动的影响,使媒体数据在接收端能连续输出,不会因网络暂时拥塞而使回放出现停顿。高速缓存使用环状链表结构来存储数据,通过丢弃已经播放的内容,可以重新利用空出的缓存空间来缓存后续的媒体内容。

近年来,计算机网络研究人员正在为支持多媒体应用不断努力。网络基础设施功能不断增强,IP 交换技术与线速路由器出现,各种服务质量确保技术的出现与部署,使得网络的通信服务能力有了很大的提高。

7.2　因特网服务质量保证技术

服务质量(Quality of Service,QoS)是网络多媒体中的一个重要的概念。在 B-ISDN 提出来之后,由于要在一个网络上支持不同的业务,而不同的业务对网络的功能又有不同的要求,因此有必要在开始实际的数据传输之前,将某项业务的特定要求告知网络,QoS的概念也随之出现。简单而言,QoS是指为决定用户对服务的满意程度的一组服务性能参数。网络的吞吐能力、传输延时、延时抖动和差错率是常用的QoS参数。不同的多媒体应用对网络的性能有不同的要求。

在多媒体数据传输开始时,应用向网络提交的QoS参数实际上描述了应用对网络资源的需求,网络可以以此作为对网络内部共享资源(如带宽、处理能力、缓存空间等)进行管理的依据。若网络的现有资源能够接纳用户的呼叫,它将在整个会话过程中保障用户所提出的QoS。因此,网络要为这个呼叫预留资源,并在通信过程中进行性能监控、动态调整资源的分配;当资源不能保障用户的QoS要求时,通知有关的用户,直至中止相关的通信等。

在传统的IP网络中,所有的报文都被无区别地等同对待,每个路由器对所有的报文均采用先入先出(FIFO)的策略进行处理,它尽最大的努力(best-effort)将报文送到目的地,但对报文传送的可靠性、传送延迟等性能不提供任何保证。从服务质量保证的角度,因特网目前存在以下不足。

- 在发生瞬时拥塞时,路由器提供的时间响应不可预测。
- 对不同的业务流类型不能提供优先级的服务,不能动态地请求(或修改)端到端的服务质量。
- 缺乏完善的机制可用于审计网络资源使用情况。

随着IP网络上新应用的不断出现,对IP网络的服务质量也提出了新的要求,传统IP网络的尽力服务已不能满足应用的需要。一个自动的、每天运行一次的文件备份程序,可能要花数分钟甚至数小时来完成备份任务,但时延不会引起用户的困扰。如果在Web上浏览或查询一个远程数据库,那么可以忍受以秒计的延迟;如果延迟超过几分钟,就根本不可能接受。一些要求更严格的应用程序,例如会话聊天、实时的声音和图像等,必须满足用户的交互的要求——这时可以忍受的延迟是以几分之一秒来衡量的。因此,为Internet提供支持QoS的能力是解决问题的可行方法。服务质量保证机制旨在针对各种应用的不同需求,为其提供不同的服务质量,例如:提供专用带宽、减少报文丢失率、降低报文传送时延及时延抖动等。

尽管波分复用技术和吉比特网络的出现,为多媒体通信提供了几乎无限的物理带宽,有人怀疑研究QoS问题是否还有必要。但是由于真正的传输带宽是有限的,且目前大部分的信道带宽有限,而未来则可能出现带宽要求更高的多媒体应用,所以研究QoS还是必要的。

7.2.1 网络多媒体数据传输对网络性能的要求

网络多媒体应用,如视频点播、视频会议、远程教学等是一种新的网络服务,现阶段并没有今后也不大可能出现一个专用的网络用于提供多媒体服务。多媒体数据有其自身的特点,为支持多媒体数据传输,网络必须满足一定的性能指标。

1. 吞吐量

吞吐量是指网络传送二进制信号的速率,也称比特率或带宽。若应用产生的数据速率是恒定的,称为恒比特率(Constant Bit Rate,CBR)应用;而有的应用产生的数据率是随时间变化的,则称为是变比特率(Variable Bit Rate,VBR)的。衡量比特率变化的量称为突发度(Burstness):

$$\text{突发度} = \text{PBR/MBR}$$

其中,MBR 为整个会话(Session)期间的平均数据率,而 PBR 是在预先定义的某个短暂时间间隔内的峰值数据率。

持续的、大数据量的传输是多媒体数据传输的一个特点。从单个媒体而言,实时传输的活动图像是对网络吞吐量要求最高的媒体。分辨率为 1920×1080,帧率为 60 帧/秒的高清晰度电视(HDTV)图像,当每个像素以 24 比特量化时,总数据率在 2 Gb/s 的数量级。如果采用 MPEG-2 压缩,其数据率大约在 $20 \sim 40$ Mb/s。

2. 传输延时

网络的传输延时(Transmission Delay)定义为信源发送出第一个比特到信宿接收到第一个之间的时间差,它包括电(或光)信号在物理介质中的传播延时(Propagation Delay)和数据在网中的处理延时(如复用/解复用时间,在网络结点中排队交换的时间等)。

另一个经常用到的参数是端到端的延时。它通常指一组数据在信源终端上准备好数据发送的时刻,到信宿终端接收到这组数据的时刻之间的时间差。端到端的延时,包括在发端的数据准备好而等待网络接受这组数据的时间(Access Delay),传送这组数据(从第一个比特到最后一个比特)的时间和网络的传输延时三个部分。在考虑到人的视觉、听觉主观效果时,端到端延时还往往包括数据在收、发两个终端设备中的处理时间,例如,发、收终端的缓存器延时,音频和视频信号的压缩编码/解码时间、打包和拆包延时等。

对于实时的多媒体应用,都有一定的时延要求,如 ITU-T 规定,在有回声抑制设备的情况下,从人们进行对话时自然应答的时间考虑,网络的单程传输延时应在 $100 \sim 500$ ms 之间,一般为 250 ms。

3. 延时抖动

网络传输延时的变化称为网络的延时抖动(Delay Jitter)。度量延时抖动的方法有多种:其中一种是用在一段时间内(例如一次会话过程中)最长和最短的传输延时之差来表示。

产生延时抖动的原因可能有如下一些。

传输系统引起的延时抖动,例如符号间的相互干扰、振荡器的相位噪声、金属导体延时随温度的变化等。所引起的抖动称为物理抖动,其幅度一般只在微秒量级,甚至于更小。例如,在本地范围内,ATM 工作在 155.52 Mb/s 时,最大的物理延时抖动只有 6 ns 左右(不超过传输 1 个比特的时间)。

对于电路交换的网络(如 N-ISDN),只存在物理抖动。在本地网之内,抖动在毫微秒量级;对于远距离跨越多个传输网络的连接,抖动在微秒的量级。

对于共享传输介质的局域网(如以太网、令牌环或 FDDI)来说,延时抖动主要来源是介质访问时间(Medium Access Time)的变化。终端准备好欲发送的信息之后,还必须等到共享的传输介质空闲时,才能进行信号发送。

延时抖动将破坏多媒体的同步,从而影响音频和视频信号的播放质量。例如,声音样值间隔的变化会使声音产生断续或变调的感觉;图像各帧显示时间的不同也会使人感到图像停顿或跳动。对于电话质量的语音和会议电视,网络的时延抖动不应超过 400 ms。

4. 差错率

在传输系统中产生的差错由以下几种方式度量。

（1）误码率（Bit Error Rate，BER）。指在从一点到另一点的传输过程（包括网络内部可能有的纠错处理）中所残留的错误比特的频数。BER 通常主要衡量的是传输介质的质量。对于光缆传输系统，BER 通常在 $10^{-9}\sim 10^{-12}$ 的范围内。

（2）分组差错率（Packet Error Rate，PER）。是指同一个分组两次接收、分组丢失或分组的次序颠倒而引起的分组的错误。分组丢失的原因可能是由于分组头信息的错误而未被接收，但更主要的原因往往是由于网络拥塞，造成分组的传输延时过长、超过了应该到达的时限而被接收端舍弃，或网络结点来不及处理而被结点丢弃。在 ATM 网络中，PER 对应于信元差错率（Cell Error Rate，CER）。

（3）分组丢失率（Packet Loss Rate，PLR）或信元丢失率（Cell Loss Rate，CLR）。它与PER 类似，但只关心分组的丢失情况。在 ATM 网中，CLR 与 CER 相同，因为 ATM 网中不会发生分组的次序被颠倒的情况。

在多媒体应用中，将接收到的声像信号直接回放时，由于显示的活动图像和播放的声音是在不断更新的，错误很快被覆盖，因而人可以在一定程度上容忍错误的发生。从另一方面看，已压缩的数据中存在误码对播放质量的破坏显然比未压缩的数据中的误码要大，特别是发生在关键地方（如运动矢量）的误码要影响到前、后一段范围内的数据的正确性。此外，误码对人的主观接收质量的影响程度还与压缩算法和压缩倍数有关。

7.2.2 分组网络服务质量保证的理论基础

传统的 IP 服务模型提供"尽力而为"的分组传送服务，即网络会尽最大努力将分组递送到目的端，但它不为任何分组的递送提供保证或为其事先分配资源。由于下述原因，在传输的 IP 网络中没有 QoS 的概念。

- TCP/IP 协议簇的最初设计建立在公平和平等访问的基础上。
- 早期的路由器采用先进先出（FIFO）的排队策略，对分组的服务原则是先到先服务。
- 考虑到网络结点和链路传输能力的变化，TCP 根据网络的有效资源自适应地调节其发送码率。
- 没有真正的需求推动促使 TCP/IP 重构以支持 QoS。

在多媒体应用出现之前，IP 网上占重要地位的应用如万维网（WWW）、FTP 以及电子邮件等都采用 TCP，并能很好地工作。可以说，多媒体的出现改变了因特网的发展方向。早在 1992 年，D. Clark 等人的论文描述了在分组数据网络上支持实时业务流的体系结构。在文中，他们提出了服务类的思想以支持不同性能要求的应用。而且，他们提议的两种算法在当今支持 QoS 的路由器中被大量采用：令牌桶过滤器，用以刻画某类服务的业务流特征；加权公平队列（Weighted Fair Queuing，WFQ）算法，用以实现离开路由器的分组调度。下面将简述这两个重要的理论基础。

1. 令牌桶算法

图 7-2 示意了令牌桶过滤器的原理。一个令牌桶过滤器可由两个参数完全描述：B 表示令牌桶的最大深度，R 表示令牌连续注入令牌桶的速率。当长度为 P 字节的分组通过时，将消耗桶内 P 个令牌。除非令牌桶内有足够的令牌，否则分组将不被发送。如果发送源在发送分组时，若令牌桶内始终有足够的令牌供其使用（不会因没有令牌而等待），则称发送源的流量符合令牌桶过滤器 (R,B)。考虑到 R 对 B 的影响，对于给定的流量产生过程，

可定义一个非递增的函数 $B(R)$,使得该过程符合令牌桶$(R,B(R))$。

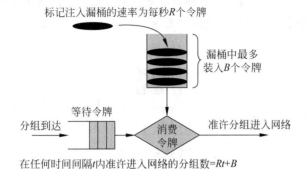

图 7-2　令牌桶分组过滤器的工作原理图

令牌桶过滤器允许发送源发送突发的分组,此时突发分组的总的比特数等于令牌桶内令牌的数量,显然,它小于令牌桶的最大深度 B。因此,符合令牌桶过滤器(R,B)的发送源其平均发送速率应小于或等于 $R(\mathrm{B/s})$。而且,在任意增加的时间 t 内,一个由令牌桶过滤器刻画其特征的发送源的流量都不会超过 $R\times t+B$。根据上述特征,网络可以很方便地对业务流采取适当的行动。

对于不符合令牌桶过滤器的业务流,在不同的实现中可采用不同的措施来进行处理。实际中通常采用的方法有:将分组标记为不符合 SLA、缓冲乃至丢弃分组。令牌桶过滤器已经成为很多路由器实现中的一个标准机制,用于描述业务流的数量(速率)特征。

2. 加权公平队列原理

如果一个路由器需处理多个数据流,则存在一种危险情况:发送速率快的流过多地占用了发送资源从而导致其他流处于饥饿状态。按照到达顺序来处理分组即可能出现激进的发送端占据了所经过路由器的大部分能力,而降低了其他数据流的服务质量,如端到端的时延增加。为防止这种危险情况,需设计不同的分组调度算法。

为了得到可预期的时延信息,研究者们提出了一些基于时间戳(time stamp)的算法。这些算法将预先确定的各链路速率集 R 作为输入,每个流最终的时延取决于其对应的令牌桶深度 $B(R)$,各流的时延相互独立。公平队列算法是这些算法中较早的一个,它的本质是路由器的每个出口链路有多个独立的队列,每个队列用于服务一个数据流。当出口链路空闲时,路由器循环扫描各个队列,取出下一个队列的首个分组用于发送。采用这种方式,当 n 个主机竞争某个出口链路时,每个主机可以发送 n 个分组中的一个。提高主机发送速率并不能提高这个比例。

加权公平队列(WFQ)是公平队列算法的加权版本,其工作原理如图 7-3 所示。在 WFQ 中,每个分组根据它们到达路由器的速率、被调度离开路由器的时间及分组的长度被打上时间戳。在 WFQ 的派发队列里,每当一个新的分组到达时,队列中的分组都要重新排列以保证时间戳最小的分组被最先发送。最初的公平队列算法对每个流提供可用带宽的一个公平的份额(如有 N 个流,则各流占有 $1/N$ 的可用带宽),而 WFQ 允许特定流占有超出其应得的份额。WFQ 调度器有两个特征使其成为支持 QoS 的理想选择。

- 不管穿过路由器的其他流,某个流总能保证得到所分配的带宽。
- WFQ 的工作是高效的,即只要在分组的队列中存在分组,路由器总是将它们发送出去,这就保证了和路由器相连的链路不会出现空闲的情况。

可以证明,对于一个符合某个令牌桶过滤器的业务流且采用 WFQ 进行调度,网络中的路由器总能保证将其时延限制在一定范围之内。

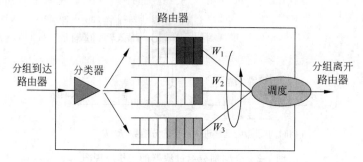

图 7-3　加权公平队列工作原理图

7.2.3　集成服务(IntServ)模型

在因特网中,IP 分组沿着由链路和路由器构成的路径传递。路由器和链路的互连可能构成任意的拓扑结构,路由协议用于为每一个分组寻找其合适的路径到达目的地。路由器是大量不相关分组流的汇聚和转发点。数据应用产生的流量往往是不均匀的(比如浏览网页时数据传输总是时断时续的),当来自不同终端的分组同时到达时,到达的分组数量可能会超过路由器的瞬时传送能力,这些试图通过该路由器的分组都将经历一个附加的延迟时间。路由器和交换机要承受瞬时的网络拥塞,并缓冲到达的过量分组,直到它们被发送出去(当瞬时的网络拥塞变得很严重时,缓冲区可能溢出导致分组被完全抛弃)。根据上述分析可见,提供 QoS 保证最关键的两个因素如下。

- 为了提高网络负载的可预测性,如何规范和限制进入网络中的流量。
- 在发生瞬时网络拥塞时,路由器如何处理汇聚流量中不同种类的分组。

为因特网提供服务质量保证耗费了学术界和工业界大量的时间和精力,也产生了大量的服务质量保证方法。但从实用的角度而言,因特网的服务质量保证技术主要体现在 IETF 开发和建议的集成服务和区分服务两个服务质量保证体系结构。

意识到单一的尽力而为的服务模型不能支持不断增长的实时应用的需求,Internet 团体首先提出了集成服务的体系结构(IntServ)。集成服务致力于扩展现有的 IP 服务模型以同时支持实时应用和原来尽力而为的传送模式。集成服务提出了一个重要的概念:"流"(flow)。所谓流指的是一个类似于 TCP 连接的分组流(stream)。不同之处在于,为了在无连接的网络中动态地分配资源,流的保持状态需要周期刷新(软状态)。集成服务的一个基本组件是使应用能够通过其 QoS 参数请求网络资源的设置协议,现阶段被广泛使用的设置协议是资源预留协议(RSVP)。

集成服务模型是一个综合的服务质量保证模型,它可以满足多种 QoS 需求。它的一个重要特点是借鉴了电信网中的信令(signaling)机制。集成服务模型在发送报文前,首先向网络申请特定服务所需的网络资源,这个请求是通过信令(signal)来完成的。应用首先通知网络它自己的流量参数和需要的特定服务质量请求,包括带宽、时延等。应用只有在收到网络的确认信息后,即确认网络已经为应用请求预留了资源后,才开始发送报文;同时应用发出的报文应该控制在流量参数描述的范围以内。

网络在收到应用的资源请求后,执行资源分配接纳控制(Admission Control),即基于应用程序的资源申请和网络现有的资源情况,判断是否为应用分配资源。一旦网络确认为应用分配了资源,则只要应用的报文控制在流量参数描述的范围内,网络将承诺满足应用的QoS需求。IntServ模型将应用的资源需求抽象为"流"(由两端的IP地址、端口号、协议号确定),为了保证资源的供应,网络需维护每个流状态,并基于这个状态执行报文的分类、流量监管(policing)、排队及调度,来实现对应用程序的承诺。

Integrated Service可以提供以下两种服务。

- 保证服务(Guaranteed Service):它提供保证的带宽和时延限制来满足应用程序的要求,如VoIP应用可以预留64 K带宽和要求不超过1 s的时延。
- 受控负载服务(Controlled-Load Service)。它保证即使在网络过载(overload)的情况下,能对报文提供近似于网络未过载类似的服务,即在网络拥塞的情况下,保证某些应用程序的报文低时延和高吞吐率,可以使应用程序得到比"尽力而为"更加可靠的服务。

IntServ体系结构主要有4个组成部分,如图7-4所示。

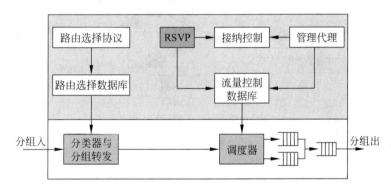

图7-4　IntServ模型体系结构

(1) 资源预留协议RSVP,它是IntServ的信令协议,与路径中的路由器协商应用的QoS和相应的资源需求。

(2) 接纳控制(Admission Control),用来决定是否同意对某一资源的请求。

(3) 分类器(Classifier),用来将进入路由器的分组进行分类,并根据分类的结果将不同类别的分组放入特定的队列。

(4) 调度器(Scheduler),根据服务质量要求决定分组发送的前后顺序。

集成服务模型通过RSVP协议来请求和设置路径的资源需求。RSVP是一个标准QoS信令协议(RFC2205-RFC2209),它用来动态地建立端到端的QoS,它允许应用动态地申请网络带宽等。RSVP协议不是一个路由协议,相反,它按照路由协议规定的路径为报文申请预留资源,在路由发生变化后,它会按照新路由进行调整,并在新的路径上申请预留资源。RSVP只是在网络结点之间传递QoS请求,它本身不负责这些QoS的要求实现,而是通过分类和调度技术(如前述WFQ)等来实现这些要求。

RSVP的处理是接收方发出资源请求,按照报文发送的反向路径发送资源请求,所以它可以用于非常大的多播组,多播组的成员也可以动态变化。RSVP 协议是针对多播设计的,单播可以看做是多播的一个特例。

RSVP 信令在网络结点之间传送资源请求,而网络结点在收到这些请求后,需要为这些请求分配资源,这就是资源预留。网络结点比较资源请求和网络现有的资源,确定是否接受请求,在资源不够的情况下,这个请求可以被拒绝,这就是接纳控制。RSVP 的消息交互过程如图 7-5 所示。

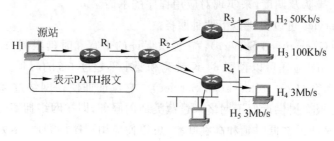

(a) 源点用多播发送PATH报文

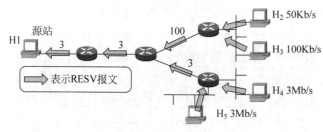

(b) 各终点向源点返回RESV报文

图 7-5   RSVP 的消息交互过程

发送端在发送业务流之前向接收端发送一个路径报文(PATH Message),报文中包含发送端用于描述业务流特征的参数 TSpec(Traffic Specifier)和携带沿途结点 QoS 控制能力与需求信息的描述参数 ADSpec。TSpec 描述参数将业务量看做一个令牌桶模型,其原理如前所述。PATH 报文在沿途各网络结点的传输过程中,ADSpec 被随后的网络结点修改,在沿途每一个结点中,ADSpec 从 RSVP 模块传送到流量控制模块,由流量控制模块更新 ADSpec,如果流量控制模块发现 ADSpec 所描述的 QoS 控制服务不能在本结点上实现,它就在 ADSpec 上设置一个标志,然后再传递到下一个中继点。

PATH 报文到达接收端后,接收端用这些参数并结合自己的状况选择资源预留参数。接收端收到路径(PATH)报文并准备为此业务流预留资源时,它响应一个资源预留报文(RESV Message),RESV 报文中包含描述接收端预留的资源参数 FLOW Spec,资源参数 FLOW Spec 由业务量描述参数 TSpec 和所要求的服务描述参数 RSpec 组成。沿途每一个中间结点都可以拒绝或接受此 RESV 报文提出的请求,如果中间结点拒绝请求,则向接收端发送一个错误报文,终止信令的传送。如果中间结点接受请求,则根据 PATH 中的 TSpec 和 RESV 报文中的 FLOW Spec 参数为此业务流预留链路带宽和内存空间,并继续转发此 RESV 报文。

在多媒体实时通信业务中,组播技术是简便而又有效地实现资源共享的重要技术。

RSVP 协议是为组播业务而设计的,在组播组的通信中,新的接收端点通过因特网组管理协议(IGMP)请求加入组播组,由组播路由协议形成转发路由,然后将组播分组和 PATH 报文以普通方式转发给接收端。接收端利用接收到的 PATH 报文中包含的业务量描述信息和结点自身的情况产生一个 RESV 报文发给发送端。沿途结点对 RESV 报文进行检查,当结点已为此业务量预留了资源时,它只需在它的组播树上添加一个结点;否则,中间结点需逐级向上游结点预留资源,直到沿途各结点都预留了所需的资源。

考虑到 IP 路由的动态性,RSVP 资源预留采用了一种称为"软状态(soft state)"的预约方式,在 PATH 报文和 RESV 报文中有刷新间隔和最大刷新间隔域,表示了资源预留要每隔一定时间进行一次。这样,在数据流传输途中即使网络出了故障,资源也可以在一条新的路径上预留。

集成服务模型的实现需要网络中间结点的支持。路由器可以对每个资源请求设置不同的优先级,这样,优先级较高的资源请求可以在网络资源不够的情况下,抢占较低优先级的预留资源,来优先满足高优先级的资源请求。对报文流路径上不支持 RSVP 的路由器,它只需要简单地转发 RSVP 报文,所以对 RSVP 不会有太大影响,但这些结点不会对报文提供所要求的 QoS。

综上所述,集成服务的优点在于:①能够提供绝对有保证的 QoS;②RSVP 能够支持组播环境,这对保证多媒体实时业务(如可视会议、远程实时教学等)提供了资源共享手段。集成服务体系结构中存在的问题是:①状态信息数与流的个数成正比,这就需要在路由器中占有很大的存储空间,因此,这种模型不具有可扩展性;②对路由器的要求高,所有路由器必须实现 RSVP、接纳控制、多域分类和分组调度;③该服务不适合于短生存期的数据流,因为对短生存期的数据流来说,资源预留所占的开销太大,降低了网络利用率。

7.2.4　区分服务(Diff-Serv)模型

集成服务的体系结构包括整个基于流的资源预留、接纳控制和调度机制,同时还需要应用程序相应的支持(资源预留请求、资源释放等),它的实现是非常庞大和复杂的。集成服务在一定程度上为 IP 网支持实时应用提供了一个解决方案,但由于实现集成服务要求路径中的每个路由器保留流的状态,而流的数量非常庞大,因此在大型网络的可扩展性较差。针对集成服务存在的问题以及当前网络发展的实际情况,IETF 提出了区分服务模型。区分服务模型的基本思想是在网络的入口处为分组标记一个码点(code point),码点用于指示分组在网络转发路径的中间结点上应该被处理的方式。这样对每个分组进行的复杂处理被推到了网络边缘,核心网的主要任务只是根据分组首部的码点对其采用相应的转发措施。在区分服务模型中由于不需要网络中间结点管理每个正在工作的流状态,因此具有良好的可缩放性。

1. 区分服务的组件

区分服务模型所采用的方法是在网络的边缘对个别的流进行分类,分组被标记(在分组首部设置不同的码点)为属于特定的服务类后注入网络,在网络的中间结点上针对不同的服务类进行转发处理。转发分组的核心路由器将检查分组首部的码点判别其所属的服务类,决定如何对其处理(例如,将其置于哪个传输队列)。为了实现这些功能,区分服务定义了一些组件。

(1) DS 字段。

DS 字段是包含在分组首部的比特语法格式,它指示了分组在网络中转发时应接受的服务(即下文所述的逐跳行为)。IPv4 中的 TOS(服务类型)和 IPv6 中的业务流类型字段已被重新定义为 DS 字段。DS 字段定义了 6 个比特作为 DS 码点(DSCPs),还有 2 比特当前未定义。一些码点被定义为对那些基于 TOS 进行分组转发的路由器后向兼容。

(2) 逐跳行为与行为聚合体。

逐跳行为(Per-hop Behavior,PHB)定义了分组在网络中转发时接受的外部可见的服务。在每个转发路由器中,分组的 DSCP 被映射为 PHB。

行为聚合体(behavior aggregate)是指带有相同 DSCP 的一组分组。在网络内部,PHB 作用于行为聚合体。

(3) 区分服务域(DS 域)。

区分服务域是一组连续的 DS 结点,这些结点按照通用的服务配置策略进行工作且在每个结点上实现了多个 PHB 组。区分服务域通常是包括在一个统一管理机构下(如企业的内部网或 ISP)的一个或多个网络。域的管理机构有责任保证配置或预留了足够的资源以支持域提供的 SLA。

DS 域包括 DS 边界结点和 DS 内部结点。边界结点工作在 DS 域的边缘或连接两个 DS 域。边界结点对进入 DS 域的业务流进行分类和可能的调节以保证穿过 DS 域的分组被适当标记从而可从 DS 域支持的某个 PHB 组中选择一个 PHB。分类器的配置(检查分组首部的哪些字段)以及递送服务所必需的其他功能(如丢弃不符合令牌桶过滤器的分组)取决于网络管理员的配置策略。边界结点的功能可在路由器、防火墙或主机中实现。根据业务流通过 DS 域的方向可将边界结点分为入口结点(Ingress Node)和出口结点(Egress Node)。

DS 域内部结点可以是核心路由器或交换机,它按照某种方式将分组的 DSCP 映射为某个 PHB,并为之选择适当的转发行为。内部结点通常采用队列管理和调度原理作为提供 PHB 的方法。WFQ 即是其中一种支持 PHB 的分组排队与调度机制,但可以实现其他的排队与调度机制来完成类似的功能。

连续的一个或多个区分服务域构成区分服务区域(DS Region)。DS 区域扩展了区分服务的范围。

(4) 服务级别约定和流量调节约定。

应用级别约定(SLA)是用户与服务提供者之间的一个合约,在这个合约中规定了客户应享受的转发服务。用户可能位于不同的 DS 域中,因此 SLA 应该包括充分的流量调节规则,这些规则可用来形成全局或局部的流量调节约定。

流量调节约定(Traffic Conditioning Agreement,TCA)规定分类器的规则和相关的流量特征描述以及应用于分类器所选流的计量、标记、丢弃和/或整形的规则。TCA 既强调所有在 SLA 中显式规定的规则,也强调那些隐式地包含在相关的服务需求和/或 DS 域的服务配备策略中的规则。

(5) 业务流与流量特征描述。

为了便于对流量进行管理,在区分服务中引入了业务流(Traffic Stream)的概念,它指的是通过某一段路径的一个或多个细粒度流量的集合。

流量特征描述(Traffic Profiles)规定了分类器选择的业务流当前具有的一些特征。它提供了确定一个特定分组符合或不符合流量特征的规则。例如,一个基于令牌桶的流量特征描述可表示为:码点 = X,使用令牌桶(R,B)。它表明所有码点标记为X的分组如果业务流到达时没有足够的令牌供其使用则不符合流量特征描述。

(6) 分类器(Classifier)。

分组分类策略将要接受区分服务的流量分成若干子集,具体可采用对流量进行调节或将其映射至一个或多个行为聚合体。分组分类器根据分组报头某些字段的内容在业务流中选择分组。已经有两种分类器被定义:行为聚合体分类器,仅根据 DSCP 进行分组分类;多域(Multi-Field,MF)分类器,根据分组报头多个字段的组合选择分组,如 DS 字段、源地址、目的地址、源端口号、目的端口号以及输入网络接口等。分类器必须在管理过程中根据适当的 TCA 进行配置。

(7) 流量调节器(Traffic Conditioner)。

分类器的作用是控制符合某些约束规则的分组进入流量调节器以进行进一步处理。流量调节器则是执行流量调节功能的实体,它可能包括计量器、标记器、丢弃器和整形器。流量调节器一般在 DS 域的边界结点上实现。流量调节器可能重新标记一个业务流或对业务流的分组进行丢弃和整形以改变其当前属性使其符合某个流量特征描述。流量调节是规定分类器分类规则的协定。分类器选择业务流并将其中的分组导向流量调节器的逻辑实体。计量器是用来根据流量特征描述对业务流进行监测,对于特定的分组(符合或不符合流量特征描述)计量器的状态将影响后序的标记、丢弃和整形活动。分类和流量调节一般在 DS 域的入口结点中完成,当分组离开边界结点时,每个分组的 DSCP 必须被设置一个适当的值。

图 7-6 显示了分类器和流量调节器的逻辑组成框图。应当指出,流量调节器可能不必包含上述全部的 4 个组成部分。例如,在没有流量特征描述的情况下,分组可能直接通过分类器和标记器。

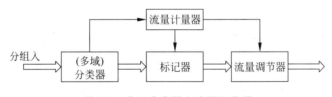

图 7-6 分组分类器和流量调节器

(1) 计量器(meter)。

流量计量器是用来根据在 TCA 中规定的流量特征描述测量分类器选择的分组流当前特性。计量器将测量所得的状态信息传递至别的调节功能单元以对每个分组触发特定的行动。这个分组可能符合或不符合相应的流量特征描述。

(2) 标记器(marker)。

分组标记器将分组的 DS 字段设为特定的码点,从而将这个分组加到与码点对应的 DS 行为聚合体中。根据计量器的状态,可将标记器配置为将所有的分组标记为一个码点,也可配置成将分组标记成一组码点中的一个,这时码点将用来在 PHB 组中选择某个 PHB。当标记器改变了分组的码点时,称标记器"重新标记(remark)"了分组。

（3）整形器（shaper）。

整形器延迟业务流中某些或全部的分组使其符合某个预先定义的流量特征描述。整形器通常有一个大小有限的缓冲器，如果缓冲器没有足够的空间容纳被延迟的分组，分组将有可能被丢弃。

（4）丢弃器（dropper）。

与整形器不同，丢弃器丢弃业务流中某些或全部的分组使其符合某个流量特征描述。这个过程又称为监管（policy）业务流。不难看出，丢弃器可实现为整形器的一个特例，即将整形器的缓冲大小设为 0 或很小。

2. 区分服务的工作原理

区分服务模型通过把所有的分组分成少数的几个服务类（通过分组首部的标记字段），然后让网络针对不同服务类的分组提供有区别的服务。区分服务一般在路由器中实现，尽管它也不排除网络的主机执行这些功能。

区分服务建立在一个简单的模型之上，其主要机制是流量调节和基于 PHB 的转发。如图 7-7 所示为区分服务的分组处理过程和内部组成元素所执行的功能。分组通过入口路由器进入网络。每个分组首先经过一个多域分类器，它和流量计量器相结合决定下一步对分组采取的行动。流量计量器测量分组是否符合服务供应商和客户之间约定的流量特征描述。接下来，流量标记器将为分组的 DS 字段标记为 DSCP。在进入核心网络之前，还需对流量进行适当的调节（整形或丢弃）。内部路由器包含一个简单的行为聚合体分类器决定对分组采取何种 PHB。所有属于同一行为聚合体的分组将按相同的方法处理。如前所述，PHB 是通过内部的队列管理和调度技术在每个网络结点上执行的外部可观察行为。在区分服务机构中，网络只是对穿过网络的分组流进行聚合然后提供特定的服务，对每个分组执行的复杂处理过程只在网络边界设备上进行。

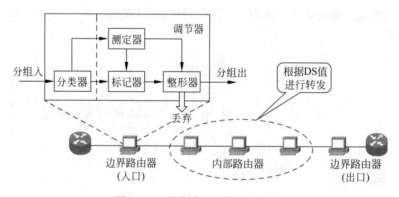

图 7-7　区分服务的工作原理框图

IETF 区分服务工作组已经定义了两类逐跳行为：加速转发（Expedited Forwarding，EF）和保证转发（Assured Forwarding，AF）。加速转发 PHB 看起来像在点到点租用线路上以最大带宽提供的服务。它被设计用来支持低分组丢失率、低时延、低时延抖动的连接，如话音和多媒体数据流。为了使时延和抖动最小化，分组只能在路由器的队列中停留很短的时间。因此，加速转发 PHB 需要流量被严格地监管（policy）以满足边界设备的峰值速率要求；而且，网络的配备必须保证其最小的转发速率大于边界设备的峰值速率。对应于加速转发 PHB 的 DSCP 指示分组必须被放在与每个路由结点相连的链路的高优先级队列中。由上可见,支持加速转发 PHB 的路由器需要一个严格地按优先级排队策略以提供相应的服务。

保证服务定义了 4 个相关的服务类,每个服务类支持三级分组丢弃优先级。当路由器发生拥塞时,丢弃优先级高的分组将先被丢弃。这 4 个服务类的服务优先级逐次降低,但并没有定义任何带宽和时延的约束。保证转发 PHB 主要是用来使网络供应商能够为客户提供相对优先级的服务。

区分服务使得 ISPs 和企业网能支持不同的服务类(service classes),每种服务类通过网络提供的不同服务级别进行区分。区分服务承诺为 ISP 规模的网络和企业网提供可扩展的粗粒度优先级的服务。可以肯定,它比面向细粒度分组流的 RSVP/集成服务有更好的可扩展性。尤其是,实施区分服务无须改变原来的应用接口和对路由器进行大规模的升级;它无须一个新的信令协议或对现有的应用进行改变,并可随着时间推移逐步实施。而且,区分服务为网络供应商在部署和运营不同的网络基础设施(如 ATM 或 IP)时留有一定的自由空间,只要这些网络可支持不同的 PHB。IETF 已经定义了两类 PHB 和相应的 DSCP 集。对 IP 网络而言,区分服务是个相当重要和有前途的服务模型,研究者们已经在探讨如何对之进行扩展以支持已出现的 RSVP 应用。甚至在 Internet II 也建立了 Qbone 以测试其在下一代网络中工作的情况。

DiffServ 是一个多服务模型,它可以满足不同的 QoS 需求。与 IntServ 不同,它不需要信令,即应用程序在发出报文前,不需要通知路由器。对 Differentiated Service,网络不需要为每个流维护状态,它根据每个报文指定的 QoS,来提供特定的服务。可以用不同的方法来指定报文的 QoS,如 IP 包的优先级位(IP Precedence),报文的源地址和目的地址等。网络通过这些信息来进行报文的分类、流量整形、流量监管和排队。

3. IntServ 与 DiffServ 之间的互通

一般来讲,在 IP 网络中提供 QoS 保证时,为了实现规模适应性,在 IP 骨干网往往需要采用 DiffServ 体系结构,在 IP 边缘网可以有两种选择:采用 DiffServ 体系结构或采用 IntServ 体系结构。目前在 IP 边缘网络采用哪一种 QoS 体系结构还没有定论,也许这两种会同时并存于 IP 边缘网中。在 IP 边缘网采用 DiffServ 体系结构的情况下,IP 骨干网与 IP 边缘网之间的互通没有问题。在 IP 边缘网采用 IntServ 体系结构的情况下,需要解决 IntServ 与 DiffServ 之间的互通问题,包括 RSVP 在 DiffServ 域的处理方式、IntServ 支持的业务与 DiffServ 支持的 PHB (Per Hop Behavior)之间的映射。

RSVP 在 DiffServ 域的处理可以有多种可选择的方式。例如一种方式为 RSVP 对 DiffServ 域透明,RSVP 在 IntServ 域边界路由器终结,DiffServ 域对 IntServ 域采用静态资源提供方式,也就是说,该路由器同时具有 IntServ 和 DiffServ 功能,CAC(Connection Admission Control)需要考虑相应业务的 SLA(Service Level Agreements);一种方式为 DiffServ 域参与 RSVP 处理,DiffServ 域对 IntServ 域采用动态资源提供方式。前一种互通方式实现相对简单,可能造成 DiffServ 域资源的浪费,另一种互通方式实现相对复杂,可以优化 DiffServ 域资源的使用。

除此以外,还需要解决 IntServ 支持的业务与 DiffServ 支持的 PHB 之间的映射问题,映射标准为两者支持的应用是否相同或相近。IntServ 支持的业务包括:Guaranteed

Service、Controlled Load Service,前者可以为用户应用提供严格的端到端时延及带宽保证,适用于实时应用;后者在网络负荷较重的情况下为用户应用提供与网络轻负荷情况下相近似的性能,不能保证端到端的时延。DiffServ 提供的 PHB 包括:EF(Expedited Forwarding)、AF(Assured Forwarding)。EF 用于支持低丢失率、低时延确保带宽的应用,AF 可以保证在应用向网络发送的业务流量没有超过约定值的情况下应用的 IP 包丢失概率非常低,AF 有 4 类,每一类可以设置三个不同的丢弃优先级。从上面的叙述易于获得 DiffServ 与 IntServ 之间的映射关系:即将 IntServ 中的 Guaranteed Service 映射为 DiffServ 中的 EF,将 IntServ 中的 Controlled Load Service 映射为 DiffServ 中的 AF。

7.3 网络多媒体服务质量自适应控制机制

网络多媒体技术的核心问题是传输多媒体数据流的服务质量 QoS 控制,国际上不同组织和团体提出不同的控制机制和策略,比较著名的有:①ISO/OSI 提出的基于 ODP 分布式环境的 QoS 控制,但是它迄今为止停留在只给出了用户层的 QoS 参数说明和编程接口阶段,具体的 QoS 控制策略和实现并未提出;②ATM 论坛也提出基于 ATM 网络的 QoS 控制的策略和实现;③IETF 相应的工作小组提出集成服务和区分服务模型用于解决 Internet 的 QoS 控制和管理。上述标准都是在网络层实现 QoS 控制,通过它们只可以实现粗粒度(coarse-grained)的 QoS 控制,这是因为下层网络的数据流分类较粗(如 IP 采用 COS 域,ATM 分为 CBR、VBR 和 ABR 等业务),同时网络的 QoS 控制机制是针对特殊网络(如 IP、ATM 等)设计,所以不能提供可定制(custom tailor)的 QoS 保证——即细粒度的 QoS 控制;特别在 IP 网络中的数据包长度可变($\leqslant$64KB),导致即使通过 RSVP 进行资源预留,由于网络波动,即使通过网络的 QoS 控制也难以完全达到要求的带宽、延迟的质量保证要求。

多媒体数据的最终接受者是终端用户,因此多媒体应用的 QoS 问题是一个端到端的问题。尽管传输网络的服务质量是应用服务质量的关键,但只有和应用相关的各个层次共同作用,才能提供真正的 QoS 保证。也就是说,除了继续提高网络基础设施的传输能力,应用进程也可以采取一定措施,比如在应用层根据网络的带宽改变视频编码的速率以改善最终接收者的视觉感受。IP 网络 QoS 保证技术经过多年的研究已经比较完善和成熟,但直至今日,这些技术并未能得到充分部署和应用。应用层的自适应控制机制在很多情况下仍然是必需的。本节对多媒体数据传输的自适应控制机制做一些初步探讨。

从宏观上看,可以从两个方面来解决分组网络 QoS 保证问题:①提出新的网络体系结构,建立新的通信基础设施,从而从根本上改变分组网络的传输机制;②在现有网络基础上采用一定的技术加以改进。尽管下一代网络的研究已经起步,但由于分组网络基础设施已有相当大的规模,不可能在短期内被取而代之。对于第二个方面,通信的服务质量与其各个层次有关,本质上说,应用的服务质量是个端到端的问题,而端到端的 QoS 保证可在不同的通信服务层次上提供支持。通常有两种方案提供端到端的 QoS:一种是在尽力而为服务的基础上增加其他提供不同程度行为保证的服务。这需要在网络中实现具体的资源分配和预留机制,这一机制在因特网中还没有被广泛地使用;另一种是根据网络提供的服务调整应用的行为来实现相应的自适应操作。对于视频传输来说,重要的信道特性主要是可用带宽、端到端时延及时延抖动和包丢失率。要实现高效的端到端时延控制机制,应该采用细致的路由器内数据包排队方式(如 WFQ)以代替传统的先入先出机制。在端系统中主要采用缓冲调整的方式以解决时延抖动,通过一定的时延代价以减小速率变化的影响。对于可用带宽和包丢失的处理,现在主要有速率控制和差错控制两种机制:速率控制机制试图使一个视频连接的需求与整个连接链路的可用带宽相匹配,而差错控制机制力图减少目的端分组丢失对视觉效果造成的损害。

7.3.1 端到端的 QoS 层次模型

由于对 QoS 满意程度的最终评价者是人,因此,在网络多媒体系统中,QoS 的保证不只是多媒体数据传输对网络的要求,而且是一个端到端的问题,即从一个终端的应用层到另一个终端的应用层的整个流程中的各个环节均应该具备 QoS 的保障。例如,当播放从远端数据库传送来的音频和视频数据流时,只有从远端数据库提取、经传输网络传送、直到终端播放的整个过程中媒体流都得到 QoS 的保障时,才能获得满意的播放质量。

如图 7-8 所示为端到端 QoS 的层次结构。该结构具有应用层、系统层和设备层三个层次,其中系统层包括操作系统和通信服务,设备层包括多媒体输入/输出(I/O)设备和传输网络。每个层次有自己的 QoS 参数和相应的保证 QoS 的机制,如同在 OSI 参考模型中一样,上一层对下一层提出 QoS 要求,下一层的 QoS 机制对上一层提供服务,各个层次的机制相互统一协调地工作,以满足用户在应用层想要达到的 QoS 要求。值得指出的是,到目前为止,国际上对于具有端到端支持的完整的 QoS 体系结构(Architecture)的研究还处于起始阶段,对 QoS 体系结构的定义、层次划分和各层次上 QoS 参数的定义还没有明确和一致的意见。

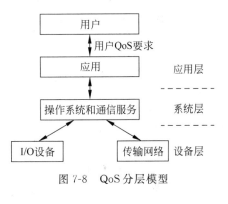

图 7-8   QoS 分层模型

7.3.2 端到端的 QoS 保证机制

完整的 QoS 保证机制应该包括 QoS 规范(Specification)和 QoS 机制。QoS 规范描述应用所需要的服务质量,如何在运行过程中达到所要求的质量则由 QoS 机制来完成。QoS 与提供给该服务的资源有着直接的关系,根据资源独占、预留和分配的情况可将 QoS 保证分为确定性保证、统计性保证。

因此,QoS 机制实际上是根据用户提出的 QoS 规范对可利用的资源进行配置和管理的机制。这种机制不仅存在于网络结点上,而且存在于如图 7-8 所示的各个层次和部分中。所谓的资源主要是指 CPU 的处理能力、存储器(缓存器)大小和信道带宽等。

QoS 机制又可分为静态和动态两大类。静态管理是指在通信建立时,以及在进行端到端的 QoS 重新协商(Renegotiation)时对资源的管理,称为 QoS 配备机制(QoS Provision Mechanisms);而动态管理则是指在数据流传送过程中对资源的管理,它又可以分为对传送进行实时控制的 QoS 控制机制,以及根据在一段较长时间内对数据传送的监测结果资源调整的 QoS 管理机制。

1. QoS 规范

如前所述，QoS 规范用来申明多媒体应用所需要的服务质量。它主要包括对 QoS 描述、QoS 的管理策略和服务所需要的费用等。通常在 QoS 结构的不同层次上，QoS 规范（特别是 QoS 参数）是不相同的。图 7-9 给出了一个不同层次所对应的 QoS 例子。

图像分辨率、帧率、同步质量	应用层
比特率、流内和流间同步容限	系统层
比特率、延时、延时抖动、错误率	网络层

图 7-9　不同层次的 QoS 参数示例

QoS 结构中各层次的 QoS 参数之间的转换称为 QoS 映射（QoS Mapping）或 QoS 翻译（QoS Translation）。

每个层次的 QoS 参数应包括哪些，目前尚未有统一的标准，是随着不同研究者的实验系统而异的。一般来说，QoS 参数包括保证媒体流性能的参数（如比特率、延时、抖动和包丢失率）和保证媒体流同步的参数（如流内和流间失步的容限等）两个部分。

2. QoS 的管理策略

QoS 的管理策略反映了当约定的服务质量得不到保证时，QoS 的自适应性能。在通信开始时，用户与系统（包括网络）商定好一定的服务质量。在通信过程中，由于某些原因所商定的服务质量得不到保证。例如，因网络突然拥塞使该用户可利用的带宽降低，导致在原来商定的分辨和帧率下播放的图像质量有不可容忍的下降。此时，与其坚持原来商定的条件，不如降低分辨率/帧率来适应当前可利用的带宽。这样，用户虽然只能看到较小幅面的图像，但视觉上的不舒适可以减至最小。这种在通信过程中，对 QoS 的调整称为 QoS 缩放（QoS Scaling）。QoS 的管理策略规定了在约定的 QoS 被破坏的情况下，数据流性能下降的可容忍限度和所需要采取的缩放措施。同时，它也包括当约定的 QoS 被破坏时，是否在应用层给用户以提示，以及周期性通知终端可利用的 QoS 条件（带宽、延时、抖动和错误率）等。

3. 服务费用

在 QoS 规范中给出服务所需的费用是十分必要的。没有费用的限制，所有的用户都会选最好的服务质量。

7.3.3　端到端服务质量保证的自适应控制机制

7.3.2 节给出了端到端 QoS 保证机制的基本理论框架，在这一小节中将着重讨论在应用层实现 QoS 保证的主要控制策略。如果应用得当，通过应用层的控制能够获得可以接受的视频通信服务质量。

1. 速率控制

在多媒体应用中，为适应 Internet 视频传输的需要，应根据网络的状态来调整编码器的输出速率，从而避免由拥塞而导致的传输延迟及分组丢失，满足 Internet 视频传输的实时性及传输质量等方面的要求。所谓速率控制是指根据网络的可用带宽来调节编码器的参数以获得所需的数据输出速率。现阶段，速率控制有两种常用的方法。

（1）反馈控制。

由于网络的传输能力是时变的，因此应根据网络状态的反馈信息来控制分组的发送速率，即反馈速率控制。反馈控制机制已被用于 Internet 来控制非实时的数据传输，如 TCP，其反馈信息是分组的丢失数量，并采用 Van Jacobson 的动态窗口（Dynamic Window）控制结构。

由于 Internet 不直接提供网络状态的反馈信息，只能较容易地获得分组丢失数和传输延迟等信息，因此许多文献应用分组的传输延迟作为反馈信息。但先前的实验和仿真结果表明，在一个 Internet 连接中，基于延迟的反馈控制的分组吞吐量小于基于分组丢失数的反馈控制的吞吐量。换句话说，基于延迟的结构与 TCP 相比带宽的利用率较低。

（2）基于信道模型的速率控制。

上述反馈控制方法大致可分为两类，即基于速率的控制算法和基于窗口的控制算法。基于速率的控制算法根据网络的反馈信息直接控制该连接的传输速率，而基于窗口的算法则通过调节拥塞窗口的尺寸（活动分组的数量）来控制传输速率。这两种算法结构简单，但容易造成速率的波动，不具备最优性。近年来，随着控制理论与通信技术的结合，产生了一系列基于信道模型的速率控制方法。这些控制方法与传统的速率控制方法相比，能更加有效地利用网络资源，并能保证速率控制的稳定性。

在实时多媒体应用中，与速率控制相关的另一个控制策略是拥塞控制。当通信子网中由于分组过多来不及处理导致其性能降低时这种情况叫做拥塞。拥塞会导致恶性循环，造成更严重的分组丢失。因此，对于实时 Internet 视频传输来说，拥塞对视频传输的质量会造成严重的影响，必须设计合理的拥塞控制策略。在 Internet 视频传输中，最合理的拥塞控制方法是将用于拥塞控制的反馈机制与差错复原（Error Recovery）技术有机地结合起来，拥塞控制模块根据网络的动态状况来调节编码器的输出比特率。LIMD（Linear Increase Multipliative Decrease）是一个典型的适用于视频传输的拥塞控制算法，该算法根据分组的丢失状况周期地调整连接的发送速率（当不存在分组丢失时，以系数 α 增加分组的发送速率；反之，以系数 β 递减）。LIMD 已被证明具有一定的鲁棒性，并能渐进地收敛于一个平衡点。但它只适合持久拥塞的情况而不适用于暂时拥塞，并且还会导致分组发送速率的巨大波动（甚至在网络状况稳定的情况下也是如此），从而降低了视频传输的服务质量。

2. 差错控制

视频压缩编码技术的基本出发点是尽量减少数据中携带的冗余信息以达到降低码率的目的，但是编码的数据流中携带的冗余信息越少，意味着每个比特携带的信息量越多，数据之间的相互关联越紧密，从而传输差错（误码和包丢失）对图像质量所造成的损伤也就越大。

在网络多媒体传输中，差错控制的目的是通过提供丢失恢复（Loss Recovery）能力来减少分组丢失对接收端视频质量的影响。为恢复丢失的分组，可采用自动重复请求（Automatic Repeat reQuest，ARQ）、前向差错修正（Forward Error Correction，FEC）以及混合 FEC/ARQ 技术。ARQ 技术的关键在于重新发送丢失的分组，因此发送器需要知道丢失分组的序号（可以通过接收端的 RTCP 报告分组获得）。但重传需要花费一定的传输和等待时间，滞后的重传媒体数据对接收端没有任何意义。因此，实时媒体应用无法依赖重传获得无差错传输。一般通用的错误处理技术，例如纠错编码、交错传输等，可以应用于视频数据的分组传输，因为这些技术在原理上并不依赖于所传送的数据的具体特征。除了通用技术以外,针对视频数据的具体特点,还存在一些专用的差错防护和补偿措施,如鲁棒编码、差错隐藏。下面通过一种简单易行的差错控制机制来说明如何解决分组丢失问题。

对于在分组交换网络中的视频信号传输,分组的丢失必定是影响视频效果的重要因素,而在源端采用的编码方法的影响也是相当大的。如对于 H.26x 或 MPEG 中的编码方法,一个分组的丢失可能会造成大量帧的质量下降,直到下一个帧内编码的帧被正确接收为止。然而,在一个有一定程度拥塞的或低速的网络当中,接收到两个帧内编码的帧的时间间隔也许会相当长。于是,人们提出了三种方法来解决这一问题。

(1) 减少帧内编码的间隔,极端情况是一帧的间隔。在 Motion-JPEG 中采用这个方法后,带宽的需求随之明显增大。

(2) 仅对那些变化量超过某一门限的块进行编码和传输。

(3) 同时使用帧内编码和帧间编码,而且对于帧内编码的间隔根据网络状况动态地进行调整。

上述方法通过调整帧内编码和帧间编码的帧的混合程度来使包丢失对视频效果的影响最小化。实验证明,采用了动态调整帧间间隔的办法来适应实际的网络状况,即根据报告包的丢失情况动态调整帧间间隔,增强了视频系统对网络丢包情况的适应性。

3. 时延抖动控制

模拟的多媒体信号在存储或传输以前须经过采样和模数转换变为数字信号。为了在分组网络中传输数字媒体数据,需将媒体数据组装成分组后再进行发送。为便于处理,这些分组的发送速率是恒定的(等间隔的)。然而,由于分组的传输要经过多个网络中间结点,经过每个结点都可能由于分组排队而产生时延,且这些时延是随时间动态变化的,因此经过因特网后,各分组的间隔将发生改变,即便原来的以恒定的速率发送也将变成了非恒定速率的分组。

为了在接收端恢复原来的发送速率,需设置适当大小的缓存。当缓存中的分组数达到一定的数量后再以恒定速率按顺序把分组读出进行还原播放。

如图 7-10 所示,缓存实际上就是一个先进先出的队列,图中标明的 T 叫做播放时延。通过缓存可以有效地消除在分组传输过程中的时延抖动,但同时增加了端到端的传输时延。

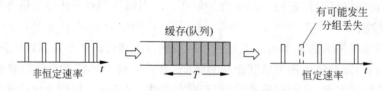

图 7-10　基于缓存的时延抖动控制机制

7.4　网络多媒体相关协议

网络多媒体属于分布式应用,它的功能实现离不开各种网络协议。与网络多媒体相关的协议可以分为两大类,一类是与应用关系密切,如实时流协议 RTSP;另一类是为了满足多媒体数据传输的需求,如实时传输协议 RTP。

7.4.1 实时传输协议 RTP

RTP(Real-time Transport Protocol,RTP)是由 IETF 的音频/视频传输工作组(AVT)于 1996 年公布为 RFC 正式文档(RFC 1889),是专门为交互式话音、视频、仿真等实时数据而设计的轻型传输协议,用于 VoIP、视频等具有实时特征的媒体传输。而且,RTP 已为ITU-T 所接受,成为基于分组网的多媒体会议标准 H.323 的一个组成部分,用来为实时数据应用提供点到点或多点通信的传输服务。

RTP 提供端到端网络传输功能,适用于在单点和多点传送网络上传输实时数据。在 IP网络中,应用程序一般在 UDP 之上运行 RTP。RTP 本身独立于下层运输层和网络层,也可以和其他合适的运输层协议一同工作。如果低层网络支持多播(multicast),RTP 还支持采用多播分发(multicast distribution)向多个目的地传输数据。RTP 数据包没有包含长度域或者其他边界。因此,RTP 依赖于下层网络提供一个长度的表示,RTP 包的最大长度仅仅被下层网络限制。

RTP 包含两个紧密相连的部分,即负责多媒体数据实时传送的 RTP 和负责反馈控制、监测 Qos 和传递相关信息的 RTCP (Real-time Transport Control Protocol)。值得注意的是,RTP 本身不提供资源预留,不提供 QoS 保证,但是通过 RTCP 控制包可以为应用程序动态提供网络的当前信息,据此可对 RTP 的数据收发做相应调整使之最大限度地利用网络资源,从而达到尽可能好的服务质量。同时,RTP/RTCP 还需要依靠其他协议来满足服务质量的要求。

RTP 报文的净荷包含与应用有关的 ADU,报文首部中含有一些能够表达数据特点的信息,这些特点使得应用程序无须解码就可以找到码流中的某些特殊点(宏块的边界),以便于处理。在 RTP 数据包中,提供了包内数据类型的标志(PT),用以说明多媒体信息所采用的编码方式;在多媒体数据头部加上时间戳(time stamp),依靠时间戳可使在接收端的数据包的定时关系得以恢复,从而降低了网络引起的延时和抖动;根据序列号(sequence number)可以在收端进行正确排序和定位,以及统计包丢失率。RTP 的首部格式如图 7-11所示。

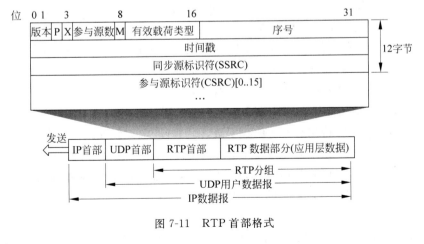

图 7-11 RTP 首部格式

RTP 不要求底层网络提供可靠的数据传输服务,应用程序可以通过检测 RTP 报文固定头中的顺序号(Sequence)发现传输过程中出现的差错,并根据需要做相应的处理。此外,RTP 只规定了通过 RTCP 报文监测通信质量,而没有规定如何根据监测结果提高传输质量的措施。这也留给上层应用来完成。例如,当网络包丢失率增大时,应用程序可以改用对带宽要求较小的编码方式,以牺牲图像分辨率来换取较少的数据丢失。RTP 的这些特点使它具有实时性,也充分体现了 RTP 对于面向应用这一协议设计思想的支持。

RTCP 的基本思想是采用和数据分组同样的配送机制向 RTP 会话中的所有与会者周期性地传送控制分组,从而提供数据传送 QoS 的检测手段,并获知与会者的身份信息。

RTCP 依据携带控制信息的不同,分为 5 种分组类型:发送方报告 SR、接收方报告 RR、资源描述条目 SDES、结束参与显示包 BYE,以及特别应用功能 APP。SDES 包又根据参与者提供的信息不同可分为:CNAME、NAME、EMAIL、PHONE、LOC、TOOL、NOTE、PRIV 几种类型,其中 CNAME 是必需的。RTCP 主要实现以下功能。

通过给所有参与方发送 SR、RR 报告包来提供数据分配质量的反馈。这是 RTCP 最基本的功能,它是 RTP 作为传输层协议一项不可缺少的功能,这些反馈功能与其他传输层协议的流量控制、拥塞控制密切相关,也可以用于控制自适应编码和故障诊断。

RTCP 为每一个 RTP 资源传送 RTP 源运输层永久标识,即 CNAME。SSRC 标识在发现冲突或程序重启时可能发生改变,因此接收方需要使用不变的 CNAME 来跟踪每个与会成员。接收者还要用 CNAME 来关联同一与会者由一组 RTP 会话发出的多个相关的数据流,例如会议电视中的音频流和视频流,虽然分属于两个不同的 RTP 会话,但是它们的 RTCP 分组中的 CNAME 相同,接收者据此要对其进行同步处理。媒体间同步需要精确的定时关系,RTP 分组中的时间戳只是反映取样周期的信息,并不是指示绝对时间的系统时钟,因此不同媒体分组的时戳可能是不同步的。由数据发送者送出的 RTCP 分组中既包含 RTP 时戳,又包含绝对时间 NTP 时戳,接收者可以据此实现多种媒体的同步。

由于 RTCP 分组需要定期发送,在大型会议的情况下,网络上就会产生可观的控制话务量,因此必须根据可用带宽和会议规模确定 RTCP 分组的发送速率。可以用来观察参与者的数目,据此可以计算数据的发送速率,并可对其进行动态调整以合理地利用网络资源。

传送最少量的控制信息以保证系统可以容易地扩展成为大规模的松散耦合系统。

会话参与者不但要发送 RTP 数据包,而且要周期性地发送 RTCP 控制包。RTCP 主要通过在所有参与者之间周期性地传输 RTCP 包来实现监测反馈功能。下层协议必须提供数据和控制包的复用功能,例如在 UDP 中是采用不同的端口号,协议中规定 RTP 数据端口为偶数,RTCP 控制端口为相邻的高 1 的奇数端口。如果给应用程序的 RTP 端口是一个奇数,就应该用相邻的小的偶数端口来代替。

RTP 允许一个应用能够自动从几个参与方扩大到成百上千个。一般来讲,数据业务受到自身限制,能够一直保持相对不变的数据量,例如音频会议。如果每个参与方的控制包以一恒定的速率发送,RTCP 控制包将线性增长,当参与方达到一定的数目时,由于网络带宽资源有限,必将使传输信息的 RTP 数据包的质量受到影响。因此应控制 RTCP 包的传输间隔,将 RTCP 包限制在会话带宽的一定比例之内,RTP 规定 RTCP 控制带宽不超过整个会话的可用带宽的 5%。

网络多媒体应用一般需使用两个端口开始一个 RTP 会话:一个给 RTP,一个给

RTCP。RTP 本身并不能为按顺序传送数据包提供可靠的传送机制,也不提供流量控制或拥塞控制,它依靠 RTCP 提供这些服务。在 RTP 的会话之间周期地发放一些 RTCP 包以用来监听服务质量和交换会话用户信息等功能。RTCP 包中含有已发送的数据包的数量、丢失的数据包的数量等统计资料。因此,服务器可以利用这些信息动态地改变传输速率,甚至改变有效载荷类型。RTP 和 RTCP 配合使用,它们能以有效的反馈和最小的开销使传输效率最佳化,因而特别适合传送网上的实时数据。

7.4.2 实时流协议 RTSP

RTSP 是被设计用于娱乐和通信系统中控制流媒体服务器的网络控制协议,由 IETF 的多方多媒体会话控制工作组(Multiparty Multimedia Session Control Working Group, MMUSIC WG)开发,1998 年作为 RFC 2326 正式发表。该协议用于在端系统之间建立和控制媒体会话。媒体服务器的客户端发出类似于操作录像机(VCR)的命令,如播放和停止,用以实时控制来自服务器的媒体文件的播放。

RTSP 提供了一个可扩展框架,使受控、按需传输实时数据(如音频与视频)成为可能。数据源包括现场数据与存储在服务器中的数据。该协议旨在于控制多个数据发送会话,提供了一种选择传送途径(如 UDP、组播 UDP 与 TCP)的方法,并提供了一种选择基于 RTP 的传送机制的方法。

流媒体数据传送不是 RTSP 的任务。大多数 RTSP 服务器使用 RTP 进行媒体流传送。RTSP 定义了用于控制多媒体回放的控制消息。它在很多地方类似于 HTTP,HTTP 是无状态协议,但 RTSP 需要维护一些状态,因此使用了一个标识用于跟踪当前会话。和 HTTP 类似,RTSP 使用 TCP 维护端到端的连接,大多数 RTSP 控制消息由客户端发往服务器,但也有一些消息的发送方向刚好相反,即 RTSP 可以是双向的。

RTSP 可以保持用户终端与媒体流服务器之间的固定连接,提供类似“VCR”形式的例如暂停、快进、倒转、跳转等操作。操作的资源对象可以是直播流也可以是存储片段。RTSP 还提供了选择传输通道能力,如使用端到端 UDP 还是多点 UDP 或是 TCP。媒体服务器维护由标识符指示的会话。RTSP 会话不会绑定到传输层连接,如 TCP。在 RTSP 会话期间,RTSP 客户端可打开或关闭多个对服务器的可靠传输连接以发出 RTSP 请求。它也可选择使用无连接传输协议,如 UDP。RTSP 控制的流可能用到 RTP,但 RTSP 操作并不依赖用于传输连续媒体的传输机制。

RTSP 在语法和操作上与 HTTP/1.1 类似,因此,HTTP 的扩展机制在多数情况下可加入 RTSP。然而,在很多重要方面 RTSP 仍不同于 HTTP。该协议支持如下操作。

- 从媒体服务器上检索媒体:用户可通过 HTTP 或其他方法提交一个演示描述请求。
- 媒体服务器邀请进入会议:媒体服务器可被邀请参加正进行的会议,或回放媒体,或记录部分或全部演示。
- 将新媒体加到现有演示中:如服务器能告诉客户端接下来可用的媒体内容,对现场直播显得尤其有用。

使用 RTSP 进行媒体发布的和播放时,每个发布和媒体文件被定义为 RTSP URL。媒体文件的发布信息被书写进一个被称为媒体发布的文件里。这个文件包括编码器、语言、

RTSP ULS、地址、端口号以及其他参数。这个发布文件可以在客户端通过 E-mail 形式或者 HTTP 形式获得。

RTSP 是一种文本协议,采用 UTF-8 编码中的 ISO 10646 字符集。下面是一些基本的 RTSP 请求。一些典型的 HTTP 请求,如 OPTIONS 同样有效。运输层的默认端口号为 554。

1. OPTIONS

OPTIONS 请求返回服务器能够接受的请求类型。

2. DESCRIBE

DESCRIBE 请求包括 RTSP URL(rtsp://...)和可以处理的数据类型。

3. SETUP

SETUP 请求规定单个媒体流的传送方式。这个消息必须在 PLAY 请求发送之前发送。这个请求包含媒体流的 URL 和传送规范。规范中通常包括 RTP 和 RTCP 的本地端口。服务器应答通常证实所选的参数,将缺少的部分补充完整,如服务器所选的端口。每个媒体流必须在 PLAY 请求可以发送之前使用 SETUP 消息进行配置。

4. PLAY

PLAY 请求将导致一个或全部媒体流被播放。播放要求可以通过发送多个 PLAY 请求堆叠起来。请求的 URL 可以是汇聚的(包括全部媒体流),也可以是单个的(只有一个媒体流)。消息中可以包含一个播放时间范围。如果没有规定时间范围,则媒体将被从头至尾播放。如果媒体流被暂停,PLAY 消息可以从暂停位置恢复媒体播放。

5. PAUSE

PAUSE 请求临时停止一个或全部媒体流,它可以被 PLAY 请求重新恢复。请求中包括媒体流的 URL。PAUSE 消息中可以带一个范围参数,如果该参数被忽略,则暂停请求将立即生效并随时可发生。

6. RECORD

RECORD 请求可被用来发送数据流到服务器进行存储。

7. TEARDOWN

TEARDOWN 请求用于终止会话。它终止所有媒体流并释放服务器上所有会话相关的数据。

7.4.3　会话发起协议 SIP

会话发起协议(Session Initiation Protocol,SIP,详见 RFC 3261)是 Internet 中应用层信令控制协议,主要用来创建、修改、终止多媒体会话或呼叫。这些多媒体会话包括网络多媒体会议、远程教育、网络电话以及其他相关应用。SIP 透明地支持名字匹配和重定向业务,支持 ISDN 和智能网络电话用户业务的实现,也支持个人移动性,功能强大。SIP 的功能体现在以下 5 个方面。

- 用户定位(User Location):确定通信所使用的终端系统位置。
- 用户能力判断(User Capability):确定通信所使用的媒体类型及媒体参数。
- 用户可用性判定(User Availability):确定被叫方是否愿意加入通信。
- 呼叫建立(Call Setup):在主叫和被叫之间建立约定的、支持特定媒体流传输的连接。

- 呼叫处理(Call Handling):包括呼叫修改和呼叫终止等处理。

作为 IETF 多媒体数据和控制整个体系结构的一部分,SIP 能与 RSVP、RTP、RTSP、SAP、SDP 等协议一起协同工作。此外,SIP 可以使用会议控制系统中的多点控制单元(MCU),取代多播发起多方呼叫;电话网系统中连接 PSTN 各方的网关也可使用 SIP 相互建立呼叫。SIP 可与其他呼叫建立和信令协议联合作用。当然,SIP 不提供诸如平台控制和表决等会议控制业务,也不指定会议的管理方式,不分配多播地址。

1. SIP 的特征

与其他服务于建立多媒体呼叫连接的协议相比较,SIP 具有简洁、扩展性好、面向事务处理等特点。

(1) 最小状态。

请求及其相应的响应构成一个事务(Transaction)。一个会议会话或者呼叫包括一个或多个 SIP 请求-响应事务。代理服务器不需要保存每个特定呼叫的所有状态,但也可以维护单个的 SIP 事务状态。服务器可以存储本地请求业务的执行结果来提高效率。

(2) 与底层协议无关。

SIP 对传输层及网络层协议做最少的假设,底层协议能够提供分组或者比特流业务,TCP 或者 UDP 传输均可。UDP 支持对报文的时序和重发进行详细的控制,从而不需要对每个请求建立 TCP 连接状态而直接进行并发搜索。同时,SIP 使用 UDP 支持多播。此外,SIP 还能直接在 ATM AAL5、IPX、帧中继或 X.25 上使用。

(3) 基于文本。

SIP 报文是基于文本形式的,完全使用 ISO 10646 的 UTF-8 编码。因此使用 Java、Tcl、Perl 等语言实现,调试起来相当方便。最重要的是,这使得 SIP 更具灵活性和扩展性。由于 SIP 是用来发起多媒体会议,而非传输媒体数据的协议,使用基于文本形式所产生的额外开销并不重要。

2. SIP 报文

SIP 工作依赖于特定 SIP 实体,SIP 报文是 SIP 实体间用于沟通、协调工作的信息。SIP 报文必须符合一定的格式,包括一系列描述整个呼叫的报头集合,以及一个描述构造呼叫所需的每个媒体会话的报文体。从功能上区分,SIP 报文分为请求报文和响应报文两大类,图 7-12 表示了 SIP 的报文格式。

SIP 报文使用 IETF 规定的通用报文格式,即由一个起始行(Start-line),零个或多个报头(Message-header)及零个或一个的报文体(Message-body)组成。

SIP 起始行包含相关报文中最核心的内容,使得 SIP 实体在提取报文起始行后即可确定自己所需执行的大致操作。请求报文起始行为请求行(Request-Line),包括请求方法(Method)、请求报文 URI(Request-URI)、SIP 版本号(SIP-Version)三部分;响应报文起始行为状态行(Status-Line),包括 SIP 版本号、响应状态码(Status-Code)和原因短语(Reason-Phrase)三部分,各部分均以空格隔开,如图 7-12 所示。

SIP 报头包含呼叫传递所必需的信息。它分为通用报头(General-header),实体报头(Entity-header),请求报头(Request-header)和响应报头(Response-header)4 类。其中重要的报头有:包含被叫方 SIP 地址的 To 域,包含主叫方 SIP 地址的 From 域,全网唯一标识该呼叫的 Call-ID 域,包含呼叫序列号和呼叫方法的 CSeq 域,包含用户可以尝试联系的地址列表的 Contact 域等。SIP 报头有必需、可选、禁止三种情况,SIP 报文中使用回车换行(CRLF)来表征报头域的结束。

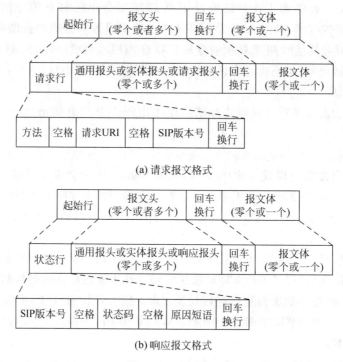

(a) 请求报文格式

(b) 响应报文格式

图 7-12　SIP 报文格式

SIP 报文体包含呼叫双方建立通信的相关信息,如通信双方支持的媒体类型等。请求报文除特别注明之外一般都包含报文体。一般情况下,报文体使用 SDP 描述。当然,呼叫双方在取得一致后也可以使用其他适当的协议代替。请求报文的报文体通常包含主叫方支持的会话描述。不同类型状态响应报文体包含的不同信息。信息响应(1XX)报文体包含对请求处理过程的咨询信息,对 INVITE 请求的成功响应(2XX)报文体包含被叫方会话描述信息,重定向响应(3XX)报文体包含对可选目的地和服务器的描述,其他出错类型响应报文体包含提供用户的附加的出错信息。

(1) 请求报文。

请求报文是客户端发给服务器的报文,是客户端想要进行的操作。SIP 定义了若干种交互方法,目前有 INVITE,ACK,OPTIONS,BYE,CANCEL,REGISTER 6 类。INVITE 报文或邀请用户和业务参加一个会话,或对现存呼叫双方(Call-Leg)进行修改、管理及更新;BYE 报文终止呼叫双方通信,释放建立的呼叫连接;OPTIONS 报文征求用户关于呼叫状态的信息,但本身不发起呼叫;ACK 报文是对已完成请求的确认;CANCEL 报文终止已经发出但还没有收到响应的请求,对已经完成的请求无作用;REGISTER 报文将用户地址信息传达给 SIP 注册服务器。6 类报文相互协作,共同完成建立多媒体呼叫的工作。

(2) 响应报文。

响应报文是服务器发给客户端的报文,是服务器对所接收请求报文的回答。根据其状态码分为以下 6 类。

1XX,信息响应,指明请求已收到,正在处理中。

2XX,成功响应,指明操作成功,请求已被理解、接受或执行。

3XX,重定向响应,指明为完成事务所需要进行的下一步操作。

4XX,客户端出错,指明请求语法错误或者服务器不能执行该请求。

5XX,服务器出错,指明服务器不能执行有效请求。

6XX,全局出错,指明网络中任何服务器都不能执行请求。

SIP 响应码是三位整数,可扩展。不要求 SIP 应用程序理解所有已注册响应码的含义,但是它必须理解所有响应码的类别。不能识别的响应码则作为 X00 处理(这里 X 表示响应码的类号),此时,用户代理应向用户显示该响应的报文体,该报文体一般含有能解释该异常状态的可读信息。

3. SIP 实体

SIP 是一个 C-S 协议,SIP 呼叫建立功能依靠各类实体完成。请求是由 SIP 发送实体(客户端)产生,发送到 SIP 接收实体(服务器)的报文。服务器处理请求,并向客户端返回一个响应报文,构成一个事务。SIP 终端系统上运行的与用户交互的软件称为用户代理(User Agent,UA),用户代理包含两部分组件:用户代理客户端(User Agent Client,UAC)及用户代理服务器(User Agent Server,UAS)。同时,在网络中还存在三类服务器,分别是注册服务器(Registrar)、代理服务器(Proxy Server)和重定向服务器(Redirect Server),它们构成网络服务器链,共同支持 SIP 建立会话。

(1) SIP 客户端和服务器行为。

SIP 客户端是发送 SIP 请求的应用程序,SIP 服务器是接收请求,执行请求业务,返回对请求响应的应用程序,这是两类逻辑概念。在实际 SIP 实体中,用户代理和代理服务器都包含客户端的功能,代理服务器、重定向服务器、用户代理服务器或注册服务器都包含服务器功能。

使用 TCP 传输 SIP 报文时,无须考虑报文的可靠传输;在使用 UDP 传输 SIP 报文时,为保证通信的可靠性,对发送报文采用超时重发的机制。SIP 中使用指数退避算法(Exponential Back-off Algorithm)来实现该功能。同时,SIP 也考虑尽力提高通信的有效性。针对不同报文在呼叫建立中的重要性,报文的超时重发又分为主动重发,即周期性自动重发和被动重发,以及收到对方相应的报文后重发两种。

对 BYE、CANCEL、OPTIONS、REGISTER 报文,考虑若报文丢失影响不大,所以服务器在接收重发请求后被动重发响应,同时其响应也无须 ACK 请求确认。服务器将已发送的最终响应保留一定时间,来避免收到重发请求再次与用户或者本地服务器的重复交互。

考虑到 INVITE 报文在呼叫建立过程中的重要性,对 INVITE 报文的可靠性需要特别处理。对 INVITE 请求报文的暂时响应(即 1XX 信息响应),服务器在接收到重复请求后被动地重发响应,而对 INVITE 请求报文的最终响应(非 1XX 响应),服务器则周期性主动重发响应,从而尽力确保呼叫顺利建立。

ACK 报文是一类特殊的报文,是对接收到的对 INVITE 请求的响应的确认信息,它本身不再产生任何响应。但这并不意味着 ACK 报文传输可靠性不需考虑,它依赖响应报文被动重发。可以认为 ACK 报文是主叫方与被叫方进行正式通信前的一次尝试。发送 ACK

请求的行为与传输协议无关,它可以采用与原 INVITE 请求不同的路由方式发送,甚至也可以建立一个新的 TCP 连接。

(2) SIP 用户代理行为。

用户代理行为描述用户代理客户端(UAC)和用户代理服务器(UAS)产生和处理请求及响应,建立会话或呼叫的规则。

主叫方产生 INVITE 请求。本地 SIP 终端实体(主叫方)产生 INVITE 请求,邀请远端 SIP 实体(被叫方)参与会话。

被叫方产生响应。被叫方收到 INVITE 请求后搜索本地数据库,根据自身情况及意愿接受、重定向或拒绝该呼叫,并且产生一个包含不同状态码的响应返回给主叫方相关信息。

主叫方接收对原始请求的响应。主叫方接收响应,获得被叫方对请求的应答后,根据应答向被叫方发送确认请求或撤销请求。

主叫方或被叫方产生后续请求。呼叫建立后,主叫或被叫方均可产生 INVITE 或者 BYE 请求修改,管理或终止该呼叫。

接收后续请求。当接收后续请求后,服务器需要做一系列检测,判断请求是建立新呼叫,对已建立呼叫的修改还是重发或错发的请求,之后进行相关操作。具体内容同上所述。

(3) SIP 代理服务器和重定向服务器的行为。

代理服务器同时具备 SIP 客户端和服务器的功能,但又不等同于两者简单叠加。代理服务器接收到请求后,可以对请求进行处理,也可以将其转发到下游服务器处理。代理服务器能够修改请求当前发送地址,能够分岔新的分支请求。代理服务器分为有状态和无状态代理服务器两种。有状态代理服务器存储输入和输出请求状态,而无状态代理服务器则不存储任何状态。

与代理服务器不同的是,重定向服务器在接收到除 CANCEL 之外的请求后,收集可替换的地址,向 UAC 返回重定向方法的响应,指明 UAC 下一步该搜索的用户可能的地址,或者拒绝该请求。重定向服务器本身不产生 SIP 请求。重定向服务器存储所有 SIP 事务状态,由客户端负责检测重定向服务器之间的环路。

SIP 代理服务器能够分岔请求,同时向多个下游服务器发送相同的请求报文,并行搜索被叫方。为了对不同下游服务器返回的响应加以区别,需要使用 To 报头的 tag 标记。分岔代理服务器必须是有状态的代理服务器。

图 7-13 显示了 SIP 实体之间的相互操作过程。一个 SIP 用户代理产生一个 INVITE 请求,sip:Silvia@motorola.com。请求被发送到一个本地代理服务器(1)。该代理服务器在域名服务器(DNS)中查找 motorola.com,获得该区域内处理 SIP 请求的服务器的 IP 地址。然后将该请求转发给该服务器处理(2)。motorola.com 的服务器识别用户 Silvia,但该用户现在注册为 b.shen@njupt.edu.cn。因此,重定向服务器重新确定请求地址,返回给本地代理服务器(3)。本地服务器在 DNS 中查找 njupt.edu.cn,获得其处理 SIP 请求的服务器的 IP 地址并将请求转发到该服务器(4)。njupt.edu.cn 的服务器搜索当地数据库(5),查到 b.shen@njupt.edu.cn 即本地的 b.shen@ReCeNT.njupt.edu.cn(6)。于是,代理服务器将请求转发给 ReCeNT.njupt.edu.cn 的服务器(7),服务器知道用户在本地注册的 IP 地址,并将该请求转发到用户(8)。用户接受呼叫,响应通过服务器链返回给主叫方(9~12)。

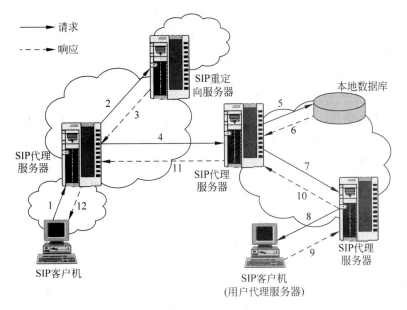

图 7-13 SIP 事务操作

4. 会话管理相关的其他协议

(1) 会话通告协议——SAP。

许多 Mbone 应用都基于 IP 多播进行多方通信,特别是多媒体会议,它一般不需要紧密协作的会员关系,参加者只需知道会议的多播地址和 UDP 端口即可,而会话通告协议(Session Announcement Protocol,SAP,详见 RFC 2974)就负责把相关的会话信息传送给预期的参加者。作为多播会话的通告协议,SAP 交互过程涉及会话通告者与监听者,会话通告包括会话描述和一个鉴别头。鉴别头主要有两个用途:验证更改会话描述或会话删除是否获得许可;鉴别会话创建者的身份。通告者(一般是一个会话目录服务器)周期地把通告分组发送到一个众所周知(well-known)的传输地址(IP 地址+端口号),并且采用与通告会话相匹配的范围,保证局部通告不影响全局。监听者通过特定方式(如多播范围域通告协议 MZAP)获知多播范围并在众所周知传输地址监听。这样,监听者可以获知通告的会话并加入该会话。

SAP 会话使用的地址范围是 224.2.128.0~224.2.255.255,周知地址是 224.2.127.254。SAP 通告必须采用端口号 9875 并且设置 TTL 值为 255。为了在分组丢失和通告者失败的情况下增加健壮性(Robustness),可以有多个通告者宣布同一个会话。

(2) 会话描述协议——SDP。

会话描述协议(Session Description Protocol,SDP,详见 RFC 2327)主要用于 SAP 和 SIP 的通告会话描述,实际上是单纯地描述格式规范。SDP 没有和传输协议结合在一起,因此可基于各种传输协议,如 SAP、SIP、RTSP、MIME 扩展的 E-mail 和 HTTP 等。

会话描述是指一种严格定义的格式并用以传递充分的信息发现和参加多媒体会话。SDP 一般包括会话名称和目的、会话活跃时间、会话组成媒体、接受媒体信息等描述。由于参加会话的资源可能有限,还需要会话占用的端口、负责会话的联系人等额外信息。通常,SDP 必须包含一个加入会议所需的足够信息。

SDP 规定一个会话描述包括一个会话层次的描述和几个可选的媒体层次描述。会话层次描述是对整个会话所有媒体流发生作用,而媒体层次描述仅作用于某个特定媒体流。当 SDP 采用 SAP 传送时,每个分组只能携带一个会话描述。如果采用其他传送方式,可以是多个会话描述级联在一起。会话层是描述以"v＝"为起始行,后接第一个媒体层次描述。媒体描述以"m＝"作为开始,后面为下一个媒体描述或整个会话描述的结尾。

SDP 媒体信息包括:媒体类型,如 Video、Audio 等;传输协议,如 RTP/UDP/IP、H.320 等;媒体格式,如 H.261 视频、MPEG 视频等。如果是多播会话,还需要媒体的多播地址(目的地址)和传输端口号(目的端口号)。对 IP 单播,只需要媒体的远程地址和端口号。

由于 SAP 通告占用带宽的限制,以及通告传输的不可靠性,SDP 对编码有严格的顺序和格式要求。SDP 会话描述包含一组文本行,其形式为＜type＞＝＜value＞,其中＜type＞总是一个字符,＜value＞是有结构的文本串,其格式取决于＜type＞。

在前面讨论了一些实时媒体控制的相近的 4 个协议。在这里再概括性地说明一下。

- RTP 是实时数据传输协议。它提供时间标志、序列号以及其他能够保证在实时数据传输时处理时间的方法。它是依靠 RVSP 保证服务质量标准的。
- RTCP 是 RTP 的控制部分,是用来保证服务质量和成员管理的。
- RTSP 是开始和指引流媒体数据从流媒体服务器。它又可叫做"网上录像机控制协议",是提供远程的控制,具体的数据传输是交给 RTP 的。
- SIP 是网络多媒体应用的会话控制协议,是用来创建、修改、终止多媒体会话或呼叫的信令协议。

7.5　内容分发网络与网络多媒体

7.5.1　内容分发网络技术概述

随着宽带网络和宽带流媒体应用的兴起,内容分发网络(Content Distribution Networks 或 Content Delivery Network,CDN)作为一种提高网络内容,特别是流媒体内容传送服务质量,节省骨干网络带宽的技术,在国内外得到越来越广泛的应用。

内容分发网络是构建在 IP 网络上的一种分布式的叠加网络,是为在传统的 IP 网发布宽带多媒体内容而特别优化的网络覆盖层。它的基本原理是服务内容存储在中心服务器,同时在用户访问相对集中的地区或网络中部署边缘服务器,在提供服务之前先通过骨干网把中心服务器内容分发到边缘服务器,再由边缘路由器直接为用户提供服务。由于边缘服务器"就近"为用户提供服务,从技术上克服了用户访问量大、网点分布不均等困难,降低了骨干网对传输质量的影响,从而可以提高用户访问网站的响应速度,为终端用户提供可预测的服务质量;同时缓解骨干网的带宽压力,改善因特网的拥塞状况。

CDN 是一个策略性部署的整体系统,包括分布式存储、负载均衡、网络请求的重定向和内容管理等关键组成部分。CDN 最初用于提高 Web 服务器的访问性能。Web 服务提供的主要困难在于用户数量过大,单个 Web 服务器带宽和处理能力有限,难以即时响应大量用户的数据需求。为了降低 Web 服务器的负载,改善用户的访问体验,Web 服务提供商采用了一种基于缓存服务器的 Web 内容服务提供技术。缓存服务器也称做代理缓存(Surrogate),它位于网络的边缘,终端用户通常只需经过一个路由器即可与之相连。

当用户访问某个页面时,首先通过重定向到就近缓存服务器查找,如缓存服务器包含该页面,则由缓存服务器直接为用户提供服务。如果缓存服务器不存在所需内容,则到中心服务器获取数据,同时按照一定的策略将所取页面数据保存在缓存服务器中,以备以后访问相同页面的数据时使用。为防止大量过时的内容占满缓存,缓存服务器中内容都设有生存期,生存期结束后将进行更新。由于用户的兴趣相对集中,互联网上传递的内容,很多都是重复的 Web/FTP 数据。统计数据表明,因特网上超过 80% 的用户重复访问 20% 的信息资源,给缓存技术的应用提供了先决的条件。网络缓存技术的目的是减少网络中冗余数据的重复传输,并将广域传输转为本地或就近访问。由于缓存服务器通常部署在靠近用户端,所以能获得近似局域网的响应速度,并有效减少广域带宽的消耗。据统计,采用基于缓存服务器的 CDN 技术,能处理整个网站页面的 70%~95% 的内容访问量,从而大大减轻内容源服务器的压力,提升了网站的性能和可扩展性。

后来,随着流媒体服务的兴起,CDN 在流媒体内容服务提供方面也发挥了重要作用。与 Web 服务相比,流媒体服务所需传输的数据量更大,单个用户所需的带宽更高,对网络服务质量的要求更高。如果说,基于缓存服务器的 CDN 的作用主要是改善 Web 服务的性能,对流媒体服务而言,在现有的网络条件下,CDN 的支持几乎是必需的。在支持流媒体服务的 CDN 中,同样需要设置边缘服务器,但边缘服务器存储的内容是由中心服务器按照存储管理的策略主动推送的,其目标是保证大部分的用户请求都可以通过边缘服务器得到满足。

CDN 的建立解决了困扰内容运营商的内容"集中与分散"的两难选择,通过增加存储能力提高了内容服务提供的性能,能够为内容服务的快速、安全、稳定和可扩展等方面提供保障。目前的 CDN 服务主要应用于门户网站、电子商务、金融证券、大中型公司、网络教学等多种领域。

概括起来,CDN 技术具有以下特点。

- 可根据用户所处的地理位置,让用户连接到最近的服务器上去,提高访问速度。
- 通过全局负载平衡,提高网络资源的利用率和网络服务的性能与质量。
- 热点内容主动传送,自动跟踪,自动更新。
- 无缝地集成到原有的网络和站点上去。
- 可减少骨干网络的带宽消耗,提高网络的整体性能。
- 可线性、平滑地增加新的设备,保护原有的投资。
- 可对发送的内容提供保护,未授权的用户不能修改。

7.5.2 CDN 的体系结构与工作原理

CDN 网络架构主要由中心和边缘两部分组成。中心指 CDN 网管中心和 DNS 重定向解析中心,分别负责系统设备的管理和维护,以及全局负载均衡;边缘主要指地理上分散的 CDN 结点,是 CDN 分发的载体。每个 CDN 结点由两部分组成:负载均衡设备和高速缓存服务器。负载均衡设备负责每个结点中各个缓存服务器的负载均衡,保证结点的工作效率;同时,负载均衡设备还负责收集结点与周围环境的信息,保持与全局负载 DNS 的通信,实现整个系统的负载均衡。高速缓存服务器(Cache)负责存储客户网站的大量信息,就像一个靠近用户的网站服务器一样响应本地用户的访问请求。

负载均衡器是可选设备。当一个结点的单台缓存服务器不能满足服务需求时,需要多台缓存服务器同时提供服务,此时需要引入负载均衡器(请求管理器),协调服务器群工作。如图 7-14 所示为 CDN 系统的结构图。

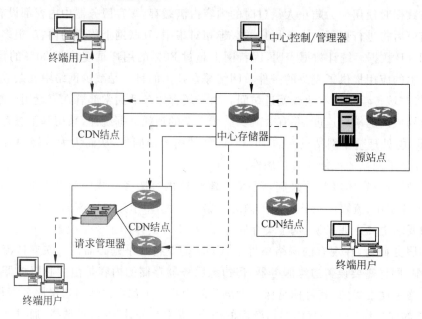

图 7-14　CDN 系统结构图

当用户访问 CDN 支持的网站时,域名解析请求将最终交给全局负载均衡 DNS 进行处理。全局负载均衡 DNS 通过一组预先定义好的策略,将当时最接近用户的结点地址提供给用户,使用户能够得到快速的服务。同时,它还与分布在世界各地的所有 CDN 结点保持联系,搜集各结点的通信状态,确保不将用户的请求分配到不可用的 CDN 结点上。这个过程实际上是通过 DNS 做全局负载均衡。

对于普通的网络用户而言,每个 CDN 结点就相当于一个放置在它周围的内容服务器。通过全局负载均衡 DNS 的控制,用户的请求被透明地指向距离最近的服务结点,该结点会像网站的源服务器一样,响应用户的请求。

CDN 的管理系统是整个系统能够正常运转的保证。它不仅能对系统中的各个子系统和设备进行实时监控,对各种故障产生相应的告警,还可以实时监测到系统中总的流量和各结点的流量,并保存在系统的数据库中,使网管人员能够方便地进行进一步分析。通过完善的网管系统,用户可以对系统配置进行修改。

为了说明 CDN 的工作原理,下面先看一下传统的未使用缓存服务器的 Web 服务访问过程,以便了解 CDN 缓存访问方式与未加缓存访问方式的差别。

由图 7-15 可见,用户访问传统的 Web 网站的过程如下。

(1) 用户向浏览器提供要访问的域名。

(2) 浏览器调用域名解析函数库对域名进行解析,以得到此域名对应的 IP 地址。

（3）浏览器使用所得到的 IP 地址向服务器主机发出数据访问请求。

（4）浏览器根据域名主机返回的数据显示网页的内容。

图 7-15　传统 Web 服务访问流程

通过以上 4 个步骤，浏览器完成从接收用户提交的访问域名到从域名服务主机处获取数据的整个过程。CDN 网络在用户和服务器之间增加 Cache 服务器，将用户的请求引导到 Cache 上获得源服务器的数据主要是通过修改 DNS 的域名解析过程实现，如图 7-16 所示为使用 CDN 缓存服务器后的 Web 服务访问过程。

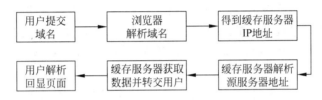

图 7-16　基于 CDN 的 Web 服务访问流程

通过图 7-16，可以看到，使用了 CDN 缓存后的网站的访问过程变成如下几步。

（1）用户向浏览器提供要访问的域名。

（2）浏览器调用域名解析库对域名进行解析。由于 CDN 对域名解析过程进行了调整，所以解析函数库一般得到的是该域名对应的 CNAME（Canonical Name，别名指向，指向 CDN 的缓存服务器）记录。为了得到实际 IP 地址，浏览器需要再次对获得的 CNAME 域名进行解析以得到实际的 IP 地址；在此过程中，使用全局负载均衡 DNS 进行解析，可根据地理位置信息解析对应的 IP 地址，使得用户能就近访问。

（3）浏览器根据解析得到 CDN 缓存服务器的 IP 地址，向缓存服务器发出访问请求。

（4）如缓存服务器中没有所请求的数据，它将根据浏览器提供的要访问的域名，通过 Cache 内部专用 DNS 解析得到此域名的实际 IP 地址，再由缓存服务器向此实际 IP 地址提交访问请求。

（5）缓存服务器从实际 IP 地址得到内容以后，一方面在本地进行保存，以备以后使用，另一方面把获取的数据返回给客户端，完成数据服务过程。

（6）客户端得到由缓存服务器返回的数据以后显示出来并完成整个浏览的数据请求过程。

通过以上的分析可以得到，为了实现对普通用户透明（即加入缓存以后用户客户端无须进行任何设置，直接使用被加速网站原有的域名即可访问），只要修改整个访问过程中的域名解析部分，即可实现透明的加速服务。作为因特网内容提供商（ICP），只需要把域名解释权交给 CDN 运营商，其他方面不需要进行任何的修改。具体操作时，ICP 修改自己域名的解析记录，一般用 CNAME 方式指向 CDN 网络缓存服务器的地址。作为 CDN 运营商，首先需要为 ICP 的域名提供公开的解析，一般是把 ICP 的域名解释结果指向一个 CNAME 记录。CDN 运营商还可以利用 DNS 对 CNAME 指向的域名解析过程进行特殊处理，使 DNS

服务器在接收到客户端请求时可以根据客户端的 IP 地址,返回相同域名的不同 IP 地址;请求到达缓存服务器之后,服务器必须知道源服务器的 IP 地址,以保证在缓存未命中的情况下从源服务获得所请求数据。所以在 CDN 运营商内部维护一个内部 DNS 服务器,用于解释用户所访问的域名的真实 IP 地址;在维护内部 DNS 服务器时,为保证 CDN 服务处于可控状态,还需要维护一台授权服务器,控制哪些域名可以进行缓存,哪些不进行缓存。

7.5.3 CDN 的关键技术

实现 CDN 的主要技术手段是数据缓存与请求重定向。概括起来,CDN 的关键技术主要包括内容路由技术、内容分发技术、内容存储技术、内容管理技术等,下面分别加以说明。

1. 内容路由技术

CDN 负载均衡系统实现 CDN 的内容路由功能。它的作用是将用户的请求导向整个 CDN 中的最佳结点。最佳结点的选定可以根据多种策略,例如距离最近、结点负载最轻等。负载均衡系统是整个 CDN 的核心,负载均衡的准确性和效率直接决定了整个 CDN 的效率和性能。

通常负载均衡可以分为两个层次:全局负载均衡(GSLB)和本地负载均衡(SLB)。全局负载均衡(GSLB)主要的目的是在整个网络范围内将用户的请求定向到最近的结点(或者区域)。因此,就近性判断是全局负载均衡的主要功能。本地负载均衡一般局限于一定的区域范围内,其目标是在特定的区域范围内寻找一台最适合的结点提供服务,因此,CDN 结点的健康性、负载情况、支持的媒体格式等运行状态是本地负载均衡进行决策的主要依据。

负载均衡可以通过多种方法实现,主要的方法包括 DNS、应用层重定向、运输层重定向等。

对于全局负载均衡而言,为了执行就近性判断,通常可以采用两种方式。一种是静态的配置,例如根据静态的 IP 地址配置表进行 IP 地址到 CDN 结点的映射。另一种是动态的检测,例如实时地让 CDN 结点探测到目标 IP 的距离(可以采用 RRT,Hops 作为度量单位),然后比较探测结果进行负载均衡。当然,静态和动态的方式也可以综合起来使用。

对于本地负载均衡而言,为了执行有效的决策,需要实时地获取 Cache 设备的运行状态。获取的方法一般有两种,一种是主动探测,一种是协议交互。主动探测针对 SLB 设备和 Cache 设备没有协议交互接口的情况,通过 ping 等命令主动发起探测,根据返回结果分析状态。另一种是协议交互,即 SLB 和 Cache 根据事先定义好的协议实时交换运行状态信息,以便进行负载均衡。比较而言,协议交互比探测方式要准确可靠,但是目前尚没有标准的协议,各厂家的实现一般仅是私有协议,互通比较困难。

2. 内容分发技术

内容分发包含从内容源到 CDN 边缘的 Cache 的过程。从实现上看,有两种主流的内容分发技术:PUSH 和 PULL。

PUSH 是一种主动分发的技术。通常,PUSH 由内容管理系统发起,将内容从源或者中心媒体资源库分发到各边缘的 Cache 结点。分发的协议可以采用 HTTP/FTP 等。通过 PUSH 分发的内容一般是比较热点的内容,这些内容通过 PUSH 方式预分发(Preload)到边缘 Cache,可以实现有针对的内容提供。对于 PUSH 分发需要考虑的主要问题是分发策略,即在什么时候分发什么内容。一般来说,内容分发可以由内容提供商或者 CDN 内容管理员人工确定,也可以通过智能的方式决定,即所谓的智能分发。它根据用户访问的统计信息,以及预定义的内容分发的规则,确定内容分发的过程。

PULL 是一种被动的分发技术,PULL 分发通常由用户请求驱动。当用户请求的内容在本地的边缘 Cache 上不存在(未命中)时,Cache 启动 PULL 方法从内容源或者其他 CDN 结点实时获取内容。在 PULL 方式下,内容的分发是按需的。

在实际的 CDN 系统中,一般两种分发方式都支持,但是根据内容的类型和业务模式的不同,在选择主要的内容分发方式时会有所不同。通常,PUSH 的方式适合内容访问比较集中的情况,如热点的影视流媒体内容;PULL 方式比较适合内容访问分散的情况。

在内容分发的过程中,对于 Cache 设备而言,关键是需要建立内容源 URL、内容发布的 URL、用户访问的 URL,以及内容在 Cache 中存储的位置之间的映射关系。

3. 内容存储技术

对于 CDN 系统而言,需要考虑两个方面的内容存储问题。一个是内容源的存储,一个是内容在 Cache 结点中的存储。

对于内容源的存储,由于内容的规模比较大(通常可以达到几个甚至几十个 TB),而且内容的吞吐量较大,因此,通常采用海量存储架构。

对于在 Cache 结点中的存储,是 Cache 设计的一个关键问题。需要考虑的因素包括功能和性能两个方面:在功能上包括对各种内容格式的支持、对部分缓存的支持,在性能上包括支持的容量、多文件吞吐率、可靠性、稳定性。

其中,多种内容格式的支持要求存储系统根据不同文件格式的读写特点进行优化,以提高文件内容读写的效率,特别是对流媒体文件的读写。

部分缓存能力指流媒体内容可以以不完整的方式存储和读取。部分缓存的需求来自用户访问行为的随机性,因为许多用户并不会完整地收看整个流媒体节目,事实上,许多用户访问单个流媒体节目的时间不超过 10 分钟。因此,部分缓存能力能够大大提高了存储空间的利用率,并有效地提高了用户请求的响应时间。但是部分缓存可能导致内容出现碎片问题,需要进行良好的设计和控制。

Cache 存储的另一个重要因素是存储的可靠性,目前,多数存储系统都采用了 RAID 技术进行可靠存储。但是不同设备使用的 RAID 方式各有不同。

4. 内容管理技术

内容管理在广义上涵盖了从内容的发布、注入、分发、调整、传递等一系列过程。这里重点强调缓存服务器的内容管理,即本地内容管理。

本地内容管理主要针对一个 CDN 结点(由多个 CDN Cache 设备和一个 SLB 设备构成)进行。本地内容管理的主要目标是提高内容服务的效率,提高本地结点的存储利用率。通过本地内容管理,可以在 CDN 结点实现基于内容感知的调度,通过内容感知的调度,可以避免将用户重定向到没有该内容的 Cache 设备上,从而提高负载均衡的效率。通过本地内容管理还可以有效地实现在 CDN 结点内容的存储共享,提高存储空间的利用率。

在实现上,本地内容管理主要包括如下几个方面。

(1) 本地内容索引。本地内容管理首先依赖于对本地内容的了解。包括每个 Cache 设备上内容的名称、URL、更新时间、内容信息等。本地内容索引是实现基于内容感知调度的关键。

288

（2）本地内容拷贝。通常，为了提高存储效率，同一个内容在一个 CDN 结点中仅存储一份，即仅存储在某个特定的 Cache 上。但是一旦对该内容的访问超过该 Cache 的服务提供能力，就需要在本地增加该内容的拷贝实现"就近的"内容分发。

（3）本地内容访问状态信息收集。搜集各个 Cache 设备上各个内容访问的统计信息，Cache 设备的可用服务提供能力及内容变化的情况。

可以看出，通过本地内容管理，可以将内容的管理从原来的 Cache 设备一级，提高到 CDN 结点一级，从而大大增加了 CDN 的可扩展性和综合能力。

7.5.4　CDN 与网络多媒体应用

以视频点播等影视节目为主的流媒体服务的引入，给网络运营带来了很大冲击，传统的网络模型和业务模型难以满足流媒体业务的需要。本章 7.2 节中已经说明了流媒体服务对网络服务质量的要求。基于分组交换的 IP 网络在设计之初并没有考虑流媒体数据传输的需求，因此直接在当前的 IP 网上提供服务质量要求严格的流媒体服务会产生如下问题：①端到端带宽和 QoS 难以保证；②网络通常不支持多播，广播型业务需要采用多个点对点传输实现，不但耗费大量的骨干网络带宽，而且对源点也构成极大的压力；③一旦流媒体业务用户量和业务量加大，其产生的流量对现有网络造成很大的冲击，甚至影响到 Web 和电子邮件等基本网络服务的开展。

上述问题在现有网络框架下是难以解决的，引入 CDN 可以将内容服务从原来的单一中心服务结构变为分布式服务结构，从而较好地解决上述问题。CDN 作为一种支持大规模高质量的流媒体服务的关键技术，目前已经基本成熟，具备了广泛应用的能力。概括而言，网络多媒体应用可以在以下几方面得益于 CDN 技术：①通过 CDN 的引入，可以将用户业务服务点更靠近用户，可以放在省网、本地网，甚至放在小区里，可以将目前尚未解决的带宽保证和 QoS 保证问题的距离缩短；②通过 CDN 的引入，可以将大量流媒体内容预先分发到省网、本地网范围内，同时可以通过本地自动缓存操作，大大缓解流媒体业务对骨干网流量流向的冲击；③通过 CDN 的引入，可以实现广播流的树状分发和服务，实现应用层多播。

7.6　P2P 流媒体系统

7.6.1　P2P 技术概述

P2P(Peer-to-Peer)技术是近年来国内外计算机研究界与通信技术人员关注的一个热点问题。国际上，P2P 技术引起人们的关注起源于一个非常流行的 Internet 应用 Napster。Napster 诞生于 1999 年，是当时在美国年轻人中盛行的音乐下载程序，它打破了传统的文件分发方式，将连接在 Internet 中的端用户直接联系起来，从而使音乐下载变得更加容易，在短时间内吸引了大量的用户。尽管 Napster 后来由于在音乐版权所有者的法律诉讼中败诉而被迫停止运营，其所倡导的 P2P 技术思想却得到了学术界与工业界的广泛认同与深入研究。在计算机领域，P2P 被看成是一种新的计算与应用模式，对分布式计算和 Internet 的发展产生了深远而深刻的影响。

P2P 的核心思想是"对等",即在 P2P 系统中相互作用的双方或多方具有完全平等的关系,计算机网络的最初设计目标就是让连接在网络中的主机可以平等地自主通信。当前,客户-服务器(Client-Server,C-S)结构是计算机网络中主要的资源共享方式;在 C-S 结构中,服务器是资源的所有者,客户是资源的消费者,因而两者之间的关系不具有对等性。

对于计算机研究人员而言,P2P 是一种计算资源的组织形式,通过聚合网络边缘的大量空闲资源可以得到相当于大型计算机但更加廉价的计算能力;在通信领域,P2P 技术可以用于一种新信息共享与协作方式,通信系统中可以无须作为控制中心的服务器。

当前,有很多应用和服务采用了 P2P 技术。SETI@home(setiathome. ssl. berkeley. edu)有效集成了 Internet 边缘的计算能力,BitTorrent(BT)、eDonkey(电驴)等是网民中流行的下载工具,MSN、Skype、gTalk 等的即时消息与话音通信服务已经逐渐成为人与人之间一种重要的沟通方式。据统计,当前网络中的 P2P 流量已经超过网络总流量的 60% 以上。

从根本上来说,P2P 系统是为了避免存在类似于 C-S 结构中的中心结点约束而出现的一种新的计算模型。下面通过对比 P2P 计算模式与 C-S 结构可以更好地理解 P2P 的基本含义。如图 7-17 所示为 P2P 与 C-S 结构的简单对比。

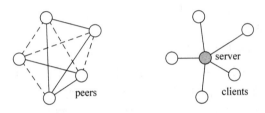

图 7-17　P2P 与 C-S 结构对照图

从图 7-17 可见,P2P 系统各结点之间具有对等的关系,它们直接交换信息和资源,相互之间的连接和所形成的拓扑具有不确定性;而在 C-S 结构中,所有的 clients 都和 server 相连才能够获取信息和资源,最终形成了一个星状结构。图 7-17 中的 P2P 系统是最基本的模型,实际应用当中 P2P 经历了一个发展过程,P2P 系统的发展大致可分为三代。第一代 P2P 网络采用集中控制的体系结构,系统中包括维护内容和用户信息的索引服务器,典型的代表如 Napster。它采用快速搜索算法,查询响应时间短,使用简单的协议,能够提供高性能和良好的健壮性,缺点是服务容易中断。

第二代 P2P 采用完全无中心的分布式网络体系结构。它不再使用中央服务器,用户的 PC 具有多种功能,包括索引服务器、搜索本地资源以及在结点间中继查寻信息的路由器。由于每次查询都要在全网中"泛洪",造成大量网络流量,使得其查询速度慢,响应时间长。用户的 PC 性能及其连接方式决定了网络健壮性和性能;没有中心控制服务器,也不存在单点故障失效的情况。

第三代 P2P 系统采用混合组网方式,具有层次化网络结构。混合模式综合第一代和第二代 P2P 系统的优点,用超级结点代替中央索引服务器,分布的超级结点构成一个骨干网络。超级结点负责搜集并存储端用户和可共享的内容信息,当用户登录到系统时,只与其中单个超级结点相连以获取相关信息。分层次的快速搜索改进了搜索性能,缩短了查询响应时间,并且每次查询产生的流量少于完全分布的网络。超级结点的部署提供了高性能和良好的健壮性。超级结点的失效对系统性能具有较大的影响。

P2P 技术仍然处于不断发展之中,现阶段还没有被广泛接受的严格定义。下述定义比较全面地概括了 P2P 技术的本质特征:P2P 系统是由互连的结点以自组织方式构成的分布式系统,这些系统以共享内容、计算能力、存储能力和带宽为目的,能够适应某些结点失效并在只有一定数量结点存在时保持可以接受的连接和性能,不需要中间设施、全局中心服务器支持或它方授权①。根据这个定义,传统的电话系统虽然实现了用户之间的对等通信,但由于需要大量的中间设施支持,因而不能算是 P2P 系统。MSN、Skype 等通信系统对索引服务器依赖性很强,自组织能力较差,也不是严格的 P2P 系统。

自从 P2P 技术出现以来,各种应用层出不穷,既有为大众所知的工具软件,如 BT、eDonkey 等网络下载工具,也有用于科学研究的实验项目,如 SETI@home,总地来说,P2P 的应用系统可以分为三类,即并行计算,内容与文件共享和协作。

1. 并行计算

可并行化的 P2P 计算应用将计算量很大的大型计算任务分解成为可以在大量对等结点上并行执行的子任务。通常的应用是在不同的结点上采用不同的参数集同时执行相同的任务。另一种应用将任务分解成为粒度很小的子模块然后在大量的结点上并行执行,这种情况下每个结点执行的任务并不相同。

2. 内容与文件管理

内容与文件管理应用的目标是利用网络中的对等结点存储及检索信息。最基本的应用是内容与文件共享,用户可以直接连接到其他用户的计算机下载感兴趣的文件,如著名的 Napster、Gnutella 等。这类应用可以充分利用用户闲置的存储空间。P2P 文件系统和利用 P2P 技术进行文件过滤与搜索是另外的两种内容与文件管理应用,其目的不是共享而是在 P2P 网络中建立可搜索的索引实现协作文件过滤。

3. 协作

协作 P2P 应用允许用户无须借助中心服务器进行实时协作。即时消息应用,如 MSN Messager 已经有了大量的用户。允许不同用户在数千里之外同时观看并编辑相同信息的共享应用也已出现,如分布式 PowerPoint。游戏是协作 P2P 应用的另一个实例。P2P 游戏在对等结点上运行,更新信息可以无须任何中心服务器分发至所有结点。图 7-18 总结了 P2P 应用的分类。

图 7-18　P2P 应用系统分类

---

① S. Androutsellis-Theotokis and D. Spinellis, A Survey of Peer-to-Peer Content Distribution Technologies, ACM Computing Surveys, Vol. 36, No. 4, December 2004, pp. 335-371.

7.6.2 P2P 流媒体系统结构与工作原理

P2P 实时流媒体技术是 P2P 技术与流媒体技术的结合,其核心思想就是把 P2P 技术应用于实时流媒体数据的分发中去,把网络层的组播功能转移到应用层实现,充分有效地利用各个结点的资源。在基于 P2P 的流媒体技术中,每个流媒体用户是 P2P 网络中的一个结点,用户可以根据其他结点的设备能力和网络状态与一个或几个用户建立连接来分享数据,这种连接能减轻服务器的负担和提高每个用户的视频质量。P2P 技术在流媒体应用中特别适用于一些热门事件,即使是大量的用户同时访问流媒体服务器,也不会使服务器因负载过重而瘫痪。P2P 流媒体技术的主要优势在于降低对服务器处理能力和服务器上传带宽的要求,节约了主干网络传输带宽。

P2P 系统最初用于文件共享,但其内容交换特性也可用于网络多媒体应用。P2P 流媒体直播是近年来发展起来的一种流媒体广播方式,它利用 P2P 的原理来建立播放网络,从而达到节省服务端带宽消耗、减轻服务器处理压力的目的。采用该技术可以使得单一服务器就能轻松负荷起成千上万的用户同时在线观看节目。不管在线用户数量的多少,服务端的带宽消耗都是基本一样的,那就是提供作为 P2P 传播的种子所需要的几个流的带宽。

P2P 直播具有如下特点。

- P2P 直播不同于点播服务方式,用户不可以选择播放的内容,只能按时间点来观看节目,但用户可以在频道之间进行选择。因此 P2P 直播形式上更像是网络上的电视。
- P2P 直播在理论上对用户数量没有限制。如果每个用户都愿意贡献资源,且可以满足单个用户的资源需求,则在线用户越多,网络越顺畅。
- P2P 直播有延时。在节目开始播放之前需要几十秒的下载缓冲时间,建立缓冲的目的是在对等点之间进行数据交换。

根据结点组织结构,P2P 流媒体系统可以被分为两大类,即树状结构和网状结构。树状结构化网络起源于 IP 组播结点组织方式,对等结点按树状结构组织起来。单树拓扑结构的缺点是:所有的叶子结点都没有参与数据转发,这会使为数众多的叶子结点的资源不能得到利用。为了解决这些问题,研究人员提出了多棵组播树网络结构,其代表为微软公司开发的 CoopNet 系统等,它利用多描述编码(Multiple Description Coding,MDC)技术将媒体数据分成 K 个独立的带(stripe),每个带利用一棵独立的树来组播。结点根据它们能够接收的带的个数加入同样多的组播树中,每个结点同时还给定一个它们能够转发的带的上限。所有的组播树构成森林,在这个森林中,某棵树中的内部结点是作为叶子结点加入其他树中的,并且满足结点的出度限制。但该种服务模型的缺点也十分明显:需同时维护多棵组播树并保证多路径传送时数据同步,从而导致开销过大;此外,MDC 编码效率较低。

相比于树状结构服务模型来说,基于 Gossip 协议的网状结构 P2P 网络并没有依靠固定的拓扑结构把数据转发给接收结点,而是依靠数据有效性信息来驱动数据在结点间流动,因此该结构又称为数据驱动化网络。结点首先将消息发送给与其相邻的一组结点,邻居结点在接收到数据消息后根据需要对消息进行转发,消息就可以通过结点之间接力的方式进行传递。CoolStreaming[①] 是一个非常典型的 P2P 视频直播系统,其系统结构如图 7-19 所示。

---

① X Zhang,J Liu,B Li,T S P Yum. DONet/Coolstreaming:A data-driven overlay network for live madia streaming,in Proc. INFOCOM'05,Miami,FL,USA,March 2005.

第 7 章

网络多媒体技术

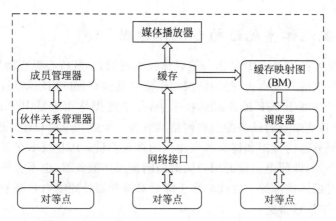

图 7-19　CoolStreaming P2P 流媒体系统结构原理图

从图中可见,CoolStreaming 系统包含以下主要功能模块。

(1) 成员管理模块:实现成员结点的管理。在该系统中每个结点都有唯一的编号,如采用其 IP 地址作为编号。在成员管理模块中维护一个 mCache(membership Cache),该表包含当前系统中部分活动结点信息。当新结点加入系统时,首先连接节目源服务器,服务器从它的 mCache 中随机选择一个代理结点,并把新结点的加入请求重定向给该代理结点。新结点从代理结点获取一个成员列表作为备选结点集合,新结点从该集合中选取部分结点作为自己的伙伴结点。

(2) 伙伴关系管理模块:建立和维护结点间的伙伴关系,并通过交换缓存映射图(Buffer Map, BM)获取结点间的有效数据信息。整个视频流被分成长度相同的数据段(segment),结点缓存中的数据段有效性信息可通过 BM 来表示。结点定期地与其伙伴结点交换 BM,调度算法根据伙伴结点中的 BM 来确定获取哪个数据段。在 BM 中,1 代表数据段可用,而 0 代表数据段不可用。

(3) 调度模块:它负责把数据实时地传送到播放结点的缓存中,用以保证媒体播放的连续性。调度算法能够根据给定结点的 BM 来选择合适的伙伴结点进行数据段调度。对于同构的静态网络来说,简单的轮询调度算法即可满足数据的调度;但对于异构的动态网络来说则需要更加智能化的调度算法。调度应满足两个条件约束:①每个数据段需在播放时限之前到达,错过时限的片断要尽可能少;②每个结点的带宽情况不同。因此,想要寻找一个适合具体网络的调度算法非常困难,特别是在动态网络环境中。

P2P 系统的最重要的特性是具有自扩展性,即参加的结点越多,系统的容量就越大。在 P2P 系统中,对等结点不需要到源服务器就可以得到所需的内容,因而服务器的连接带宽和处理能力不再是系统的瓶颈。由于 P2P 系统通过终端软件实现,因而也是一种应用层组播技术。和 CDN 相比,区别在于 P2P 网络不需要部署任何用于内容转发的服务器,因而具有良好的经济性。但是 P2P 系统不关心底层网络连接服务质量,因而对等结点间的连接可以无法满足流媒体的实时性要求。此外,P2P 系统中结点可以自由地加入和退出,因而系统的容量不稳定,难以提供可靠的性能。

7.6.3　P2P 流媒体系统关键技术

网状结构系统模型虽然难以保证覆盖网传输路径的服务质量,但它提高了资源利用率,使网络负载更加均衡,提供的服务也很稳定。因此,下面主要针对网状结构系统模型来分析 P2P 流媒体系统中的主要组成部分及关键实现技术。

1. 数据存储

媒体数据在系统中存储决定了系统中数据的可用性。这不仅对 P2P 直播系统中结点间播放的同步性有重要的影响,而且对视频点播系统中交互性支持能力也有直接的影响。因此,好的数据存储策略对整个系统的性能而言是至关重要的。

(1) 数据分块策略。

单个结点的存储能力有限,这就要求对媒体数据进行分割,将其分散存储于系统中的多个结点中。BitTorrent 采用等长度的分割方法,即把数据文件分割为大小相等的数据块,结点以数据块为单位下载数据。CoolStreaming 首先把整个媒体文件分成大小相等的数据块,以连续编号进行标识,并且将整个视频流划分为一系列的子流,每个子流中存储一部分数据块。假设某媒体文件被分成 K 个子流,则第 K 个子流上存储的数据块为 $nK+i$,其中 n 是非负整数,i 是从 1 到 K 的正整数。这表明一个结点最多可以从 K 个父结点获取数据。

从资源调度和流媒体传输实时性角度来说,媒体数据被划分的数据块数目越多越好,即数据块体积越小越好;而从网络开销角度来说,媒体数据被划分的数据块数目越少越好,即数据块体积越大越好。针对不同的需求,对多媒体数据可以进行多种形式的数据块的划分。

(2) 数据缓存及更新策略。

缓存是指用户观看视频时把当前媒体数据暂时保存在系统内存或者外存中。缓存是一种被动的存储方式,存储内容由当前观看的视频内容决定。在 P2P 直播应用中,用户的观看过程基本同步,上游结点中的缓存内容可以很好地满足下游结点的要求。但在点播应用中,用户请求数据具有异步性,如何对分布于多个结点的媒体数据进行缓存和更新则需要更加复杂的策略。

通常的缓存策略是对结点中正在下载播放的流媒体按时间顺序进行缓存,如果缓存空间已满,则采用 LRU (Least Recently Used Algorithms) 或其他简单的缓存替换算法进行替换。该方法没有考虑缓存内容的流行度及其他结点的缓存情况,容易造成结点中保存了较多流行度不高且在系统中已有足够副本的数据,而替换出流行度高且缓存的副本数量不足的媒体数据。

(3) 支持交互性的存储方法。

为了支持视频点播系统中的交互性操作,应采取相应的存储机制。媒体数据预取机制可为交互操作备好所需的内容,从而更加充分地利用结点的上行带宽,有效地减少交互操作时延。

基于锚点的方法是一种简便的交互支持数据存储方法。该方法按照一定的策略在媒体数据文件定义一些视频锚点,并在系统中事先保存锚点位置的媒体数据用于快速启动播放过程。当用户随机跳转到一个特殊位置时,如果该位置上的数据目前不存在于缓存中,那么就从距离这个位置最近的锚点进行播放。

根据用户的点播行为特征可以得到较好的支持 P2P 视频点播操作的数据存储方法。在这种方法中,媒体数据被分成数块并以分布式的方式保存在多个结点中,这些结点可通过结构化覆盖网络方式组织起来,也可通过分布式消息传递建立相互联系。这类方法的性能取决于事先存储数据的受欢迎程度。因此,需要根据用户点播行为的测量结果建立数据块流行度的概率分布模型,然后据此概率分布计算每个数据块的流行度,然后优先保存流行度高的数据块,其目标是确保播放进度跳转时在系统中有更多的数据可直接使用。

2. 资源定位方法

P2P 技术提供了一种大规模异构环境下进行资源共享的有效途径,只要用户给出所需资源的属性描述,P2P 系统就能返回一组符合用户需求的资源列表。能否对用户的请求做出成功而快捷的响应直接决定着 P2P 流媒体系统的性能。因此,资源发现是 P2P 应用所面临的核心问题之一。

树状结构化网络中,结点之间有固定的拓扑结构,上游父结点中的数据以组播的方式转发给下游的子结点,资源定位的问题可转化为如何寻找合适的父结点问题。其缺点是:网络应对结点的频繁加入和退出能力较差;父结点的变化会引起其下游结点的变化,下游结点需要重新选择合适的父结点。因此,该种网络结构并不适合动态网络环境中大规模流媒体系统应用。类似地,结构化覆盖网络方法,比如 DHT 机制,可以实现内容的快速查找,但系统动态较强时结构难以维护。

数据驱动化网络不需维护固定的拓扑结构,结点的加入和退出不会对系统造成太大的影响。然而,基于 Gossip 协议的内容发现与定位方法当结点内容更新较快时,通告消息发送频率低将导致内容定位准确性下降;而通告消息频率高时可能产生较大的控制流量。因此,尽管有些 P2P 流媒体系统采用了无结构化网络结构,但并没采用基于 Gossip 协议的结点发现策略,而是引入了一个集中点服务器(Rendezvous Point,RP)来维护覆盖网中所有结点的信息,它把合适的候选伙伴结点集合返回给需要资源定位的结点。尽管分布机制具有较强的鲁棒性和可扩展性,但在完全分布式的系统中引入一定的结构化,有利于内容的快速检索,同时可避免维护固定网络拓扑的过重负担。现有的很多系统为了满足不同的信息检索需要采用了混合式内容发现策略。

3. 内容分发

P2P 网络中的绝大多数结点都是对等的,在某些网络中会设置少量超级结点负责管理局部网络的事务。每个结点都可能对网络中的某些内容有兴趣,或者其所拥有的内容是其他结点感兴趣的。内容分发算法的目标是建立起从源到目标接收点满足播放质量的分发路径。由于网络中资源的存放方式不同,分发策略可以分为单源的和多源的策略。

(1)单源分发策略。

单源分发策略常采用的网络拓扑结构为树状结构,根据传输路径的不同又可以分为单路径和多路径传输。单源单路径传输即是通常所说的单棵组播树结构,如支持点播操作功能的 P2P VOD 系统 DirectStream[①] 计算距离和带宽的比值,即,n_i/x_i 其中 n_i 为端到端的跳数,x_i 为可用带宽,以便选择比值最小的结点作为父结点。而单源多路径传输即是通常所说的多组播树结构,它是为了克服单棵组播树传输中负载不均衡等问题而提出的一种改进方案,典型代表为 CoopNet 系统。多树结构在组成员之间同时维护多个组播树,利用 MDC 把视频编码成多个视频流,分别同时沿多个组播树进行传输,组成员只要收到这些视频流中的一部分,就可以独立地进行解码,因此其可较好地适应结点的动态性,减少结点之间带宽的抖动。其不足之处在于,需要维护多个独立的组播树,协议实现的开销较大。

---

① Y Guo,K Suh,J Kurose,D Towsley,DirectStream,A directory-based peer-to-peer video streaming service. Computer Communications,Vol. 31,no. 3,pp. 520-536,2008.

（2）多源分发策略。

根据接收端的不同，又可将多源分发策略分为多源发送单一接收和多源发送多方接收的数据传输方式。在实际的网络环境中，各个结点之间在提供的带宽、存储空间以及CPU能力等方面存在着很大的差异。在当前的接入方式中，用户的上行带宽通常小于下行带宽，为了满足媒体数据播放的时间约束，通常采用多源发送单一接收的数据传输方式以保证提供服务的所有结点的出口带宽之和大于媒体流的编码速率。但该种数据传输方式所带来的问题在于怎样选择合适的发送结点、怎样协调多个发送结点之间的传输速率、如何分配各个发送结点的数据段等。

由于多源发送单一接收的数据传输方式中不同结点的负荷和地位不完全相同，网络应对结点变化的能力较弱等缺点，从而出现了多源发送多方接收的数据传输方式。多源发送多方接收的数据传输方式，指任何一个结点既可以接受多个结点的数据，也可以向多个结点发送数据，常被称为纯P2P方式。

该种数据传输方式通常有拉模式和推模式两种流传输策略。CoolStreaming中流媒体数据的传输是基于接收结点的主动请求，即纯拉模式流传输策略。其缺点是将导致每个数据块传输都有一定的延迟，并且结点需要周期性地向邻居结点发送BM信息和请求，使得网络流量中控制信息的比重较高，系统的控制开销增大。为了解决这些问题，可采用推拉结合的流传输策略，即拉模式和推模式的结合。在推模式下，结点收到数据包后不需要向邻居结点发送BM或收到明确请求，而直接将数据包发送给需要该数据包的邻居结点。例如，在清华大学研究人员开发的GridMedia系统中，结点将时间分成连续的时间片，在不同的时间片内分别采用拉模式或推模式进行工作。通常在有新的邻居结点加入或有邻居结点退出后的下一个时间片内，结点工作在拉模式下，其他时间片内，结点工作在推模式下。该传输策略所带来的一个重要问题是数据冗余，即其他伙伴结点可能会向该结点发送重复数据。

7.6.4 基于P2P技术的流媒体系统实例

PPLive（www.pplive.com）是目前成功商业运营的一个P2P流媒体系统。与CoolStreaming类似，PPLive采用网状拓扑结构。如图7-20所示为PPLive系统的实体结构及其使用的基本流程。在PPLive系统中包含三类主要的服务器：①频道列表服务器，维护播放的频道信息，是用户访问系统的入口；②结点列表服务器，维护系统中结点信息，同步观看同一频道的用户将被成组记录，以便观看该频道的新用户可以在加入时方便地找到合作伙伴；③媒体服务器，用于保存原始媒体数据，是系统的初始数据源。

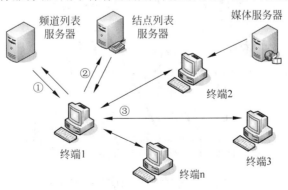

图 7-20　PPLive系统实体结构图及服务访问流程图

如图中所示,终端1现需要通过PPLive观看节目,它先到频道列表服务器中得到所需的频道,然后登录到结点列表服务器中获取正在观看同一频道的其他结点列表,这样该结点就可以和列表中的其他结点进行数据交换,观看感兴趣的频道内容。存储在各个结点的媒体数据最初都来源于媒体服务器。

7.6.5 CDN 和 P2P 技术的融合

基于 CDN 的内容分发通常能够保证有较好的服务质量,但 CDN 的建设与维护成本较高。采用 P2P 技术的内容分发无须建立固定的基础设施,其成本较低,但无法保证内容分发的服务质量,不利于流媒体服务的商业运营。CDN 和 P2P 技术的优缺点在应用上具有一定的互补性。如果能够结合 P2P 的扩展能力和 CDN 的可靠性、可管理性,就可以构建一个可管理的、能够承载具有一定服务质量保证的网络多媒体内容分发平台。

从融合方式来看,CDN 和 P2P 融合有两种形式,一种是将 CDN 的 Cache 设备以 P2P 的方式组织,利用 P2P 的目录服务和多点传输能力,实现 CDN Cache 设备之间的内容交换,提升 CDN 的内容分发能力;另一种是将 CDN 的管理机制和服务能力引入 P2P 网络,形成以 CDN 为可靠的内容核心,以 P2P 为服务边缘的架构,通过这种架构,可以在不增加 CDN 成本的同时有效提升 CDN 服务能力,更有效地避免了 P2P 应用的诸多弊端。这种架构下,用户需要通过 P2P 的客户端来获取服务。

事实上,这两种方案并不冲突。采用 P2P 技术在缓存服务器之间存储与分发数据与在边缘利用 P2P 技术可以共存在一个系统中。下面对第一种方案做进一步解释。在 CDN 中,由中心服务器向边缘结点分发节目内容一般采用传统的 FTP 技术,节目内容采用文件格式或者分片文件格式。目前的一种趋势是采用 P2P 技术构建 CDN,将节目内容预先进行流化处理后分块存储在多个边缘服务器中,由调度服务器按照就近原则、负载均衡原则进行集中控制,并可基于网络状况实时选择和切换向用户提供流服务的边缘服务器。图 7-21 是一个基于 P2P 的 CDN 结构示意图。采用这种分布式存储和集中控制的 CDN 结构,用户观看一个点播节目时通常是由多个边缘服务器协同完成流服务,可以在用户集中点播时将负载在整个 CDN 内部进行更加合理的分布,避免过于集中在某个边缘服务器中造成拥塞。采用基于 P2P 的内容存储与检索技术,可以有效地降低 CDN 系统的存储成本。

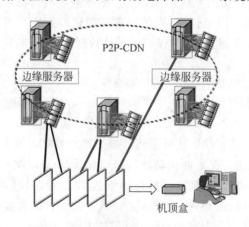

图 7-21 基于 P2P 的 CDN 结构示意图

第8章　网络安全

网络安全是指通过采用各种技术和管理措施，使网络系统正常运行，从而确保网络数据的可用性、完整性和保密性等。网络安全的具体含义会随着"角度"的变化而变化。本章将介绍网络安全的基本概念及主要内容、主要的网络安全协议及其实现等内容。

8.1　网络安全基础

8.1.1　网络安全的内容

随着通信、计算机和网络等信息技术的迅速发展，在计算机上处理的业务也由基于单机的数学运算、文件处理，基于简单连接的内部网络的内部业务处理、办公自动化等发展到基于复杂的内部网(Intranet)、企业外部网(Extranet)、全球互联网(Internet)的企业级计算机处理系统和世界范围内的信息共享和业务处理。在系统处理能力提高的同时，信息的获取、处理、传输、存储和应用能力也在不断提高。

但在连接能力、信息流通能力提高的同时，基于网络的信息安全问题也日益突出。无论是在计算机上存储、处理和应用，还是在通信网络上传输，信息都可能被非授权访问而导致泄密，被篡改破坏而导致不完整，被冒充替换而导致否认，也可能被阻塞拦截而导致无法存取。这些破坏可能是有意的，如黑客攻击、病毒感染；也可能是无意的，如误操作、程序错误等。网络的信息安全问题，应该像每家每户的防火防盗问题一样，做到防患于未然。甚至不会想到你自己也会成为目标的时候，威胁就已经出现了，一旦发生，常常措手不及，造成极大的损失。

实际上，随着通信、计算机和网络等信息技术的应用，计算机网络已经扩展到社会经济、政治、军事、个人生活等各个领域。因此，网络安全的重要性应该上升到国家安全的高度。当然，网络安全的具体含义会随着"角度"的变化而变化。从网络运行和管理者角度来说，他们希望对本地网络信息的访问、读写等操作受到保护和控制，避免出现"陷门"、病毒、非法存取、拒绝服务、网络资源非法占用和非法控制等威胁，制止和防御网络黑客的攻击。对安全保密部门来说，他们希望对非法的、有害的或涉及国家机密的信息进行过滤和防堵，避免机要信息泄漏，避免对社会产生危害，对国家造成巨大损失。从社会教育和意识形态角度来讲，网络上不健康的内容，会对社会的稳定和人类的发展造成阻碍，必须对其进行控制。一般来说，整体的网络安全主要表现在以下几个方面：网络的物理安全、网络拓扑结构安全、网络系统安全、应用系统安全和网络管理的安全等。

网络安全，从其本质上来讲就是网络上的信息安全。通过保护网络系统的硬件、软件及其系统中的数据,使其不因偶然或者恶意的原因,而遭受破坏、更改、泄漏,使得系统能连续、可靠、正常地运行,使网络服务不致中断。从广义来说,网络安全是一门涉及计算机科学、网络技术、通信技术、密码技术、信息安全技术、应用数学、数论、信息论等多种学科的综合性学科。凡是涉及网络上信息的保密性、完整性、可用性和真实性的相关技术和理论都是网络安全的研究领域。

那么,网络安全究竟关注哪些方面呢?尽管目前说法不一,但一般认为网络安全应至少具有以下几个方面的特征。

(1) 机密性。

机密性(也称保密性),是指保证信息不被非授权访问;即使非授权用户得到信息也无法知晓信息内容,因而不能使用。通常通过访问控制阻止非授权用户获得机密信息,通过密码变换阻止非授权用户获知信息内容。

(2) 完整性。

完整性是指维护信息的一致性,即信息在生成、传输、存储和使用过程中不应发生人为或非人为的非授权篡改。一般通过访问控制阻止篡改行为。

(3) 抗否认性。

抗否认性是指能保障用户无法在事后否认曾经对信息进行的生成、签发、接收等行为,是针对通信各方信息真实同一性的安全要求。一般通过数字签名来提供抗否认服务。

(4) 可用性。

可用性是指保障信息资源随时可提供服务的特性,即授权用户根据需要可以随时访问所需信息。可用性是信息资源服务功能和性能可靠性的度量,涉及物理、网络、系统、数据、应用和用户等多方面的因素,是对信息网络总体可靠性的要求。

8.1.2 密码体制

密码学(cryptology)是研究密码系统或通信安全的一门科学,是网络信息安全的基础,网络中信息的机密性、完整性和抗否认性都依赖于密码算法。密码学主要包括两个分支,即密码编码学和密码分析学。密码编码学的主要目的是寻求保证消息保密性或认证性的方法。密码分析学的主要目的是研究加密消息的破译或消息的伪造。

密码学是一个既古老又新兴的学科,在古代因战争的需要发展出了密码学,而到了20世纪70年代中期,随着计算机的发展,密码技术的发展进入了一个新的阶段。一般来说,把密码学的发展划分为以下三个阶段。

第一阶段为1949年前。这一时期可以看做是密码学的前夜时期,该阶段的密码技术可以说是一种艺术,而不是一种科学,密码学专家常常是凭直觉和信念来进行密码设计和分析,而不是推理和证明。

第二阶段为从1949年到1975年。1949年,Shannon发表的"保密系统的信息理论"为私钥密码系统建立了理论基础,从此密码学成为一门科学。但密码学直到今天仍具有艺术性,是具有艺术性的一门科学。这段时期密码学理论的研究工作进展不大,公开的密码学文献很少。1967年,Kahn出版了一本专著《破译者》(Codebreakers),该书没有任何新的技术思想,只记述了一段值得注意的完整经历,包括政府仍然认为是秘密的一些事情。它的意义在于不仅记述了1967年之前密码学发展的历史,而且使许多不知道密码学的人了解了密码学。

第三阶段为从 1976 年至今。1976 年,Diffie 和 Hellman 发表的文章"密码学的新动向"一文导致了密码学上的一场革命。他们首先证明了在发送端和接收端无密钥传输的保密通信是可能的,从而开创了公钥密码学的新纪元。

采用密码技术可以隐蔽和保护需要保密的消息,使未授权者不能提取信息。其中,被隐蔽和需要保密的消息称做明文(Plaintext);隐蔽后的消息称做密文(CipherText)或密报(Cryptogram);将明文变换成密文的过程称做加密(Encryption);由密文恢复出原明文的过程称做解密(Eecryption);对明文进行加密时采用的一组规则称做加密算法(Encryption Algorithm);对密文进行解密时采用的一组规则称做解密算法(Decryption Algorithm);加密算法和解密算法的操作通常是在一组密钥(Key)的控制下进行的,分别称为加密密钥(Encryption Key)和解密密钥(Decryption Key)。因此一个密码体制(系统),包括所有可能的明文、密文、密钥、加密算法和解密算法。

现在的密码体制(系统),根据密钥的数量和使用特点分为对称密码体制(Symmetric Cryptosystem)和非对称密码体制(Asymmetric Cryptosystem)两种。

1. 对称密码体制

对称密码体制是一种传统密码体制,也称为单钥(one-key)或私钥(private key)密码体制。在对称加密系统中,加密和解密采用相同的密钥。按加密方式又将私钥密码体制分为流密码(stream cipher)和分组密码(block cipher)两种。在流密码中将明文消息按字符逐位地进行加密。在分组密码中将明文消息分组(每组含有多个字符),逐组地进行加密。

因为私钥密码体制中加解密密钥相同,需要通信的双方必须选择和保存他们共同的密钥,各方必须信任对方不会将密钥泄密出去,这样就可以实现数据的机密性和完整性。对于具有 n 个用户的网络,需要 $n(n-1)/2$ 个密钥,在用户群不是很大的情况下,对称加密系统是有效的。但是对于大型网络,当用户群很大、分布很广时,密钥的分配和保存就成了问题。对机密信息进行加密和验证随报文一起发送报文摘要(或散列值)来实现。

比较典型的算法有 DES(Data Encryption Standard,数据加密标准)算法及其变形 Triple DES(三重 DES)、GDES(广义 DES)、AES、IDEA、FEALN、RC4 等。DES 标准由美国国家标准局提出,主要应用于银行业的电子资金转账领域。DES 的密钥长度为 56 bit。Triple DES 使用两个独立的 56 bit 密钥对交换的信息进行三次加密,从而使其有效长度达到 112 bit。RC2 和 RC4 方法是 RSA 数据安全公司的对称加密专利算法,它们采用可变密钥长度的算法。通过规定不同的密钥长度,RC2 和 RC4 能够提高或降低安全的程度。

对称密码算法的优点是计算开销小,加密速度快,是目前用于信息加密的主要算法。它的局限性在于它存在着通信的双方之间确保密钥安全交换的问题。如果,某一方有几个通信对象,他就要维护几个专用密钥。它也没法鉴别发起方或最终方,因为通信双方的密钥相同。另外,由于对称加密系统仅能用于对数据进行加解密处理,提供数据的机密性,不能用于数字签名。因而人们迫切需要寻找新的密码体制。

2. 非对称密码体制

非对称密码体制,又称双钥(two-key)或公钥(public key)密码体制。该技术就是针对私钥密码体制的缺陷被提出来的。在公钥加密系统中,加密和解密是相对独立的,加密和解密会使用两把不同的密钥,加密密钥(公开密钥)向公众公开,谁都可以使用,解密密钥(秘密密钥)只有解密人自己知道,非法使用者根据公开的加密密钥无法推算出解密密钥,故其可称为公钥密码体制。如果一个人选择并公布了他的公钥,其他任何人都可以用这一公钥来加密传送给那个人的消息。私钥是秘密保存的,只有私钥的所有者才能利用私钥对密文进行解密。

公钥密码体制的算法中最著名的代表是 RSA 系统,此外还有:背包密码、McEliece 密码、Diffie_Hellman、Rabin、零知识证明、椭圆曲线、EIGamal 算法等。现在大多数公钥密码属于分组密码,只有概率加密体制属于流密码。

公钥密钥的密钥管理比较简单,并且可以方便地实现数字签名和验证。但算法复杂,加密数据的速率较低。公钥加密系统不存在对称加密系统中密钥的分配和保存问题,对于具有 n 个用户的网络,仅需要 $2n$ 个密钥。

公钥加密系统除了用于数据加密外,还可用于数字签名。公钥加密系统可提供的功能包括:机密性、完整性、抗否认性、身份认证,可见公钥加密系统满足网络安全的主要目标。

密码学的另外一个分支密码分析学,通过分析截获的密文或部分明文,在不知道系统所用密钥的情况下,推断出原来的明文或进行消息的伪造。密码分析也称为密码攻击,对一个密码系统采取截获密文进行分析,这类攻击称做被动攻击(passive attack),主动向系统窜扰,采用删除、更改、增添、重放、伪造等手段向系统注入假消息,以达到损人利己的目的,这类攻击称做主动攻击(active attack)。

通常假定密码分析者知道所使用的密码系统,这个假设称做 Kerckholf 假设。当然如果密码分析者或敌手不知道所使用的密码系统,那么破译密码是更难的,但我们不应该把密码系统的安全性建立在敌手不知道所使用的密码系统这个前提下。因此,在设计一个密码系统时,目的是在 Kerckholf 假设下达到安全性。

根据密码分析者破译时已具备的前提条件,通常可以将攻击类型分为以下 4 种。

- 唯密文攻击(ciphertext-only attack)。密码分析者有一个或更多的用同一密钥加密的密文,通过对这些截获的密文进行分析得出明文或密钥。
- 已知明文攻击(known plaintext attack)。除待解的密文外,密码分析者有一些明文和用同一个密钥加密这些明文所对应的密文。
- 选择明文攻击(chosen plaintext attack)。密码分析者可以得到所需要的任何明文所对应的密文,这些明文与待解的密文是用同一密钥加密得来的。
- 选择密文攻击(chosen ciphertext attack)。密码分析者可得到所需要的任何密文所对应的明文(这些明文可能是不大明了的),解密这些密文所使用的密钥与解密待解的密文的密钥是一样的。

上述 4 种攻击类型的强度按序递增,如果一个密码系统能抵抗选择明文攻击,那么它当然能够抵抗唯密文攻击和已知明文攻击。

8.1.3 数字签名

数字签名(又称公钥数字签名、电子签章)是一种类似写在纸上的普通的物理签名,但是使用了公钥加密领域的技术实现,用于鉴别数字信息的方法。一套数字签名通常定义两种互补的运算,一个用于签名,另一个用于验证。

1. 数字签名的概念

数字签名就是通过某种密码运算生成一系列符号及代码组成电子密码进行签名,来代替书写签名或印章,对于这种电子式的签名还可进行技术验证,其验证的准确度是一般手工签名和图章的验证无法比拟的。数字签名是目前电子商务、电子政务中应用最普遍、技术最成熟的、可操作度最强的一种电子签名方法。它采用了规范化的程序和科学化的方法,用于鉴定签名人的身份以及对一项电子数据内容的认可。它还能验证出文件的原文在传输过程中有无变动,确保传输电子文件的完整性、真实性和不可抵赖性。

数字签名在 ISO 7498-2 标准中定义为:"附加在数据单元上的一些数据,或是对数据单元所做的密码变换,这种数据和变换允许数据单元的接收者用以确认数据单元来源和数据单元的完整性,保护数据防止被人(例如接收者)进行伪造"。美国电子签名标准(DSS,FIPS 186-2)对数字签名的解释是:"利用一套规则和一个参数对数据计算所得的结果,用此结果能够确认签名者的身份和数据的完整性。"

2. 数字签名的特点和分类

传统签名与被签的文件在物理上不可分割,签名者不能否认自己的签名,签名不能被伪造,容易被验证。数字签名是传统签名的数字化,能与所签文件"绑定",签名者不能否认自己的签名,容易被自动验证。签名不能被伪造,必须能够验证作者及其签名的日期时间,必须能够验证签名时刻的内容,签名必须能够由第三方验证,以解决争议。

数字签名必须依赖于被签名信息的一个位串模板,签名必须使用某些对发送者是唯一的信息,以防止双方的伪造与否认。必须相对容易生成该数字签名,相对容易识别和验证该数字签名。伪造该数字签名在计算复杂性意义上具有不可行性,既包括对一个已有的数字签名构造新的消息,也包括对一个给定消息伪造一个数字签名。在存储器中保存一个数字签名副本是现实可行的。

数字签名体制是以电子签名形式存储消息的方法,所签名的消息能够在通信网络中传输。数字签名与传统的手写签名有如下几点不同。

签名:手写签名是被签文件的物理组成部分;而数字签名不能成为被签消息的物理部分,因而需要将签名连接到被签消息上。

验证:手写签名是通过将它与真实的签名进行比较来验证;而数字签名是利用已经公开的验证算法来验证。

数字签名消息的复制品与其本身是一样的;而手写签名纸质文件的复制品与原品是不同的。

与手写签名类似,一个数字签名至少满足以下三个基本条件。

(1)签名者不能否认自己的签名。

(2)接收者能够验证签名,而其他任何人都不能伪造签名。

(3)当签名的真伪发生争执时,存在一个仲裁机构或第三方能够解决争执。

数字签名根据签名方式可以分为:直接数字签名(Direct Digital Signature)和仲裁数字签名(Arbitrated Digital Signature)。根据安全性可以分为:无条件安全的数字签名和计算上安全的数字签名。根据签名次数可以分为:一次性的数字签名和多次性的数字签名。

3. 数字签名的过程和作用

数字签名的功能包括,保证信息传输的完整性、发送者的身份认证、防止交易中的抵赖发生。报文的发送方用一个哈希函数从报文文本中生成报文摘要(散列值)。发送方用自己的私人密钥对这个散列值进行加密。然后,这个加密后的散列值将作为报文的附件和报文一起发送给报文的接收方。报文的接收方首先用与发送方一样的哈希函数从接收到的原始报文中计算出报文摘要,接着再用发送方的公用密钥来对报文附加的数字签名进行解密。如果两个散列值相同,那么接收方就能确认该数字签名是发送方的。通过数字签名能够实现对原始报文的鉴别。

数字签名有两种功效:一是能确定消息确实是由发送方签名并发出来的,因为别人假冒不了发送方的签名。二是数字签名能确定消息的完整性。因为数字签名的特点是它代表了文件的特征,文件如果发生改变,数字签名的值也将发生变化。不同的文件将得到不同的数字签名。一次数字签名涉及一个哈希函数、发送者的公钥、发送者的私钥。数字签名是个加密的过程,数字签名验证是个解密的过程。

4. 常见数字签名算法

数字签名的算法很多,应用最为广泛的三种是:哈希签名、DSS 签名和 RSA 签名。

(1) 哈希签名。

哈希签名不属于强计算密集型算法,应用较广泛,它可以降低服务器资源的消耗,减轻中央服务器的负荷。哈希签名的主要局限是接收方必须持有用户密钥的副本以检验签名,因为双方都知道生成签名的密钥,较容易攻破,存在伪造签名的可能。

(2) DSS 和 RSA 签名。

DSS 签名和 RSA 采用了公钥算法,不存在哈希的局限性。RSA 是最流行的一种加密标准,许多产品的内核中都有 RSA 的软件和类库。早在 Web 之前,RSA 数据安全公司就负责数字签名软件与 Macintosh 操作系统的集成。与 DSS 不同,RSA 既可以用来加密数据,也可以用于身份认证。与哈希签名相比,在公钥系统中,由于生成签名的密钥只存储于用户的计算机中,安全系数大一些。

8.2 网络安全协议

8.2.1 IPSec 与 VPN

1. IPSec

IPSec(IP Security,IP 安全)协议的目的是为 IP 层传输提供安全服务,包括访问控制、数据完整性、数据源认证、抗重播保护和数据保密性在内的服务。这些服务是基于 IP 层的,提供 IP 及其上层协议的保护。因为这些服务均在 IP 层提供,所以任何高层协议均能使用它们。例如,TCP、UDP、ICMP、BGP 等。

IPSec 不是一个单一的协议,是由一系列协议组成的。它涉及 4 个方面的协议。

- 安全协议,包括头部认证(Authentication Header,AH)和封装安全载荷(Encapsulating Security Payload,ESP)。
- 安全关联(Security Association,SA)。
- 密钥管理:手动的或自动的因特网密钥交换(Internet Key Exchange,IKE)。
- 认证和加密算法。

IPSec 的安全目标是通过两大安全协议(AH 和 ESP)及密钥管理过程和协议的使用来完成的。任何一个 IPSec 应用都与用户对系统的安全需求相关。用户根据需求定义安全策略,安全策略中规定了对于什么样的数据采取什么样的操作、采用怎样的认证或加密算法。安全策略由系统的安全策略数据库(Security Policy Database,SPD)进行维护。为了能使应用 IPSec 两端结点之间顺利地进行安全通信,需要双方进行安全参数及密钥的协商,安全关联(SA)定义了一组安全通信的参数,包括认证算法、加密算法、采用的安全协议及密钥等。每一个安全策略可以对应一个或一束安全关联(SA)。用于安全通信的密钥可以是手工设定的,也可以是系统自动产生的。手工设定制约了 IPSec 的广泛性,一般可以使用自动的密钥交换协议 IKE 使系统自动进行密钥的协商。

IPSec 协议可以在主机和网关(如路由器、防火墙)上进行配置,对主机与主机间、安全网关与安全网关间、安全网关与主机间的路径进行安全保护。

IPSec 使用两个协议(AH 和 ESP)来提供传输安全。AH 和 ESP 可以单独使用,也可以结合使用。AH 提供无连接的完整性验证、数据源认证、选择性抗重播服务。ESP 提供加密,也提供无连接的完整性验证、数据源认证、抗重播服务(ESP 的加密和认证可以选择使用,但至少要选择其一)。

正常的 IP 数据包由 IP 头和载荷数据组成。IPSec 通过在标准的 IP 头之后增加扩展的安全报头(AH、ESP)来实现安全机制。

AH 和 ESP 都支持两种使用模式:传输模式和隧道模式。在传输模式下,协议为高层提供基本的保护;在隧道模式下,协议使 IP 包通过隧道传输。传输模式用于两台主机之间,隧道模式主要用于主机与网关或网关与网关之间。

在传输模式中,安全协议头在 IP 头和高层协议之间。使用 ESP 时,只对高层协议保护,而使用 AH 时,安全保护可扩展到 IP 头部。

在隧道模式中,安全协议头在外部 IP 头和内部 IP 头之间。使用 ESP 时,只保护内部 IP 包,使用 AH 时,安全保护可扩展到外部 IP 头。

IPSec 协议向上提供了访问控制、数据源认证、数据加密等网络安全服务,其包括 5 大安全特性。

(1) 不可否认性。

"不可否认性"可以证实消息发送方是唯一可能的发送者,发送者不能否认发送过消息。"不可否认性"是采用公钥技术的一个特征,当使用公钥技术时,发送方用私钥产生一个数字签名随消息一起发送,接收方用发送者的公钥来验证数字签名。由于在理论上只有发送者才唯一拥有私钥,也只有发送者才可能产生该数字签名,所以只要数字签名通过验证,发送者就不能否认曾发送过该消息。但"不可否认性"不是基于认证的共享密钥技术的特征,因为在基于认证的共享密钥技术中,发送方和接收方掌握相同的密钥。

(2) 抗重播性。

"抗重播"确保每个 IP 包的唯一性,保证信息万一被截取复制后,不能被重新利用、重新传输回目的地址。该特性可以防止攻击者截取破译信息后,再用相同的信息包冒取非法访问权(即使这种冒取行为发生在数月之后)。

(3) 数据完整性。

防止传输过程中数据被篡改,确保发出数据和接收数据的一致性。IPSec 利用 Hash 函数为每个数据包产生一个加密校验和,接收方在打开包前先计算校验和,若包遭篡改导致校验和不相符,数据包即被丢弃。

(4) 数据可靠性(加密)。

在传输前,对数据进行加密,可以保证在传输过程中,即使数据包遭截取,信息也无法被读。该特性在 IPSec 中为可选项,与 IPSec 策略的具体设置相关。

(5) 认证。

数据源发送信任状,由接收方验证信任状的合法性,只有通过认证的系统才可以建立通信连接。

2. VPN

VPN 英文全称是 Virtual Private Network,即虚拟专用网络,它是指通过一个公用网络(通常是因特网)建立一个临时的、安全的连接,是一条穿过混乱的公用网络的安全、稳定隧道,使用这条隧道可以对数据进行几倍加密达到安全使用互联网的目的。

VPN 可以通过特殊加密的通信协议连接到 Internet 上,在位于不同地方的两个或多个企业内部网之间建立一条专有的通信线路,就如架设了一条专线一样。通过安全隧道,到达目的地,而不用为隧道的建设付费,但是它并不需要真正地去铺设光缆物理线路。这就好比去电信局申请专线,但是不用给铺设线路的费用,也不用购买路由器等硬件设备。VPN 可以提供的功能有:防火墙功能、身份认证、数据加密、隧道化。

VPN 是对企业内部网的扩展,可以帮助远程用户、公司分支机构、商业伙伴及供应商同公司的内部网建立可信的安全连接,用于经济有效地连接到商业伙伴和用户。VPN 主要采用隧道技术、加解密技术、密钥管理技术和身份认证技术。VPN 技术原是路由器具有的重要技术之一,在交换机、防火墙设备或 Windows 2000 及以上操作系统中都支持 VPN 功能,一句话,VPN 的核心就是利用公共网络建立虚拟私有网。

VPN 可以按以下几个标准进行划分。

(1) 按 VPN 的协议分类。

根据分层模型,VPN 可以在第二层建立,也可以在第三层建立(甚至有人把在更高层的一些安全协议也归入 VPN 协议。)

- 第二层隧道协议:包括点到点隧道协议(PPTP)、第二层转发协议(L2F),第二层隧道协议(L2TP)、多协议标记交换(MPLS)等。
- 第三层隧道协议:包括通用路由封装协议(GRE)、IP 安全(IPSec),这是目前最流行的两种三层协议。

第二层和第三层隧道协议的区别主要在于用户数据在网络协议栈的第几层被封装,当然这些协议之间本身不是冲突的,而是可以结合使用的。

(2) 按 VPN 的应用分类。

- Access VPN(远程接入 VPN):客户端到网关,使用公网作为骨干网在设备之间传输 VPN 的数据流量。从 PSTN、ISDN 或 PLMN 接入。
- Intranet VPN(内联网 VPN):网关到网关,通过公司的网络架构连接来自同一公司的资源。
- Extranet VPN(外联网 VPN):与合作伙伴企业网构成 Extranet,将一个公司与另一个公司的资源进行连接。

（3）按所用的设备类型进行分类。

网络设备提供商针对不同客户的需求,开发出不同的 VPN 网络设备,主要为交换机、路由器和防火墙。

- 路由器式 VPN：路由器式 VPN 部署较容易,只要在路由器上添加 VPN 服务即可只支持简单的 PPTP 或 IPSEC。
- 交换机式 VPN：主要应用于连接用户较少的 VPN 网络。
- 防火墙式 VPN：防火墙式 VPN 是最常见的一种 VPN 的实现方式,许多厂商都提供这种配置类型。

在安全性方面,虽然实现 VPN 的技术和方式很多,但所有的 VPN 均应保证通过公用网络平台传输数据的专用性和安全性。由于 VPN 直接构建在公用网上,实现简单、方便、灵活,但同时其安全问题也更为突出。企业必须确保其 VPN 上传送的数据不被攻击者窥视和篡改,并且要防止非法用户对网络资源或私有信息的访问。

在服务质量(QoS)方面,VPN 应当为企业数据提供不同等级的服务质量保证。不同的用户和业务对服务质量保证的要求差别较大。在网络优化方面,构建 VPN 的另一重要需求是充分有效地利用有限的广域网资源,为重要数据提供可靠的带宽。广域网流量的不确定性使其带宽的利用率很低,在流量高峰时引起网络阻塞,使实时性要求高的数据得不到及时发送;而在流量低谷时又造成大量的网络带宽空闲。QoS 通过流量预测与流量控制策略,可以按照优先级实现带宽管理,使得各类数据能够被合理地先后发送,并预防阻塞的发生。

在扩展性和灵活性方面,VPN 必须能够支持通过 Intranet 和 Extranet 的任何类型的数据流,方便增加新的结点,支持多种类型的传输媒介,可以满足同时传输语音、图像和数据等新应用对高质量传输以及带宽增加的需求。

在管理性方面,从用户角度和运营商角度应可方便地进行管理、维护。VPN 管理的目标为：减小网络风险,具有高扩展性、经济性、高可靠性等优点。事实上,VPN 管理主要包括安全管理、设备管理、配置管理、访问控制表管理、QoS 管理等内容。

8.2.2　SSL 与 SET

1. SSL

SSL(Secure Sockets Layer 安全套接层),及其继任者 TLS(Transport Layer Security,传输层安全)是为网络通信提供安全及数据完整性的一种安全协议。TLS 与 SSL 在传输层对网络连接进行加密。

SSL 为 Netscape 所研发,用以保障在 Internet 上数据传输的安全,利用数据加密技术,可确保数据在网络传输过程中不会被截取及窃听。目前一般通用的规格为 40 bit 的安全标准,美国则已推出 128 bit 的更高安全标准,但限制出境。只要 3.0 版本以上的 IE 或 Netscape 浏览器即可支持 SSL,当前版本为 3.0。它已被广泛地用于 Web 浏览器与服务器之间的身份认证和加密数据传输。

SSL 协议位于 TCP/IP 与各种应用层协议之间,为数据通信提供安全支持。SSL 是一个分层协议,分为两层。下面一层基于可靠的传输协议 TCP 之上,成为 SSL 记录层。上面一层中有三个协议：SSL 改变加密约定协议、SSL 报警协议和 SSL 握手协议。

（1）SSL 记录层协议封装各种上层数据。

① 分段。

SSL 记录层接收来自高层的任意长度的非空数据块，将数据分成不超过 16 384(2^{14})字节大小的 SSL 明文。不同类型的 SSL 记录层数据可以交叉传输，应用数据的优先级低于其他类型数据。

② 压缩和解压缩。

在 SSL 记录层中，根据当前会话状态中使用的压缩算法对数据进行压缩，将 SSL 明文结构的数据压缩成 SSL 压缩状态的数据。压缩结果不能引起数据的丢失，最多只能使内容的长度增加 1024 字节。如果进行压缩时，发现解压缩后的数据超过 2^{14} 个字节，则会产生一个解压缩失败的致命错误警报。

③ 负载的安全保护。

压缩后的数据使用当前的加密约定中定义的加密和 MAC 运算进行保护。一旦握手完成，通信双方生成共享的秘密用于数据的加密和信息鉴别（MAC）的计算。通过加密和 MAC 计算，SSL 压缩数据转换成了 SSL 加密数据。而解密运算进行相反的处理。在所有的传输中都包括序列号用来发现数据的丢失、报警或其他信息。

（2）SSL 改变加密约定协议。

改变加密约定协议用于双方使用的安全参数改变时的消息传递。这个协议只包含一条信息，该信息只用当前加密约定中的信息进行压缩和加密。而这条信息也只有一个值为 1 的字节。

改变加密约定消息由服务器和客户端双方发送用以通知对方，以后传送的数据将使用新协商好的加密约定和密钥保护。客户端在握手密钥交换和身份验证消息之后发送改变加密约定消息，服务器在收到客户端的身份验证消息之后发送改变加密约定消息。一个意外的改变加密约定消息将引起一个意外消息的警报。当要恢复一个会话时，改变加密约定消息在 hello 消息之后发送。

（3）SSL 报警协议。

用于整个 SSL 处理过程的错误报警。警报是 SSL 记录层协议所支持的一种内容类型。警报消息传递该消息的严重等级和对警报的描述。致命(fatal)级别的警报将导致连接的立即中断。这种情况下，和该会话的其他连接可以继续，但是会话被标识为失效，以防止此错误的会话再建立新的连接。与其他消息一样，警报消息也使用当前连接状态下的参数进行压缩和加密保护。

警报的类型有：关闭警报（Closure Alerts）和错误警报（Error Alerts）。

关闭警报用来使服务器和客户端知道何时结束连接。任何一方都可以通过发送关闭警报来关闭一个连接，所有在关闭连接警报之后的数据都被忽略。

SSL 握手协议中对错误警报的处理很简单。当发现错误后，发现错误的一方向对方发送一个消息。如果是致命的错误，双方都要立即关闭连接并且要忘记所有和该连接相关的会话标识、密钥和安全参数。错误警报有：意外消息、错误记录消息验证码、解压缩失败、握手失败等。

（4）SSL 握手协议。

SSL 握手协议运行在 SSL 记录层之上，用于服务器和客户端相互认证，并且在传递数据之前协商加密算法、密钥等安全参数。当 SSL 客户端和服务器开始通信时,他们协商协议版本、相互验证对方身份、使用公钥技术来产生共享的加密算法、MAC 算法、密钥等安全参数。这些过程都是通过 SSL 握手协议实现的,可以分为以下几个步骤。

① 客户端向服务器发出一个 hello 消息,服务器必须回复客户端一个 hello 消息,否则产生一个致命错误,连接失败。客户端和服务器之间的 hello 消息用于在两者之间建立安全性能,如协议版本、会话标识、加密算法、压缩算法等。

② hello 消息之后,如果服务器需要被认证,则服务器发送它的证书和一个服务器密钥交换消息。服务器还可以向客户端要求证书。然后,服务器发送 hello 消息,表示握手过程中的 hello 消息阶段完成。

③ 如果服务器要求客户端发送证书,则客户端必须发送一个证书消息或没有证书的警报。然后发送一个客户端密钥交换消息,消息的内容与两者之间 hello 消息的内容选择的算法相关。同时,客户端发送一个改变加密协定消息。之后,客户端开始使用新的加密算法、密钥等安全参数,并立即发送一个结束(使用新的参数保护)消息。

④ 作为响应,服务器也使用新的安全参数发送一个改变加密协定消息和一个结束消息。握手结束。服务器和客户端开始传输应用层的数据。

SSL 协议能够提供的安全服务主要如下。

① 认证用户和服务器,确保数据发送到正确的客户机和服务器。

② 加密数据以防止数据中途被窃取。

③ 维护数据的完整性,确保数据在传输过程中不被改变。

SSL 协议的工作流程如下。

服务器认证阶段:①客户端向服务器发送一个开始信息"hello"以便开始一个新的会话连接;②服务器根据客户的信息确定是否需要生成新的主密钥,如需要则服务器在响应客户的"hello"信息时将包含生成主密钥所需的信息;③客户根据收到的服务器响应信息,产生一个主密钥,并用服务器的公开密钥加密后传给服务器;④服务器恢复该主密钥,并返回给客户一个用主密钥认证的信息,以此让客户认证服务器。

用户认证阶段:在此之前,服务器已经通过了客户认证,这一阶段主要完成对客户的认证。经认证的服务器发送一个提问给客户,客户则返回(数字)签名后的提问和其公开密钥,从而向服务器提供认证。

从 SSL 协议所提供的服务及其工作流程可以看出,SSL 协议运行的基础是商家对消费者信息保密的承诺,这就有利于商家而不利于消费者。在电子商务初级阶段,由于运作电子商务的企业大多是信誉较高的大公司,因此该问题还没有充分暴露出来。但随着电子商务的发展,各中小型公司也参与进来,这样在电子支付过程中的单一认证问题就越来越突出。虽然在 SSL3.0 中通过数字签名和数字证书可实现浏览器和 Web 服务器双方的身份验证,但是 SSL 协议仍存在一些问题,比如,只能提供交易中客户与服务器间的双方认证,在涉及多方的电子交易中,SSL 协议并不能协调各方间的安全传输和信任关系。在这种情况下,VISA 和 MasterCard 两大信用卡公组织制定了 SET 协议,为网上信用卡支付提供了全球性的标准。

2. SET

安全电子交易协议(SET)是工作在应用层之上的安全协议,主要用于保障安全的电子支付。

SET 协议是为了解决用户、商家和银行之间在 Internet 上进行在线交易时保证信用卡支付的安全问题而设计的一个开放规范,是 VISA 和 MasterCard 两大信用卡公司联合国际上多家科技机构,于 1997 年 5 月联合推出的能保证通过开放网络进行安全支付的技术标准,内容包括 SET 的交易流程、程序设计规格和 SET 协议完整性描述三个部分。

SET 协议采用 RSA 公开密钥体系对交易双方进行认证,利用 DES 对称加密方法进行信息的加密传输,并用哈希算法鉴别消息有无篡改,它提供保密性、完整性、来源可辨识性及不可否认性等安全服务,是用来保护消费者在 Internet 持卡付款交易中的安全标准。

(1) SET 原理。

SET 使用了加密套接字协议层(SSL)、安全超文本传输协议(S-HTTP)以及公钥基础结构(PKI)。在 SET 体系中有一个关键的认证机构(CA),CA 根据 X.509 标准发布和管理证书。SET 支付系统主要由持卡人、商家、发卡银行、收单银行、支付网关以及认证机构等 6 个部分组成,提供了保密性、数据完整性、用户和商家身份认证及顾客不可否认性等功能。现在 SET 已成为国际上所公认的在 Internet 电子交易中的安全标准。

SET 协议用于用户通过商业站点连接到银行进行电子支付的过程。通过商业站点的终端机,包括用户信用卡号在内的信息流再附加上商家的信息流传递到银行,银行对用户(持卡人)身份和交易信息进行验证,再分别发送确认信息给商家和用户。交易过程中,商家并不知道用户的卡号,SET 协议则通过隐藏信用卡号来保证整个支付过程的安全。可靠的身份验证使 SET 成为一个非常好的在线支付系统。

(2) SET 的参与方法。

SET 本身并不是支付系统。它是一组安全协议和格式,保证用户在开放网络中使用已有的信用卡支付。从根本上讲,SET 包含以下三个服务。

① 为交易中各方提供安全通信通道。

② 使用 X.509 v3 数字证书支持信任。

③ 只有在必需的时间和地点交易中的各方才能访问信息,保证隐私性。

SET 包含一系列持卡人、商家、发卡行、支付过程阻止和公钥证书权威(CA)之间的交互活动。SET 支付系统中共有 6 个参与方:持卡人、商家、支付网关、认证中心、收款银行、发卡银行。

持卡人是指由发卡银行所发行的支付卡的授权持有者。持卡人拥有电子钱包,申请自己持卡人的证书并进行管理,现实交易协议,处理交易协议,记录和管理交易协议。

商家是指向持卡人出售商品或服务的个人或机构,商家必须与收单银行建立业务联系。商家拥有电子收银台软件和网络商场,申请自身的证书并进行管理;展示商品、提供辅助购物手段、启动消费者的电子钱包软件;接受交易协议,并用私钥签字后称为付款书,将付款书送到支付网关,管理和记录交易协议和付款书。

认证中心由权威机构担任,是证书的管理机构,承担网上电子交易认证服务。在实际运行中,CA 并不是一个机构,而是一个体系,即证书认证体系,有着严格的层次结构。

支付网关位于 Internet 和传统的银行专网之间,其主要作用是安全连接 Internet 和专网。主要功能有:申请自己的证书、密钥并进行管理;将不安全的 Internet 上的交易信息传递给安全的银行专网,起到隔离和保护专网的作用;接收付款书,验证付款书,与发卡行联系,进行转账,管理和记录付款书。

发卡银行是负责为持卡人建立账户并发放支付卡的金融机构。发卡行在分理行和当地法规的基础上保证信用卡支付的安全性。

收款银行是商家建立账户并处理支付卡认证和支付的金融机构。

在实际的系统中,发卡行和收款行可以由同一家银行担当,支付网关也可由该银行来运行,这些需要根据具体情况来决定。

(3) SET 协议的安全技术。

在 SET 协议中,采用 DES、RSA 算法进行数据加密,用 SHA-1 和 RSA 算法生成消息摘要,实现数字签名,采用数字证书、双重签名等技术实现身份认证。下面简单介绍这些安全技术。

① 数据加密技术。

DES 算法是目前金融界广泛使用的数据加密标准,是 IBM 公司在 1975 年研究成功的,由美国国家标准局(NBS)于 1977 年 1 月 5 日正式颁布,用做政府及商业部门的非机密数据的加密标准。DES 是一种单钥密钥算法,采用分组乘积密码体制,使用多次移位和代替的混合运算编制的密码。DES 设计非常巧妙,除了密钥输入顺序之外,其加密和解密的步骤完全相同,这使得在制作 DES 芯片时,易于做到标准化和通用化。经过许多专家学者的分析论证,证明 DES 是一种性能良好的数据加密算法,不仅随机性好,线性复杂度高,而且易于实现。因此,DES 在国际上得到了广泛的应用。DES 是一种二元数据加密的分组算法,即对 64 比特二进制数据进行分析加密,产生 64 比特密文数据。其中,使用密钥为 64 比特,实际用了 56 比特,另外 8 比特用做奇偶校验。加密的过程是先对 64 比特明文分组进行初始置换,然后分成左、右部分分别经过 16 次迭代,再进行循环移位与变换,最后进行逆变换得到明文。其加密与解密使用相同的密钥,因而属于对称密码体制。虽然 DES 的描述相当长,但是 DES 加密解密需完成的只是简单的算术运算,即比特串的异或处理的组合,因此速度快,密钥生成容易,能以硬件或软件的方式非常有效地实现。

在 DES 成为标准的头几十年时间里,其安全性是很高的。但随着 Internet 的飞速发展和计算机能力的显著提高,加之 DES 只采用了 64 比特的密钥,因而国际上在 DES 的破译方面已取得了突破性进展。1998 年 5 月,美国电子前线基金会宣布,他们将一台 20 万美元的计算机改装成的专用解密机,仅用了 56 小时就破译了 DES 算法。为了克服 DES 密钥较短的缺点,又提出了 3DES 这个变异的加密标准,安全性得到了较大的提高,但是也带来了运算效率降低的负面影响。

1978 年,美国麻省理工学院的 Rivest、Shamir 和 Adleman 提出了以他们三个人名字命名的 RSA 算法,它是第一个成熟的迄今为止理论上最为成功的公开密钥密码体制,适用于签名与认证,也可用于加、解密消息。RSA 算法是建立在"大数分解和素数检测"的理论基础上的。两个大素数相乘在计算上是容易实现的,但将该乘积分解为两个大素数因子的计算量却相当巨大而且是非常困难的。素数检测就是判定一个给定的正整数是否是素数。大整数的分解算法和计算能力在不断提高,计算所需的硬件费用在不断下降。110 位十进制数字早已能够分解,Rivest 等最初悬赏 100 美元的 RSA-129(429 比特)已由包括 5 大洲 43 个国家的 600 多人用 1600 台计算机,通过 Internet,耗时 8 个月,于 1994 年 4 月 2 日利用二次筛选法分解出 64 位和 65 位的两个因子,而原来估计要用 4 亿亿年。RSA 实验室认为,

512 比特的密钥已不再安全了,建议现在的个人应用需要用 768 比特的密钥,公司要用 1024 比特的密钥,极其重要的信息应用 2048 比特的密钥。

② 数字信封。

对发送给对方的信息所使用的密钥进行加密,就形成了数字信封。数字信封利用数据接收者的公钥进行加密,保证只有规定的收信人才能阅读信的内容。

为了充分发挥对称加密和非对称加密各自的优点,在 SET 协议中对信息的加密将两者充分结合起来同时使用。数字信封类似于普通信封,是为了解决密钥传送过程的安全而产生的技术。

数字信封的基本原理是:首先将要传送的消息用对称密钥加密,但这个密钥不先由双方约定,而是由发送方随机产生,用此随机产生的对称密钥对消息进行加密;然后将此对称密钥接收方的公开密钥加密,就好像用信封封装起来,所以称做数字信封;接收方收到消息后,用自己的私钥解密数字信封,得到随机产生的对称密钥;最后用此对称密钥对所接收到的密文解密,得到消息原文。

因为数字信封是用消息接收方的公钥加密的,只能用接收方的私钥才能解密,别人无法得到信封中的对称密钥,因而确保了信息的安全。

③ 消息摘要。

SET 协议的消息摘要由哈希算法生成。哈希算法是一个单向的不可逆的算法,数据经此算法处理后,能产生一个数据串,但不可能由此数据串再用任何方法产生原来的数据。哈希算法是公开的,接收者收到消息和消息摘要后,用同样的哈希算法处理原始消息,得到新的消息摘要,只要比较两条消息摘要是否相同,就可以确定所收到的消息摘要是否是由所收到的原始消息生成的。

SET 协议中采用的哈希算法可产生 160 位消息摘要,不同的消息将产生不同的消息摘要,对消息哪怕只改变一位数据,产生的消息摘要都会发生很大的变化。

哈希算法本身不能保证数据的完整性,它必须与其他密码技术结合起来才能保证数据的完整性。在 SET 系统中是将消息摘要用发送者的私人密钥加密,产生数字签名来保证数据的完整性;接收者收到加了密的消息摘要,就用发送者的公开密钥解密,然后,通过消息摘要就可以判断收到的消息的完整性。

④ 身份认证技术。

持卡人在网上向商家要求购买商品,如果商家接受这笔交易,就在网上向银行要求授权,但是通常持卡人不愿意让商家知道自己的账号等信息,也不愿意让银行知道他用这笔钱买了什么东西,为了解决这个问题就可以采用双重签名。

SET 系统中双重数字签名的产生和验证过程如下。

• 双重数字签名的产生过程。

持卡人通过哈希算法分别生成订购信息 OI 和支付指令 PI 的消息摘要 $H(\text{OI})$ 和 $H(\text{PI})$。

把消息摘要 $H(\text{OI})$ 和 $H(\text{PI})$ 连接起来得到消息 OP。

通过哈希算法生成 OP 的消息摘要 $H(\text{OP})$。

用持卡人的私人密钥加密 $H(\text{OP})$ 得到双重数字签名 $\text{Sign}(H(\text{OP}))$。

持卡人将消息 $(\text{OI}, H(\text{PI}), \text{Sign}(H(\text{OP})))$ 用商家的公开密钥加密后发送给商家,将消息 $(\text{PI}, H(\text{OI}), \text{Sign}(H(\text{OP})))$ 用银行的公开密钥加密后发送给银行。

- 双重签名的验证过程。

商家将收到的消息用自己的私人密钥解密后,将消息 OI 生成消息摘要 $H(\mathrm{OI})$;同样银行将收到的消息用自己的私人密钥解密后,将消息 PI 生成消息摘要 $H(\mathrm{PI})$。

商家将生成的消息摘要 $H(\mathrm{OI})$ 和接收到的消息摘要 $H(\mathrm{PI})$ 连接成新的消息 OP1;银行将生成的消息摘要 $H(\mathrm{PI})$ 和接收到的消息摘要 $H(\mathrm{OI})$ 连接成新的消息摘要 OP2。

商家将消息 OP1 生成消息摘要 $H(\mathrm{OP1})$;银行将消息 OP2 生成消息摘要 $H(\mathrm{OP2})$。

商家和银行均用持卡人的公共密钥解密收到的双重数字签名 $\mathrm{Sign}(H(\mathrm{OP}))$ 得到 $H(\mathrm{OP})$。

商家将 $H(\mathrm{OP1})$ 和 $H(\mathrm{OP})$ 进行比较,银行将 $H(\mathrm{OP2})$ 和 $H(\mathrm{OP})$ 进行比较。若相同,则证明商家和银行所接收到的消息是完整有效的,经过这样处理后,商家就只能看到订购信息(OI),而看不到持卡人的支付信息(PI);同样银行只能看到持卡人的支付信息(PI),而看不到持卡人的订购信息(OI)。

⑤ 数字证书。

数字证书是用电子手段来证实一个用户的身份和对网络资源访问的权限,是一个经证书权威 CA 数字签名的、包含证书申请者个人信息及其公开密钥的文件,用于保存、管理公钥,保证交易对象身份的真实性。每张数字证书都有一个唯一的私钥与之对应,它由证书持有人保管,不能泄漏。在电子交易中,可以通过交换的数字证书证明双方各自的身份,并且得到对方的公开密钥,由于公钥是包含在数字证书中的,所以可以确信收到的公钥肯定是对方的,从而保证信息传送中的加解密工作。

(4) SET 的交易流程。

SET 改变了支付系统中各个参与者之间交互的方式,它是针对信用卡支付的网上交易而设计的支付规范,对不用电子支付的交易方式,如货到付款方式、邮局汇款方式则与之无关。另外,网上商店的页面安排,保密数据在购买者计算机上如何保存等,也与 SET 无关。

SET 是动态、自动模式的,允许持卡人通过 Internet 从商家订购,其具体交易过程如下。

① 持卡人浏览商品明细清单。

② 持卡人选择要购买的商品。

③ 持卡人填写订单。订单可通过电子化方式从商家传过来,或由持卡人的电子购物软件建立。有些在线商家可以让持卡人与商家协商物品的价格。

④ 持卡人选择付款方式。此时 SET 开始介入。

⑤ 持卡人发送给商家一个完整的订单及要求付款的指令。在 SET 中,订单和付款指令由持卡人进行数字签名,同时利用双重数字签名技术保证商家看不到持卡人的账号消息,银行也看不到持卡人的订单消息。

⑥ 商家接到订单后,向持卡人的金融机构请求支付认可。通过支付网关到银行,再到发卡行确认,批准交易。然后返回确认消息给商家。

⑦ 商家发送订单确认消息给持卡人。持卡人端软件可记录交易日志,以备将来查询。

⑧ 商家给持卡人装运货物,或完成订购服务。到此为止,一个购买过程已经结束。商家可以立即请求银行将钱从购物者账号转移到商家账号,也可以等到某一时间,请求成批地划账处理。

⑨ 商家向持卡人的金融机构请求支付。

交易的前三步不涉及 SET 协议,步骤④～⑨,SET 协议起作用。在处理过程中,对通信协议、请求消息的格式、数据类型的定义等,SET 协议都有明确的规定。在操作的每一步,持卡人、在线商家、支付网关都通过 CA 来验证通信主体的身份,以确保通信的对方不是冒名顶替,其过程如图 8-1 所示。

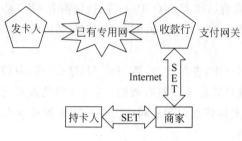

图 8-1 SET 协议交易过程

8.2.3 PGP

PGP 是英文 Pretty Good Privacy(更好的保护隐私)的简称,是一个基于 RSA 及 AES 等加密算法的加密软件系列,为消息和数据文件提供数据完整性服务,使用了加密、压缩和信任网(Web of Trust)的技术。常用的版本是 PGP DESKTOP Professional,它包含邮件加密与身份确认、资料公钥和私钥加密、硬盘及移动盘全盘密码保护、网络共享资料加密、PGP 自解压文档创建、资料安全擦除等众多功能。

PGP 对信息的加密使用 IDEA 对称算法,相应的加密密钥的管理和发布则由 RSA 算法实现。IDEA 是一种单密钥加密算法,其加解密速度比 RSA 快得多。因此实际上 PGP 是以一个随机生成的密钥(每次不同),用 IDEA 算法对明文加密,然后用 RSA 算法对该密钥加密。这样收件方同样是用 RSA 解密出这个随机密钥,再用 IDEA 解密邮件本身。这样的加密方式就做到了既有 RSA 算法的保密性,又有 IDEA 算法的快捷性。同时,PGP 使用 MD5、DH/DSS 算法实现密钥交换、信息完整性检查和数字签名,可以保证信息的安全和身份确认。

PGP 在数据加密前先进行数据的预压缩处理,PGP 内核使用 PKZIP 算法来压缩加密前的明文。一方面,对网络传输而言,压缩后加密再经过 7 比特编码密文有可能比明文更短,可大大减少数据的冗余度和加解密花费的时间,也节省了网络传输的时间;另一方面,明文经过压缩,实际上相当于经过一次变换,信息更加杂乱无章,对明文攻击的抵御能力更强。

PGP 让用户自己建立自己的信任网,即信任是双方直接的关系,或者是通过第三者、第四者的间接关系,但任意两方之间是对等的,整个信任关系构成网状结构。这样的结构不仅有利于系统的扩展,而且有利于与其他系统安全模式的兼容并存。但这种信任模型中,没有建立完备的信任体系,不存在完全意义上的信任权威,缺乏有效的信任表达方式,所以它只适合小规模的用户群体,当用户数量逐渐增多时,管理将变得非常困难,用户也会发现其不易使用的一面。

PGP被广为使用的原因如下。

① 存在多种可用于各种平台的免费版本,如 DOS、Windows、UNIX、Macintosh。此外,商业版可满足商家用以支持自己的产品。

② 所用的算法具有很高的安全性,其软件包中的公钥加密算法有 RSA、DSS、ELGamal,摘要算法有 CAST-128、IDEA、3DES,哈希算法是 SHA。

③ 适用范围极为广泛,从公司到个人都可使用,公司可用它作为加密的标准方案,个人可用它和世界各地安全通信。

④ PGP 的开发未受任何政府组织和标准化组织的控制。

PGP 的实现过程主要由信息的加密、解密过程和签名、验证过程组成。

① PGP 的加密、解密过程。

PGP 系统通过 RSA 算法密钥生成模块,产生出一个公钥和另一把与之相关联的私钥。在接收到用户的公钥后,并不是把它直接用于加密文件。PGP 创建一个会话密钥(Session Key),这个会话密钥是一个随机产生的一次性的 128 位密钥。会话密钥和 IDEA 加密算法加密明文(Plain Text)以产生密文(Cipher Text)。一旦数据加密后,将用加密接收者的公钥加密会话密钥。由公钥加密的会话密钥将随着密文传送到接收方。

PGP 系统文件解密是加密的逆过程,两者的操作几乎是对称的,只是其 IDEA 算法工作处于解密模式状态。PGP 要提示用户输入私钥,该私钥是用于解密会话密钥的,再通过 IDEA 的解密算法把原文件恢复出来。

② PGP 签名、验证的原理。

信息的接收方如何验证信息的真实性、如何确认信息有没有被篡改过呢? 这是由公开密钥加密算法实现数字签名完成的。因此数字签名可以提供对信息发送方的身份验证和信息的完整性。此外,还可以实现不可否认性服务。签名的作用是用来描述数据与某个公钥的绑定关系的。使用私钥加密数据的过程就是签名的过程,这个签名可以通过与签名密钥对应的公钥及原始信息一起得到验证。

PGP 在发送方和接收方之间提供信息的完整性、身份认证和不可否认性的服务的过程如图 8-2 所示。

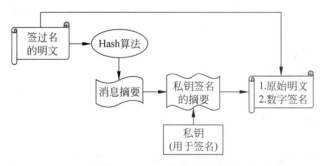

图 8-2 PGP 的服务过程

① 发送方准备好要发送的原文件,即签过名的明文。

② 发送方 PGP 程序使用摘要算法(如哈希算法)计算出原始信息的摘要,是一个固定长度的消息摘要。

③ 发送方 PGP 程序使用自己的私钥对摘要进行加密产生数字签名。

④ 数字签名和原始信息一起发送给接收方。

⑤ 接收方 PGP 程序使用摘要算法重新计算出原始信息的摘要。

验证过程也是一个签名的逆过程。收到消息后,接收方使用 PGP 发送方的公钥对数字签名进行解密,重新计算摘要,与步骤⑤计算出的摘要进行比较,达到验证签名的目的。任何人接到带签名的文件之后,须对文件和签名的真伪进行验证,这时只要使用签名者的公钥,在 PGP 中就可以确定它们的真与假。因为任何对信息的更变,将导致摘要的整体变化。

综上所述,将发送方和接收方信息处理流程总结如下。

① 发送方准备好要发送的信息。

② 发送方 PGP 程序使用摘要算法计算出原始信息的摘要。

③ 发送方 PGP 程序使用自己的私钥对摘要进行加密,产生数字签名。

④ 发送方 PGP 程序产生一个随机数序列作为只使用一次的会话密钥。

⑤ 要发送的信息与签名一起,通过对称加密算法和会话密钥被加密。

⑥ 发送方 PGP 程序使用公钥加密算法和接收方的公钥加密会话密钥,与加密了的信息和签名一起发送给接收方。

⑦ 接收方 PGP 程序使用公钥加密算法和自己的私钥解密会话密钥。

⑧ 接收方 PGP 程序使用对称加密算法和会话密钥解密信息。

⑨ 接收方 PGP 程序使用摘要算法重新计算出原始信息的摘要。

⑩ 接收方 PGP 程序使用发送方的公钥对数字签名进行验证。

8.3 防 火 墙

8.3.1 防火墙概述

防火墙的原意指古代修筑在房屋之间的一道墙,当某一房屋发生火灾的时候,它能防止火势蔓延到别的房屋。这里所说的防火墙是一种广泛应用的网络安全技术。它用来控制两个不同安全策略的网络之间互访,从而防止不同安全域之间的相互危害。

防火墙一般是指在两个网络间执行访问控制策略的一个或一组系统。防火墙现在已成为将内部网接入外部网(如 Internet)时所必需的安全措施。防火墙可能在一台计算机上运行,也可能在计算集群上运行。

对防火墙的明确定义来自 AT&T 的两位工程师 William Cheswick 和 Steven Bellovin,他们将防火墙定义为置于两个网络之间的一组构件或一个系统,具有以下属性。

- 它是不同网络或网络安全域之间信息流通过的唯一出入口,所有双向数据流必须经过它。
- 只有被授权的合法数据,即防火墙系统中安全策略允许的数据,才可以通过。
- 该系统应具有很高的抗攻击能力,自身能不受各种攻击的影响。

简言之,防火墙将网络分隔为不同的物理子网,限制威胁从一个子网扩散到另一子网,正如传统意义的防火墙能防止火势蔓延一样。防火墙用于保护可信网络免受非可信网络的威胁,同时仍有限制地允许双方通信。通常,这两个网络称为内部网和外部网。虽然现在许多防火墙用于 Internet 和内部网之间,但是也可以在任何网络之间和企业网内部使用防火墙。防火墙通常安装在内部网络和外部网络的连接点上。

配置防火墙有两种基本规则。

（1）一切未被允许的就是禁止的（No规则）。在该规则下，防火墙封锁所有的信息流，只允许符合开放规则的信息进出。这种方法可以形成一种比较安全的网络环境，但这是以牺牲用户使用的方便性为代价的，用户需要的新服务必须通过防火墙管理员逐步添加。

（2）一切未被禁止的就是允许的（Yes规则）。在该规则下，防火墙只禁止符合屏蔽规则的信息进出，而转发所有其他信息流。这种方法提供了一种更为灵活的应用环境，但很难提供可靠的安全防护。

具体选择哪种规则，要根据实际情况决定，如果出于安全考虑就选择第一条准则，如果出于应用的便捷性考虑就选用第二条准则。

本质上来讲，防火墙是两个网络间的隔断，只允许符合规则的一些数据通过。同时防火墙自身应该足够安全，不易被攻入。

早期的防火墙主要用来提供服务控制，现在已经扩展为多种服务，还包括方向控制、用户控制、行为控制等。

- 服务控制：确定可以访问的因特网服务的类型。
- 方向控制：确定特定的服务请求通过防火墙流动的方向。
- 用户控制：控制用户对特定服务的访问。
- 行为控制：控制怎样使用特定的服务；例如，可以使外部只能访问一个本地服务器的部分信息。

归纳起来，防火墙主要作用如下。

- 防火墙对内部网实现了集中的安全管理，可以强化网络安全策略，比分散的主机管理更经济易行。
- 防火墙能阻止非授权用户进入内部网络。
- 防火墙可以方便地监视网络的安全并及时报警。
- 使用防火墙，可以实现网络地址转换（Network Address Translation，NAT），利用NAT技术，可以缓解地址资源的短缺，隐藏内部网的结构。
- 利用防火墙对内部网络的划分，可以实现重点网段的分离，从而限制安全问题的扩散。
- 所有的访问都经过防火墙，因此它是审计和记录网络的访问和使用的理想位置。

通过选择市场上优秀的防火墙产品，制定出合理的安全策略，内部网络就可以在很大程度上避免遭受攻击。

8.3.2 防火墙的体系结构

防火墙从体系结构上可以分为三种模式：双宿/多宿主机模式、屏蔽主机模式、屏蔽子网模式。

双宿/多宿主机模式是一种拥有两个或多个连接到不同网络上的网络接口的防火墙，通常用一台装有两块或多块网卡的主机做防火墙，或使用有多个网络接口的硬件防火墙。多个网络接口分别与受保护的网络或外部网络相连。如图8-3所示为双宿/多宿主机模式防火墙体系结构图。

屏蔽主机模式防火墙由包过滤器和堡垒主机组成,如图 8-4 所示为屏蔽主机模式防火墙体系结构图。在这种模式的防火墙中,堡垒主机安装在内部网络上,通常在路由器上设立过滤规则,并使这个堡垒主机成为从外部网络唯一可直接到达的主机,这确保了内部网络不被未授权的外部用户攻击屏蔽主机防火墙实现了网络层和应用层的安全,因而比单独的包过滤器或应用网关代理更安全。在这一方式下,包过滤路由器是否配置正确是这种防火墙安全与否的关键,如果路由表遭到破坏,堡垒主机就可能被越过,而是内部网完全暴露。

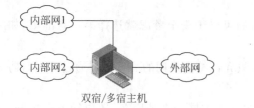

图 8-3　双宿/多宿主机模式防火墙体系结构

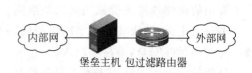

图 8-4　屏蔽主机模式防火墙体系结构

屏蔽子网模式采用了两个包过滤路由器和一个堡垒主机,在内外网络之间建立了一个被隔离的子网,定义为"非军事区"网络,有时也称做周边网。如图 8-5 所示为屏蔽子网模式防火墙体系结构图。网络管理员将堡垒主机、Web 服务器、Mail 服务器等公用服务器放在非军事区网络中。内部网络和外部网络均可访问屏蔽子网,但禁止它们穿过屏蔽子网通信。在这一配置中,即使堡垒主机被入侵者控制,内部网仍受到内部包过滤路由器的保护。

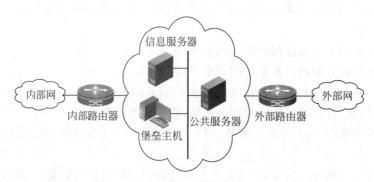

图 8-5　屏蔽子网模式防火墙体系结构

8.3.3　防火墙的基本技术

一般来说,防火墙采用了两种基本技术:数据包过滤和代理服务。

1. 数据包过滤技术

数据包过滤是在网络的适当位置,根据系统设置的过滤规则,对数据包实施过滤,只允许满足过滤规则的数据包通过并被转发到目的地,而其他不满足规则的数据包被丢弃。当前大多数的网络路由器都具备一定的数据包过滤能力,很多情况下,路由器除了完成路由选择和转发的功能之外,还可进行数据包过滤。

在使用 TCP 的 IP 数据包中,每个数据包的报头信息大致包括以下内容。

- IP 源地址。
- IP 目的地址。
- IP 协议字段。
- TCP 源端口。
- TCP 目的端口。
- TCP 标志字段。

在使用 UDP 的 IP 数据包中,每个数据包的报头信息大致包括以下内容。

- IP 源地址。
- IP 目的地址。
- IP 协议字段。
- UDP 源端口。
- UDP 目的端口。

数据包过滤器通过检查数据包的报头信息,根据数据包的源地址、目的地址和以上的其他信息相组合,按照过滤规则来决定是否允许数据包通过。数据包过滤器在接收数据包时一般不判断数据包的上下文,只根据目前的数据报的内容做决定(这避免不了重放攻击)。Internet 上的服务一般与特定的端口号有关,如 FTP 一般工作在 21 端口,Telnet 工作在 23 端口,Web 服务在 80 端口,因此可通过包过滤器来禁止某项服务,例如:可通过包过滤禁止所有通过 80 端口的数据包来禁止 Web 服务。

通过对普通路由和包过滤路由器进行比较,可以进一步了解包过滤的工作原理。普通路由器只检查一下每个数据包的目的地址,为数据包选择它所知道的最佳路由,将这个数据包发送到目的地址。而包过滤路由器除了执行普通路由器的功能外,还根据设定的包过滤规则决定是否转发数据包。

包过滤防火墙又可分为静态包过滤型和状态监测型两种。

2. 代理服务

代理服务是防火墙主机上运行的专门的应用程序或服务器程序,这些程序根据安全策略处理用户对网络服务的请求,代理服务位于内部网和外部网之间,处理间接的通信以替代相互直接的通信。

代理服务具有两个部件:一个是服务器端代理,一个是客户端代理。所谓服务器端代理,是指代表客户处理在服务器连接请求的程序。当服务器代理得到一个客户的连接请求时,他们将核实客户请求,并经过特定的安全化的 Proxy 应用程序处理连接请求,将处理后的请求传递到真实的服务器上,然后接受服务器应答,并做进一步处理,最后将答复交给发出请求的最终客户。代理服务器在外部网络向内部网络申请服务时发挥中间转接的作用。服务器端代理可以是一个运行代理服务程序的网络主机,客户端代理可以是经过配置的普通客户程序,这两个代理相互之间直接通信,代理服务器检查来自客户端代理的请求,根据安全策略认可或否认这个请求。

代理型防火墙又可分为应用层网关(Application Level Gateway)和电路级网关(Circuit Level Gateway)。

应用层网关即代理服务器,它运行在应用层,如图 8-6 所示。

通过设置代理服务器,应用层网关可以控制网络内部的应用程序外界。该服务充当客

318

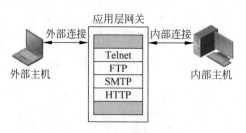

图 8-6　应用层网关

户端的代理,如代表用户请求 Web 页,或者发送和接收邮件,这样避免了用户与 Internet 直接连接。这种隐蔽性可以减少病毒、蠕虫、木马等所造成的影响。应用层网关可以识别请求的数据内容,可以允许或拒绝某些特殊内容,如病毒或者可执行的文件等。应用层网关比包过滤器更安全,它不再去试图处理 TCP/IP 层可能发生的所有事情,而只需要去考虑一小部分被允许运行的应用程序。另外,在应用级上进行日志管理和通信的审查要容易得多。应用层网关的缺点是在每次连接中有多余的处理开销,因为两个终端用户通过代理取得连接,而代理就必须检查并转发通信中两个方向上的所有数据。

电路级网关在网络的传输层上实施访问策略,是在内、外网络主机之间建立一个虚拟电路来进行通信。它相当于在防火墙上直接开了个口子进行传输,不像应用层防火墙那样能严密地控制应用层的信息,如图 8-7 所示。

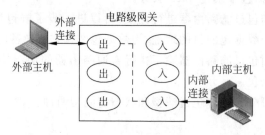

图 8-7　电路级网关

电路级网关只依赖于 TCP 连接,并不进行任何附加的包处理或过滤。电路级网关就像电线一样,只是在内部连接和外部连接之间来回拷贝字节,从而隐藏受保护网络的有关信息。电路级网关常用于向外连接,这时网络管理员对内部用户是信任的。其优点是堡垒主机可以设置成混合网关,对内连接支持应用层或代理服务,而对外连接支持电路级网关功能。这使防火墙系统对于要访问 Internet 服务的内部用户来说使用起来很方便,同时又能保护内部网络免于外部攻击。在电路级网关中,可能要安装特殊的客户及软件,用户也有可能需要一个可变的用户接口来相互作用。

附　录　A

实验 1　综合布线系统的组成与测试

实验目的：了解综合布线系统的组成部件，掌握 100Base-TX 双绞线跳线的制作方法，熟悉双绞线的测试方法，了解光纤的测试方法。

实验准备：

(1) 实验设备：超五类双绞线、水晶头、压线钳、光纤跳线、电缆与光纤认证测试仪。

(2) 预备知识：教材"2.4 综合布线技术"。

实验内容：

(1) 对网络实验室或实验楼的综合布线系统进行观察，了解工作区子系统、水平子系统、管理子系统、垂直子系统、设备间子系统和建筑群子系统各对应着该布线系统的哪些部分。找出布线系统中的配线架、跳线、模块、机柜等器件，说明它们各属于综合布线系统的哪一部分。

(2) 按照 EIA/TIA 568-B 和 568-A 标准，制作一根 100Base-TX 的直通跳线和一根 100Base-TX 的交叉跳线，说明这两根跳线各使用在什么地方。

(3) 使用电缆认证仪对制作的跳线的接线图、长度、传输时延、时延偏离、衰减、近端串扰、综合近端串扰、等效远端串扰、综合等效远端串扰、衰减串扰比、回波损耗等参数进行测试，说明各参数所表示的含义，分析测试结果认定制作的 UTP 跳线是否合格？如果不合格再重新制作并测试。

(4) 选择实验室综合布线系统中的一段永久链路，使用电缆认证仪对上述参数进行测试。

(5) 根据给定的光纤跳线，说明光纤以及光纤接头的类型。使用光纤认证测试仪对该光纤跳线的损耗进行测试。

问题思考：

(1) 参照教材的"3.3.3 千兆以太网的物理规范"，说明千兆以太网六类 UTP 交叉线两端的线序应该如何排列？为什么与 100Base-TX 交叉线不同？

(2) 对各类串扰进行比较，说明它们各自的产生原因及影响。

实验 2　小型局域网的构建

实验目的：了解一般局域网的主要设备，熟悉交换机的基本组成，掌握 Packet Tracer 的使用方法，掌握交换机的基本配置方法，掌握交换机 VLAN 的划分以及端口聚合方法。

实验准备:

(1) 实验设备:交换机或 Cisco Packet Tracer 模拟软件、PC。

(2) 预备知识:教材"3.4 交换型以太网"。

实验内容:

(1) 对网络实验室或实验楼的网络设备进行观察,了解网络设备的种类及其区分方法。

(2) 安装 Cisco Packet Tracer 模拟软件,熟悉它的使用方法。

(3) 熟悉交换机的硬件组成部件,说明交换机各接口的类型及其作用。

(4) 使用超级终端与交换机连接,熟悉交换机操作系统的命令模式。

(5) 对交换机的主机名、密码进行配置,设置其远程管理端口的地址,设置端口的模式、速率,使用相关命令保存与显示配置文件。

(6) 使用两台 Catalyst 2950 交换机、4 台 PC 构建如附图 A-1 所示的拓扑结构。

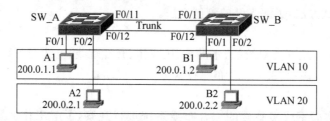

附图 A-1　局域网拓扑图

(7) 在交换机 SW_A、SW_B 上分别添加 VLAN 10、VLAN 20,将它们的 F0/1、F0/2 接口分别划入这两个 VLAN。

(8) 将交换机 SW_A、SW_B 的 F0/11、F0/12 接口设置为 Trunk 模式,并进行聚合。

(9) 分别测试 A1 与 A2、B1 的连通性,并对结果进行解释。

问题思考:

(1) 参照教材的"4.5.3　路由器与三层交换机的配置",在不增加网络设备数量的前提下,采用什么方法可以实现 VLAN 之间的互连?

(2) 如果不对两台交换机的 F0/11、F0/12 接口进行聚合,A1 与 B1 是否可以连通,观察这两个端口的状态,说明聚合起到的作用。

实验 3　路由器的使用与配置

实验目的:熟悉路由器的基本组成与作用,掌握路由器的基本配置方法,学会使用静态路由以及 RIP、OSPF 等动态路由协议实现网络互联的路由器配置方法。

实验准备:

(1) 实验设备:路由器或 Cisco Packet Tracer 模拟软件、PC。

(2) 预备知识:教材"4.5 路由器的组成与使用"。

实验内容:

(1) 熟悉路由器的硬件组成部件,说明路由器各接口的类型及其作用。

(2) 使用超级终端与路由器连接,熟悉路由器操作系统的命令模式与基本命令。

（3）使用带有一个 WIC-2T 卡的 4 台 Cisco 1841 路由器与两台计算机构建如附图 A-2 所示的网络。

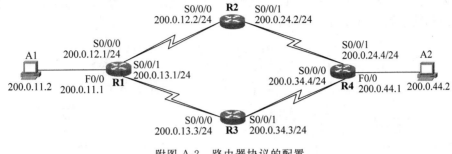

附图 A-2　路由器协议的配置

（4）按照附图 A-2 所示，为每个路由器设置名称，并为路由器的每个接口设置 IPv4 地址，在连接路由器链路的 DCE 端设置 64K 的时钟频率，打开各个接口。为 PC 机 A1、A2 设置正确的 IP 地址与网关。使用"ping"命令进行测试，保证相邻接口的连通性。

（5）分别在各个路由器的特权模式下使用"copy running-config startup-config"命令将这些基本配置保存。

（6）在各个路由器设置静态路由或默认路由，使得 PC A1、A2 可以相互"ping"通。记录下各个路由器的路由表。

（7）在各个路由器的特权模式下使用"copy startup-config running-config"命令将基本配置恢复。

（8）在各个路由器启动 RIPv2 路由协议，使得 PC A1、A2 可以相互"ping"通。使用"show ip route"等命令观察并记录下各路由器的路由表。

（9）在各个路由器的特权模式下使用"copy startup-config running-config"命令将基本配置恢复。

（10）在各个路由器启动 OSPFv2 路由协议，使得 PC A1、A2 可以相互"ping"通。使用"show ip route"等命令观察并记录下各路由器的路由表。

问题思考：

（1）如果在路由器 R1 只设置了一条默认路由"ip route 0.0.0.0 0.0.0.0 200.0.12.2"，那么要保证 R1 发送的 IP 数据报可以到达 R3 的 S0/0/1 接口，R1 需要设置怎样的静态路由？

（2）如果在路由器 R1、R2 启动 RIPv2 路由协议，R3、R4 启动 OSPFv2 路由协议，PC 机 A1、A2 是否可以互通？原因是什么？

实验 4　访问控制列表与 NAT 的配置

实验目的：了解标准访问控制列表的工作原理与配置方法，掌握静态 NAT、动态 NAT、NAPT 等的工作原理与配置方法。

实验准备：

（1）实验设备：路由器、交换机或 Cisco Packet Tracer 模拟软件、PC。

（2）预备知识：教材"4.5.5访问控制列表与NAT的配置"。

实验内容：

（1）使用带有一个WIC-2T卡的2台Cisco 1841路由器、1台Catalyst 2950交换机、6台计算机构建如附图A-3所示的网络。

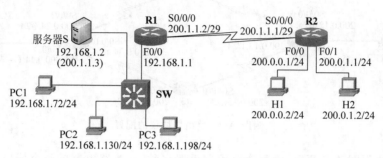

附图 A-3　NAT的配置

（2）按照附图A-3所示，为每个路由器设置名称，并为路由器的每个接口设置IPv4地址，在连接路由器链路的DCE端设置64K的时钟频率，打开各个接口。为每台计算机设置正确的IP地址与网关。使用"ping"命令进行测试，保证相邻接口的连通性。

（3）在路由器R1上设置默认路由，将其默认网关地址设置为"200.1.1.1"。

（4）将路由器R1的F0/0接口设置为NAT的内部端口，将其S0/0/0接口设置为NAT的外部端口。

（5）设置Web服务器S的静态NAT，使得外部主机H1可以使用外部地址"200.1.1.3"访问内部服务器S。

（6）为内网内的其他主机设置NAPT，使得内部所有PC都使用"200.1.1.5"和"200.1.1.6"两个外部地址访问外网主机。

（7）各个主机使用"ping"命令检测互通性。在R1上使用"show ip nat translations"等命令观察该路由器上的NAT记录。

问题思考：

（1）H1使用"ping 192.168.1.198"命令是否可以"ping"通PC3，为什么？

（2）如果只允许内网的Web服务器S访问"200.0.1.0/24"子网，而不允许内网的其他主机访问该子网，应该在哪里设置什么样的访问控制列表？

实验5　Socket程序设计初步

实验目的：深入理解基于Socket的TCP/IP网络编程的基本概念，掌握基本Socket程序的框架结构，熟悉基本Socket接口函数的调用方法。

实验准备：

（1）实验设备：装有Windows操作系统的PC一台，需安装Visual Studio开发环境（含VC++ 6.0以上）。

（2）预备知识：教材"5.4基于Socket接口的网络编程"。

实验内容：

（1）采用面向连接的 Socket 接口函数设计客户机/服务器程序，实现从服务器端获取一个指定的图片文件，在客户端通过第三方工具打开图片文件验证传输的正确性，要求自定义通信端口并可选择服务器地址。

（2）采用无连接的 Socket 接口函数设计客户机/服务器程序，实现简单的双方消息互相传递功能，需在显示器上显示对方传递的消息，要求自定义通信端口并可选择服务器地址。

问题思考：

（1）面向连接与无连接的 Socket 网络程序有何异同？

（2）在两个程序中，客户机/服务器相关的五元组信息分别在哪些接口函数调用时确定？

（3）开发 WinSock 程序需装载 wsock32.lib，如该库没有装载，会出现什么情况？

实验 6　数据包捕获与协议分析

实验目的：掌握包嗅探及协议分析软件 Wireshark 的使用，掌握 Ethernet 帧的构成。

实验准备：

（1）实验设备：安装好 Windows 2000 Server 操作系统＋Wireshark 的计算机。

（2）预备知识：教材"3.2 以太网"。

实验内容：

（1）Wireshark 的安装。Wireshark 是一个图形用户接口（GUI）的网络嗅探器，由于 Wireshark 需要 WinPcap 库，所以先安装 WinPcap_2_3.exe，再安装 Wireshark.exe。

（2）阅读附件中的 Wireshark 使用方法和 TcpDump 的表达式详解，学习 Wireshark 的使用。

（3）捕捉任何主机发出的 Ethernet 802.3 格式的帧（帧的长度字段≤1500），Wireshark 的 capture filter 的 filter string 设置为：ether[12:2]≤05.dc。

（4）捕捉任何主机发出的 DIX Ethernet V2（即 Ethernet II）格式的帧（帧的长度字段＞1500，帧的长度字段实际上是类型字段），Wireshark 的 capture filter 的 filter string 设置为：ether[12:2]＞05.dc。

（5）捕捉并分析局域网上的所有 Ethernet broadcast 帧，Wireshark 的 capture filter 的 filter string 设置为：eth.dst＝ff.ff.ff.ff.ff.ff。

（6）捕捉局域网上的所有 Ethernet multicast 帧，Wireshark 的 capture filter 的 filter string 设置为：eth matches multicast。

问题思考：

（1）802.3 格式的帧的上一层主要是哪些 PDU？是 IP、LLC 还是其他哪种？

（2）Ethernet II 的帧的上一层主要是哪些 PDU？是 IP、LLC 还是其他哪种？

（3）观察并分析哪些主机在发广播帧，这些帧的高层协议是什么？

（4）你的 LAN 的共享网段上连接了多少台计算机？1 分钟内有几个广播帧？是否发生过广播风暴？

（5）观察并分析哪些节点在发 multicast 帧,这些帧的高层协议是什么?

实验 7　Windows 服务器的安装与配置

实验目的:掌握 Windows Server TCP/IP 组网的基本概念,学会基本系统安装、用户和计算机账户管理,及 DNS、Web、FTP、SMTP/POP3 等服务器的安装、配置与操作方法。

实验准备:

（1）实验设备:Windows Server 2003 安装软件 1 套,PC 2 台以上。

（2）预备知识:教材"6.1 常用应用层协议"。

实验内容:

（1）在 PC 上完成安装 Windows 2003 Server 基本系统,完成基本配置。

（2）创建、删除、停用、移动用户和计算机账户,为用户和计算机账户添加组,管理客户计算机。

（3）安装与配置 DNS 服务器:域名系统规划、安装 DNS 服务器、创建区域、设置 DNS 属性、测试安装的 DNS 服务器。

（4）创建、配置与管理 Web 服务器。

（5）创建、配置与管理 FTP 服务器。

（6）创建、配置与管理 SMTP/POP3 服务。

（7）PC 常用网络命令练习,依次使用 ping、tracert、ipconfig、nbtstat、netstat、route 命令,总结各命令的功能。

问题思考:

（1）在 Windows Server 2003 中,如何进行网络的 TCP/IP 基本配置?

（2）安全与权限设置是 IIS 保证其站点安全的最重要的保护措施,怎样验证用户的身份以及他们的访问权限,Internet 信息服务提供哪几种登录认证方式,分别适合于哪些使用场合?

实验 8　SNMP 协议程序设计初步

实验目的:熟悉 SNMP 工作原理,并掌握基于 SNMP 协议编程的主要实现步骤。

实验准备:

（1）实验设备:安装好 Windows XP professional SP2 和 Microsoft Visual Studio. net 2003 的计算机。

（2）预备知识:教材"6.2 网络管理协议"。

实验内容:

（1）安装 SNMP 服务。打开控制面板,双击"添加/删除程序",在弹出的"添加/删除程序"对话框的左窗格中,单击"添加/删除 Windows 组件",在弹出的"Windows 组件向导"中双击"管理和监视工具",在弹出的"管理和监视工具"对话框中,勾选"简单网络管理协议",单击"确定"。安装时需要用到 Windows XP SP2 安装盘,之后可能需要重启。最后再执行"net start snmp"命令启动 SNMP 服务。

（2）下载微软提供了 SNMP 编程的样例代码。该样例是一个最简单的 Snmp 管理程序，用户通过输入 Snmp 命令来进行交互。从中可以查看 WinSNMP 的 API 的使用方法。所有样例代码都在 Platform SDK 中，可以在下面的地址下载：http://www.microsoft.com/downloads/details.aspx? FamilyId = 484269E2-3B89-47E3-8EB7-1F2BE6D7123A&displaylang = en。下载全部 17 个 PSDK-FULL. *.cab 及最后一个 PSDK-FULL.exe，之后全部解压缩并安装到某个文件夹中即可。

（3）编译示例代码。进入 platformsdk\Samples\NetDS\Snmp\Wsnmp 文件夹，需要的示例代码就在这里，将 5 个文件全复制到 D 盘根目录。从以下路径打开 VC.net 命令行窗口："开始"→"所有程序"→Visual Studio .NET 2003→Visual Studio .NET 2003 命令提示。打开窗口之后输入以下命令：C:\Documents and Settings\mmpire>d：。D:\>nmake all。

（4）测试示例程序。①监听 SNMP 的端口：D:\>cd WIN2000_DEBUG。D:\WIN2000_DEBUG>wsnmputil trap；②另外打开一个 VC.net 命令行窗口：D:\WIN2000_DEBUG>net stop snmp。D:\WIN2000_DEBUG>net start snmp；③注意在第一个监听窗口出现的信息。

（5）编写 SNMP 代码。实现读取交换机名称、运行时间等信息。

问题思考：

（1）样例代码主要包含几个文件，其功能和结构如何？

（2）SNMP 协议是否只能针对网络硬件设备？其安全性如何？

参 考 文 献

[1] 谢希仁.计算机网络(第5版).北京：电子工业出版社,2008.

[2] W. Richard Steve. TCP/IP Illustrated.北京：人民邮电出版社,2010.

[3] Andrew S. Tanenbaum,David J. Wetherall. Computer Networks(Fifth Edition),北京：机械工业出版社,2011.

[4] 杨威,王云,黄晓彤,等.网络工程设计与系统集成(第2版).北京：人民邮电出版社,2010.

[5] 金惠文.现代交换原理(第3版).北京：电子工业出版社,2011.

[6] 梁广民.思科网络实验室路由、交换实验指南.北京：电子工业出版社,2007.

[7] 王兴亮.现代通信技术与系统.北京：电子工业出版社,2008.

[8] 钱权.无线Ad Hoc网络安全.北京：清华大学出版社,2009.

[9] 李津生,洪佩琳.下一代Internet的网络技术.北京：人民邮电出版社,2001.

[10] 赵喆.计算机网络实用技术.北京：中国铁道出版社,2008.

[11] A. Jones,J. Ohlund 著.Windows网络编程技术.京京工作室译.北京：机械工业出版社,2000.

[12] 叶树华.网络编程实用教程(第2版).北京：人民邮电出版社,2010.

[13] 蔡安妮,孙景鳌.多媒体通信技术基础.北京：电子工业出版社,2000.

[14] 刘远生,辛一.计算机网络安全(第2版).北京：清华大学出版社,2011.

[15] Douglas R. Stinson 著.密码学原理与实践(第3版).冯登国,等译.北京：电子工业出版社,2009.

[16] 雅各布森 著.网络安全基础：网络攻防、协议与安全.仰礼友,等译.北京：电子工业出版社,2011.

[17] 闫宏生,等.计算机网络安全与防护(第2版).北京：电子工业出版社,2010.

[18] 徐明,等.网络信息安全.西安：西安电子工业出版社,2006.

[19] Behrouz A. Forouzan.密码学与网络安全(中文导读英文版影印版).北京：清华大学出版社,2009.

[20] 程光,等.信息与网络安全.北京：清华大学出版社,2008.

[21] 张玉清.网络攻击与防御技术.北京：清华大学出版社,2011.